多龄期钢结构抗震性能试验及地震易损性研究

郑山锁 张晓辉 曹 琛 杨 丰 董立国 杨 松等 著

科 学 出 版 社

北 京

内 容 简 介

建筑钢结构由于所处环境与服役龄期的不同，力学性能与抗震能力存在显著差异。本书全面系统地介绍了一般大气、近海大气环境下不同服役龄期钢结构的力学性能与抗震性能及其地震易损性特性。全书分为上篇和下篇。上篇介绍了不同侵蚀环境下锈蚀钢材、锈蚀钢结构构件和整体钢框架的力学与抗震性能试验及其性能指标退化规律，锈蚀钢材时变本构模型，锈蚀钢结构构件恢复力模型及地震损伤模型；下篇介绍了钢框架、带支撑钢框架及钢结构厂房等结构体系典型结构的选取与数值建模方法，不同侵蚀环境下钢材耐久性损伤预测模型，不同侵蚀环境、服役龄期、建筑高度、抗震设防烈度及设计规范下各类典型钢结构的地震易损性特性。

本书可供土木工程专业和地震工程、结构工程、防灾减灾工程领域的研究、设计和施工人员，以及高等院校相关专业或领域的师生参考。

图书在版编目(CIP)数据

多龄期钢结构抗震性能试验及地震易损性研究 / 郑山锁等著.—北京：科学出版社, 2022.8

ISBN 978-7-03-063228-9

Ⅰ. ①多… Ⅱ. ①郑… Ⅲ. ①建筑结构-钢结构-抗震性能-研究 ②建筑结构-钢结构-地震灾害-损伤力学-研究 Ⅳ. ①TU391

中国版本图书馆CIP数据核字(2019)第250375号

责任编辑：周 炜 梁广平 乔丽维 / 责任校对：任苗苗
责任印制：吴兆东 / 封面设计：陈 敬

科学出版社 出版
北京东黄城根北街16号
邮政编码：100717
http://www.sciencep.com
北京建宏印刷有限公司 印刷
科学出版社发行 各地新华书店经销
*
2022年8月第 一 版 开本：720 × 1000 1/16
2022年8月第一次印刷 印张：23
字数：430 000

定价：168.00 元

(如有印装质量问题，我社负责调换)

前　言

钢结构因轻质高强、抗震性能好、便于施工等优点被广泛应用于各类工业厂房、超高层建筑、大跨度结构及对抗震性能有较高要求的特种结构中。但钢结构耐腐蚀性较差，且随着服役龄期的增加，其力学性能与抗震能力逐渐降低。鉴于此，本书首先采用人工气候环境模拟技术，对不同设计参数的钢结构构件(框架梁、柱、节点)和框架结构进行一般大气、近海大气环境的模拟试验；然后通过物理模型试验、理论分析和数值模拟，从材料、构件及结构三个层面分别对不同锈蚀程度的钢材力学性能、钢结构构件与结构抗震性能、钢结构地震易损性等特性进行深入系统的研究，主要研究内容与成果如下：

(1) 分别对 3 种厚度钢材标准试件进行了一般大气、近海大气环境下的人工气候加速腐蚀试验，进而对腐蚀后试件进行拉伸破坏试验。通过试验结果的线性回归分析，得到不同侵蚀环境下锈蚀 Q235B 钢材的力学性能指标(屈服强度、极限强度、伸长率及弹性模量)随其失重率增大的退化规律。

(2) 采用人工气候环境模拟技术，对 31 榀钢框架柱试件分别进行了一般大气环境(12 榀试件)和近海大气环境(19 榀试件)下的加速腐蚀，进而对其进行低周往复加载试验，考察了锈蚀钢框架柱的破坏过程与特征，从滞回曲线、骨架曲线、强度和刚度退化、耗能能力等方面探讨了不同锈蚀程度、轴压比和加载路径对钢框架柱抗震性能的影响。

(3) 采用人工气候环境模拟技术，对 44 榀钢框架梁柱节点试件分别进行了一般大气环境(24 榀试件)和近海大气环境(20 榀试件)下的加速腐蚀，进而对不同锈蚀程度的钢框架节点试件进行低周往复加载试验，考察了锈蚀钢框架节点的破坏过程与特征，研究了不同锈蚀程度和加载路径对钢框架节点的承载能力、变形能力、耗能能力等抗震性能的影响。

(4) 采用人工气候环境模拟技术，对 26 榀钢框架梁试件分别进行了一般大气环境(10 榀试件)和近海大气环境(16 榀试件)下的加速腐蚀，进而对不同锈蚀程度的钢框架梁试件进行低周往复加载试验，分析了不同锈蚀程度和板件宽厚比对钢框架梁的破坏模式、承载能力、变形能力、耗能能力等抗震性能的影响。

(5) 对 10 榀平面钢框架试件分别进行了一般大气环境(4 榀试件)和近海大气环境(6 榀试件)下的加速腐蚀，进而对其进行低周往复加载试验，研究了不同锈蚀程度、轴压比及加载制度对平面钢框架的破坏机制、滞回曲线、骨架曲线、刚度退化、延性和耗能能力等抗震性能的影响。

(6)对 4 榀不同锈蚀程度空间钢框架模型进行了地震模拟振动台试验(一般大气、近海大气环境锈蚀模型各 1 榀，未锈蚀模型 2 榀)，考察了各模型的动力特性及在不同地震作用下的破坏过程与特征，分析了锈蚀程度和各向地震分量对结构楼层位移和加速度反应、层间剪力分布等的影响，并根据相似关系给出相应原型结构的动力特性及不同地震作用下的地震响应。

(7)提出了延性与耗能能力得到显著改进的新型钢结构梁柱节点，并给出其设计方法与构造。通过新型节点、标准节点、加强型节点和削弱型节点抗震性能对比试验，研究了局部构造形式对梁柱节点的破坏过程与特征、延性与滞回耗能、强度与刚度退化、断裂韧性等的影响，并分析了局部构造参数(盖板长度与开孔直径)对新型节点抗震性能的影响。

(8)按照我国建筑物分类标准，将一般钢结构划分为钢框架结构、带支撑钢框架结构和钢结构厂房三种类型。通过对我国不同城市区域钢结构图纸资料收集及相关数据的采集、整理与分析，考虑影响结构抗震性能的主导因素(结构类型、设防烈度、建筑高度、服役环境与龄期、抗震设计规范)，设计了典型钢框架结构、带支撑钢框架结构及钢结构厂房。

(9)系统介绍了各类典型钢结构解析地震易损性模型的建立过程与关键问题；结合 ATC63 选波原则选取了 ATC63 中推荐的 22 条地震波作为各类典型钢结构地震易损性分析的输入地震动记录。

(10)结合工程实测、试验研究及既有研究成果，建立了不同侵蚀环境下钢材锈蚀程度与结构服役龄期间的量化关系。针对在役钢结构的多龄期特性，基于钢材时变本构模型建立了考虑结构服役龄期的整体结构数值模型；进而对其进行增量动力分析(IDA)，建立了一般大气、近海大气环境中不同层数、抗震设防烈度和服役龄期下各类典型钢结构的概率地震需求模型。

(11)结合我国现行规范及震害资料，采用最大层间位移角作为结构性能参数，确定各类典型钢结构轻微破坏、中等破坏、严重破坏和倒塌极限状态，并结合 Pushover 与 IDA 方法确定各极限状态的量化限值，建立不同服役环境与龄期下各类钢结构的概率抗震能力模型；进而对各类典型钢结构进行解析地震易损性分析，获得其地震易损性曲线，为建立用于城市区域建筑震害预测的地震易损性数据库提供支撑。

(12)根据中美抗震规范设防标准对应关系，结合 HAZUS 对美国建筑物抗震设防水平的划分，提出中国建筑物抗震设防水平划分标准，进而根据中国建筑物的建造年代、设防水准及按《建筑抗震设计规范》(GB 50011—2001) 所设计钢结构的易损性参数，分别建立按《建筑抗震设计规范》(GBJ 11—89)、《工业与民用建筑抗震设计规范》(TJ 11—78) 和无规范设计的各类多龄期钢结构的地震易损性曲线。

本书是作者对整体研究成果的提炼、归纳和系统总结。全书分为上篇、下篇两部分。上篇为多龄期钢结构抗震性能试验研究(第 1～14 章)，介绍了不同侵蚀环境下锈蚀钢材的力学性能试验、锈蚀钢结构构件(框架梁、柱、节点)拟静力试验、新型等强耗能钢框架节点拟静力试验、锈蚀平面钢框架结构拟静力试验、锈蚀空间钢框架结构地震模拟振动台试验等；锈蚀钢材力学性能退化规律与理论表征，锈蚀钢材时变本构模型；锈蚀钢结构构件与框架结构抗震性能的衰变规律；锈蚀钢结构构件恢复力模型及地震损伤模型。下篇为多龄期钢结构地震易损性研究(第 15～23 章)，介绍了钢框架结构、带支撑钢框架结构及钢结构厂房等结构体系典型结构的选取方法与数值建模方法，地震动记录及强度指标的选取，地震易损性分析方法，不同侵蚀环境下钢材锈蚀程度与结构服役龄期间的量化关系，给出了不同侵蚀环境、服役龄期、建筑高度、抗震设防烈度及设计规范下各类典型钢结构的地震易损性曲线和特定地震动强度下的破坏概率。

本书由郑山锁、张晓辉、曹琛、杨丰、董立国、杨松、周炎等共同撰写，其中，郑山锁撰写了第 8、11、12、19～21 章，张晓辉撰写了第 7、9、10、14、23 章，曹琛撰写了第 2、3、5 章，杨丰撰写了第 4、13 章，董立国撰写了第 15、17、18 章，杨松撰写了第 1、16、22 章，周炎撰写了第 6 章。徐强、王晓飞、秦卿、胡卫兵、胡长明、侯丕吉、曾磊、郑捷、王斌、李磊、王帆、张兴虎、王威、王建平、林咏梅、马乐为、张艺欣、郑淏等老师，刘晓航、王岱、丛峻、韩彦召、田进、孙乐彬、程洋、左英、石磊、黄威曾、裴培、孙龙飞、杨威、牛丽华、相泽辉、代旷宇、关永莹、汪峰、甘传磊等研究生，参与了本书部分章节内容的研究与应用示范工作或材料整理、插图绘制和编辑工作。全书由郑山锁整理统稿。

本书的主要研究工作得到了国家重点研发计划(2019YFC1509302)、国家科技支撑计划(2013BAJ08B03)、陕西省科技统筹创新工程计划(2011KTCQ03-05)、陕西省社会发展科技计划(2012K11-03-01)、陕西省教育厅产业化培育项目(2013JC16、2018JC020)、教育部高等学校博士学科点专项科研基金(20106120110003、20136120110003)、国家自然科学基金(51678475)、陕西省重点发计划(2017ZDXM-SF-093、2021ZDLSF06-10)、西安市科技计划(2019113813CXSF016SF026)等项目资助，并得到了陕西省科技厅、陕西省地震局、西安市地震局、西安市灞桥区、碑林区和雁塔区政府、清华大学、哈尔滨工业大学、西安建筑科技大学等的大力支持与协助，在此一并表示衷心的感谢。在本书所涉及相关内容的研究过程中，得到了中国地震局地球物理研究所高孟潭研究员和工程力学研究所孙柏涛研究员、沈阳建筑大学周静海教授、长安大学赵均海教授、机械工业勘察设计研究院全国工程勘察设计大师张炜、西安建筑科技大学梁兴文教授、西安理工大学刘云贺教授、西安交通大学马建勋教授、中国建筑西北设计研究院吴琨总工程师等专家的建言与指导，特此表示深切的谢意。

限于作者水平，加之研究工作本身带有探索性质，书中难免存在不足之处，恳请读者批评指正。

郑山锁
西安建筑科技大学
2022年6月

目　　录

前言

上篇　多龄期钢结构抗震性能试验研究

第 1 章　多龄期钢结构抗震性能概述……3
1.1　研究背景与研究意义……3
1.2　多龄期钢结构性能退化研究现状……4
1.2.1　大气环境下钢材腐蚀机理及影响因素……4
1.2.2　钢材大气腐蚀研究方法……5
1.2.3　锈蚀钢结构力学与抗震性能研究现状……6
参考文献……10
第 2 章　一般大气环境下钢框架柱拟静力试验研究……12
2.1　引言……12
2.2　试验概况……12
2.2.1　试件设计……12
2.2.2　一般大气环境模拟试验……13
2.2.3　加载装置与加载制度……15
2.2.4　测试内容……16
2.2.5　材性试验……16
2.3　试验结果及分析……19
2.3.1　试件破坏过程与特征……19
2.3.2　滞回曲线……21
2.3.3　骨架曲线……23
2.3.4　承载力及延性系数……25
2.3.5　强度衰减……25
2.3.6　刚度退化……26
2.3.7　耗能能力……27
参考文献……29
第 3 章　一般大气环境下钢框架节点拟静力试验研究……30
3.1　引言……30
3.2　试验概况……30
3.2.1　试件设计……30

3.2.2　加载装置与加载制度……31
3.2.3　测试内容……33
3.3　试验结果及分析……33
3.3.1　试件破坏过程与特征……33
3.3.2　滞回曲线……35
3.3.3　骨架曲线……39
3.3.4　承载力及延性系数……40
3.3.5　刚度退化……40
3.3.6　耗能能力……41
参考文献……42
第 4 章　一般大气环境下钢框架梁拟静力试验研究……43
4.1　引言……43
4.2　试验概况……43
4.2.1　试件设计……43
4.2.2　加载装置与加载制度……44
4.3　试验结果及分析……45
4.3.1　试件破坏过程与特征……45
4.3.2　滞回曲线……46
4.3.3　骨架曲线……48
4.3.4　承载力及延性系数……49
4.3.5　刚度退化……49
4.3.6　耗能能力……50
参考文献……51
第 5 章　一般大气环境下平面钢框架结构拟静力试验研究……53
5.1　引言……53
5.2　试验概况……53
5.2.1　试件设计……53
5.2.2　一般大气环境模拟试验……53
5.2.3　材性试验……55
5.2.4　加载装置与加载制度……57
5.2.5　测试内容……57
5.3　试验结果及分析……58
5.3.1　试件破坏过程与特征……58
5.3.2　滞回曲线……59
5.3.3　骨架曲线……60
5.3.4　承载力及延性系数……61

5.3.5 刚度退化……62
5.3.6 耗能能力……62
参考文献……63
第 6 章 一般大气环境下钢框架结构地震模拟振动台试验研究……64
6.1 引言……64
6.2 试验概况……64
6.2.1 结构简介与模型设计……64
6.2.2 一般大气环境模拟试验……65
6.2.3 加载方案……68
6.2.4 测点布置及测试内容……69
6.3 试验结果及分析……71
6.3.1 模型结构破坏过程与特征……71
6.3.2 动力特性……71
6.3.3 加速度反应……72
6.3.4 位移反应……75
6.3.5 应变反应……78
6.3.6 剪力分布……80
参考文献……83
第 7 章 近海大气环境下钢框架柱拟静力试验研究……84
7.1 引言……84
7.2 试验概况……84
7.2.1 试件设计……84
7.2.2 近海大气环境模拟试验……86
7.2.3 加载装置与加载制度……86
7.2.4 测试内容……87
7.2.5 材性试验……88
7.3 试验结果及分析……91
7.3.1 试验现象及破坏形态……91
7.3.2 滞回曲线……93
7.3.3 骨架曲线……97
7.3.4 承载力及延性系数……98
7.3.5 强度衰减……98
7.3.6 刚度退化……100
7.3.7 耗能能力……101
7.4 锈蚀钢框架柱恢复力模型……102
7.4.1 骨架曲线模型……102

7.4.2 滞回规则………107
7.4.3 恢复力模型的建立………110
7.4.4 恢复力模型的验证………111
参考文献………111
第 8 章 近海大气环境下钢框架节点拟静力试验研究………113
8.1 引言………113
8.2 试验概况………113
8.2.1 近海大气环境模拟试验………113
8.2.2 试件设计………114
8.2.3 试验加载方案………115
8.2.4 测试内容………115
8.3 试验结果及分析………116
8.3.1 试验现象及破坏形态………116
8.3.2 滞回曲线………116
8.3.3 骨架曲线………120
8.3.4 承载力及延性系数………121
8.3.5 刚度退化………122
8.3.6 耗能能力………123
参考文献………123
第 9 章 近海大气环境下钢框架梁拟静力试验研究………124
9.1 引言………124
9.2 试验概况………124
9.2.1 试件设计………124
9.2.2 加载装置与加载制度………124
9.3 试验结果及分析………125
9.3.1 试件破坏过程与特征………125
9.3.2 滞回曲线………126
9.3.3 骨架曲线………129
9.3.4 承载力及延性系数………129
9.3.5 刚度退化………130
9.3.6 耗能能力………130
9.4 锈蚀钢框架梁恢复力模型………131
9.4.1 骨架曲线模型………131
9.4.2 滞回规则………133
9.4.3 恢复力模型的建立………135
9.4.4 恢复力模型的验证………136

参考文献……137
第 10 章　近海大气环境下平面钢框架结构拟静力试验研究……138
10.1　引言……138
10.2　试验概况……138
10.2.1　试件设计……138
10.2.2　近海大气环境模拟试验……139
10.2.3　加载装置与加载制度……139
10.2.4　材性试验……140
10.3　试验结果及分析……142
10.3.1　试件破坏过程与特征……142
10.3.2　滞回曲线……143
10.3.3　骨架曲线……146
10.3.4　承载力及延性系数……147
10.3.5　刚度退化……147
10.3.6　耗能能力……148
参考文献……149
第 11 章　近海大气环境下钢框架结构地震模拟振动台试验研究……150
11.1　引言……150
11.2　试验概况……150
11.2.1　原型结构与模型设计……150
11.2.2　加载方案与测试内容……151
11.3　试验结果及分析……151
11.3.1　模型结构破坏过程与特征……151
11.3.2　动力特性……151
11.3.3　加速度反应……152
11.3.4　位移反应……155
11.3.5　应变反应……158
11.3.6　剪力分布……161
参考文献……163
第 12 章　新型钢框架节点抗震性能试验研究……164
12.1　引言……164
12.2　试验概况……164
12.2.1　试件设计……164
12.2.2　加载装置与加载制度……165
12.3　试验结果及分析……166

12.3.1 试件破坏过程与特征……166
12.3.2 滞回曲线……168
12.3.3 骨架曲线……169
12.3.4 承载力及延性系数……171
12.3.5 耗能能力……171
参考文献……172
第 13 章 近场区竖向地震作用下钢框架结构抗震性能试验研究……173
13.1 引言……173
13.2 试验概况……173
13.2.1 原型结构与模型设计……173
13.2.2 加载方案……173
13.3 试验结果及分析……174
13.3.1 模型结构破坏过程与特征……174
13.3.2 动力特性……175
13.3.3 加速度反应……176
13.3.4 位移反应……180
13.3.5 应变反应……183
13.3.6 结构剪力……185
参考文献……186
第 14 章 结论……187

下篇 多龄期钢结构地震易损性研究

第 15 章 地震易损性概述……191
15.1 研究背景与研究意义……191
15.2 建筑结构地震易损性研究现状……191
15.2.1 国外研究概况……191
15.2.2 国内研究概况……192
15.3 地震易损性分析方法……193
15.4 地震易损性研究思路……194
15.4.1 基于类的区域建筑结构地震灾害风险评估框架……195
15.4.2 多龄期结构时变地震易损性分析方法……195
参考文献……196
第 16 章 典型结构的建立……199
16.1 典型结构研究现状……199
16.2 研究采用的典型结构……200

16.2.1 典型结构建立方法……200
16.2.2 典型结构空间的建立……201
16.2.3 钢框架典型结构的建立……203
16.2.4 带支撑钢框架结构典型结构的建立……206
16.2.5 钢结构厂房典型结构的建立……210
参考文献……212
第17章 解析地震易损性模型……214
17.1 解析地震易损性函数的原理及基本形式……214
17.1.1 对数正态分布函数……214
17.1.2 概率地震需求模型……215
17.1.3 概率抗震能力模型……216
17.1.4 地震易损性函数的一般形式……217
17.2 解析地震易损性模型的不确定性……218
17.2.1 不确定因素来源……218
17.2.2 不确定性的划分及量化……219
17.3 拟采用的解析地震易损性模型……222
参考文献……223
第18章 地震动记录及强度指标的选择……225
18.1 地震动记录选取……225
18.1.1 地震动记录集的研究现状……225
18.1.2 研究采用的地震动记录集……227
18.2 地震动强度指标选取……229
18.3 IDA分析中地震动调幅方法……231
参考文献……233
第19章 多龄期钢结构概率地震需求分析……235
19.1 不同侵蚀环境下多龄期钢结构腐蚀程度量化模型……235
19.1.1 一般大气环境……236
19.1.2 近海大气环境……239
19.1.3 锈蚀钢材力学性能退化规律……241
19.2 多龄期钢结构数值建模……244
19.2.1 多龄期钢框架结构数值模型的建立……244
19.2.2 多龄期带支撑钢框架结构数值模型的建立……245
19.2.3 多龄期钢结构厂房数值模型的建立……246
19.3 概率地震需求分析……247
19.3.1 钢框架结构概率地震需求分析……248

19.3.2 带支撑钢框架结构概率地震需求分析……255
19.3.3 单层钢结构厂房概率地震需求分析……260
参考文献……268
第 20 章 多龄期钢结构概率抗震能力分析……269
20.1 结构破坏状态的划分……269
20.2 破坏极限状态的定义……270
20.2.1 抗震性能指标选取……271
20.2.2 各破坏极限状态抗震性能指标的量化方法……271
20.3 多龄期钢框架结构各破坏极限状态层间位移角限值……273
20.3.1 非倒塌极限状态……273
20.3.2 倒塌极限状态……276
20.3.3 层间位移角限值量化结果……277
20.4 多龄期带支撑钢框架结构各破坏极限状态层间位移角限值……282
20.4.1 非倒塌极限状态……282
20.4.2 倒塌极限状态……285
20.4.3 层间位移角限值量化结果……285
20.5 多龄期钢结构厂房各破坏极限状态层间位移角限值……291
20.5.1 非倒塌极限状态……291
20.5.2 倒塌极限状态……292
20.5.3 层间位移角限值量化结果……293
20.6 概率抗震能力的不确定性……298
参考文献……299
第 21 章 多龄期钢结构地震易损性分析……302
21.1 多龄期钢框架结构地震易损性分析……302
21.1.1 一般大气环境……302
21.1.2 近海大气环境……307
21.2 多龄期带支撑钢框架结构地震易损性分析……312
21.2.1 一般大气环境……312
21.2.2 近海大气环境……315
21.3 多龄期钢结构厂房地震易损性分析……318
21.3.1 一般大气环境……318
21.3.2 近海大气环境……323
第 22 章 考虑不同设计规范的结构地震易损性……329
22.1 我国抗震设计规范的发展……329
22.2 不同设计规范下结构地震易损性分析方法……332

22.3　不同设计规范下钢结构的地震易损性……333
22.3.1　无规范阶段……334
22.3.2　78 规范阶段……337
22.3.3　89 规范阶段……349
参考文献……349
第 23 章　结论……351

上　篇

多龄期钢结构抗震性能试验研究

第1章　多龄期钢结构抗震性能概述

1.1　研究背景与研究意义

与传统混凝土结构相比，钢结构因其轻质高强、塑性及抗震性能好、建造方便、绿色低碳、艺术表现力丰富等优点越来越受到青睐。近几十年来，国内钢材产量及品种大幅提升，除传统的钢结构厂房外，钢结构也逐渐应用于高层、超高层及大跨度结构，一大批地标性钢结构建筑拔地而起，如深圳地王大厦、北京鸟巢、广州歌剧院等，如图1.1所示。

(a) 深圳地王大厦

(b) 北京鸟巢

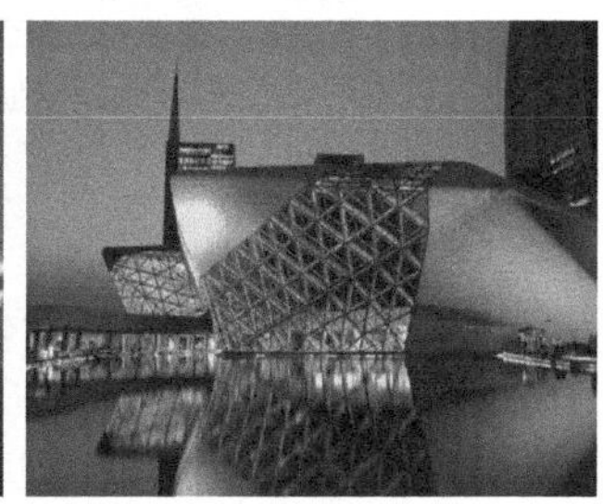

(c) 广州歌剧院

图1.1　钢结构建筑

钢结构作为一种以金属材料为主要承重材料的结构，具有耐腐蚀性差的缺点。暴露在大气环境中的钢结构，会在结构材料表面形成一种薄液膜，在干湿交替过程中对结构材料产生腐蚀[1]。随着我国工业化进程的不断加速，环境问题日益突出，研究表明[2]，一般大气环境中的SO_2含量、近海大气环境中的Cl^-含量及结构暴露在大气环境中的时间(结构的服役龄期)对钢材的腐蚀程度有很大影响。钢结构服役时间越长，所处大气环境中SO_2含量或Cl^-含量越多，结构腐蚀越严重。腐蚀后构件的有效截面减小，钢材的强度和延性下降；不均匀腐蚀引起的锈坑会导致应力集中，这些现象均不同程度地影响承重钢构件和整体钢结构的力学与抗震性能，并增加结构风险事故发生的概率[1,3]。实际工程中腐蚀引起的灾难性事故屡见不鲜，尤其在地震等动力荷载作用下，腐蚀介质引起钢材脆性断裂并影响疲劳强度，危害更为严重。资料显示[3,4]，近年来美国因腐蚀造成的钢结构不安全事故约占全部不安全事故的31.8%，我国为25%～30%。在役钢结构锈蚀情况如图1.2所示。

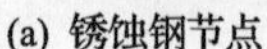

(a) 锈蚀钢节点　　(b) 锈蚀柱脚　　(c) 桥面锈蚀护栏

(d) 锈蚀桥墩　　(e) 锈蚀栈桥桥墩

图 1.2　在役钢结构锈蚀情况

近年来，我国地震频发，不仅给人民生命财产安全造成了重大损失，也对我国的经济和社会稳定产生了巨大冲击。城市是人类聚居和社会财富聚集的地区，在我国社会经济发展中占据着重要地位。城市区域建筑是维系城市运行的基础设施系统，也是城市遭受地震灾害的主要承灾体，对其进行科学的地震灾害风险评估是减少地震灾害造成人员伤亡、财产损失和文化流失的根本方法。同时，由于建造历史时期及所处侵蚀环境的不同，城市区域建筑结构的抗震性能表现出多龄期性能退化的特性。因此，对于在役钢结构，准确地评估其抗震性能对合理预测与评估地震灾害和灾后损失具有重大意义。

1.2　多龄期钢结构性能退化研究现状

1.2.1　大气环境下钢材腐蚀机理及影响因素

1. 一般大气环境

钢材在一般大气环境下腐蚀的实质是钢材处于表面液膜下的电化学腐蚀过程，电化学腐蚀时阴极发生氧化极化反应，阳极发生金属腐蚀。其腐蚀反应过程如下：

阴极：

$$SO_2+O_2+2e^- \longrightarrow SO_4^{2-}$$

$$O_2 + 6H_2O \longrightarrow 4OOH^{2-} + 8H^+$$

阳极：

$$4H^+ + 2Fe + O_2 \longrightarrow 2Fe^{2+} + 2H_2O$$

大气环境下钢材腐蚀的主要影响因素如下[3]：

(1) 相对湿度。一定温度下，当相对湿度超过某一数值时，钢材的锈蚀速率突然开始加快，腐蚀类型由化学腐蚀转变为电化学腐蚀，此时的相对湿度大小被定义为钢材发生锈蚀的临界湿度。

(2) 温度。大气环境中钢材表面水汽的凝聚程度受周围环境温度变化的影响很大，若温度长时间处于较高状态，则不利于水汽的凝聚，同时温度的变化也会对水膜中腐蚀气体浓度、盐类含量以及水膜的电阻产生较大的影响。

(3) 空气中的污染源。由于大气中含有硫化物、氮化物、碳化物和尘埃等污染物，当这些具有腐蚀性的粉尘或气体溶解于钢材表面的液膜时，就会形成对钢材具有较强腐蚀性的酸性溶液或盐溶液。

2. 近海大气环境

钢材在近海大气含 Cl^- 环境下的腐蚀是一个复杂的化学及电化学反应过程。在近海大气环境下，钢材发生锈蚀除了受环境湿度和温度的影响外，海浪或潮汐对海水的雾化作用所形成的海盐气溶胶(主要为 NaCl)也是影响其腐蚀的重要因素。钢材通过电化学反应在钢材表面生成水合 $Fe(OH)_2$ 钝化膜使钢材进入钝化状态，而大气中 Cl^- 的存在改变了钢材表面钝化膜的结构，提高了钢材表面 $Fe(OH)_2$ 钝化膜的溶解速率，加快了钢材的腐蚀。当 Cl^- 浓度达到 0.2mol/L 以上时，$Fe(OH)_2$ 钝化膜的溶解速率与其生成速率相当，此时钢材表面无法生成连续的钝化膜，钝化现象消失，使得钢材腐蚀更为严重[5]。

1.2.2　钢材大气腐蚀研究方法

研究金属大气腐蚀常用的方法主要为大气环境暴露试验和室内加速腐蚀试验，大气环境暴露试验方法的优点是能真实再现腐蚀场景，可方便直观地采集数据，准确反映材料与结构性能随腐蚀时间变化的退化规律[6]。由于大气环境暴露试验具有操作方法简便、试验结果可靠等优点，世界各国都十分关注并进行了大量的大气腐蚀暴露试验，以获得金属腐蚀相关数据。从 1961 年开始，美国试验与材料协会(ASTM)进行了包括钢材在内的多种金属材料大气腐蚀试验。到目前为止，已在 500 多个城市进行长达 25 年的大气腐蚀调查，整理并出版了大气腐蚀图。但是，大气环境暴露试验由于试验周期长、人力物力耗费大，且受区域性限制，不利于试验结果的推广和应用。

与大气环境暴露试验相比，室内加速腐蚀试验的试验周期短，耗费的人力物力相对较少，且能够满足其实腐蚀过程的相关性要求，故多被研究人员采用。目前，主要的室内加速腐蚀试验方法有以下几种[7]。

1) 湿热试验法

湿热试验法通常分为交变湿热与恒定湿热试验两种。它是通过人为制造一个高温、高湿的环境，使处于该环境下的试样表面凝集一定的水分，以达到强化腐蚀环境、加速试样锈蚀的目的。

2) 盐雾试验

美国材料与试验协会在 1962 年提出了 3 种盐雾试验标准：中性盐雾试验、醋酸盐雾试验、醋酸氯化铜盐雾试验。该方法仅作为一种人工加速腐蚀试验方法，不能预测材料在某一实际使用环境下的真实使用寿命。一般情况下，常用此方法来模拟海洋环境对材料的腐蚀。

3) 周期喷雾复合腐蚀试验

带有干燥过程并周期性地进行盐水喷雾的复合试验方法具有“湿润—干燥”循环过程，该试验方法能较好地模拟自然大气环境下，由雨、雾等在试样表面形成的液膜由厚变薄、由湿变干的循环过程，它能较真实地重现大气环境中的循环过程，因此试验结果也更接近金属材料在自然大气环境中的腐蚀过程。

4) 干湿周浸循环试验

干湿周浸循环试验是通过配制模拟不同大气环境的浸润液，并将试件周期性地浸入其中，以模拟试件在工业大气环境、乡村大气环境及海洋大气环境下的腐蚀情况。

5) 多因子循环复合腐蚀试验

多因子循环复合腐蚀试验不但考虑大气腐蚀的一些基本特点，还综合考虑其他影响锈蚀的因素，最能真实模拟金属材料在自然大气环境中的实际锈蚀情况，也是未来金属加速腐蚀试验的发展趋势。

1.2.3 锈蚀钢结构力学与抗震性能研究现状

1. 钢材腐蚀形态表征研究现状

由于钢材所处环境的复杂性及自身化学成分的不确定性，锈蚀后的钢材形态多样，目前关于表征钢结构的锈蚀形态尚未形成一套公认的方法和理论。通常情况下，可将钢材锈蚀按形态分为均匀锈蚀和局部锈蚀(坑蚀)两种。均匀锈蚀是指锈蚀分布于整个试件表面，并以相同的速度使构件截面尺寸减小；局部锈蚀是指锈蚀破坏集中在局部狭小区域，锈蚀速度在试件表面存在明显差异，且局部锈蚀产生的局部减薄缺陷对钢材造成的危害要比均匀锈蚀严重[8]。

孔正义[9]借助 TR-300 接触式粗糙度检测仪对锈蚀钢材表面特征进行了测试，提出了均匀锈蚀和局部锈蚀深度的计算方法。商钰[10]依据 EN/ISO-4287 标准中各参数的定义，采用 InfiniteFocus 全自动变焦三维表面测量仪对腐蚀钢板表面形貌参数进行选择计算分析，合理评价了腐蚀钢板表面的三维形貌。Nakai 等[11]对取自船舱的试件表面锈蚀形态进行了研究，结果发现，在海洋大气环境中试件表面主要呈现出圆锥形的锈坑，而海水中试件表面主要呈现出半圆形的锈坑。

2. 锈蚀钢材力学性能研究现状

魏瑞演[12]对海洋大气环境下腐蚀 5～13 年的试件进行了试验研究，试验结果表明，随着锈蚀程度的增加，钢材的屈服强度、极限强度、伸长率、屈强比等力学性能指标急剧降低。徐兴平等[13]对渤海八号平台实物加工试样进行了拉伸试验，以评价渤海八号平台的现有静强度，结果表明，经长时间服役的结构，其材料的极限强度大幅下降。Nakai 等[14]以人工制作锈坑来模拟钢材表面自然锈坑，对锈蚀钢材的力学性能进行了试验研究，结果表明，随着锈坑深度和密度的增大，试件的屈服强度、极限强度、伸长率等力学性能指标显著降低。

Almusallam[15]进行了锈蚀钢材的力学性能试验研究，结果表明，腐蚀对钢材的塑性性能影响较大，并合理地解释了锈蚀钢材屈服平台变短的机理。陈露[16]研究分析了锈蚀 Q235 钢材力学性能退化规律，指出当锈蚀率接近 5%时，锈蚀后试件的应力-应变关系曲线无明显变化；当锈蚀率介于 5%～10%时，构件的屈服强度随着锈蚀程度的增加而有所提高；当锈蚀率大于 10%时，构件的屈服强度随着锈蚀程度的增加而逐渐降低。

此外，国内外学者对锈蚀钢材失重率与其力学性能指标间的关系进行了研究，提出反映二者关系的回归模型。文献[17]给出了均匀锈蚀下钢筋的屈服强度、弹性模量与失重率的关系：

$$\begin{cases} f_{\mathrm{y}}' / f_{\mathrm{y}} = 1 - 0.24 D_{\mathrm{w}} \\ E_{\mathrm{s}}' / E_{\mathrm{s}} = 1 - 0.75 D_{\mathrm{w}} \end{cases} \tag{1-1}$$

式中，f_{y}、f_{y}' 分别为未锈蚀和锈蚀钢筋的屈服强度；E_{s}、E_{s}' 分别为未锈蚀和锈蚀钢筋的弹性模量；D_{w} 为钢筋失重率。

沈德建[18]对大气环境中锈蚀钢筋混凝土梁中不同腐蚀程度的钢筋进行了力学性能试验，通过试验结果统计分析得到了锈蚀Ⅰ、Ⅱ级钢筋屈服强度、极限强度和伸长率与失重率的关系：

$$\begin{cases} f_{yc}^1 / f_y^1 = (1-1.004D_w)/(1-D_w) \\ f_{uc}^1 / f_u^1 = (1-1.267D_w)/(1-D_w) \\ \delta_c^1 / \delta^1 = 1-1.941D_w \end{cases} \tag{1-2}$$

$$\begin{cases} f_{yc}^2 / f_y^2 = (1-1.272D_w)/(1-D_w) \\ f_{uc}^2 / f_u^2 = (1-1.265D_w)/(1-D_w) \\ \delta_c^2 / \delta^2 = 1-2.427D_w \end{cases} \tag{1-3}$$

式中，f_y^1、f_{yc}^1 分别为锈蚀前与锈蚀后Ⅰ级钢筋屈服强度；f_u^1、f_{uc}^1 分别为锈蚀前与锈蚀后Ⅰ级钢筋的极限强度；δ^1、δ_c^1 分别为锈蚀前与锈蚀后Ⅰ级钢筋的伸长率；f_y^2、f_{yc}^2 分别为锈蚀前与锈蚀后Ⅱ级钢筋的屈服强度；f_u^2、f_{uc}^2 分别为锈蚀前与锈蚀后Ⅱ级钢筋的极限强度；δ^2、δ_c^2 分别为锈蚀前与锈蚀后Ⅱ级钢筋的伸长率。

李昊等[19]对从服役 40 年的厂房屋面板中提取的 12 根不同腐蚀程度的试样进行了拉伸试验，得到了钢筋腐蚀后的伸长率与失重率的关系：

$$\delta' / \delta = 1.2752 - 1.5590D_w \tag{1-4}$$

式中，δ 为钢筋最小允许伸长率；δ' 为钢筋腐蚀后的伸长率。

史炜洲[3]基于腐蚀钢材力学性能试验，运用最小二乘法对试验结果进行回归，得到了 Q235B 钢材屈服强度、极限强度与其锈蚀率之间的关系：

$$f_{y,\eta} / f_y = 1 - 0.9852\eta \tag{1-5}$$

$$f_{u,\eta} / f_u = 1 - 0.9732\eta \tag{1-6}$$

$$\eta = \frac{A_t}{A_0} \tag{1-7}$$

式中，f_y、$f_{y,\eta}$ 分别为钢材锈蚀前后的屈服强度；f_u、$f_{u,\eta}$ 分别为钢材锈蚀前后的极限强度；η 为钢材锈蚀率；A_0 为构件设计截面面积；A_t 为构件在一定服役龄期 t 时构件截面锈蚀面积。

陈露[16]针对钢结构使用的不同环境，运用五种室内加速腐蚀方法(酸性土壤、盐性土壤、酸性大气、盐性大气和湿热循环)，探讨了不同环境条件下钢结构锈蚀规律，建立了不同腐蚀条件下钢材各项力学指标与锈蚀率的退化关系。

钢材构件伸长率 y_1 与锈蚀率 x 的关系：

$$y_1 = 0.1e^{-1.15x} + 1.38 \tag{1-8}$$

钢材构件屈服强度 y_2 与锈蚀率 x 的关系：

$$y_2 = 271.9 - 1.79x \tag{1-9}$$

钢材构件极限强度 y_3 与锈蚀率 x 的关系：

$$y_3 = 432.8 - 7.85x \tag{1-10}$$

上述研究已基本揭示了不同环境作用下腐蚀钢筋或钢材力学性能的退化规律，但其研究仅限于试验层面，没有将试验研究成果进一步应用到实际锈蚀钢结构中。要想进一步进行实际应用，首先需要解决试验锈蚀程度与实际钢结构锈蚀年限的对应问题。

3. *构件和结构层面的研究现状*

文献[17]对工字梁腹板不同位置进行人工锈蚀，进而进行受弯破坏试验，探讨了腹板不同部位锈蚀对梁承载与变形能力的影响，分析了坑蚀和均匀锈蚀对梁极限承载力的影响。

Beaulieu 等[20]对 16 根角钢构件进行了不同程度的腐蚀，并对其进行抗压试验，分析了锈蚀程度对抗压性能的影响。张华[8]结合试验研究与有限元分析，探讨了锈蚀对 H 型钢柱压弯性能的影响，指出锈蚀引起构件截面尺寸减小是其承载力下降的主要原因。钟宏伟[21]运用 ANSYS 模拟了锈蚀 H 型钢柱偏心受压承载性能，探讨了锈蚀 H 型钢柱偏心受压承载力的退化规律。

潘典书[22]分析了钢结构涂层的大气腐蚀特性，通过锈蚀钢材力学性能试验及锈蚀 H 型钢梁受弯承载力试验，揭示了锈蚀 H 型钢梁受弯性能退化规律，并建立了其受弯承载力退化模型。孔正义[9]以无涂层钢结构为研究对象，分别采用干湿交替、酸雾复合法和恒温恒湿法对其进行快速腐蚀试验，分析了分形维数与疲劳寿命间的关系，建立了钢结构疲劳寿命预测方法。

史炜洲等[1]对腐蚀 Q235B 钢材和 H 型钢梁分别进行了拉伸和静力加载试验，揭示了腐蚀钢材基本力学性能随失重率增大的衰变规律，指出翼缘和腹板厚度是影响腐蚀 H 型钢梁承载力和刚度的重要因素。白桦[23]进行了自然环境下锈蚀槽钢梁的受弯性能试验，并结合数值分析揭示了锈蚀程度对槽钢梁受弯性能的影响。

Takahashi 等[24]对一个长 1.2m 局部锈蚀的钢管柱试件进行了足尺试验研究和数值模拟，结果表明，钢管柱破坏形式与其局部腐蚀区域形状和应力状态有关。

张春涛等[25]进行了酸雨腐蚀下Q345等边角钢构件的拟静力试验研究，建立了试件承载力、刚度、延性和耗能能力等指标与腐蚀时间的量化关系。赵贞欣[26]对服役龄期70年的钢结构煤气柜进行了腐蚀检测和安全评估，结果表明，由于腐蚀损伤的影响，结构的承载力和稳定性均不满足钢结构规范要求。李永杰[27]以在役网架结构为对象，检测分析了网架杆件的腐蚀深度与影响因素，建模分析了锈蚀深度对结构承载能力的影响。

综上所述，国内外既有研究主要集中于钢材锈蚀形态表征、锈蚀钢材力学性能、锈蚀构件和结构承载力等方面，而关于不同大气环境下锈蚀钢结构材料、构件与结构力学和抗震性能的系统研究成果鲜见报道。鉴于此，课题组通过试验研究、理论分析和数值模拟等方法，对一般大气和近海大气环境下锈蚀钢框架梁、柱、节点、平面钢框架及空间钢框架等进行了系统深入的研究，揭示了锈蚀钢结构材料、构件与结构力学和抗震性能随锈蚀程度的变化规律，并给出其理论描述与表征，以为不同大气环境下在役钢结构的地震反应分析与易损性评估提供试验与理论支撑。

参考文献

[1] 史炜洲, 童乐为, 陈以一, 等. 腐蚀对钢材和钢梁受力性能影响的试验研究[J]. 建筑结构学报, 2012, 33(7): 53-60.

[2] 刘新, 时虎. 钢结构防腐蚀和防火涂装[M]. 北京: 化学工业出版社, 2005.

[3] 史炜洲. 钢材腐蚀对住宅钢结构性能影响的研究与评估[D]. 上海: 同济大学, 2009.

[4] 张锐. 住宅钢结构腐蚀性能调查分析与防腐对策[D]. 上海: 同济大学, 2008.

[5] 刁兆玉, 韩允雨, 李怀祥. 铁在酸碱及氯离子介质中腐蚀的研究[J]. 山东师大学报(自然科学版), 2000, 15(3): 274-278.

[6] 王凤平, 张学元. 大气腐蚀研究动态与进展[J]. 腐蚀科学与防护技术, 2000, 12(2): 104-108.

[7] 林翠, 王凤平, 李晓刚. 大气腐蚀研究方法进展[J]. 中国腐蚀与防护学报, 2004, 24(4): 249-256.

[8] 张华. 锈蚀H型钢柱压弯性能试验研究与理论分析[D]. 西安: 西安建筑科技大学, 2011.

[9] 孔正义. 腐蚀钢构件疲劳性能退化试验研究[D]. 西安: 西安建筑科技大学, 2010.

[10] 商钰. 腐蚀环境对钢结构表面锈蚀特征影响的研究[D]. 西安: 西安建筑科技大学, 2011.

[11] Nakai T, Matsushita H, Yamamoto N, et al. Effect of pitting corrosion on local strength of hold frames of bulk carriers (1st report) [J]. Marine Structures, 2004, 17(5): 403-432.

[12] 魏瑞演. 钢结构在海洋气候腐蚀条件下的力学性能试验研究[J]. 福建建筑高等专科学校学报, 2001,3(3-4): 37-43.

[13] 徐兴平, 黄东升, 潘东民. 渤海八号平台静强度评估[J]. 石油矿场机械, 1999, 28(4): 19-21.

[14] Nakai T, Matsushita H, Yamamoto N. Effect of pitting corrosion on local strength of hold frames of bulk carriers (2nd Report)—Lateral-distortional buckling and local face buckling[J]. Marine Structures, 2004, 17(8): 612-641.

[15] Almusallam A A. Effect of degree of corrosion on the properties of reinforcing steel bars[J]. Construction and Building Materials, 2001, 15(8): 361-368.

[16] 陈露. 锈蚀后钢材材料性能退化研究[D]. 西安: 西安建筑科技大学, 2010.

[17] Lee H S, Noguchi T, Tomosawa F. Evaluation of the bond properties between concrete and reinforcement as a function of the degree of reinforcement corrosion[J]. Cement and Concrete Research, 2002, 32(8): 1313-1318.

[18] 沈德建. 大气环境锈蚀钢筋混凝土梁试验研究[D]. 南京: 河海大学, 2003.

[19] 李昊, 张园, 张丽. 钢筋混凝土结构中钢筋锈蚀后力学性能变化的试验研究[J]. 内蒙古农业大学学报, 2006, 4(27): 114-116.

[20] Beaulieu L V, Legeron F, Langlois S. Compression strength of corroded steel angle members[J]. Journal of Constructional Steel Research, 2010, 66(11): 1366-1373.

[21] 钟宏伟. 锈蚀 H 型钢构件偏心受压性能研究[D]. 西安: 西安建筑科技大学, 2010.

[22] 潘典书. 锈蚀 H 型钢构件受弯承载性能研究[D]. 西安: 西安建筑科技大学, 2009.

[23] 白烨. 锈蚀槽钢受弯性能试验研究与理论分析[D]. 西安: 西安建筑科技大学, 2009.

[24] Takahashi K, Andoa K, Hisatsune M, et al. Failure behavior of carbon steel pipe with local wall thinning near orifice[J]. Nuclear Engineering and Design, 2007, 237(4): 335-341.

[25] 张春涛, 范文亮, 李正良. 腐蚀环境中 Q345 等边角钢构件拟静力试验研究[J]. 工程力学, 2014, (11): 53-62.

[26] 赵贞欣. 作为文物保护的经典煤气柜检测、安全评估和再利用[D]. 上海: 同济大学, 2006.

[27] 李永杰. 锈蚀对网架结构性能影响的研究分析[J]. 科技情报开发与经济, 2007, 17(14): 193-194.

第 2 章　一般大气环境下钢框架柱拟静力试验研究

2.1 引　言

本章采用人工气候环境模拟技术对 72 件钢材标准试件和 12 榀钢框架柱进行一般大气环境下的加速腐蚀，进而对不同锈蚀程度的钢材试件进行拉伸破坏试验，获得一般大气环境下锈蚀 Q235B 钢材力学性能指标随失重率增大的退化规律；对 12 榀钢框架柱进行低周往复加载试验，研究不同锈蚀程度、轴压比及加载路径对钢框架柱的滞回曲线、骨架曲线、强度和刚度退化以及滞回耗能等抗震性能的影响。

2.2 试 验 概 况

2.2.1 试件设计

参考国家现行规范与规程[1-3]，并结合实际工程常规尺寸及实验室条件，设计 1∶2 缩尺比例的钢框架柱试件 12 榀。试件取框架中柱节点至反弯点区段，并在试件底端设置相对刚度较大的基础梁。试件均采用热轧 H 型钢制作，材质为 Q235B，柱截面规格为 HW250×250×9×14。试件几何尺寸与截面尺寸如图 2.1 所示。

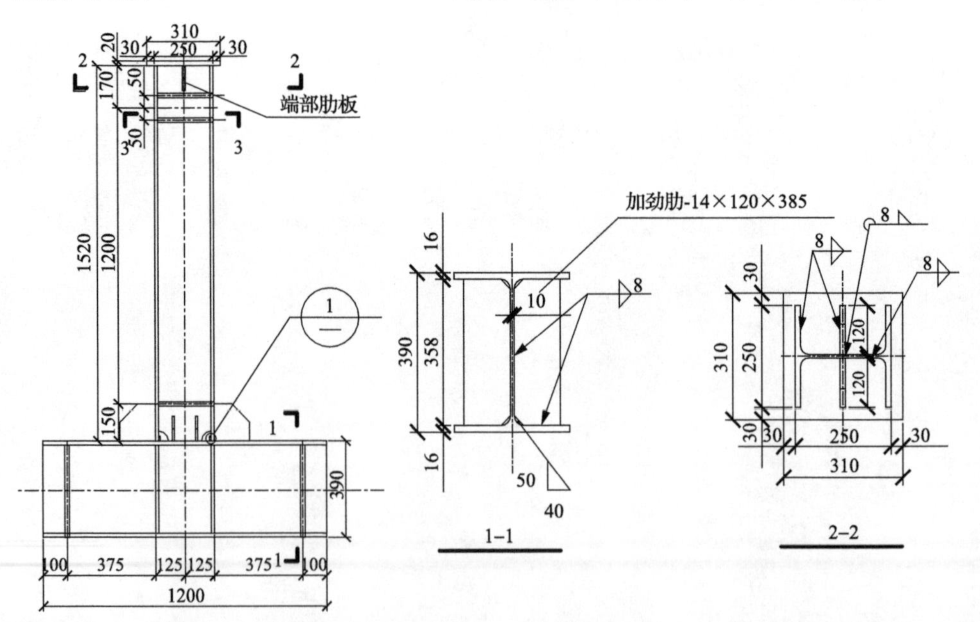

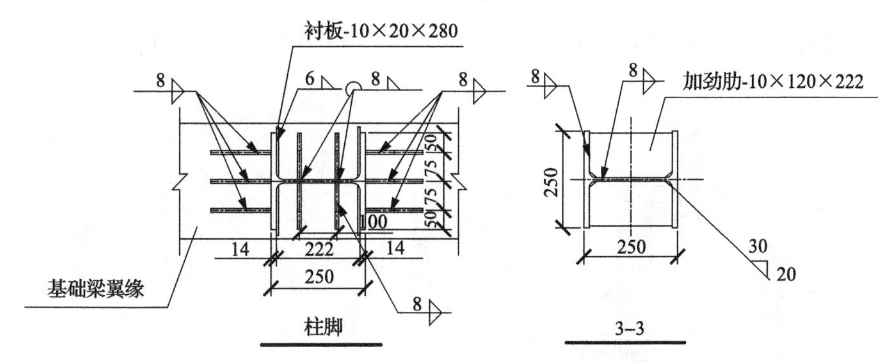

图 2.1　钢框架柱试件几何尺寸与截面尺寸(单位：mm)(一般大气环境)

钢框架柱试件设计参数包括锈蚀程度、轴压比和加载制度，见表 2.1。其中，锈蚀程度分为未锈蚀、轻度锈蚀、中度锈蚀和重度锈蚀四种；轴压比分为 0.2、0.3 和 0.4 三种；加载制度分为变幅循环-1 加载、变幅循环-2 加载和等幅循环加载三种。

表 2.1　钢框架柱试件设计参数(一般大气环境)

试件编号	截面尺寸/mm	钢材强度	轴压比	锈蚀程度	加载制度
Column-1	HW250×250×9×14	Q235B	0.2	轻度	变幅循环-1 加载
Column-2	HW250×250×9×14	Q235B	0.2	重度	变幅循环-1 加载
Column-3	HW250×250×9×14	Q235B	0.4	轻度	变幅循环-1 加载
Column-4	HW250×250×9×14	Q235B	0.2	中度	变幅循环-1 加载
Column-5	HW250×250×9×14	Q235B	0.3	轻度	变幅循环-1 加载
Column-6	HW250×250×9×14	Q235B	0.2	重度	等幅循环加载
Column-7	HW250×250×9×14	Q235B	0.2	重度	变幅循环-2 加载
Column-8	HW250×250×9×14	Q235B	0.3	中度	等幅循环加载
Column-9	HW250×250×9×14	Q235B	0.4	中度	等幅循环加载
Column-10	HW250×250×9×14	Q235B	0.2	未锈蚀	变幅循环-1 加载
Column-11	HW250×250×9×14	Q235B	0.3	未锈蚀	变幅循环-2 加载
Column-12	HW250×250×9×14	Q235B	0.4	未锈蚀	变幅循环-2 加载

2.2.2　一般大气环境模拟试验

人工气候环境能够模拟自然环境的气候作用过程，并强化气候因素的老化作用，以达到与自然环境相同的钢材电化学锈蚀机理和加速锈蚀的目标。因此，本节利用人工气候环境试验技术模拟一般大气环境作用。试验采用西安建筑科技大学 ZHT/W2300 气候模拟试验系统，如图 2.2 所示。

依据《金属和合金的腐蚀 酸性盐雾、“干燥”和“湿润”条件下的循环加速腐蚀试验》(GB/T 24195—2009)[4]规定的酸性盐雾试验条件，对该系统进行参数设定以进行一般大气环境加速模拟试验。其中，酸性盐雾溶液配制方法如下：

(a) 气候模拟试验系统

(b) 腐蚀中试件

图 2.2　ZHT/W2300 气候模拟试验系统

(1)配制质量分数为 5%的中性 NaCl 溶液。在温度为 25℃±2℃时，电导率不高于 20μS/cm 的蒸馏水或者去离子水中溶解 NaCl，配置成浓度为 50g/L±5g/L 的溶液。在 25℃时，NaCl 溶液的密度为 1.029～1.036g/cm^3。

(2)溶液酸化。在 25℃±2℃时，向 10L 质量分数为 5%的中性 NaCl 溶液中添加 12mL 硝酸溶液(HNO_3，ρ=1.42g/cm^3)、17.3mL 硫酸溶液(H_2SO_4，ρ=1.84g/cm^3)和质量分数为 10%的氢氧化钠溶液(NaOH，ρ=1.1g/cm^3)，调整溶液的 pH 为 3.5±0.1(约需要 300mL NaOH 溶液)。

盐雾试验根据锈蚀程度的不同(轻度锈蚀、中度锈蚀和重度锈蚀)依次循环 120 次、240 次、360 次，每个循环试验时间为 8h，周期酸性盐雾腐蚀试验参数见表 2.2。

表 2.2　一般大气环境模拟试验参数

类别	试验条件
酸性盐雾条件	温度：35℃±1℃ 酸性盐雾溶液：pH 为 3.5±0.1，盐浓度为 50g/L±5g/L
“干燥”条件	温度：60℃±1℃ 相对湿度：<30%
“湿润”条件	温度：50℃±1℃ 相对湿度：>95%
单循环时间及具体内容	每个循环试验时间 8h：酸性盐雾条件 2h，“干燥”条件 4h，“湿润”条件 2h (每个试验条件下的时间包括到达规定温度的时间)
试验条件转换时间	盐雾—干燥：<30min 干燥—湿润：<15min 湿润—盐雾：<30min(当转为“盐雾”条件时，立即进行“盐雾”)

2.2.3　加载装置与加载制度

拟静力试验在西安建筑科技大学结构与抗震实验室进行。框架柱顶端水平低周往复荷载通过 30 吨 MTS 电液伺服作动器施加，柱顶部设置 1 台 100 吨液压千斤顶以施加恒定竖向荷载。通过压梁与地脚螺栓将试件固定于实验室地面，并在基础梁两端分别设置千斤顶，实现底部嵌固的边界条件。此外，在试件两侧设置水平滑动支撑，确保试验过程中试件平面外稳定。试验加载装置如图 2.3 所示。

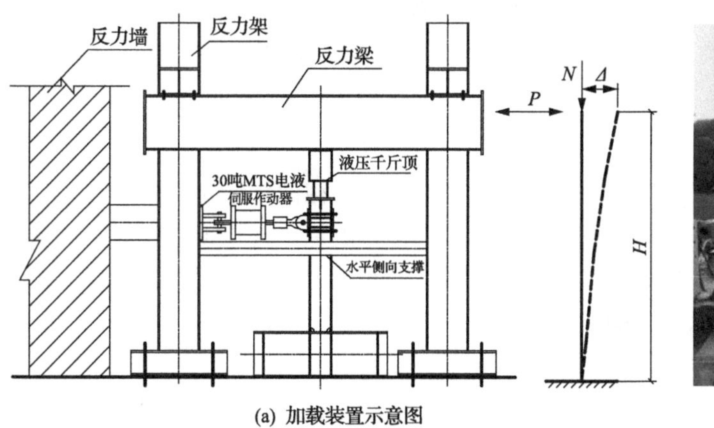

(a) 加载装置示意图

(b) 加载装置照片

图 2.3　钢框架柱试验加载装置

水平往复荷载采用位移控制进行加载，加载方案如下：①变幅循环-1 加载，按位移依次为 4mm、6mm、9mm、12mm、18mm、20mm、30mm、40mm、…进行往复循环加载，每级循环 2 次，直至试件水平荷载下降至峰值荷载的 85%或出现明显破坏而无法承受竖向荷载时，加载结束；②变幅循环-2 加载，按位移依次为 4mm、6mm、9mm、12mm、18mm、20mm、30mm、40mm 进行往复循环加载，每级循环 2 次，之后重复上述加载过程，直至试件破坏；③等幅循环加载，按位移为 40mm 进行往复循环加载，直至试件破坏。试验加载制度如图 2.4 所示。

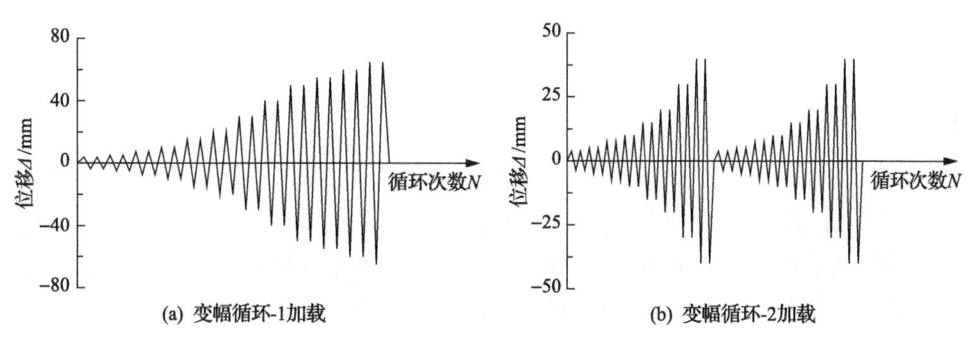

(a) 变幅循环-1加载　　(b) 变幅循环-2加载

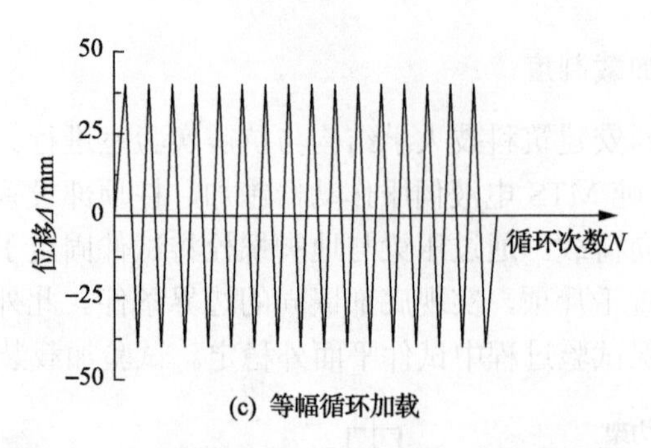

(c) 等幅循环加载

图 2.4　钢框架柱试验加载制度(一般大气环境)

2.2.4　测试内容

试验测试内容包含：①应变测量，在框架柱底部截面翼缘和腹板粘贴电阻应变片用以测量塑性铰区截面应变发展规律；②位移测量，在柱顶加载端处设置位移计用于测量柱顶水平位移，在柱底不同高度处布置位移计用于测量柱底塑性铰区相对转角。试件测点布置如图 2.5 所示。

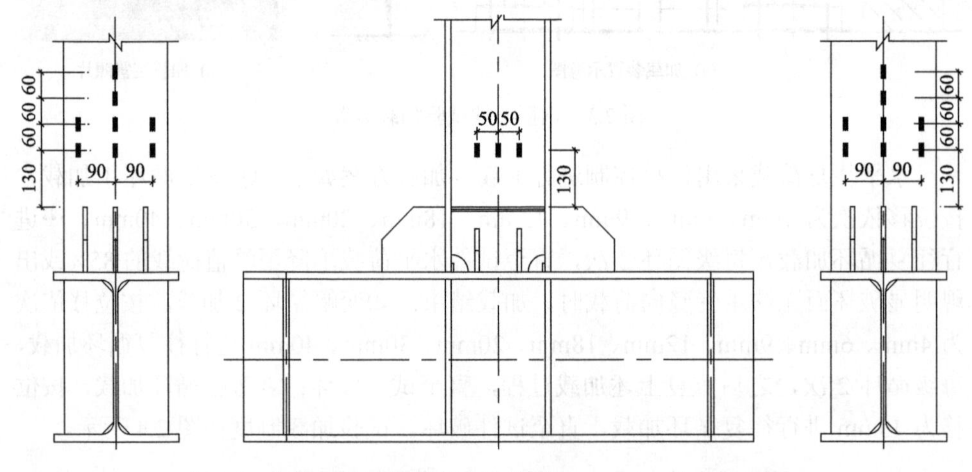

图 2.5　钢框架柱试件测点布置(单位：mm)(一般大气环境)

2.2.5　材性试验

依据《钢及钢产品　力学性能试验取样位置及试样制备》(GB/T 2975—2018)[5]，从与制作钢框架柱试件同批次钢材上切取 6.5mm、9mm 和 14mm 三种厚度的材性试件，将其与钢框架柱试件一同置于盐雾加速腐蚀箱内进行同步腐蚀。材性试验设计参数见表 2.3，材性试件如图 2.6 所示。

表 2.3　钢框架柱材性试验设计参数（一般大气环境）

试件厚度/mm	试件数量	室内加速锈蚀时间/h
6.5	24	0/240/480/960/1440/1920/2400/2880
9	24	0/240/480/960/1440/1920/2400/2880
14	24	0/240/480/960/1440/1920/2400/2880

注：每种试验工况取 3 个试件进行试验，取其平均值作为相应的力学性能指标。

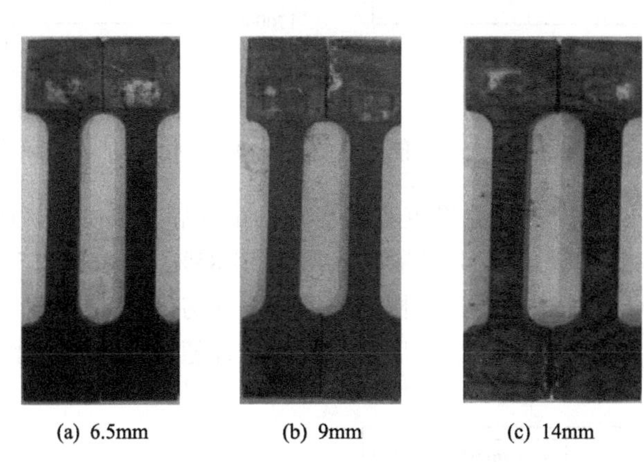

(a) 6.5mm　(b) 9mm　(c) 14mm

图 2.6　钢框架柱材性试件（一般大气环境）

为了定量描述钢材试件的锈蚀程度，引入失重率 D_w，其表达式为

$$D_w = (W_0 - W_1) / W_0 \tag{2-1}$$

式中，W_0、W_1 分别为未锈蚀、锈蚀除锈后钢材试件的质量。

按《金属材料　拉伸试验　第 1 部分：室温试验方法》（GB/T 228.1—2010）[6]的相关规定，对不同锈蚀程度的钢材材性试件进行拉伸破坏试验，获得其各项力学性能指标随失重率的变化关系，如图 2.7 所示。

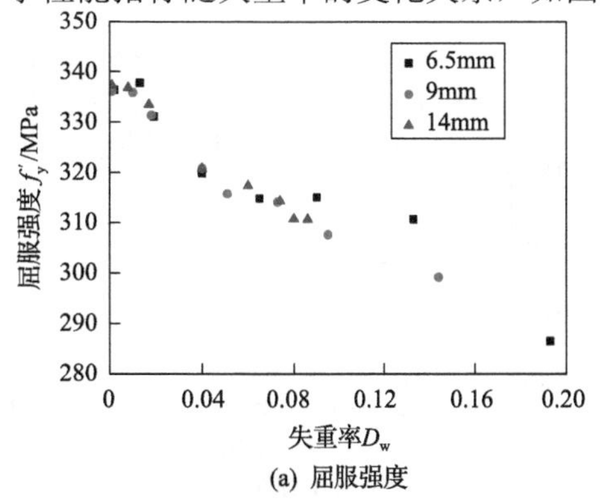

(a) 屈服强度

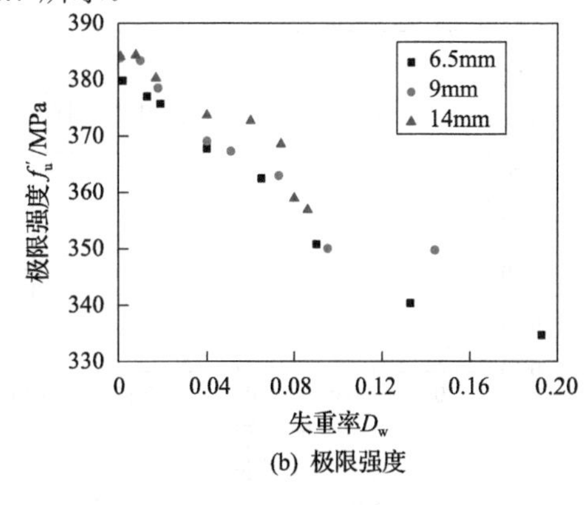

(b) 极限强度

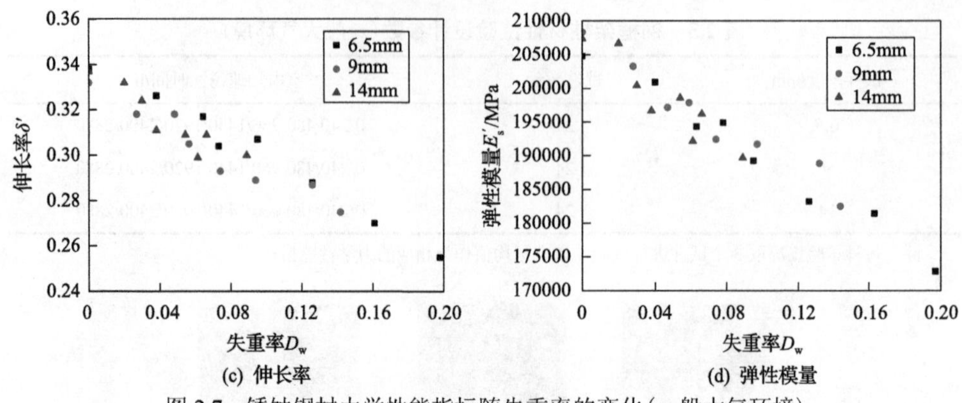

(c) 伸长率　　(d) 弹性模量

图 2.7　锈蚀钢材力学性能指标随失重率的变化(一般大气环境)

由图 2.7 可以看出，随着失重率的增大，钢材屈服强度、极限强度、伸长率和弹性模量均不断下降，最大下降幅度依次为 14.83%、11.86%、15.61%和 24.52%，表明钢材各项力学性能指标随锈蚀程度的增加逐渐劣化。利用最小二乘法对试验结果进行回归统计，得到钢材锈蚀前后力学性能指标随失重率的变化关系，如图 2.8 所示，关系式为

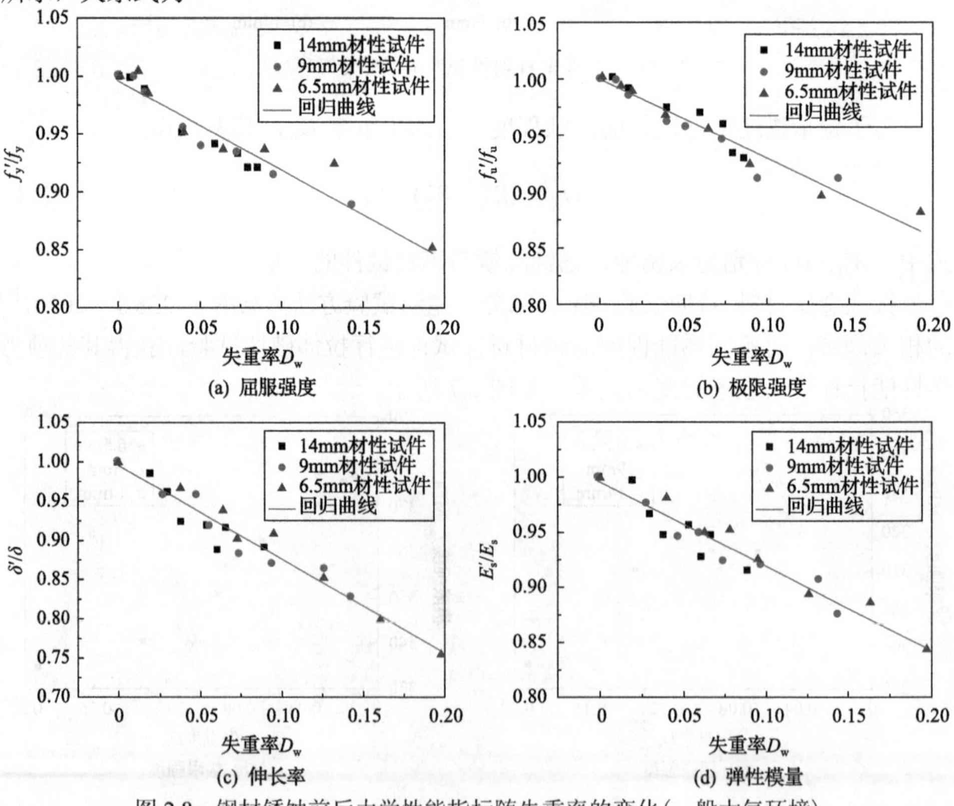

(a) 屈服强度　　(b) 极限强度

(c) 伸长率　　(d) 弹性模量

图 2.8　钢材锈蚀前后力学性能指标随失重率的变化(一般大气环境)

$$\begin{cases} f_y'/f_y = 1 - 0.81D_w \\ f_u'/f_u = 1 - 0.707D_w \\ \delta'/\delta = 1 - 1.412D_w \\ E_s'/E_s = 1 - 0.932D_w \end{cases} \tag{2-2}$$

式中，f_y、f_y' 分别为钢材锈蚀前后的屈服强度；f_u、f_u' 分别为钢材锈蚀前后的极限强度；δ、δ' 分别为钢材锈蚀前后的伸长率；E_s、E_s' 分别为钢材锈蚀前后的弹性模量；D_w 为钢材失重率。其中 f_y'、f_u' 分别按式(2-3)和式(2-4)计算：

$$f_y' = F_y' / A \tag{2-3}$$

$$f_u' = F_u' / A \tag{2-4}$$

式中，F_y'、F_u' 分别为锈蚀钢材达到屈服强度和极限强度时的拉力；A 为钢材试件锈蚀前的截面面积。

2.3　试验结果及分析

2.3.1　试件破坏过程与特征

试件 Column-1：加载初期，试件处于弹性阶段，柱顶水平荷载随位移基本呈线性增加，试件各部位无明显变化。当加载位移达 18mm 时，荷载-位移曲线出现明显转折，试件进入弹塑性阶段。当加载位移达 20mm 时，试件底端两侧翼缘出现轻微局部屈曲(见图 2.9(a)和(b))。当加载位移达 40mm 时，试件两侧翼缘局部屈曲现象明显，腹板亦出现一定程度的鼓曲，柱底塑性铰形成(见图 2.9(c))，水平荷载达到最大值。继续加载，试件塑性变形越来越大，而水平荷载逐步下降，

(a) 右翼缘屈曲

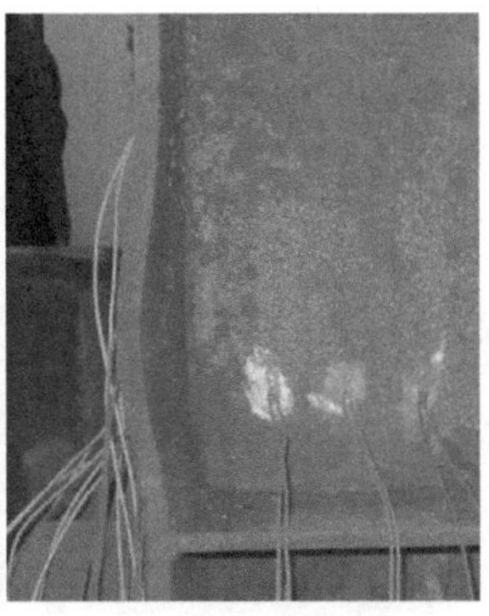

(b) 左翼缘屈曲

(c) 塑性铰形成

图 2.9　试件 Column-1 破坏特征

试件进入塑性破坏阶段。当加载位移达 60mm 时，柱底塑性铰充分发展，水平荷载降至峰值荷载的 85%以下，试件破坏。

试件 Column-2～Column-12 的破坏过程与特征和试件 Column-1 基本相似，均为翼缘首先局部屈曲，然后腹板凸曲，塑性铰形成并充分发展，承载力下降直至试件破坏。各试件破坏过程缓慢，均属延性破坏。不同之处在于：

(1) 随着锈蚀程度或轴压比的增加，试件底端翼缘屈曲、腹板鼓曲和塑性铰形成所对应的水平位移逐渐减小，表明钢框架柱的延性随着锈蚀程度或轴压比的增加呈降低趋势。

(2) 在变幅循环加载下，由于初始加载位移幅值较小，试件无明显变化，随着加载位移幅值的不断增加，试件变形逐步增大，塑性发展及破坏过程相对缓慢。相比变幅循环-1 加载，变幅循环-2 加载下的试件完成第一阶段加载时，柱底翼缘、腹板已发生局部屈曲现象，形成塑性铰，累积损伤较大，当继续进行第二阶段加载时，塑性发展加快，破坏程度相对严重。在等幅循环加载下，由于初始加载位移幅值较大，试件在第一循环加载时即进入弹塑性阶段，柱底产生屈曲变形，相对于变幅循环加载，其塑性发展明显加快，破坏严重。各试件破坏形态如图 2.10 所示。

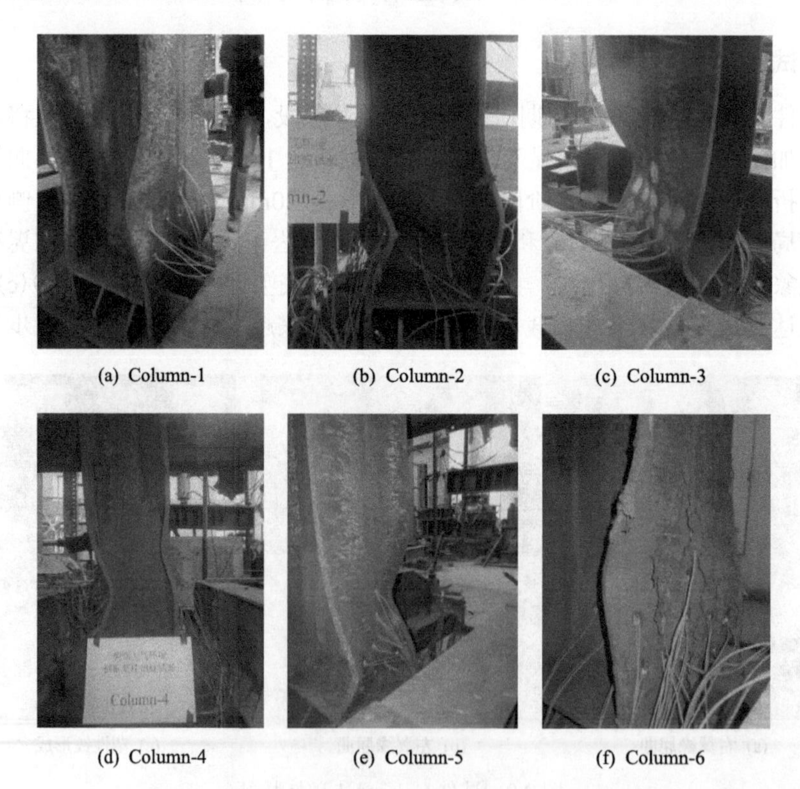

(a) Column-1　(b) Column-2　(c) Column-3

(d) Column-4　(e) Column-5　(f) Column-6

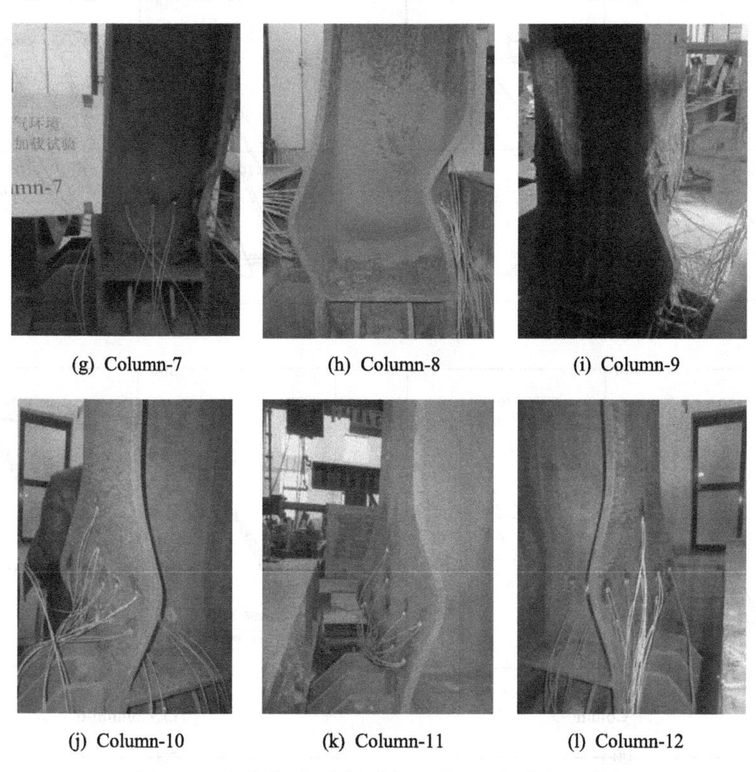

(g) Column-7　(h) Column-8　(i) Column-9

(j) Column-10　(k) Column-11　(l) Column-12

图 2.10　钢框架柱试件破坏形态(一般大气环境)

2.3.2　滞回曲线

荷载-位移(P-Δ)滞回曲线描述了结构构件的整个受力与变形过程，反映出受力过程中构件的强度衰减、刚度退化、耗能能力等[7]。各试件荷载-位移滞回曲线如图 2.11 所示。可以看出：

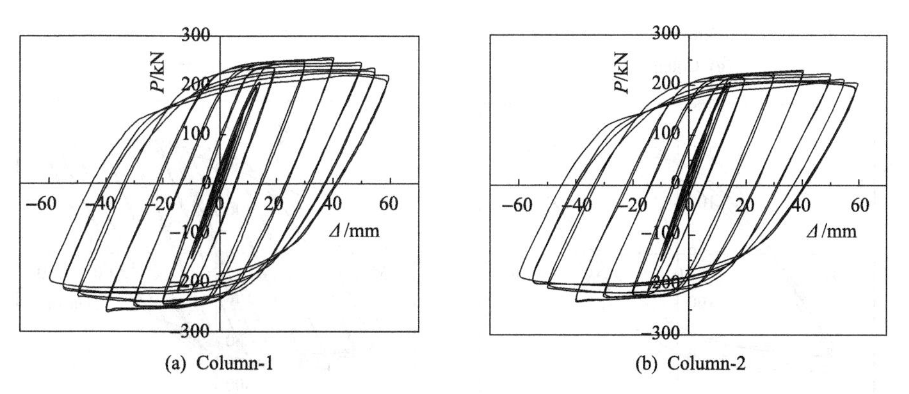

(a) Column-1　(b) Column-2

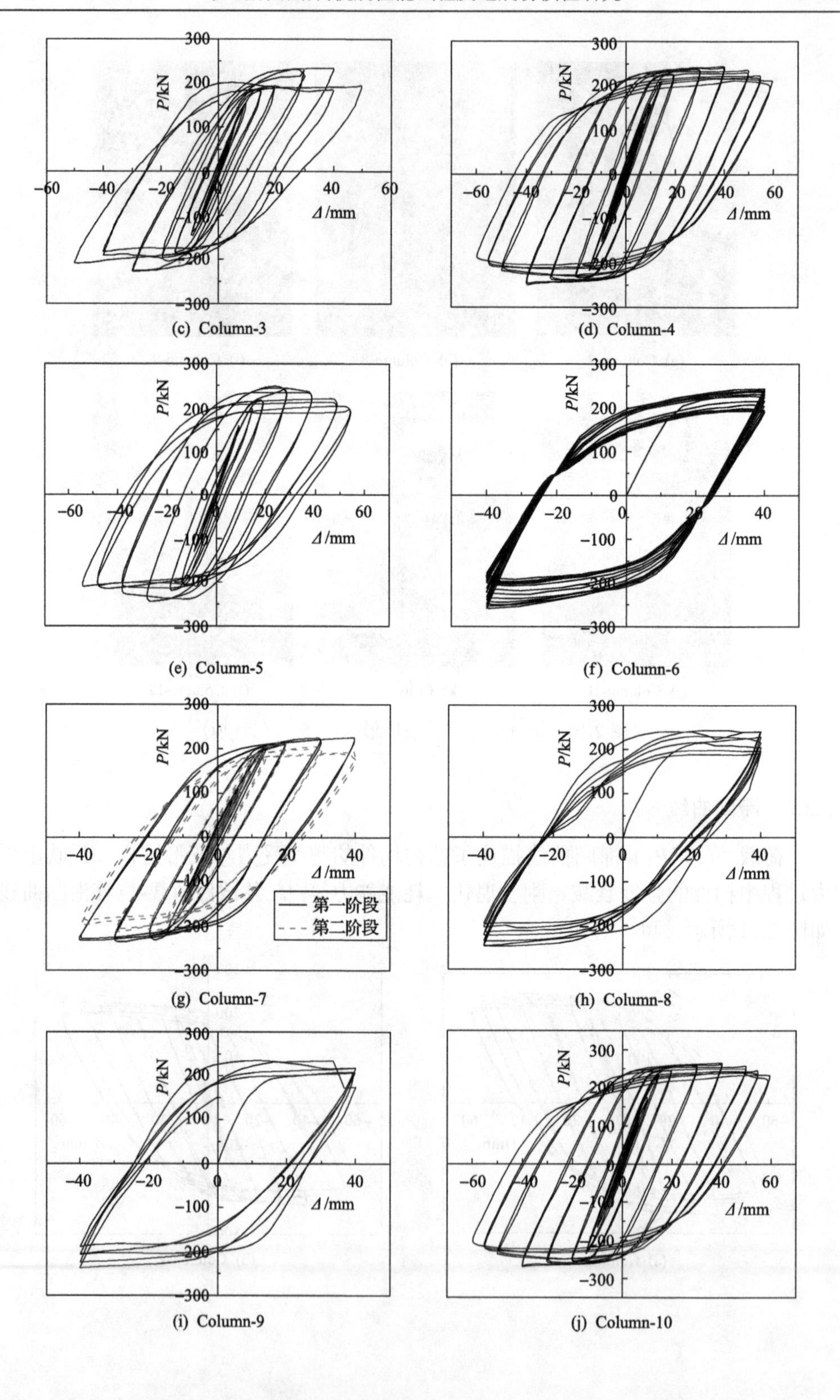

(c) Column-3

(d) Column-4

(e) Column-5

(f) Column-6

(g) Column-7

(h) Column-8

(i) Column-9

(j) Column-10

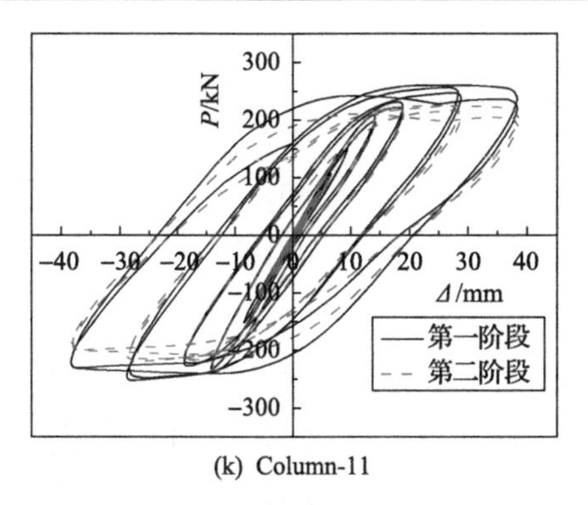

(k) Column-11

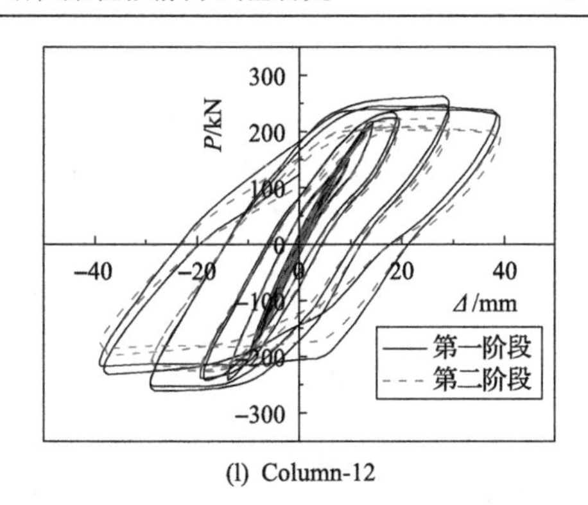

(l) Column-12

图 2.11　钢框架柱试件滞回曲线(一般大气环境)

(1)各试件滞回曲线均呈现较为饱满的纺锤形，无捏陇现象，滞回环面积较大，表明锈蚀钢框架柱试件仍具有较好的耗能能力。

(2)变幅循环-1 加载下，试件屈服前滞回曲线近似呈线性变化。试件屈服后至峰值荷载前，滞回曲线出现明显弯曲，滞回环面积逐渐增大，但此阶段试件塑性变形小，损伤较轻，水平荷载仍不断增大；同级位移水平下，试件强度、刚度随着循环次数的增加退化不明显，甚至因钢材循环硬化现象而有所提升。试件峰值荷载后，塑性变形充分发展，累积损伤不断增大，试件强度、刚度随着位移幅值和循环次数的增加而明显降低。

变幅循环-2 加载下，试件滞回曲线发展规律与变幅循环-1 加载试件相似，但第二阶段循环加载中试件的滞回性能比第一阶段明显降低。

等幅循环加载下，由于初始加载位移幅值较大，试件在第一循环加载时即进入弹塑性阶段，随着循环次数的增加，滞回环面积逐渐减小，试件强度和刚度退化相对较快。

(3)轴压比相对较小的试件，滞回曲线较为饱满，且峰值荷载后，滞回曲线较为稳定，试件的强度和刚度衰减较慢；而轴压比相对较大的试件，峰值荷载后滞回环虽较为饱满，但其稳定性较差，强度、刚度衰减较快，极限承载力及相应位移均明显小于轴压比较小的试件。

(4)随着锈蚀程度的增加，试件承载力及刚度逐渐降低，滞回曲线饱满程度和滞回环面积不断减小，强度、刚度退化现象逐步加重，表明钢框架柱的承载能力、变形能力及耗能能力均随锈蚀程度的增加而逐渐降低。

2.3.3　骨架曲线

骨架曲线是滞回曲线正反两个方向峰值点的连线，即滞回曲线的包络线[8]。骨架曲线可直观体现结构构件的屈服荷载、峰值荷载和极限荷载以及所对应的屈服位移、峰值位移和极限位移等抗震性能指标。各试件骨架曲线如图 2.12 所示。

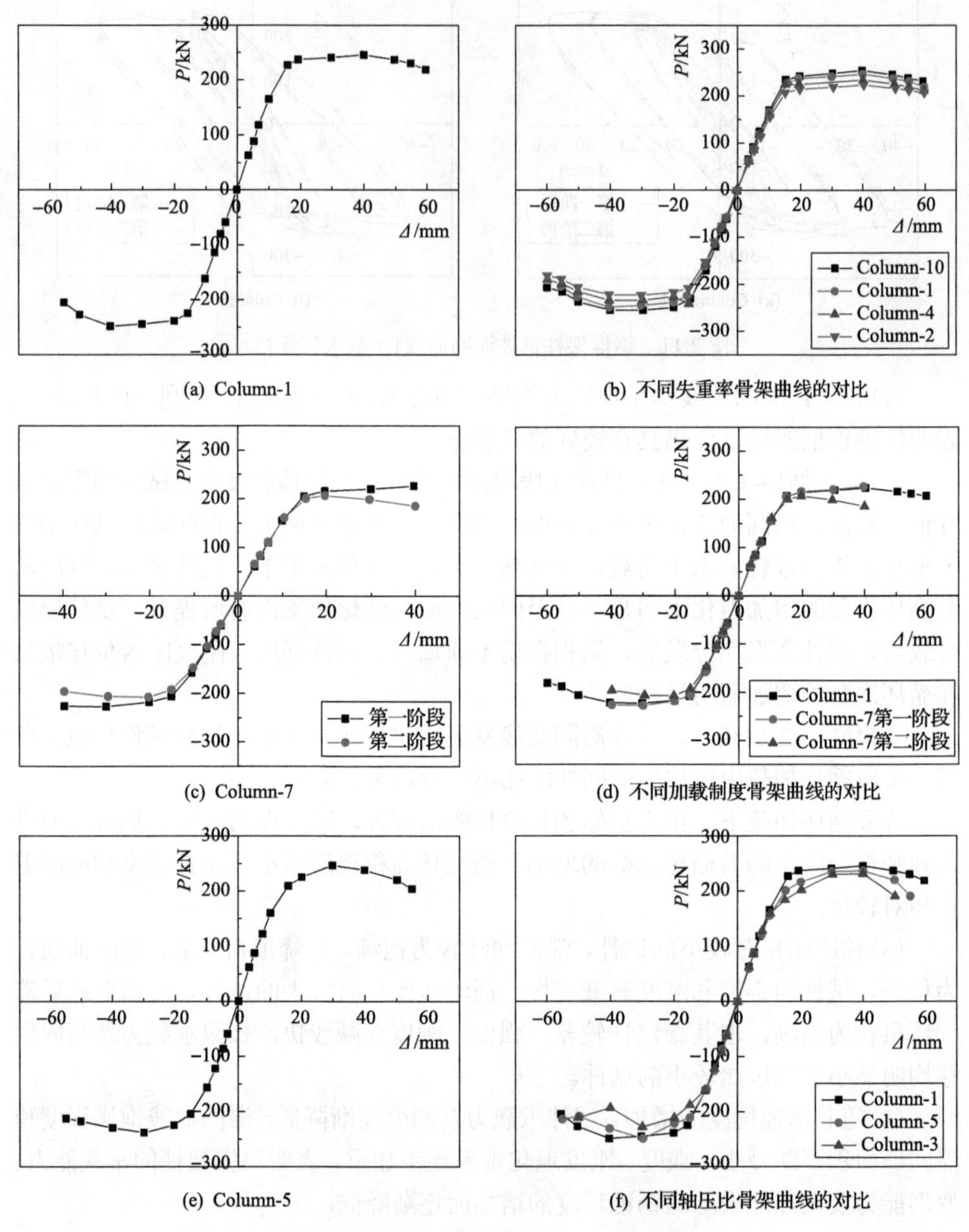

(a) Column-1　　(b) 不同失重率骨架曲线的对比

(c) Column-7　　(d) 不同加载制度骨架曲线的对比

(e) Column-5　　(f) 不同轴压比骨架曲线的对比

图 2.12　钢框架柱试件骨架曲线(一般大气环境)

分析图 2.12 所示的骨架曲线，可以得到如下结论：

(1)变幅循环加载下，各试件均经历了弹性、弹塑性及塑性破坏三个阶段。弹性阶段，骨架曲线皆呈线性发展；进入弹塑性阶段后，骨架曲线出现转折，试件刚度逐步降低；试件达到峰值荷载后，进入塑性破坏阶段，随着损伤的不断累积，骨架曲线逐步下降。相比变幅循环-1 加载，变幅循环-2 加载下的试件进入塑性破坏后，强度、刚度衰减较快，延性显著降低。

(2) 随着轴压比的增加，试件屈服平台变短，屈服荷载、峰值荷载不断降低，峰值荷载后曲线逐渐变陡，试件破坏时的柱端水平位移减小，表明钢框架柱的承载力和延性随着轴压比的增加而减小。

(3) 不同锈蚀程度下各试件的骨架曲线在弹性阶段基本重合，表明锈蚀对试件的初始刚度影响不大。进入弹塑性阶段后，试件屈服荷载、峰值荷载和软化刚度随着锈蚀程度的增加逐渐降低，表明钢框架柱承载力和延性随着锈蚀程度的增加而降低。

2.3.4　承载力及延性系数

由骨架曲线可进一步分析获得各试件的屈服荷载 P_y、峰值荷载 P_m、极限荷载 P_u(峰值荷载的 85%) 与相应的位移值及延性系数 μ，见表 2.4。采用“能量等效法”[6]来确定屈服点，如图 2.13 所示，即使图中阴影部分 A_1 的面积与阴影部分 A_2 的面积相等，从而得到屈服点 E。

表 2.4　钢框架柱试件实测特征值及延性系数(一般大气环境)

试件编号	屈服点		峰值点		极限点		延性系数 μ
	P_y/kN	Δ_y/mm	P_m/kN	Δ_m/mm	P_u/kN	Δ_u/mm	
Column-1	239.01	24.93	247.01	39.96	209.96	54.19	2.17
Column-2	216.37	25.45	223.12	40.30	189.65	50.29	1.98
Column-3	216.38	25.35	231.47	40.01	196.75	48.63	1.92
Column-4	226.84	25.22	233.67	40.04	198.62	52.25	2.07
Column-5	226.32	25.23	242.64	40.01	206.24	52.35	2.07
Column-10	244.75	25.29	254.25	39.76	216.11	55.09	2.18

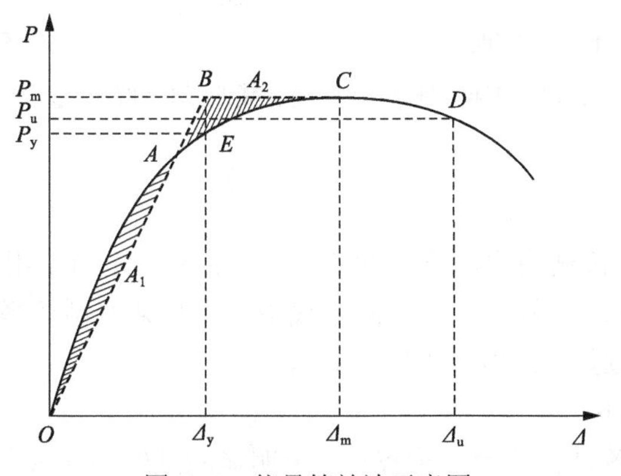

图 2.13　能量等效法示意图

2.3.5 强度衰减

强度衰减是指在加载过程中，结构构件承载力随着加载幅值和循环次数的增加而降低的现象[10]。图 2.14 给出了各试件强度衰减曲线。

分析图 2.14 所示的强度衰减规律，进一步表明随锈蚀程度或轴压比的增大，钢框架柱水平承载力(屈服荷载、峰值荷载)逐渐降低。相比变幅循环-1 加载，变幅循环-2 加载下钢框架柱达峰值荷载后强度衰减相对迅速。相比于变幅循环加载，等幅循环加载下钢框架柱强度衰减相对较快。

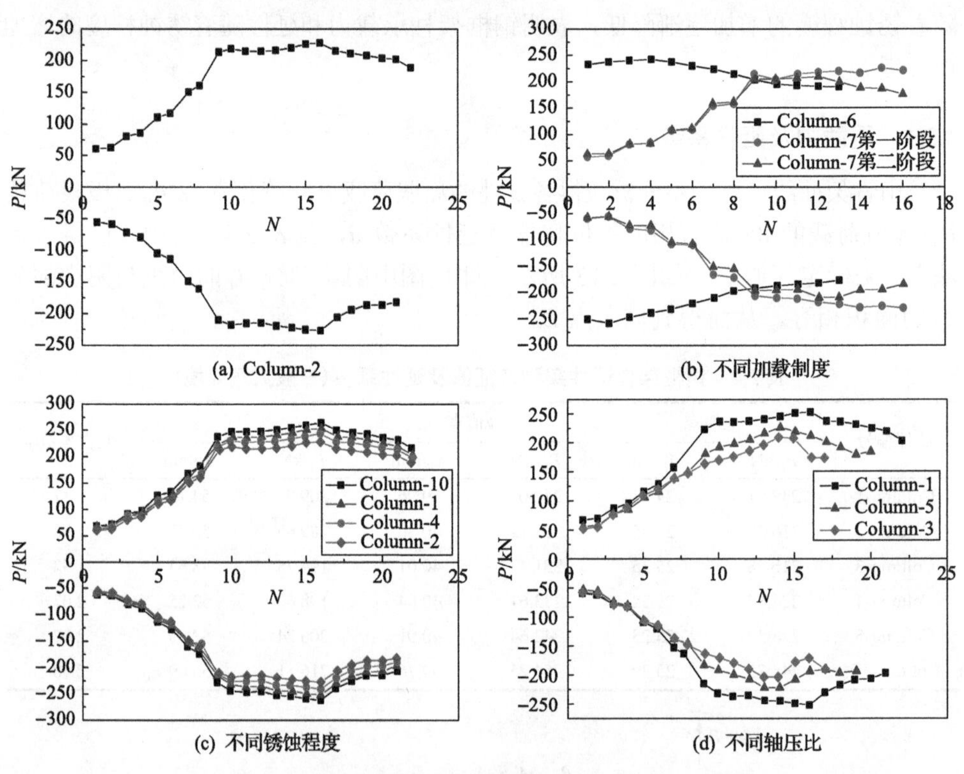

(a) Column-2　(b) 不同加载制度　(c) 不同锈蚀程度　(d) 不同轴压比

图 2.14　钢框架柱试件强度衰减曲线(一般大气环境)

2.3.6 刚度退化

刚度退化是评价结构构件抗震性能的重要指标，本节采用等效刚度 K 来描述构件刚度退化现象。等效刚度为滞回曲线中原点与某次循环峰值荷载点连线的斜率[9]。各试件刚度退化曲线如图 2.15 所示。

由图 2.15 可知：

(1) 屈服前，各试件残余变形较小，无明显的刚度退化现象。屈服后，随着位

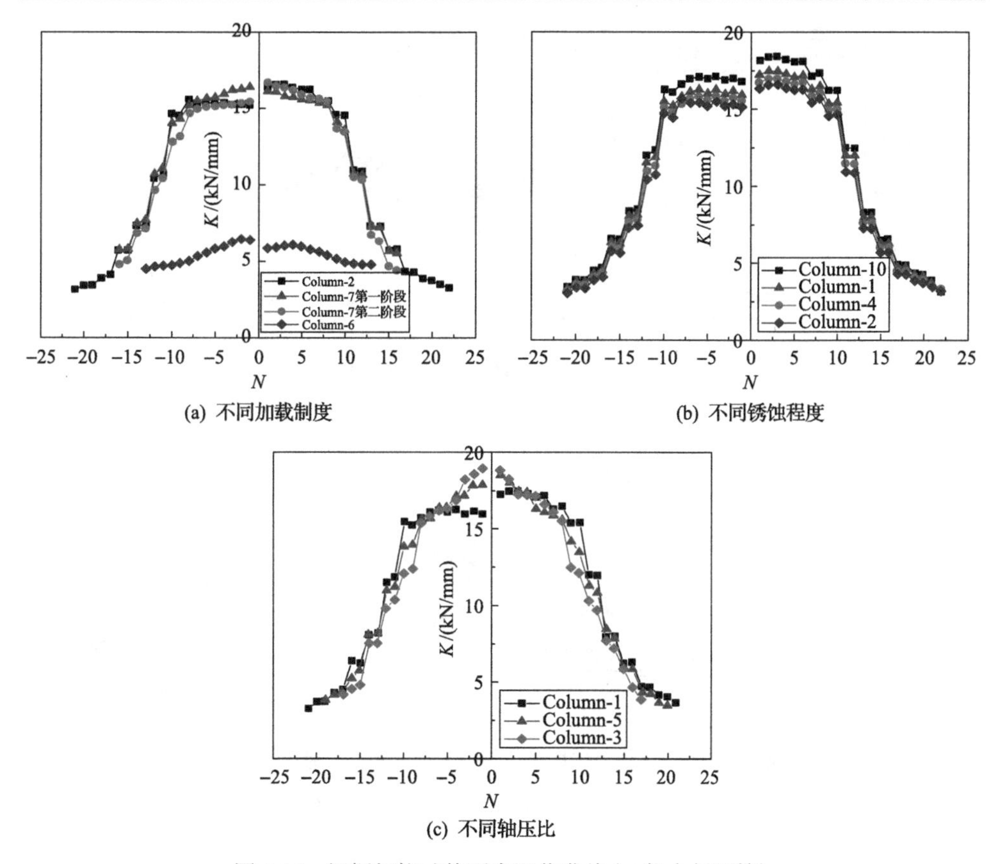

图 2.15　钢框架柱试件刚度退化曲线(一般大气环境)

移幅值的增加，钢框架柱刚度退化显著，后期趋于平稳。

(2) 相比变幅循环-1 加载，变幅循环-2 加载下钢框架柱达峰值荷载后刚度退化相对迅速。相比变幅循环加载，等幅循环加载下由于初始加载位移幅值较大，钢框架柱已屈服并逐步进入塑性破坏状态，侧移刚度显著降低，抵御水平往复作用(循环次数)能力显著降低。

(3) 随锈蚀程度或轴压比的增加，钢框架柱刚度退化现象逐步显著。

2.3.7　耗能能力

试件耗能能力体现在滞回环所包围面积的大小，滞回环所包围的面积越大，其耗能能力越强[11]。图 2.16 给出了试件滞回耗能 E 与半循环次数 n 间的变化关系。

从图 2.16 可以看出：

(1) 各试件滞回耗能发展规律基本一致。加载初期，试件处于弹性状态，尚无残余变形，滞回耗能基本为零；继续加载，试件进入弹塑性阶段，塑性变形不断增加，滞回耗能显著增大；当试件进入塑性破坏阶段后，试件塑性铰形成并充分

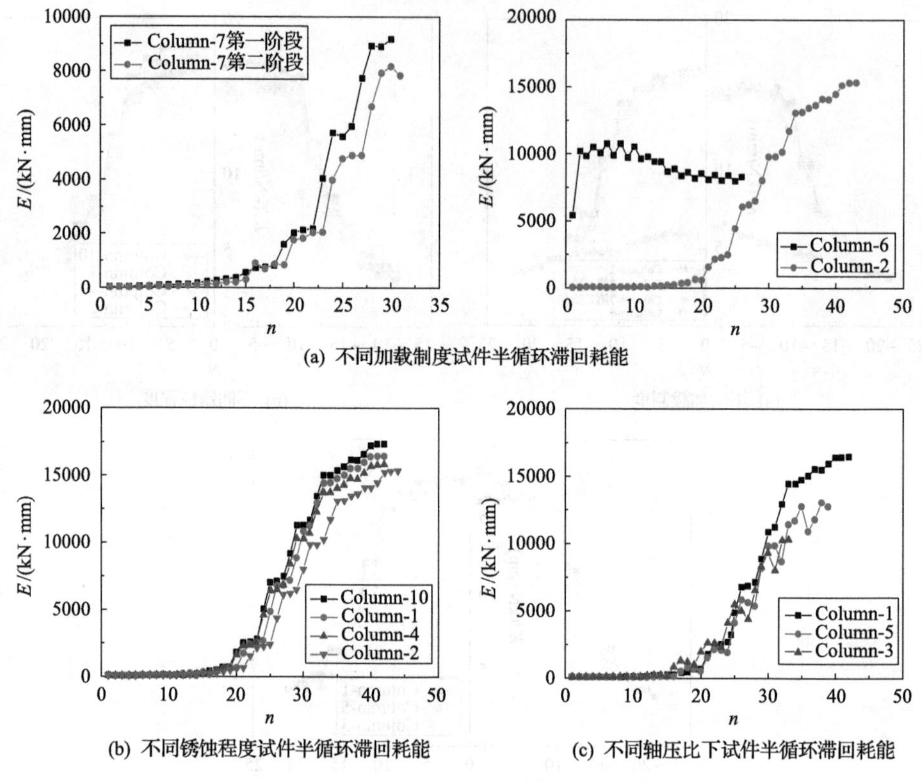

(a) 不同加载制度试件半循环滞回耗能

(b) 不同锈蚀程度试件半循环滞回耗能　　(c) 不同轴压比下试件半循环滞回耗能

图 2.16　钢框架柱试件半循环滞回耗能

发展，滞回耗能增长趋于平缓。

(2) 相比变幅循环-1 加载，变幅循环-2 加载下钢框架柱达峰值荷载后耗能能力相对降低。相比变幅循环加载，等幅循环加载下钢框架柱达峰值荷载后耗能能力显著降低。

(3) 随着锈蚀程度或轴压比的增加，钢框架柱耗能能力逐步降低。

为进一步了解各试件耗能能力，图 2.17 给出了试件累积滞回耗能与半循环次

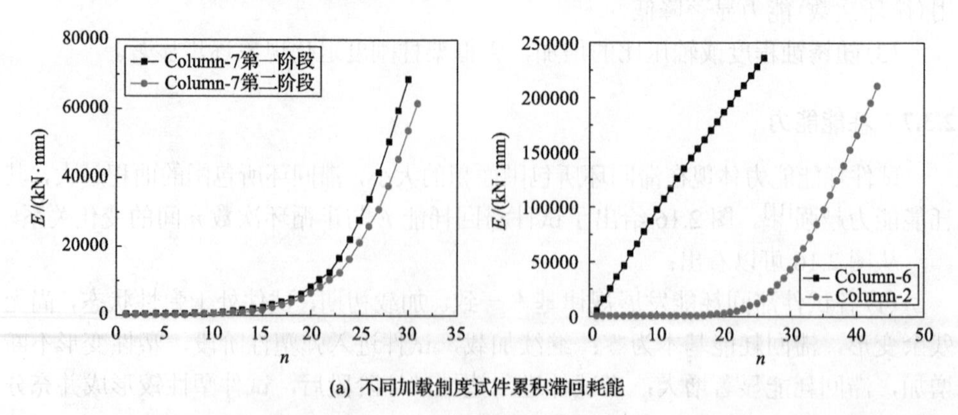

(a) 不同加载制度试件累积滞回耗能

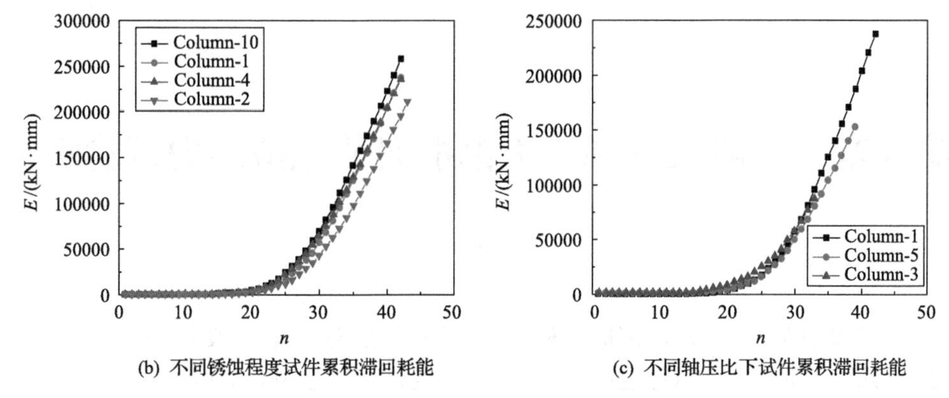

(b) 不同锈蚀程度试件累积滞回耗能　　(c) 不同轴压比下试件累积滞回耗能

图 2.17　钢框架柱试件半循环累积滞回耗能

数的变化关系。可以看出，随着锈蚀程度或轴压比的增加，钢框架柱累积滞回耗能逐渐减小；相比变幅循环-1 加载，变幅循环-2 加载下钢框架柱达峰值荷载后累积滞回耗能相对降低；相比变幅循环加载，等幅循环加载下钢框架柱由于残余变形较大，塑性发展更为充分，破坏时累积滞回耗能较大[12]。

参 考 文 献

[1] 中华人民共和国住房和城乡建设部. 钢结构设计标准(GB 50017—2017)[S]. 北京: 中国计划出版社, 2017.

[2] 中华人民共和国住房和城乡建设部, 中华人民共和国国家质量监督检验检疫总局. 建筑抗震设计规范(GB 50011—2010(2016 年版))[S]. 北京: 中国建筑工业出版社, 2016.

[3] 中华人民共和国住房和城乡建设部. 建筑抗震试验规程(JGJ/T 101—2015)[S]. 北京: 中国建筑工业出版社, 2015.

[4] 中华人民共和国国家质量监督检验检疫总局, 中国国家标准化管理委员会. 金属和合金的腐蚀 酸性盐雾、“干燥”和“湿润”条件下的循环加速腐蚀试验(GB/T 24195—2009)[S]. 北京: 中国标准出版社, 2010.

[5] 国家市场监督管理总局, 中国国家标准化管理委员会. 钢及钢产品 力学性能试验取样位置及试验制备(GB/T 2975—2018)[S]. 北京: 中国标准出版社, 2018.

[6] 中华人民共和国国家质量监督检验检疫总局, 中国国家标准化管理委员会. 金属材料 拉伸试验 第 1 部分: 室温试验方法(GB/T 228.1—2010)[S]. 北京: 中国标准出版社, 2010.

[7] 沈祖炎, 陈杨骥, 陈以一. 钢结构基本原理[M]. 北京: 中国建筑工业出版社, 2002.

[8] 王斌. 型钢高强性能混凝土构件及其框架结构的地震损伤研究[D]. 西安: 西安建筑科技大学, 2010.

[9] 沈在康. 混凝土结构试验方法新标准应用讲评[M]. 北京: 地震出版社, 1992:261-266.

[10] 郭健, 基于刚度退化的框架结构受力性能研究[J]. 湖南大学出版社(自然科学版), 2007, 34(5): 20-23.

[11] 郑山锁, 王晓飞, 韩彦召. 酸性大气环境下多龄期钢框架柱抗震性能试验研究[J]. 土木工程学报, 2015, 48(8): 47-59.

[12] 郑山锁, 张晓辉, 王晓飞, 等. 锈蚀钢框架柱抗震性能试验研究及有限元分析[J]. 工程力学, 2016, 33(10): 145-154.

第3章　一般大气环境下钢框架节点拟静力试验研究

3.1　引　言

本章采用人工气候环境模拟技术对 24 榀钢框架节点进行一般大气环境下的加速腐蚀，进而对腐蚀后的试件进行低周往复加载试验，研究不同锈蚀程度、轴压比和加载制度对钢框架节点破坏特征、滞回曲线、骨架曲线、强度和刚度退化、延性及耗能能力等的影响，为一般大气环境下在役钢框架结构的抗震性能评估提供试验支撑。

3.2　试 验 概 况

3.2.1　试件设计

参考国家现行规范与规程[1-3]，按“强柱弱梁”原则设计了 24 榀 1∶2 缩尺比例的钢框架边节点试件。试件均采用热轧 H 型钢制作，材质为 Q235B，框架梁、柱截面规格分别为 HN300×150×6.5×9、HW250×250×9×14。梁柱刚度比、板件宽厚比满足《钢结构设计标准》(GB 50017—2017)[1]要求；构件间均采用焊接连接。钢框架节点试件几何尺寸如图 3.1 所示。

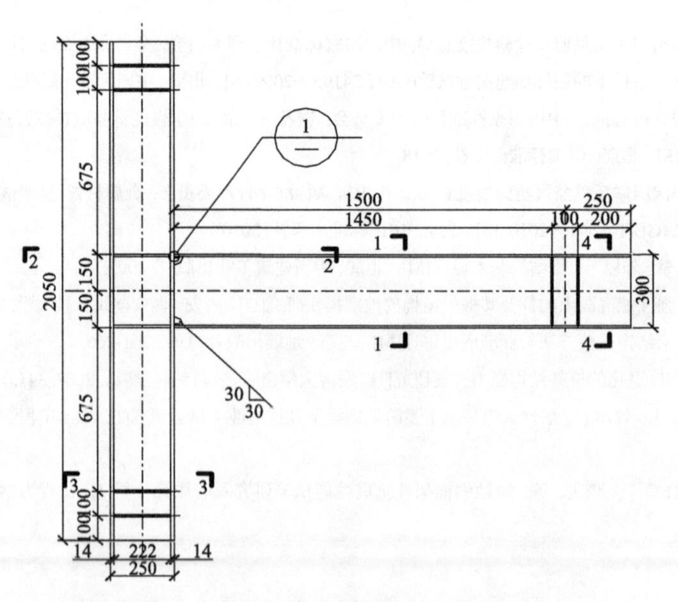

图 3.1　钢框架节点试件几何尺寸(单位：mm)

根据试验研究目的，首先对 24 榀钢框架节点试件进行一般大气环境加速腐蚀试验，待各试件达到预期腐蚀程度后，再进行低周往复加载试验。其中，一般大气环境模拟试验方案与参数设置同 2.2.2 节。试件设计参数见表 3.1，锈蚀钢材材性试验与力学性能测试结果见 2.2.5 节叙述。

表 3.1　钢框架节点试件设计参数（一般大气环境）

试件编号	梁截面尺寸/mm	柱截面尺寸/mm	锈蚀时间/h	加载方式
JD-1	HN300×150×6.5×9	HW250×250×9×14	0	变幅循环加载
JD-2	HN300×150×6.5×9	HW250×250×9×14	480	变幅循环加载
JD-3	HN300×150×6.5×9	HW250×250×9×14	960	变幅循环加载
JD-4	HN300×150×6.5×9	HW250×250×9×14	1920	变幅循环加载
JD-5	HN300×150×6.5×9	HW250×250×9×14	2400	变幅循环加载
JD-6	HN300×150×6.5×9	HW250×250×9×14	2880	变幅循环加载
JD-7	HN300×150×6.5×9	HW250×250×9×14	0	等幅循环-1 加载
JD-8	HN300×150×6.5×9	HW250×250×9×14	480	等幅循环-1 加载
JD-9	HN300×150×6.5×9	HW250×250×9×14	960	等幅循环-1 加载
JD-10	HN300×150×6.5×9	HW250×250×9×14	1920	等幅循环-1 加载
JD-11	HN300×150×6.5×9	HW250×250×9×14	2400	等幅循环-1 加载
JD-12	HN300×150×6.5×9	HW250×250×9×14	2880	等幅循环-1 加载
JD-13	HN300×150×6.5×9	HW250×250×9×14	0	等幅循环-2 加载
JD-14	HN300×150×6.5×9	HW250×250×9×14	480	等幅循环-2 加载
JD-15	HN300×150×6.5×9	HW250×250×9×14	960	等幅循环-2 加载
JD-16	HN300×150×6.5×9	HW250×250×9×14	1920	等幅循环-2 加载
JD-17	HN300×150×6.5×9	HW250×250×9×14	2400	等幅循环-2 加载
JD-18	HN300×150×6.5×9	HW250×250×9×14	2880	等幅循环-2 加载
JD-19	HN300×150×6.5×9	HW250×250×9×14	0	混合加载
JD-20	HN300×150×6.5×9	HW250×250×9×14	480	混合加载
JD-21	HN300×150×6.5×9	HW250×250×9×14	960	混合加载
JD-22	HN300×150×6.5×9	HW250×250×9×14	1920	混合加载
JD-23	HN300×150×6.5×9	HW250×250×9×14	2400	混合加载
JD-24	HN300×150×6.5×9	HW250×250×9×14	2880	混合加载

3.2.2　加载装置与加载制度

框架节点拟静力试验在西安建筑科技大学结构与抗震实验室进行。水平低周往复荷载通过 1 台 30 吨 MTS 液压伺服作动器施加在框架节点试件梁端，节点柱端设置 1 台 100 吨液压千斤顶以施加恒定轴向荷载。通过压梁与地脚螺栓将试件固定于实验室地面，压梁、柱面和地面间均垫有滚板以确保柱在轴向力作用下能够自由变形。此外，在试件两侧设置水平滑动支撑，确保试验过程中试件平面外稳定[4]。试验加载装置如图 3.2 所示。

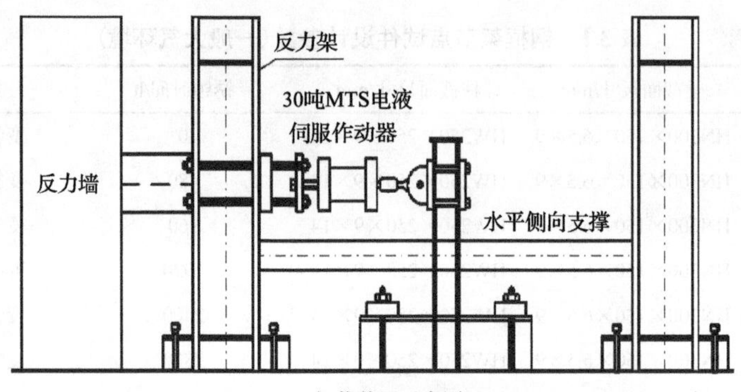

(a) 加载装置示意图

(b) 加载装置照片

图 3.2　钢框架节点试验加载装置

水平往复荷载采用位移控制进行加载，加载方案如下：①变幅循环加载制度，按表 3.2 中列出的位移幅值和循环次数依次进行往复加载，直至试件水平荷载下降至峰值荷载的 85%或出现明显破坏而无法承受竖向荷载时，加载结束；②等幅循环-1 加载制度，按位移为 60mm 进行往复循环加载，直至试件破坏；③等幅循环-2 加载制度，按位移为 90mm 进行往复循环加载，直至试件破坏；④混合加载制度，按表 3.2 中列出的位移幅值和循环次数依次进行往复加载，直至试件水平荷载下降至峰值荷载的 85%或出现明显破坏而无法承受竖向荷载时，加载结束。变幅循环加载与混合加载制度见表 3.2。

表 3.2　变幅循环加载与混合加载制度

变幅循环加载				混合加载			
荷载级别	位移幅值 y/mm	循环次数 N	层间位移角/rad	荷载级别	位移幅值 y/mm	循环次数 N	层间位移角/rad
1	±5.6	2	0.00375	1	±75	2	0.05
2	±7.5	2	0.005	2	±60	2	0.04
3	±11.3	2	0.0075	3	±45	2	0.03
4	±15	2	0.01	4	±30	2	0.02
5	±22.5	2	0.015	5	±22.5	2	0.015
6	±30	2	0.02	6	±15	2	0.01
7	±45	2	0.03	7	±11.5	2	0.0075
8	±60	2	0.04	8	±7.5	2	0.005
9	±75	2	0.05	9	±5.6	2	0.00375
10	±82.5	2	0.055	10	±60	1	0.04
11	±90	2	0.06				

3.2.3　测试内容

试验测试内容包含：①应变测量，在靠近框架节点区梁端截面翼缘和腹板粘贴电阻应变片用以测量塑性铰区截面应变发展规律；②位移测量，在框架梁加载端处设置位移计用于测量梁端水平位移，在节点区设置位移计用于测量梁柱相对转角。试件测点布置如图 3.3 所示。

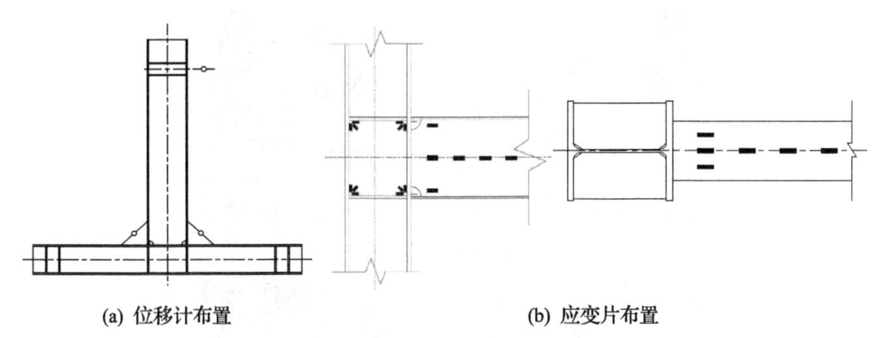

(a) 位移计布置　　(b) 应变片布置

图 3.3　钢框架节点试件测点布置

3.3　试验结果及分析

3.3.1　试件破坏过程与特征

变幅循环加载：各框架节点试件均经历了弹性、弹塑性、塑性破坏三个阶段。

加载初期，试件处于弹性阶段，梁端水平荷载随位移基本呈线性增加，试件各部位无明显变化。当加载位移至15mm左右时，因锈蚀程度不同，各试件荷载-位移曲线相继出现转折，进入弹塑性阶段，试件表面锈层不断剥落。当加载位移至22.5～30mm时，梁端部两侧翼缘出现轻微局部屈曲现象。当加载位移至30～45mm时，梁端部两侧翼缘局部屈曲现象明显，腹板亦发生一定程度的鼓曲，梁端部塑性铰形成，水平荷载达到最大值。持续加载，试件塑性变形越来越大，而水平荷载逐步下降，试件进入塑性破坏阶段。当加载位移至60mm时，梁端翼缘出现细微裂纹并快速发展。当加载位移至75mm时，梁端翼缘裂缝贯通，试件水平荷载急剧下降，宣告破坏。

等幅循环加载：由于初始加载位移幅值较大，试件在第一循环加载时即进入弹塑性阶段，梁端部两侧翼缘发生轻微局部屈曲。随着循环次数的增加，腹板出现鼓曲，梁端部塑性铰形成，荷载逐渐下降。继续加载，梁端部翼缘出现裂纹并快速发展直至贯通，水平荷载急剧下降，试件宣告破坏。相比等幅循环-1加载，等幅循环-2加载下节点梁端翼缘屈曲和腹板鼓曲现象更为明显，塑性发展显著加快，破坏更为严重。混合加载下，试件的损伤破坏程度介于变幅循环加载与等幅循环加载之间。

随着锈蚀程度的增加，相同位移幅值下，试件水平承载能力逐步降低；同时，梁端部塑性铰形成及裂缝产生所对应的位移逐渐减小，表明锈蚀损伤增加将造成钢框架节点延性降低。各试件破坏形态如图3.4所示。

(a) 变幅循环加载

(b) 等幅循环-1加载

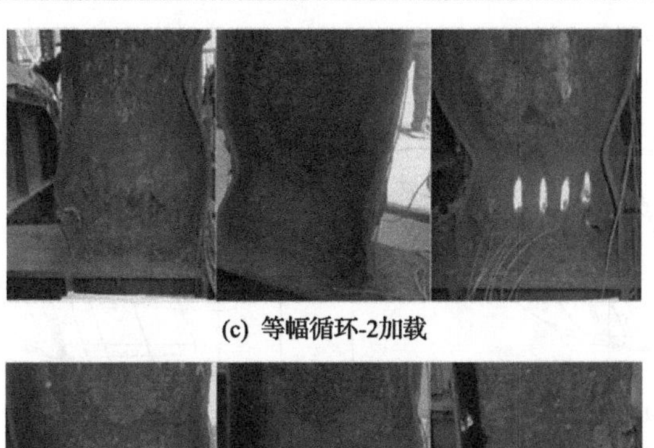

(c) 等幅循环-2加载

(d) 混合加载

图 3.4　钢框架节点试件破坏形态(一般大气环境)

3.3.2　滞回曲线

各节点试件的荷载-位移滞回曲线如图 3.5～图 3.8 所示，可以看出：

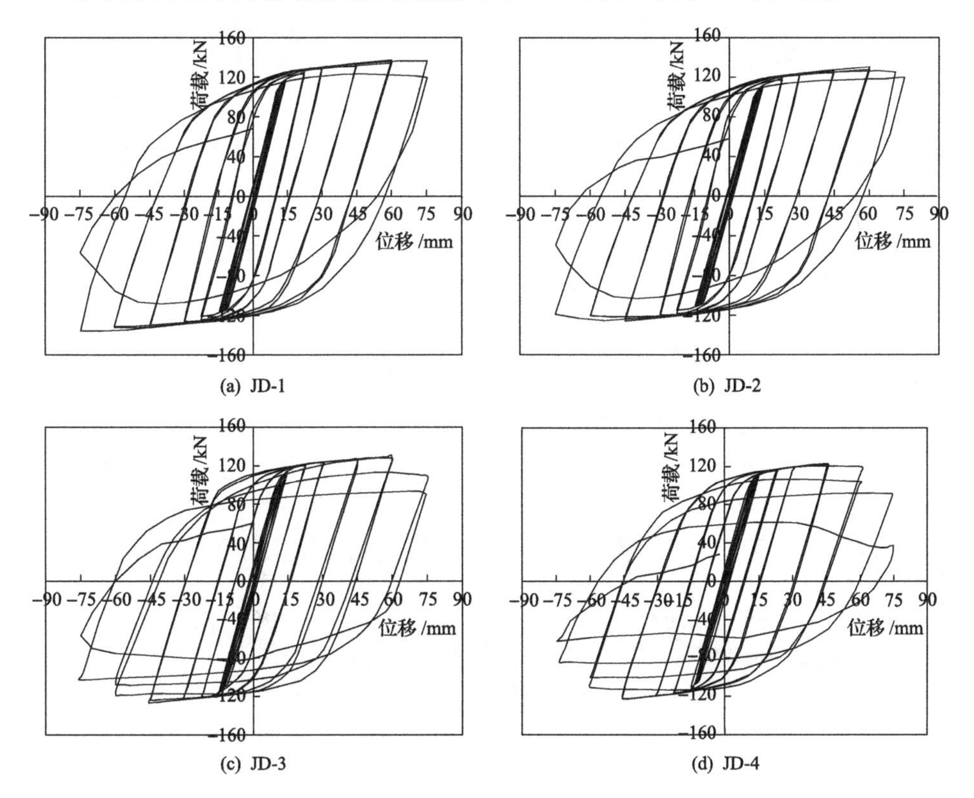

(a) JD-1　(b) JD-2

(c) JD-3　(d) JD-4

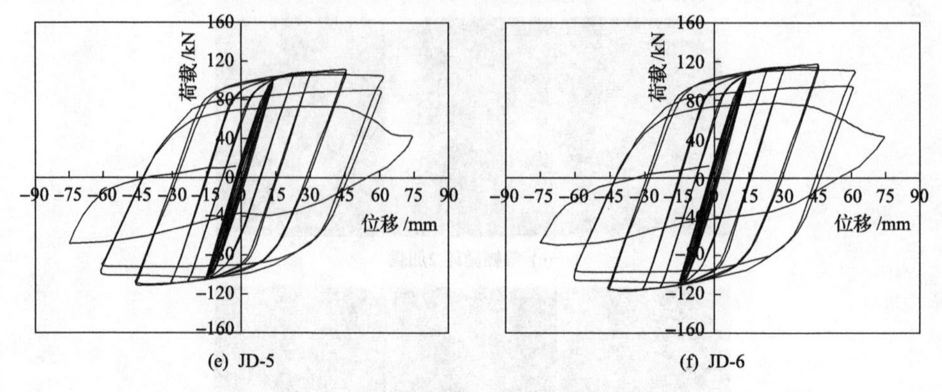

(e) JD-5　　(f) JD-6

图 3.5　变幅循环加载试件滞回曲线

(1) 24 榀节点试件滞回曲线均呈饱满的纺锤形，无明显捏陇现象，且滞回环面积较大，表明锈蚀钢框架节点仍具有较好的耗能能力。

(2) 变幅循环加载下，试件屈服前，滞回曲线基本呈线性变化；屈服后，滞回曲线出现明显弯曲，滞回环面积逐渐增大，水平荷载因钢材应变硬化仍不断增大。峰值荷载后，裂缝产生并快速发展，试件强度和刚度退化显著。

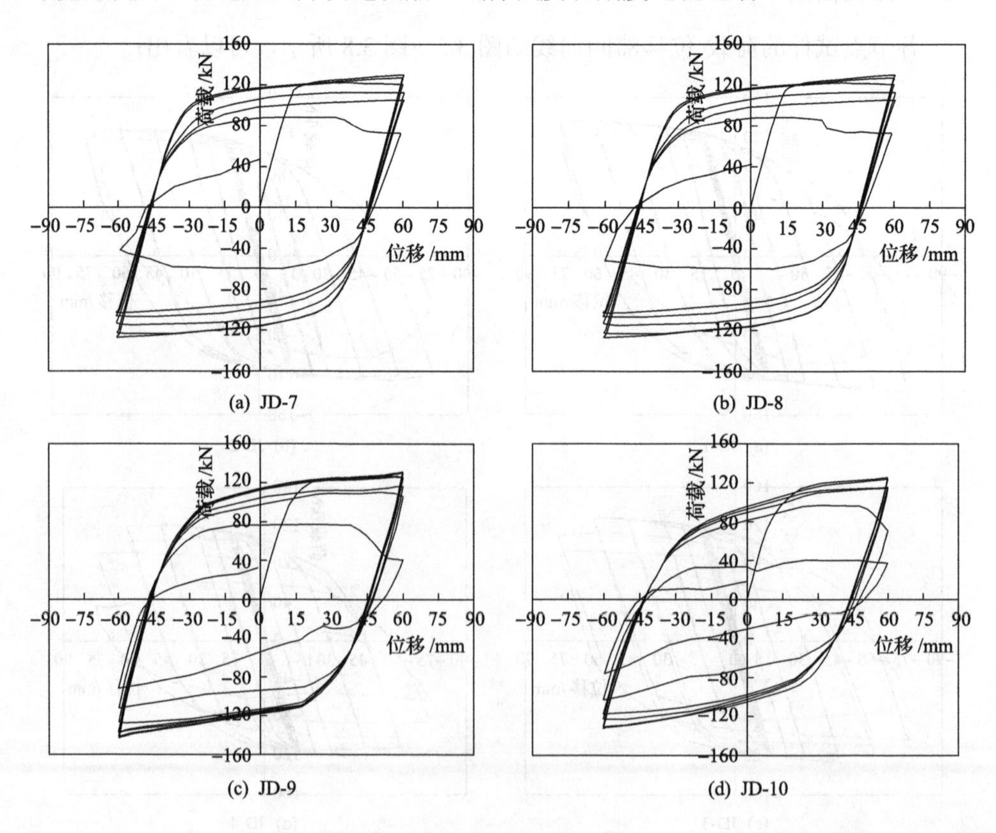

(a) JD-7　　(b) JD-8

(c) JD-9　　(d) JD-10

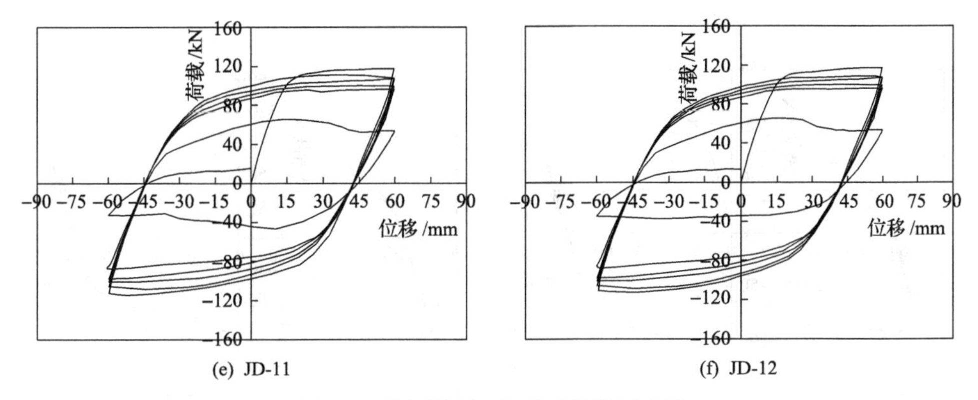

(e) JD-11　　(f) JD-12

图 3.6　等幅循环-1 加载试件滞回曲线

等幅循环加载下，由于初始加载位移幅值较大，试件在第一循环加载时即进入弹塑性阶段，随着循环次数的增加，滞回环面积逐渐减小，试件强度和刚度退化相对较快。混合加载下，试件的滞回性能介于变幅循环加载与等幅循环-1 加载之间。

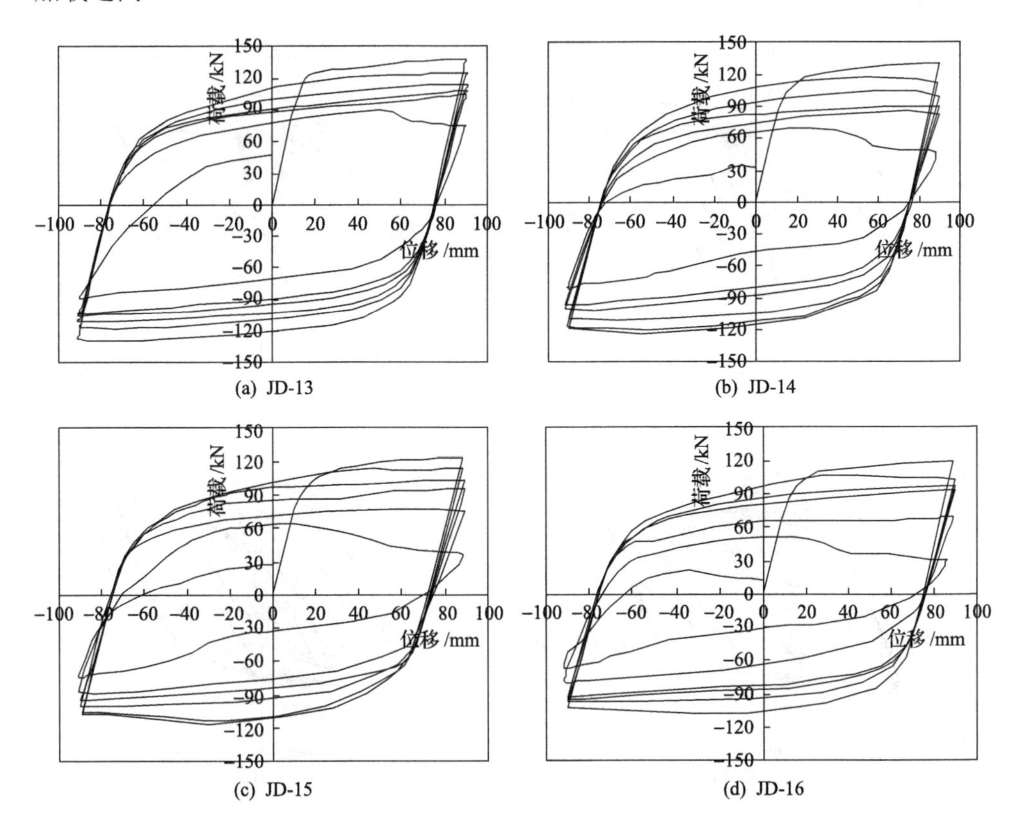

(a) JD-13　　(b) JD-14

(c) JD-15　　(d) JD-16

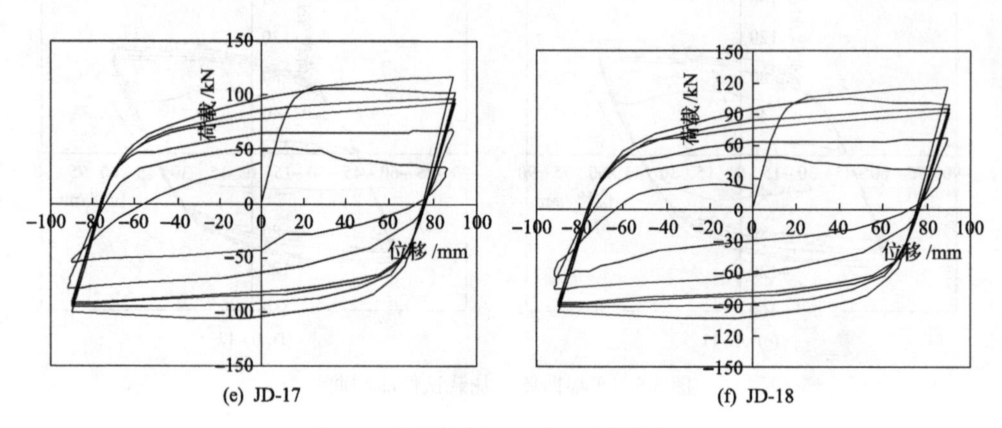

(e) JD-17　　(f) JD-18

图 3.7　等幅循环-2 加载试件滞回曲线

(3)随着锈蚀程度的增加，试件承载力降低，滞回环面积不断减小，强度、刚度退化现象逐步加重，表明钢框架节点的承载能力、延性及耗能能力随锈蚀程度的增加而逐渐降低。

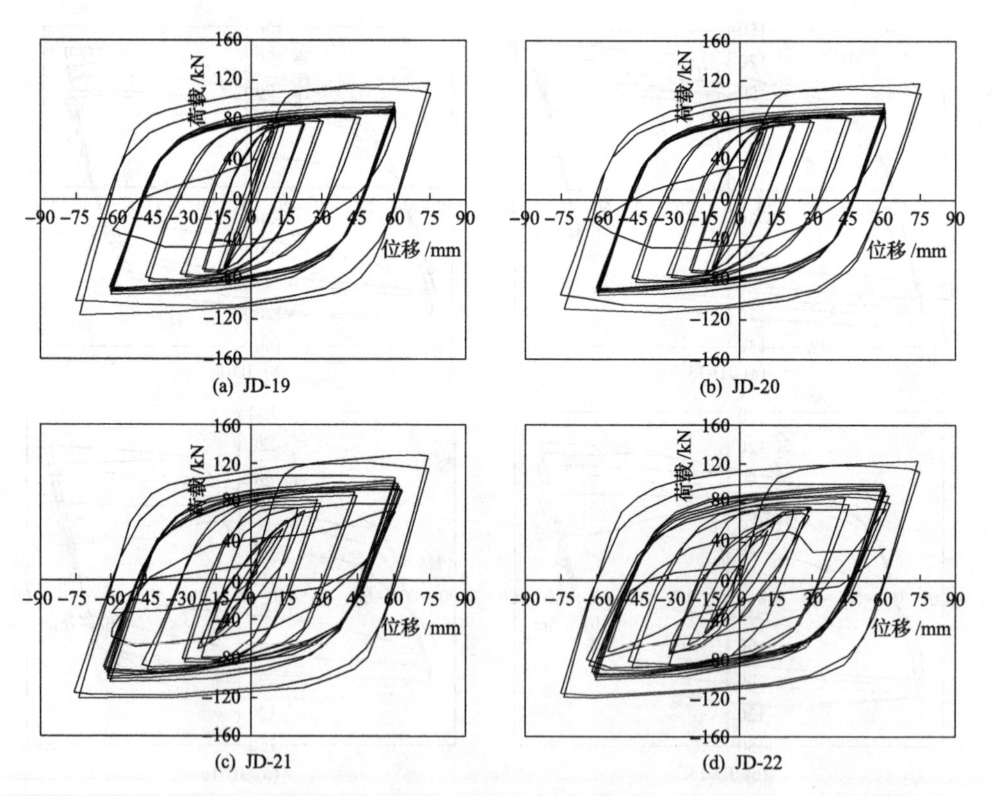

(a) JD-19　　(b) JD-20

(c) JD-21　　(d) JD-22

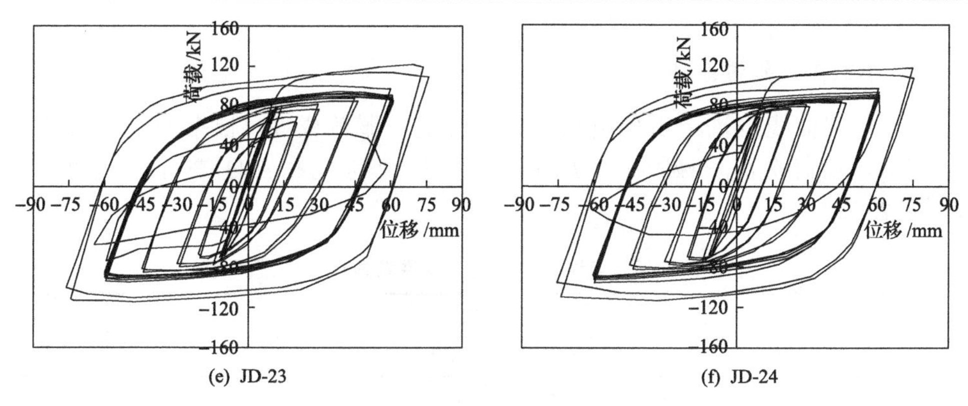

(e) JD-23　　(f) JD-24

图 3.8　混合加载试件滞回曲线

3.3.3　骨架曲线

变幅循环加载制度下不同锈蚀程度钢框架节点试件骨架曲线如图 3.9 所示，可以看出：

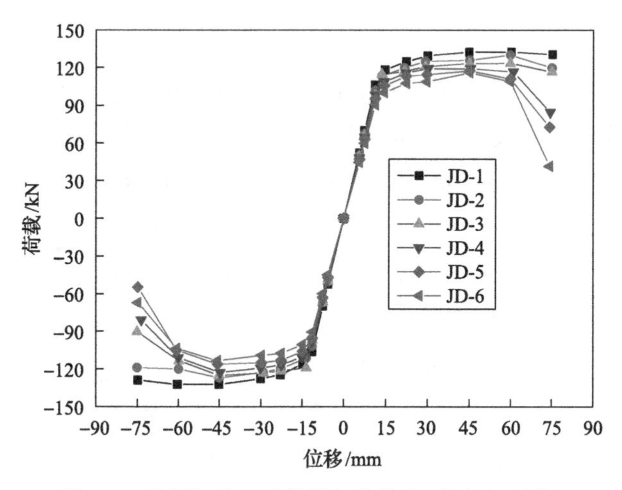

图 3.9　钢框架节点试件骨架曲线(一般大气环境)

(1)在低周往复荷载作用下，各试件均经历了弹性、弹塑性及塑性破坏三个阶段。弹性阶段，骨架曲线皆呈线性变化。随着位移幅值的增大，骨架曲线出现转折，试件刚度逐步降低，试件屈服进入弹塑性阶段。随位移幅值继续增大，试件刚度不断退化，水平荷载达到最大值后，曲线开始下降，出现负刚度，直至试件破坏。

(2)随着锈蚀程度的增加，试件屈服荷载、峰值荷载和软化刚度逐渐降低，表明钢框架节点的承载力和延性随着锈蚀程度的增加而降低。

3.3.4 承载力及延性系数

由骨架曲线可进一步分析获得各试件的屈服荷载 P_y(根据能量等值法确定[5])、峰值荷载 P_m、极限荷载 P_u(峰值荷载的 85%)与相应的位移值及延性系数 μ，见表 3.3。

表 3.3　钢框架节点试件承载力及延性系数(一般大气环境)

试件编号	屈服点		峰值点		极限点		延性系数 μ
	P_y/kN	Δ_y/mm	P_m/kN	Δ_m/mm	P_u/kN	Δ_u/mm	
JD-1	124.60	23.37	132.67	45.05	128.82	75.77	3.24
JD-2	119.70	23.80	130.00	45.16	118.68	74.35	3.12
JD-3	117.29	23.08	123.67	44.94	105.12	68.21	2.96
JD-4	115.58	22.41	119.81	45.53	101.84	64.12	2.86
JD-5	113.16	22.39	117.64	45.16	99.99	62.27	2.78
JD-6	107.52	22.32	115.63	45.16	98.29	60.98	2.73

3.3.5 刚度退化

试件进入弹塑性阶段后刚度不断退化，采用刚度退化系数 β 来描述构件刚度退化现象，β 为割线刚度(骨架曲线上各点到原点连线的斜率)与初始弹性刚度的比值[6]。各试件刚度退化曲线如图 3.10 所示，可以看出：

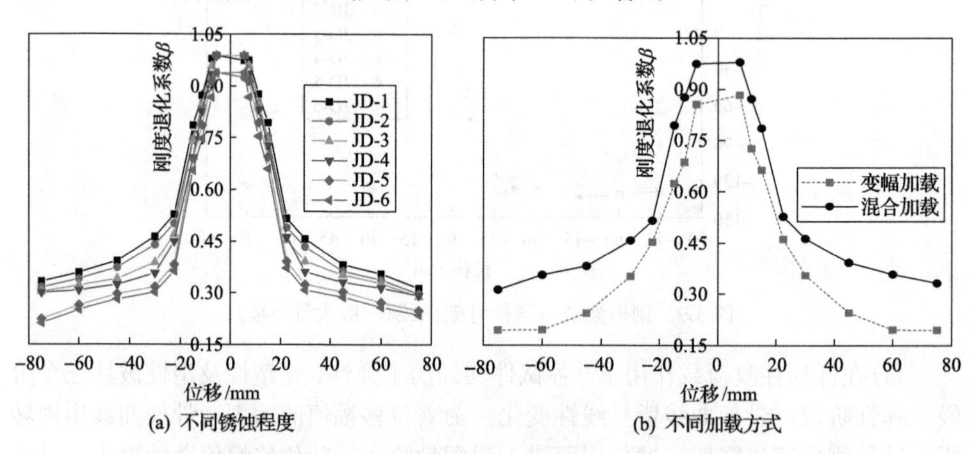

(a) 不同锈蚀程度　　(b) 不同加载方式

图 3.10　钢框架节点试件刚度退化曲线(一般大气环境)

(1) 变幅循环加载下各试件刚度退化规律基本一致：屈服前，各试件残余变形较小，无明显的刚度退化现象；屈服后，随着位移幅值的增加，试件刚度退化显著，后期趋于平稳。随着锈蚀程度的增加，试件刚度退化现象逐步显著[4]。

(2) 混合加载下试件由于前期加载位移幅值较大，框架节点较早进入弹塑性阶段，累积损伤较大，故在相同的位移幅值下节点刚度退化系数比变幅循环加载时要小。

3.3.6　耗能能力

构件耗能能力常采用等效黏滞阻尼系数 h_e 来衡量，即[7]

$$h_e = \frac{1}{2\pi} \frac{S_{ABCDA}}{S_{BOE} + S_{OFD}} \tag{3-1}$$

式中，S_{ABCDA}、S_{BOE} 和 S_{OFD} 分别为滞回环、△*BOE* 和△*OFD* 的面积，如图 3.11 所示。

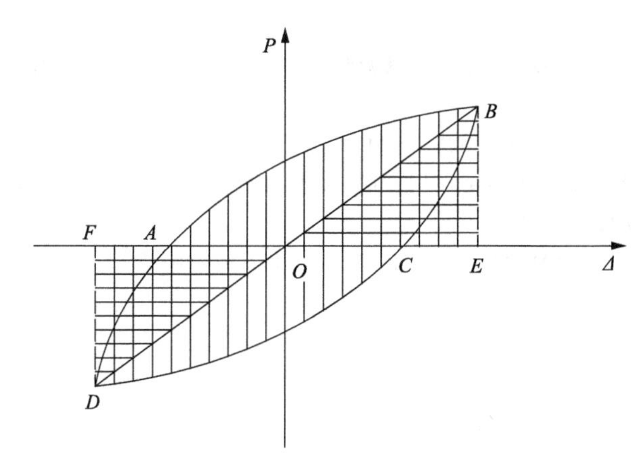

图 3.11　钢框架节点试件等效黏滞阻尼系数计算简图

各试件等效黏滞阻尼系数见表 3.4。

表 3.4　钢框架节点试件等效黏滞阻尼系数

试件编号	JD-1	JD-2	JD-3	JD-4	JD-5	JD-6
等效黏滞阻尼系数 h_e	0.63	0.59	0.53	0.47	0.41	0.34
试件编号	JD-7	JD-8	JD-9	JD-10	JD-11	JD-12
等效黏滞阻尼系数 h_e	0.51	0.48	0.44	0.39	0.33	0.30
试件编号	JD-13	JD-14	JD-15	JD-16	JD-17	JD-18
等效黏滞阻尼系数 h_e	0.67	0.63	0.59	0.53	0.49	0.42
试件编号	JD-19	JD-20	JD-21	JD-22	JD-23	JD-24
等效黏滞阻尼系数 h_e	0.56	0.54	0.49	0.46	0.41	0.32

由表 3.4 可知：

(1) 在相同加载制度下，随着锈蚀程度的增加，试件等效黏滞阻尼系数逐渐减小，表明钢框架节点的耗能能力随着锈蚀程度的增加逐步降低。

(2)在相同锈蚀程度下，等幅循环-2 加载、变幅循环加载、混合加载、等幅循环-1 加载下的节点试件等效黏滞阻尼系数依次减小，可见加载制度对钢框架梁柱节点的耗能能力有较大影响。

参考文献

[1] 中华人民共和国住房和城乡建设部. 钢结构设计标准(GB 50017—2017)[S]. 北京: 中国计划出版社, 2017.

[2] 中华人民共和国住房和城乡建设部, 中华人民共和国国家质量监督检验检疫总局. 建筑抗震设计规范(GB 50011—2010(2016 年版))[S]. 北京: 中国建筑工业出版社, 2016.

[3] 中华人民共和国住房和城乡建设部. 建筑抗震试验规程(JGJ/T 101—2015)[S]. 北京: 中国建筑工业出版社, 2015.

[4] 郑山锁, 王晓飞, 孙龙飞. 酸性大气环境下多龄期钢框架节点抗震性能试验研究[J]. 建筑结构学报, 2015, 36(10): 20-28.

[5] 沈在康. 混凝土结构试验方法新标准应用讲评[M]. 北京: 地震出版社, 1992.

[6] 王斌, 郑山锁, 国贤发, 等. 循环荷载作用下型钢高强高性能混凝土框架柱受力性能试验研究[J]. 建筑结构学报, 2011, 32(3): 117-126.

[7] 姚谦峰. 土木工程结构试验[M]. 2 版. 北京: 中国建筑工业出版社, 2008.

第 4 章　一般大气环境下钢框架梁拟静力试验研究

4.1　引　　言

本章采用人工气候环境模拟技术对 10 榀钢框架梁进行一般大气环境下的加速腐蚀，进而对腐蚀后的试件进行拟静力试验，考察锈蚀钢框架梁的破坏过程与特征，分析不同锈蚀程度、翼缘宽厚比和腹板高厚比对钢框架梁的承载能力、变形能力、耗能能力等抗震性能的影响。

4.2　试 验 概 况

4.2.1　试件设计

参考国家现行规范与规程[1-3]，并结合实际工程常规尺寸及实验室条件，设计了 10 榀 1∶2 缩尺比例的钢框架梁试件。试件采用热轧 H 型钢制作，材质为 Q235B，梁截面规格为 HN300×150×6.5×9；在梁底端设置相对刚度较大的基础梁。试件几何尺寸与截面尺寸如图 4.1 所示。

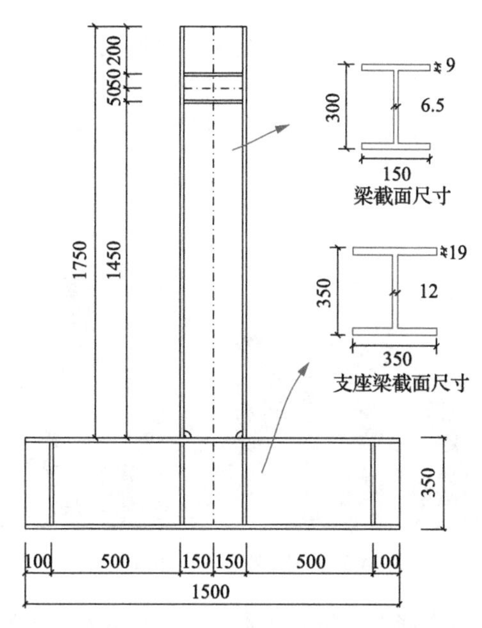

图 4.1　钢框架梁试件几何与截面尺寸(单位：mm)

根据试验研究目的，首先对 10 榀钢框架梁试件进行一般大气环境下的加速腐蚀试验，待各试件达到预期腐蚀程度后，再进行低周往复加载试验。其中，一般大气环境模拟试验方案与参数设置同 2.2.2 节。试件设计参数见表 4.1，锈蚀钢材材性试验与力学性能测试结果见 2.2.5 节叙述。

表 4.1 钢框架梁试件设计参数(一般大气环境)

试件编号	截面高度 h/mm	截面宽度 b/mm	翼缘厚度 t_f/mm	腹板厚度 t_w/mm	翼缘宽厚比 b/t_f	腹板高厚比 h_0/t_w	锈蚀时间/h
B-1	300	180	9	6.5	9.64	43.38	0
B-2	300	150	9	6.5	7.97	43.38	0
B-3	300	120	9	6.5	6.31	43.38	0
B-4	270	150	9	6.5	7.97	38.77	0
B-5	250	150	9	6.5	7.97	35.69	0
B-6	300	150	9	6.5	7.97	43.38	480
B-7	300	150	9	6.5	7.97	43.38	960
B-8	300	150	9	6.5	7.97	43.38	1920
B-9	300	150	9	6.5	7.97	43.38	2400
B-10	300	150	9	6.5	7.97	43.38	2880

4.2.2 加载装置与加载制度

试验加载装置如图 4.2 所示。框架梁端水平低周往复荷载通过 30 吨 MTS 电液伺服作动器施加，通过压梁与地脚螺栓将试件固定于刚性地面。同时，在试件两侧加设侧向支撑以防止试验过程中试件发生平面外失稳[4]。

图 4.2 钢框架梁试验加载装置

水平往复荷载采用位移控制进行加载，加载方案为：按位移角依次为 0.375%、

0.5%、0.75%、1%、1.5%、2%、3%、4%、…进行往复循环加载，每级循环 2 次，直至试件水平荷载下降至峰值荷载的 85%或出现明显破坏而无法承受荷载时，加载结束[5]。试件加载制度如图 4.3 所示。

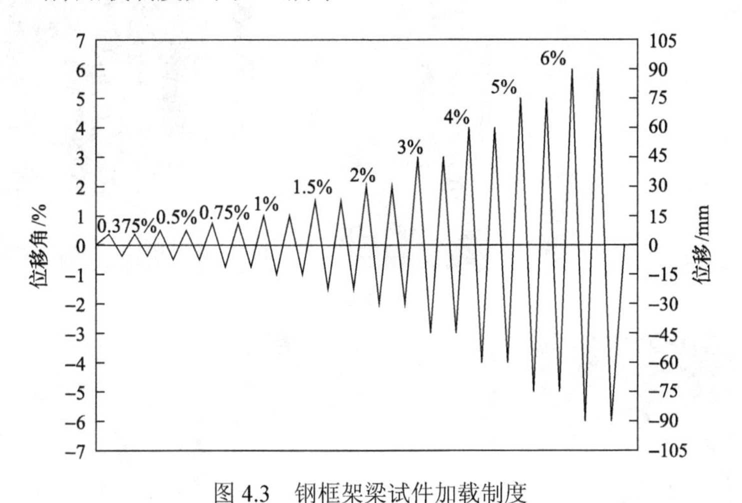

图 4.3　钢框架梁试件加载制度

4.3　试验结果及分析

4.3.1　试件破坏过程与特征

各试件破坏过程基本相似，在加载过程中均经历了弹性、弹塑性发展、塑性破坏三个阶段。加载初期，各试件处于弹性阶段，梁端荷载随位移呈线性变化，试件各部位均无明显损伤。当加载位移角为 1%左右时，不同锈蚀程度试件的荷载-位移曲线相继出现转折，进入弹塑性阶段。当加载位移角为 2%～3%时，梁端两侧翼缘局部出现轻微屈曲。当加载位移角为 3%～4%时，梁端两侧翼缘局部屈曲现象明显，腹板亦发生一定程度的鼓曲。此时，梁端塑性铰形成，水平荷载达到最大值。持续加载，试件塑性变形越来越大，而承载力逐步下降，试件进入塑形破坏阶段。当加载位移角为 5%～5.5%时，梁端翼缘出现细微裂纹并快速发展。当加载位移角为 6%时，梁端翼缘裂缝贯通，水平荷载急剧下降，试件宣告破坏。

不同之处在于：①随着锈蚀程度的增加，试件水平承载能力逐步降低，梁端塑性铰形成及裂缝产生所对应的位移逐渐减小；②随着翼缘宽厚比或腹板高厚比的增大，试件发生局部屈曲现象所对应的位移相对较小。

试件典型破坏形态如图 4.4 所示。

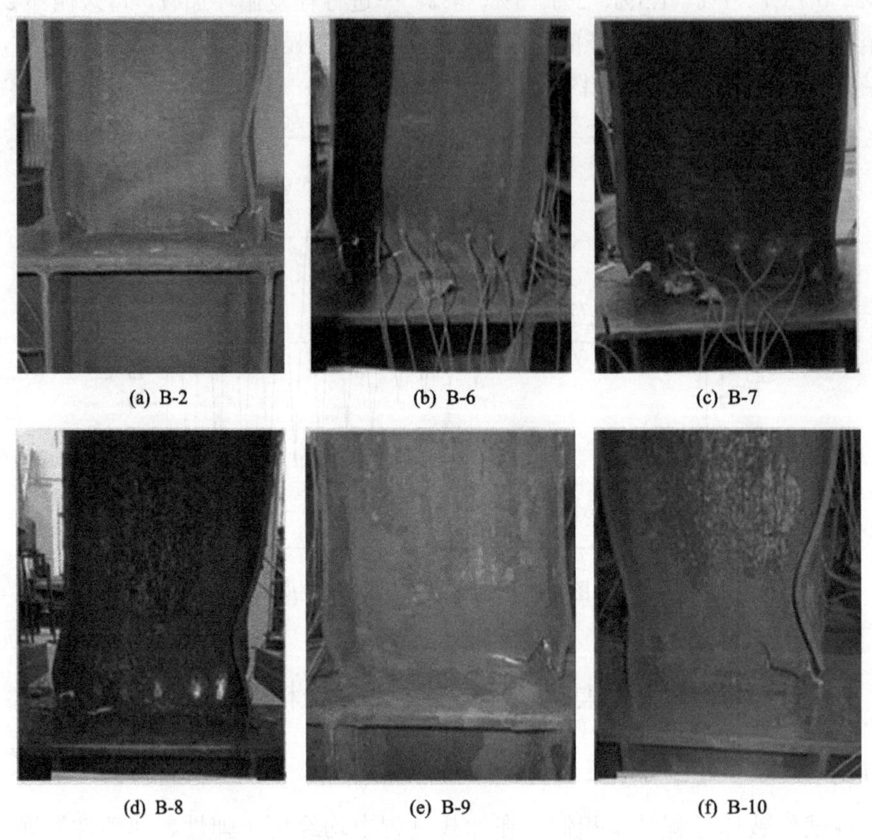

图 4.4　钢框架梁试件典型破坏形态(一般大气环境)

4.3.2　滞回曲线

各试件滞回曲线如图 4.5 所示，可以看出：

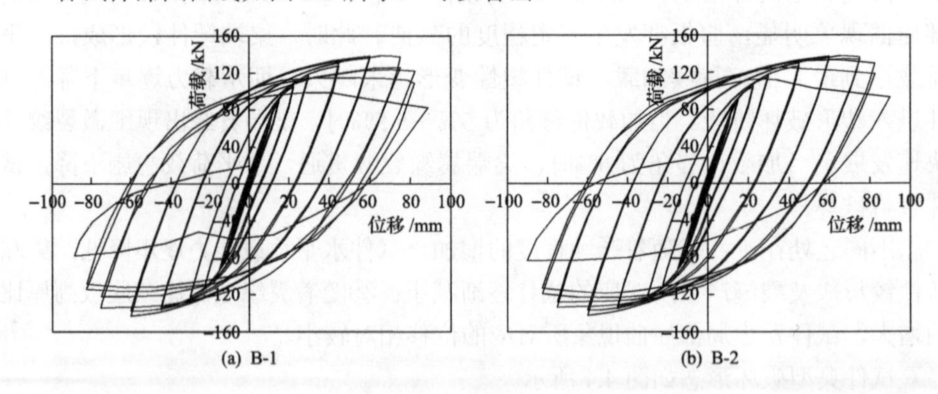

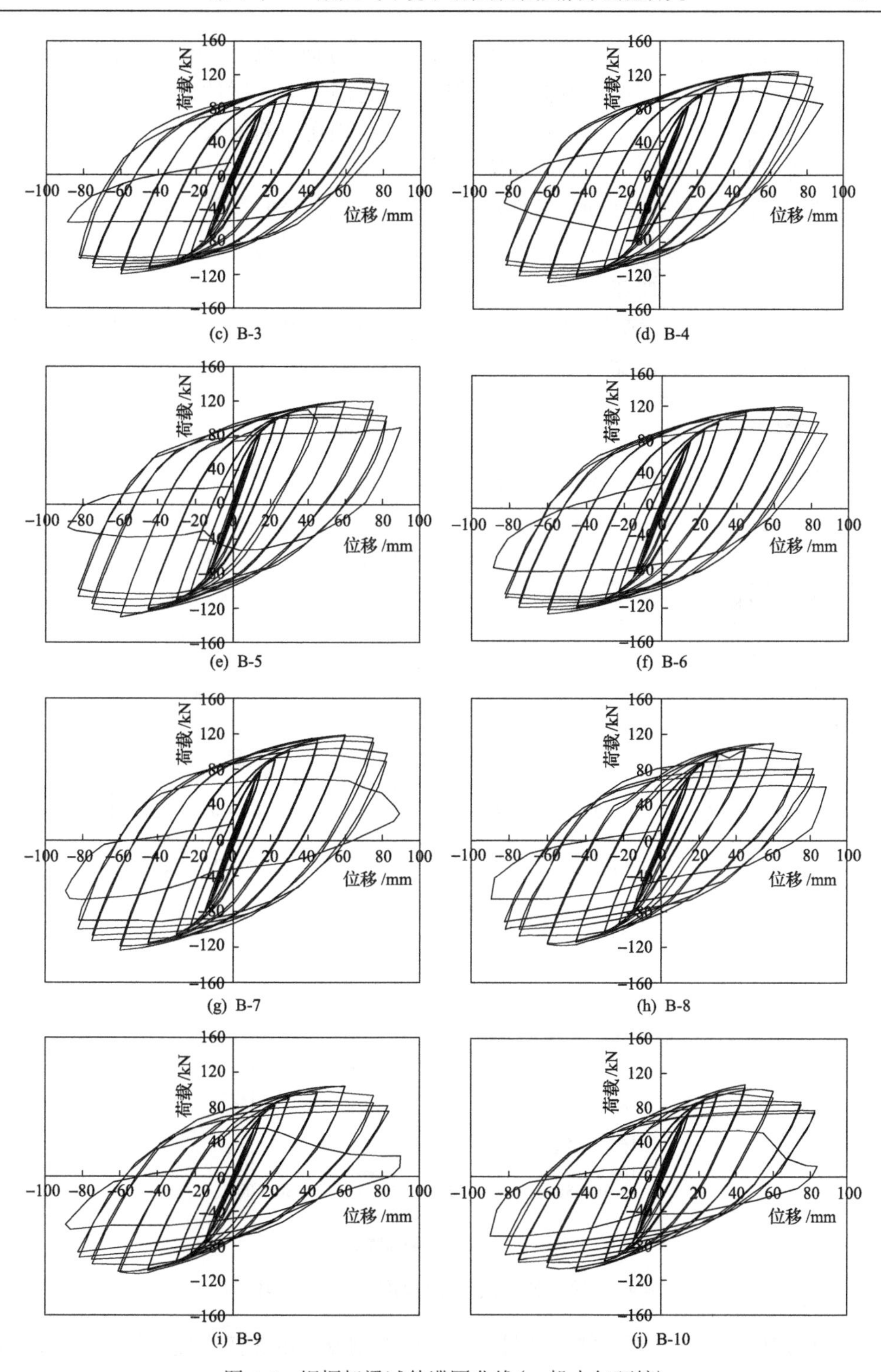

(c) B-3　(d) B-4

(e) B-5　(f) B-6

(g) B-7　(h) B-8

(i) B-9　(j) B-10

图 4.5　钢框架梁试件滞回曲线(一般大气环境)

(1) 加载初期，试件处于弹性阶段，滞回曲线近似呈线性变化。随着加载位移的增大，滞回曲线出现明显弯曲，滞回环面积逐渐增大，试件进入弹塑性阶段。试件达到峰值荷载后，塑性变形充分发展，累积损伤不断增大，强度、刚度随着位移幅值和循环次数的增加而明显降低。

(2) 随着锈蚀程度的增加，试件承载力及刚度逐渐降低，滞回环面积不断减小，强度、刚度退化现象逐步加重，表明钢框架梁的承载能力、变形能力及耗能能力均随锈蚀程度的增大而逐渐降低。

(3) 随着翼缘宽厚比或腹板高厚比的增大，试件滞回曲线饱满程度及面积逐渐减小，承载能力及耗能能力逐渐降低。

4.3.3 骨架曲线

各试件的骨架曲线如图 4.6 所示，可以看出：

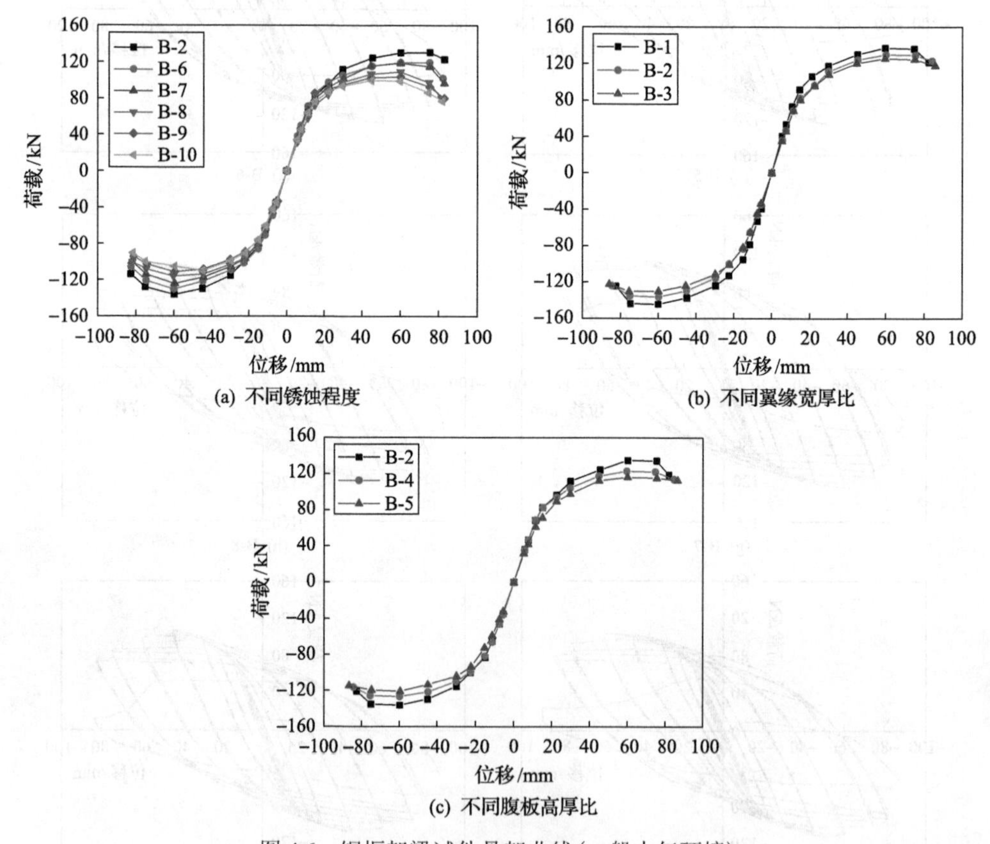

图 4.6 钢框架梁试件骨架曲线(一般大气环境)

(1) 弹性阶段，骨架曲线呈线性变化，试件刚度基本保持不变；随着加载位移的增大，骨架曲线出现明显转折，刚度逐步降低，试件进入弹塑性阶段；峰值荷载后，骨架曲线逐步下降，刚度显著降低，试件进入塑性破坏阶段。

(2)随着锈蚀程度的增加，试件屈服荷载、峰值荷载和软化段刚度均逐渐减小，表明钢框架梁的承载力及延性随着锈蚀程度的增加而逐步降低。

(3)随着翼缘宽厚比或腹板高厚比的增大，试件承载力有所增加，但延性呈减小趋势。

4.3.4　承载力及延性系数

由骨架曲线可进一步分析获得各试件的屈服荷载 P_y(根据能量等值法确定[6])、峰值荷载 P_m、极限荷载 P_u(峰值荷载的 85%)与相应的位移值及延性系数 μ，见表 4.2。可以看出：

表 4.2　钢框架梁试件实测特征值及延性系数(一般大气环境)

试件编号	屈服点		峰值点		极限点		延性系数 μ
	P_y/kN	Δ_y/mm	P_m/kN	Δ_m/mm	P_u/kN	Δ_u/mm	
B-1	117.03	29.27	137.31	59.67	121.76	82.41	2.82
B-2	111.67	29.85	130.04	60.04	122.94	83.00	2.78
B-3	107.43	29.47	125.73	59.57	117.67	85.71	2.91
B-4	102.79	28.39	123.23	59.57	114.30	84.66	2.98
B-5	96.27	28.27	116.41	60.00	112.55	86.68	3.07
B-6	104.98	29.61	130.03	60.04	122.41	83.21	2.81
B-7	99.65	28.72	118.69	60.07	100.89	79.14	2.76
B-8	95.75	28.53	109.14	60.00	92.77	76.92	2.70
B-9	93.76	28.15	103.67	60.07	88.12	73.82	2.62
B-10	92.10	28.08	98.79	59.78	83.97	72.77	2.59

(1)随着锈蚀程度的增加，试件各项力学性能指标均逐步降低，相比未锈蚀试件 B-2，锈蚀试件 B-10 的峰值荷载、极限位移及延性系数分别下降了 24.03%、12.33%和 6.83%。

(2)随翼缘宽厚比和腹板高厚比的增加，试件荷载特征值有所增大，但位移特征值和延性系数呈减小趋势。其中，相比翼缘宽厚比较小试件 B-3，翼缘宽厚比较大试件 B-1 的峰值荷载增大了 9.21%，但极限位移和延性系数分别降低了 3.85%和 3.09%；相比腹板高厚比较小试件 B-5，腹板高厚比较大试件 B-2 的峰值荷载增大了 11.71%，但极限位移和延性系数分别降低了 4.25%和 9.45%。

4.3.5　刚度退化

各试件刚度退化曲线如图 4.7 所示。可以看出：

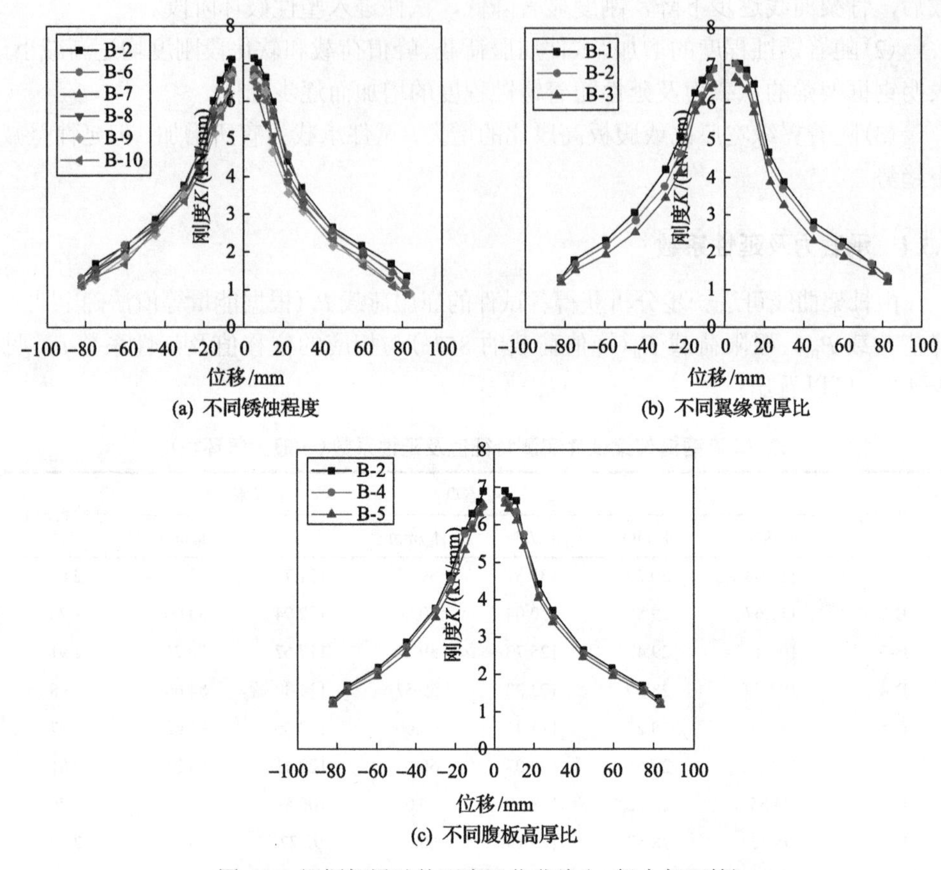

(a) 不同锈蚀程度

(b) 不同翼缘宽厚比

(c) 不同腹板高厚比

图 4.7　钢框架梁试件刚度退化曲线(一般大气环境)

(1)锈蚀损伤引起构件截面削弱、初始刚度减小，在受力过程中，其刚度退化速率相对加快。

(2)随着翼缘宽厚比的增大，试件达峰值荷载后其刚度衰减速率加快。

(3)随着腹板宽厚比的增大，试件刚度略有增加，但其刚度退化规律基本不变。

4.3.6　耗能能力

采用等效黏滞阻尼系数和功比指数来表征不同锈蚀程度钢框架梁的耗能能力。等效黏滞阻尼系数和功比指数越大，表明试件的耗能能力越好[7]。等效黏滞阻尼系数 h_e 按式(3-7)计算，功比指数 I_u 计算公式为

$$I_u=\frac{\sum P_i\Delta_i}{P_y\Delta_y} \tag{4-1}$$

式中，P_i、Δ_i 分别为第 i 次循环时卸载点的荷载和相应位移；P_y、Δ_y 分别为屈服荷载和屈服位移。

10 榀钢框架梁试件的耗能指标计算结果如表 4.3 所示，可以看出：

表 4.3　钢框架梁试件耗能指标计算结果

试件编号	等效黏滞阻尼系数	功比指数
B-1	0.62	27.41
B-2	0.57	27.12
B-3	0.53	26.13
B-4	0.54	25.61
B-5	0.51	25.22
B-6	0.54	26.38
B-7	0.52	25.52
B-8	0.50	25.04
B-9	0.48	24.35
B-10	0.45	24.15

(1) 随锈蚀程度的增大，各试件等效黏滞阻尼系数、功比指数和能量耗散系数均逐渐减小。相比未锈蚀试件 B-2，锈蚀试件 B-10 的等效黏滞阻尼系数、功比指数分别下降了 21.05%、10.95%，表明钢框架梁的耗能能力随着锈蚀程度的增加而逐渐降低。

(2) 随翼缘宽厚比或腹板高厚比的增大，各试件等效黏滞阻尼系数、功比指数和能量耗散系数呈增加趋势。相比翼缘宽厚比较小试件 B-3，翼缘宽厚比较大试件 B-1 的等效黏滞阻尼系数和功比指数分别增大了 16.98%和 4.90%；相比腹板高厚比较小试件 B-5，腹板高厚比较大试件 B-2 的等效黏滞阻尼系数和功比指数分别增大了 11.76%和 7.53%，表明钢框架梁的耗能能力随着宽厚比或腹板高厚比的增大而有所提升。

参 考 文 献

[1] 中华人民共和国住房和城乡建设部. 钢结构设计标准(GB 50017—2017)[S]. 北京: 中国计划出版社, 2017.

[2] 中华人民共和国住房和城乡建设部, 中华人民共和国国家质量监督检验检疫总局. 建筑抗震设计规范(GB 50011—2010(2016 年版))[S]. 北京: 中国建筑工业出版社, 2016.

[3] 中华人民共和国住房和城乡建设部. 建筑抗震试验规程(JGJ/T 101—2015)[S]. 北京: 中国建筑工业出版社, 2015.

[4] 郑山锁, 王晓飞, 孙龙飞. 酸性大气环境下多龄期钢框架节点抗震性能试验研究[J]. 建筑结构学报, 2015, 36(10): 20-28.

[5] 郑山锁, 张晓辉, 王晓飞, 等. 锈蚀钢框架柱抗震性能试验研究及有限元分析[J]. 工程力学, 2016, 33(10): 145-154.
[6] 沈在康. 混凝土结构试验方法新标准应用讲评[M]. 北京: 地震出版社, 1992.
[7] 郑山锁, 张晓辉, 赵旭冉. 近海大气环境下锈蚀钢框架梁抗震性能试验及恢复力研究[J]. 工程力学, 2018, 35(12): 98-106.

第5章　一般大气环境下平面钢框架结构拟静力试验研究

5.1　引　言

本章采用人工气候环境模拟技术对4榀平面钢框架进行一般大气环境下的加速锈蚀，进而对锈蚀后的试件进行低周往复加载试验，研究不同锈蚀程度平面钢框架的破坏特征、滞回曲线、骨架曲线、强度和刚度退化、延性及耗能能力等的变化规律，以为一般大气环境下在役钢框架结构的抗震性能评估提供试验支撑。

5.2　试验概况

5.2.1　试件设计

参考国家现行规范与规程[1-3]，按“强节点弱构件”、“强柱弱梁”原则，设计了4榀1∶3缩尺比例的单跨三层平面钢框架结构。试件均采用热轧H型钢制作，材质为Q235B，框架梁、柱截面规格分别为HN125×60×6×8和HW125×125×6.5×9，梁柱刚度比、板件宽厚比均满足规范要求。试件锈蚀程度分为未锈蚀、轻度锈蚀、中度锈蚀和重度锈蚀四种，具体设计参数见表5.1，试件几何尺寸如图5.1所示。

表5.1　平面钢框架试件设计参数(一般大气环境)

试件编号	截面尺寸/mm			锈蚀程度	轴压比	加载制度
	梁	底梁	柱			
S-1	HN125×60×6×8	HN250×250×9×14	HW125×125×6.5×9	未锈蚀	0.3	变幅循环加载
S-2	HN125×60×6×8	HN250×250×9×14	HW125×125×6.5×9	轻度锈蚀	0.3	变幅循环加载
S-3	HN125×60×6×8	HN250×250×9×14	HW125×125×6.5×9	中度锈蚀	0.3	变幅循环加载
S-4	HN125×60×6×8	HN250×250×9×14	HW125×125×6.5×9	重度锈蚀	0.3	变幅循环加载

5.2.2　一般大气环境模拟试验

考虑到室外暴露试验周期较长且外界环境干扰较大，为缩短试验时间并较真实地模拟一般大气环境，腐蚀试验采用室内加速腐蚀方法在西安建筑科技大学耐久性实验室进行。综合考虑试件和人工气候实验室的空间和最大单位承重并减少标准材性试件与平面钢框架在腐蚀过程中的差异，将标准材性试件连同 6 根框架柱、9 根框架梁一起放置于人工气候实验室进行一般大气环境模拟试验。腐蚀完成后，将各腐蚀构件与未经腐蚀底梁按图 5.1 所示焊接成整体。为防止构件连接部位因腐蚀过重而影响施焊质量，在进行室内加速腐蚀试验时将梁柱焊接部位用塑料包住。

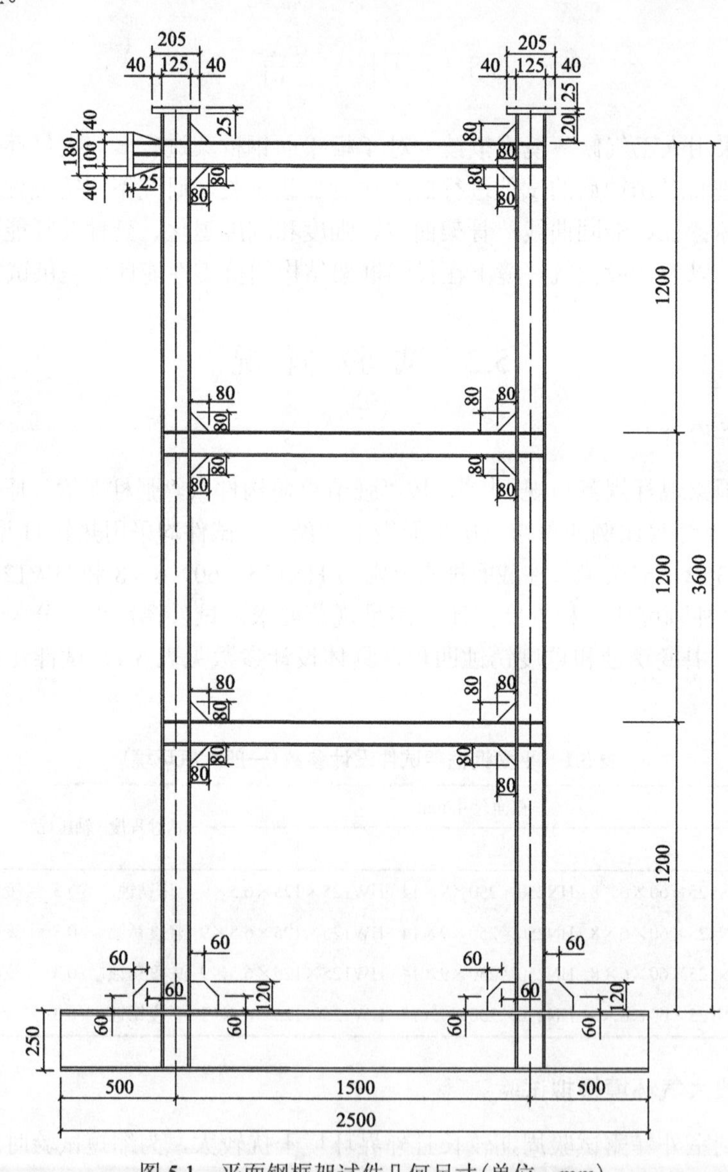

图 5.1　平面钢框架试件几何尺寸(单位：mm)

为模拟一般大气环境，依据《金属和合金的腐蚀 酸性盐雾、“干燥”和“湿润”条件下的循环加速腐蚀试验》(GB/T 24195—2009)[4]配制酸性盐雾溶液，如图 5.2 所示。一般大气环境模拟试验设计参数如表 5.2 所示，单个腐蚀循环的试验时间为 8h[4]，则未锈蚀、轻度锈蚀、中度锈蚀和重度锈蚀试件的加速腐蚀时间分别拟定为 0h、480h、840h、1200h。

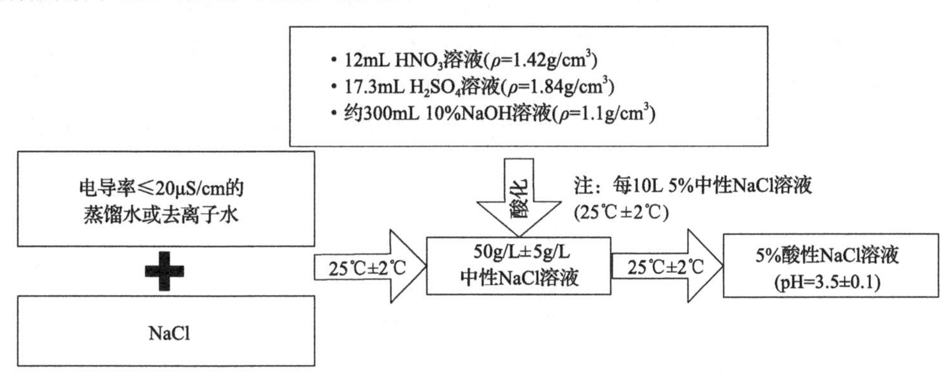

图 5.2　酸性盐雾溶液配置

表 5.2　试验参数

内容	试验条件
酸性盐雾条件	温度：35℃±1℃ 酸性盐雾溶液
“干燥”条件	温度：60℃±1℃ 相对湿度：<30%
“湿润”条件	温度：50℃±1℃ 相对湿度：>95%
单循环时间和具体内容	每个循环试验时间 8h：酸性盐雾 2h，“干燥”条件 4h，“湿润”条件 2h
试验状态转换时间间隔	盐雾—干燥：<30min 干燥—湿润：<15min 湿润—盐雾：<30min

5.2.3　材性试验

钢材材性试验包括失重率的测定和拉伸破坏试验，以确定锈蚀钢材的屈服强度、抗拉强度、伸长率等力学性能指标随失重率增大而退化的规律。从与制作钢框架柱试件同批次钢材上切取 6mm、8mm 和 9mm 三种厚度的材性试件(见图 5.3)，每种厚度材性试件各 7 组(每组 3 个)，进而与平面钢框架试件一同置于盐雾加速腐蚀箱内进行同步腐蚀。

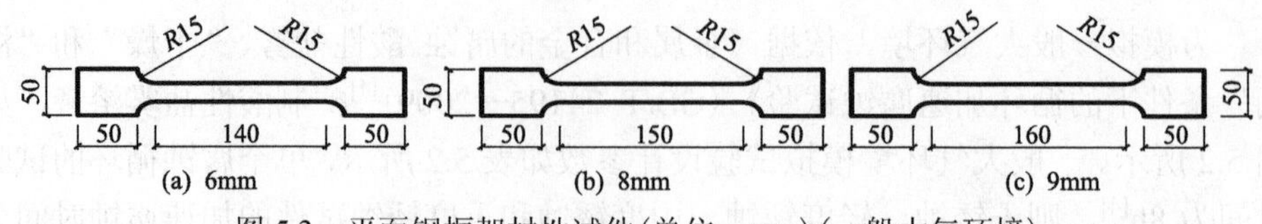

图 5.3　平面钢框架材性试件(单位：mm)(一般大气环境)

按《金属材料 拉伸试验 第 1 部分：室温试验方法》(GB/T 228.1—2010)[5]的相关规定，对不同锈蚀程度的钢材材性试件进行拉伸破坏试验，并对试验结果进行回归统计，得到锈蚀 Q235B 钢材的屈服强度、极限强度、伸长率和弹性模量随失重率的变化关系，见图 5.4 和式(5-1)。可以看出，钢材各项力学性能指标随锈蚀程度的增加逐渐劣化。

$$\begin{cases} f'_y/f_y=1-0.802D_w \\ f'_u/f_u=1-0.955D_w \\ \delta'/\delta=1-1.390D_w \\ E'_s/E_s=1-0.836D_w \end{cases} \tag{5-1}$$

式中，f_y、f'_y 分别为钢材锈蚀前后的屈服强度，f'_y 的计算见式(2-3)；f_u、f'_u 分别为钢材锈蚀前后的极限强度，f'_u 的计算见式(2-4)；δ、δ' 分别为钢材锈蚀前后的伸长率；E_s、E'_s 分别为钢材锈蚀前后的弹性模量；D_w 为钢材失重率，见式(2-1)。

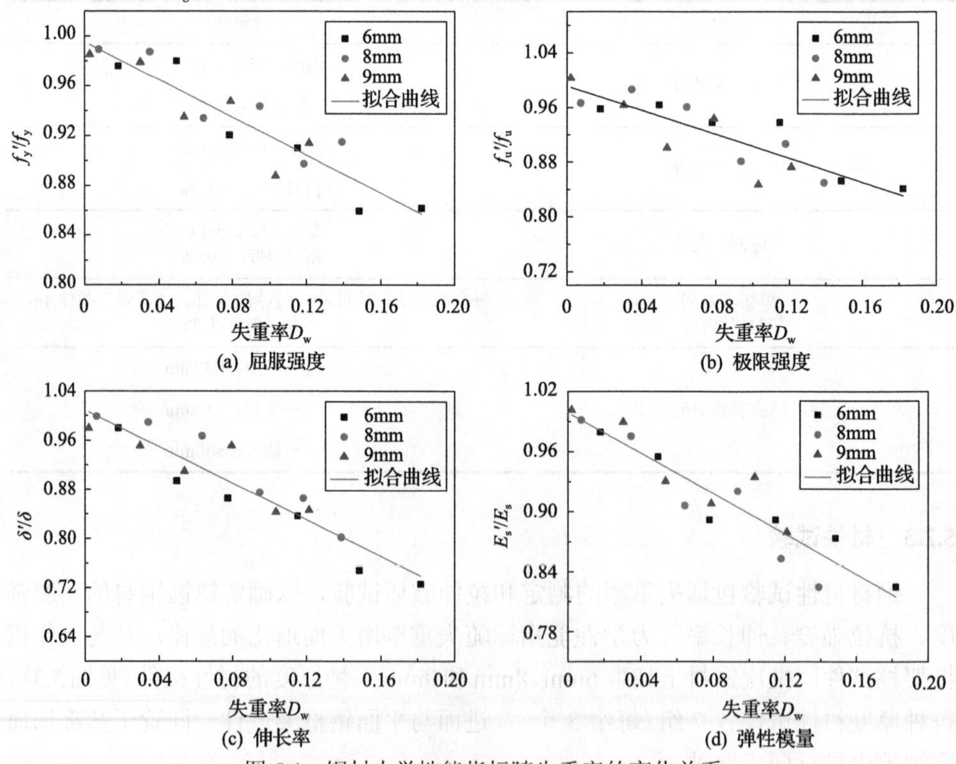

图 5.4　钢材力学性能指标随失重率的变化关系

5.2.4　加载装置与加载制度

试验加载装置如图 5.5 所示。水平低周往复荷载由 30 吨 MTS 电液伺服作动器沿试件顶层梁轴线提供；框架两侧柱顶各设置 1 台 100 吨液压千斤顶以施加恒定竖向荷载。通过压梁与地脚螺栓将试件固定于实验室地面，并在底梁两端分别设置千斤顶，以避免加载过程中试件发生滑移。此外，为了保证试件平面外稳定性并防止加载偏心，在试件两侧加设侧向支撑。

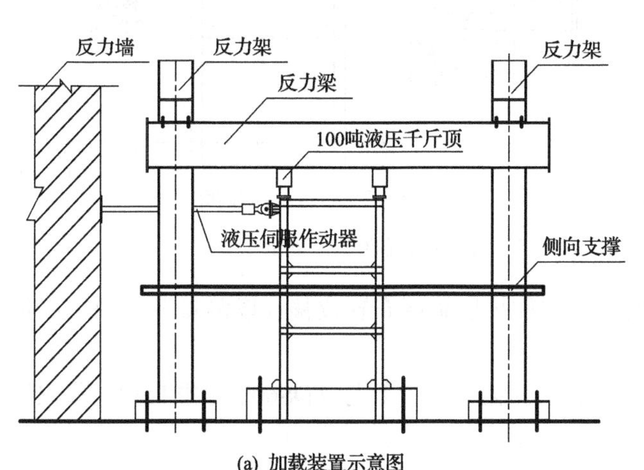

(a) 加载装置示意图

(b) 加载装置照片

图 5.5　平面钢框架试验加载装置

加载制度：水平往复荷载采用位移控制加载，试件屈服前，位移增量为预估屈服位移 Δ_y 的 30%，每级循环 1 次；试件屈服后，位移增量为屈服位移的倍数，每级循环 3 次，直至试件破坏。试验加载制度如图 5.6 所示。

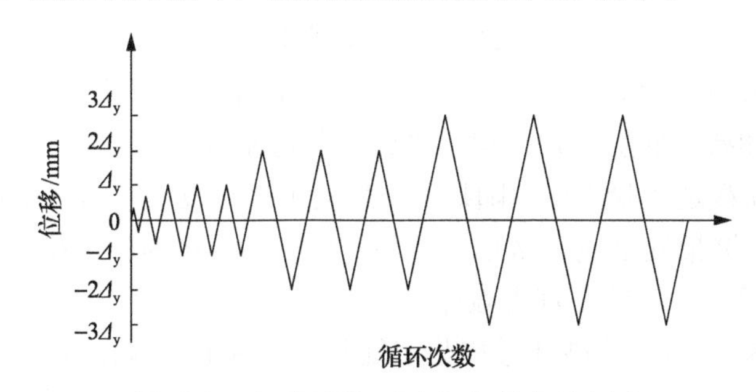

图 5.6　平面钢框架试验加载制度示意图

5.2.5　测试内容

(1) 应变测量。为考察平面钢框架试件在水平受力过程中的塑性发展规律和破坏机制，在框架梁端、柱脚的翼缘和腹板上布置电阻应变片，如图 5.7(a)所示。

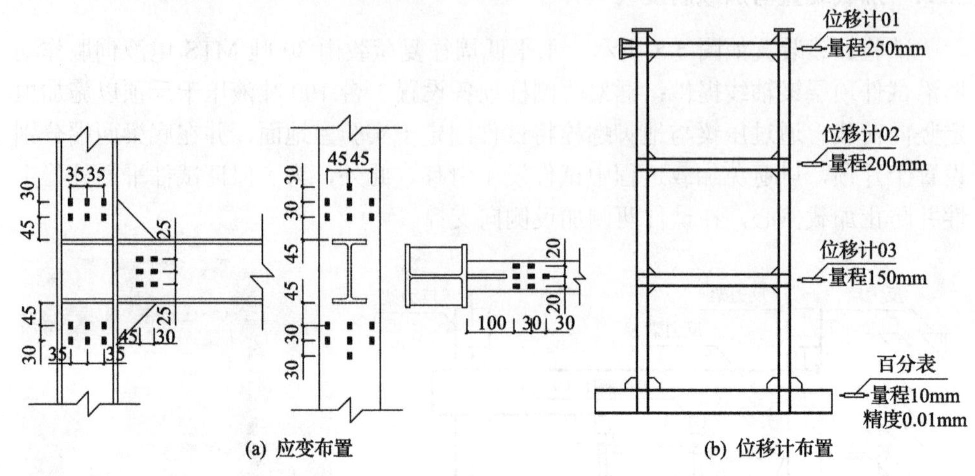

图 5.7　平面钢框架试件测点布置(单位：mm)

(2)位移测量。在平面钢框架试件每层梁端布置位移计以测量各层的水平位移，如图 5.7(b)所示。

试验过程中，所布置的位移计、电阻应变片等与 TDS602 数据自动采集仪连接，进行数据实时采集。

5.3　试验结果及分析

5.3.1　试件破坏过程与特征

未锈蚀试件 S-1：加载初期，试件表现出明显的弹性特征。当加载至位移 38mm 时，二层梁端上、下翼缘发生局部屈曲，荷载-位移曲线出现明显转折，试件进入弹塑性阶段。加载至 $2\Delta_y$ 时，二层梁端上、下翼缘局部屈曲现象明显，首个塑性铰形成。继续加载，底层和顶层梁端塑性铰相继形成。加载至 $4\Delta_y$ 时，柱底塑性铰形成，水平荷载达到最大值。随后，试件变形迅速发展，而水平荷载逐步下降。加载至 $5\Delta_y$ 时，框架柱出现轻微扭转，整个框架趋于平面外失稳。加载至 $6\Delta_y$ 时，试件平面外失稳严重，试件宣告破坏。

锈蚀试件 S-2～S-4 的破坏过程与特征与试件 S-1 基本相似，塑性铰均首先出现在梁端，待梁端塑性铰发展到一定程度时柱底塑性铰形成，变形迅速发展，试件发生平面外失稳。不同的是，随着锈蚀程度的增加，框架梁端、柱底出现塑性铰及试件整体发生平面外失稳所对应的水平位移逐渐减小。试件各部位典型破坏特征如图 5.8 所示。

(a) 梁端翼缘屈曲

(b) 柱脚翼缘屈曲

(c) 整体平面外失稳

(d) 试件最终破坏状态

图 5.8　试件各部位典型破坏特征图(一般大气环境)

5.3.2　滞回曲线

图 5.9 给出了各试件的荷载-位移(P-Δ)滞回曲线，可以看出：

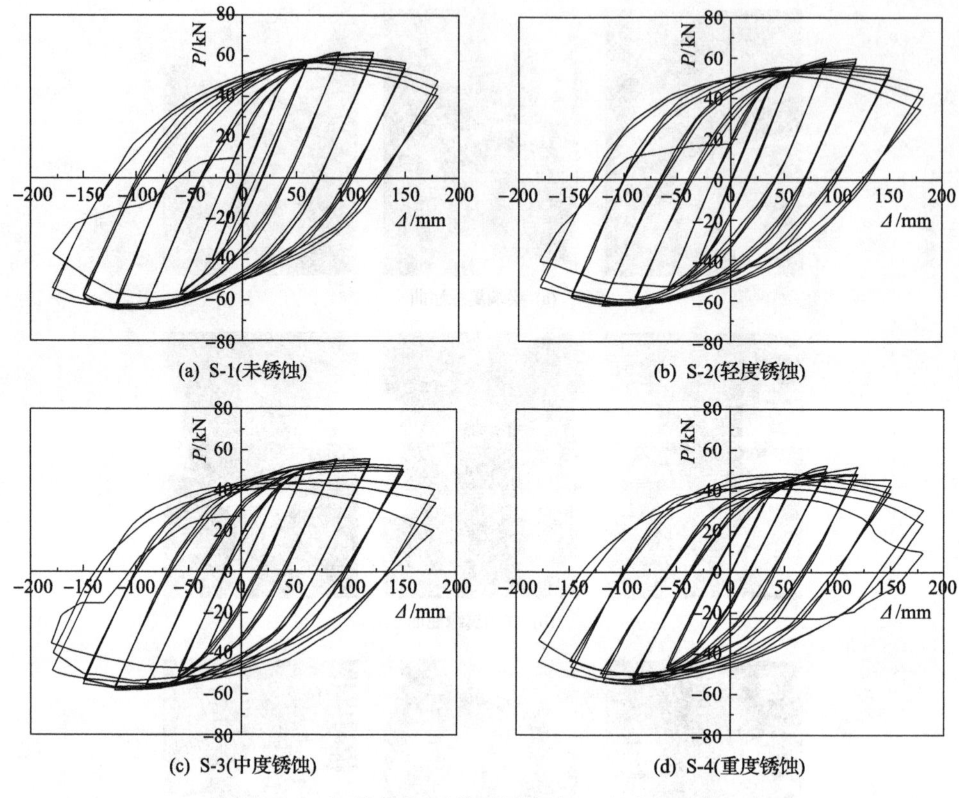

图 5.9　平面钢框架试件滞回曲线(一般大气环境)

(1)不同锈蚀程度试件的滞回曲线均呈梭形，无明显捏拢现象，表明锈蚀钢框架结构仍具有较好的耗能能力。

(2)峰值荷载前，试件整体塑性变形小，损伤较轻，同一荷载级别下，不同循环次数的荷载-位移曲线基本重合。达到峰值荷载后，试件塑性变形充分发展，累积损伤不断增大，强度、刚度随着位移幅值和循环次数的增加而明显降低。

(3)随着锈蚀程度的加重，试件荷载-位移曲线所围滞回环的面积逐渐减小，重度锈蚀试件最为显著。表明钢框架结构的耗能能力随锈蚀程度的增加而逐渐降低。

5.3.3　骨架曲线

不同锈蚀程度试件的骨架曲线如图 5.10 所示，可以看出：

(1)在低周往复荷载作用下，各试件均经历了弹性阶段、弹塑性阶段和塑性破坏阶段。弹性阶段，试件骨架曲线皆呈线性变化。随着位移幅值的增大，骨架曲线逐步弯曲，试件进入弹塑性阶段。峰值荷载后，骨架曲线逐步下降，试件进入塑性破坏阶段。

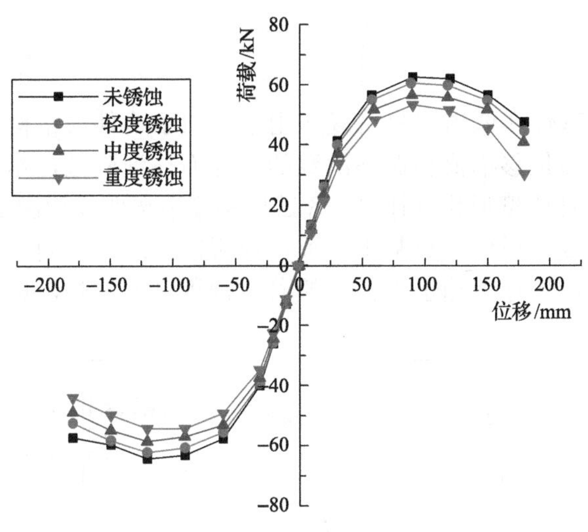

图 5.10　平面钢框架试件骨架曲线(一般大气环境)

(2) 随着锈蚀程度的加重，试件屈服荷载、峰值荷载不断降低，骨架曲线软化段逐渐变陡，表明平面钢框架的承载力和延性随着锈蚀程度的增加而减小。

5.3.4　承载力及延性系数

由骨架曲线可以进一步分析获得各试件的屈服荷载 P_y、屈服位移 δ_y、峰值荷载 P_m、峰值位移 δ_m、极限荷载 P_u、极限位移 δ_u 和位移延性系数 μ，见表 5.3。其中，极限荷载取峰值荷载的 85%，极限位移取峰值荷载 85%时对应的位移。可以看出，随着锈蚀程度的增加，试件各项力学性能指标均有所降低。相比未锈蚀试件 S-1，重度锈蚀试件 S-4 的屈服荷载、屈服位移、峰值荷载、峰值位移、极限荷载、极限位移和位移延性系数分别降低了 29.38%、8.52%、33.61%、2.57%、33.61%、16.82%和 8.99%。

表 5.3　平面钢框架试件承载力及延性系数(一般大气环境)

试件		屈服荷载 P_y/kN	屈服位移 Δ_y/mm	峰值荷载 P_m/kN	峰值位移 Δ_m/mm	极限荷载 P_u/kN	极限位移 Δ_u/mm	延性系数 μ
S-1	正向	67.53	58.71	72.56	89.46	61.68	156.72	2.67
	负向	−70.37	−67.12	−78.14	−120.73	−66.42	−186.59	2.78
S-2	正向	54.75	57.05	68.34	89.34	58.09	150.41	2.63
	负向	−55.28	−64.63	−62.07	−120.17	−52.76	−172.75	2.67
S-3	正向	52.24	55.46	56.41	89.98	47.94	143.31	2.58
	负向	−53.05	−62.76	−58.50	−120.25	−49.73	−164.46	2.62
S-4	正向	48.19	53.27	48.19	90.59	40.96	130.35	2.45
	负向	−49.18	−61.84	−51.86	−114.19	−44.08	−155.22	2.51

5.3.5　刚度退化

平面钢框架试件在低周往复荷载作用下，由于构件与结构塑性变形的不断累积，其刚度将随位移幅值和循环次数的增加而逐渐降低，本节采用刚度退化系数 β 来描述试件刚度退化规律[6]。各试件刚度退化曲线如图 5.11 所示。可以看出，各试件刚度的退化趋势基本一致：屈服前，刚度无明显退化；屈服后，刚度显著退化，后期逐渐趋于平稳。随着锈蚀程度的增加，试件刚度退化速率逐步加快。

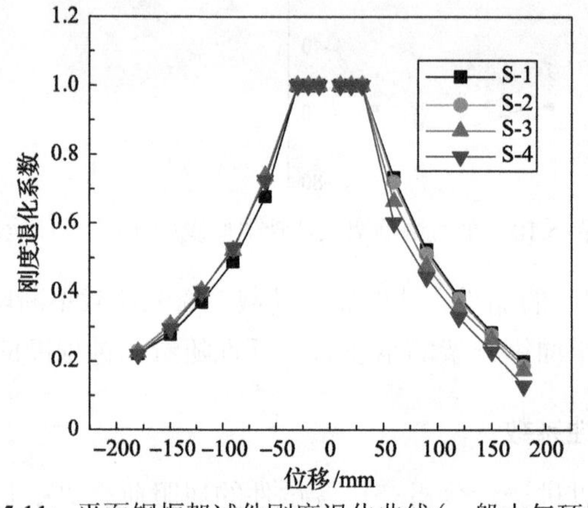

图 5.11　平面钢框架试件刚度退化曲线(一般大气环境)

5.3.6　耗能能力

构件与结构的耗能能力可采用等效黏滞阻尼系数 h_e 表示[7]。h_e 越大，表明构件与结构的耗能能力越强、抗震性能越好。各平面钢框架试件的等效黏滞阻尼系数如图 5.12 所示，可以看出，随着锈蚀程度的增加，试件在不同位移幅值下的等效黏滞阻尼系数均逐渐减小，表明平面钢框架的耗能能力随着锈蚀程度的增加而逐步降低[12]。

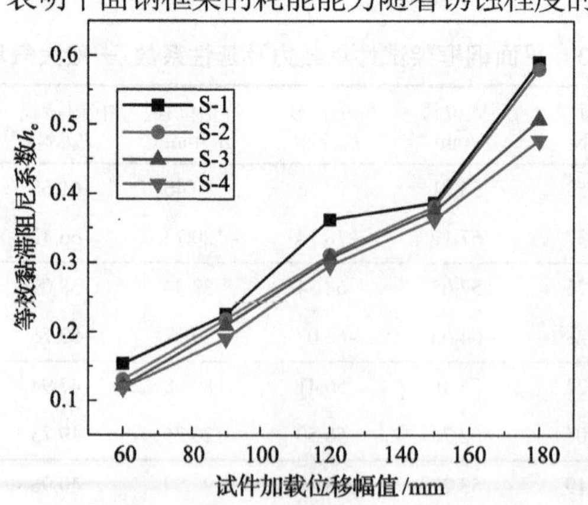

图 5.12　平面钢框架试件等效黏滞阻尼系数(一般大气环境)

参 考 文 献

[1] 中华人民共和国住房和城乡建设部. 钢结构设计标准(GB 50017—2017)[S]. 北京: 中国计划出版社, 2017.

[2] 中华人民共和国住房和城乡建设部, 中华人民共和国国家质量监督检验检疫总局. 建筑抗震设计规范(GB 50011—2010(2016 年版))[S]. 北京: 中国建筑工业出版社, 2016.

[3] 中华人民共和国住房和城乡建设部. 建筑抗震试验规程(JGJ/T 101—2015)[S]. 北京: 中国建筑工业出版社, 2015.

[4] 中华人民共和国国家质量监督检验检疫总局, 中国国家标准化管理委员会. 金属和合金的腐蚀 酸性盐雾、"干燥"和"湿润"条件下的循环加速腐蚀试验(GB/T 24195—2009)[S]. 北京: 中国标准出版社, 2010.

[5] 中华人民共和国国家质量监督检验检疫总局, 中国国家标准化管理委员会. 金属材料 拉伸试验 第 1 部分：室温试验方法(GB/T 228.1—2010)[S]. 北京: 中国标准出版社, 2010.

[6] 王斌, 郑山锁, 国贤发, 等. 循环荷载作用下型钢高强高性能混凝土框架柱受力性能试验研究[J]. 建筑结构学报, 2011, 32(3): 117-126.

[7] 姚谦峰. 土木工程结构试验[M]. 2 版. 北京: 中国建筑工业出版社, 2008.

第6章　一般大气环境下钢框架结构地震模拟振动台试验研究

6.1　引　言

地震模拟振动台试验可从宏观方面直观揭示结构地震破坏机理、破坏模式和薄弱部位，评价结构整体抗震能力。本章设计了2个相同的5层空间钢框架结构模型(S1、S2)，并采用一般大气环境模拟试验方法对S2模型进行加速腐蚀(未锈蚀模型S1用于对比分析)，进而分别对2个结构模型进行地震模拟振动台试验，考察不同地震作用下结构的破坏情况及位移、加速度和应变反应，揭示一般大气环境下不同锈蚀程度钢框架结构地震破坏机理，分析结构抗震性能随锈蚀程度增大的退化规律，为建立我国多龄期钢结构建筑的地震易损性分析模型并实施地震灾害风险性评估提供试验支撑。

6.2　试 验 概 况

6.2.1　结构简介与模型设计

S1、S2模型的原型结构相同，均为一单跨单开间5层空间钢框架结构(按8度抗震设防设计)，平面尺寸为6.0m×4.5m。首层层高为4.2m，其余各层高度均为3.6m。梁、柱钢材均采用Q235B。试验模型结构的缩尺比例为1∶3，依据相似理论进行结构模型设计，钢材材质与原型结构相同，模型1～2层框架柱记为GZ1，3～5层框架柱记为GZ2，1～5层框架横梁记为GL1、纵梁记为GL2，模型总高度为6.2m，模型平面布置图如图6.1所示，模型与原型结构构件的截面尺寸见表6.1。

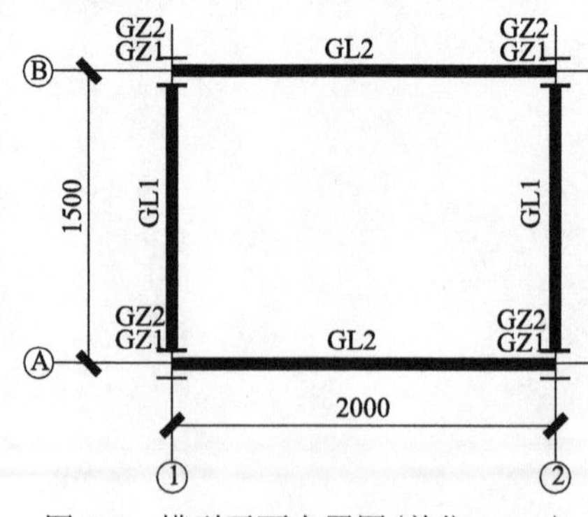

图6.1　模型平面布置图(单位：mm)

表 6.1　模型与原型结构构件截面尺寸

构件编号	原型结构截面尺寸/mm	模型结构截面尺寸/mm
GZ1	H500×500×16×18	HW150×150×7×10
GZ2	H400×400×14×16	HW125×125×6.5×9
GL1、GL2	H450×220×10×12	HN126×60×6×8

钢框架原型结构总质量为 212.885t，根据相似理论，有 $S_m = S_E S_L^2$，其中 S_L=1/3，S_E=1，则 S_m=1/9。换算得到模型的质量应为 23.654t，综合考虑振动台的台面尺寸、最大承载力等因素，模型采用欠质量(配重)模型[1]。模型实际总质量为 8.358t(结构自重 1.299t；配重：1～4 层均为 1.661t，5 层为 0.415t)，故模型结构与原型结构的正应力相似比 $S_\sigma = 0.353$。为了消除模型质量达不到设计要求所引起的与原型结构在受力性能上的差异，采用改变输入加速度峰值及时间缩尺比等措施。模型相似常数见表 6.2。

表 6.2　模型相似常数

物理参数	相似常数	物理参数	相似常数
弹性模量 E	1.000	时间 t	0.343
竖向压应力 σ	0.353	积分步长 Δt	0.343
竖向压应变 ε	0.353	反应加速度 a'	2.830
几何尺寸 L	0.333	位移 X	0.333
质量 m	0.039	位移角 θ	1.000
面积 S	0.111	地震作用 F	0.111
刚度 K	0.333	剪力 V	0.111
剪应力 τ	1.000	输入加速度 a	2.830
频率 f	2.910	阻尼比 ζ	0.500

6.2.2　一般大气环境模拟试验

1. 材性试件设计

根据文献[2]，从与制作模型同批次钢材翼缘和腹板上切取钢材材性试件，其尺寸规格如图 6.2 所示。

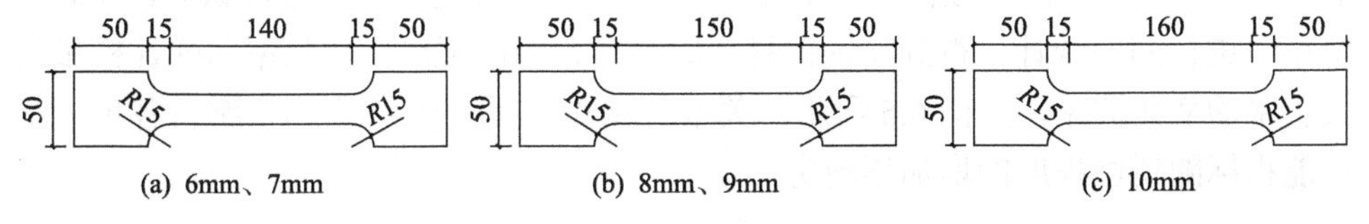

图 6.2　钢材材性试件尺寸(单位：mm)

2. 腐蚀试验方案

一般大气环境模拟试验方案与参数设置同 2.2.2 节。材性试件和模型结构 S2 均同步加速腐蚀 120 天，腐蚀前后材性试件与模型结构对比分别如图 6.3 和图 6.4 所示。

(a) 腐蚀前 (b) 腐蚀后

图 6.3 腐蚀前后材性试件对比

(a) 腐蚀前 (b) 腐蚀后

图 6.4 腐蚀前后模型结构对比

3. 钢材材性试验

按《金属材料 拉伸试验 第 1 部分：室温试验方法》(GB/T 228.1—2010)[3] 的相关规定，对不同锈蚀程度的 Q235B 钢材材性试件进行拉伸破坏试验，并对试验结果进行回归统计，得到锈蚀钢材屈服强度、极限强度、伸长率和弹性模量随失重率的变化关系，如图 6.5 所示，关系式见式(5-1)。可以看出，钢材各项力学性能指标随锈蚀程度的增加逐渐劣化。

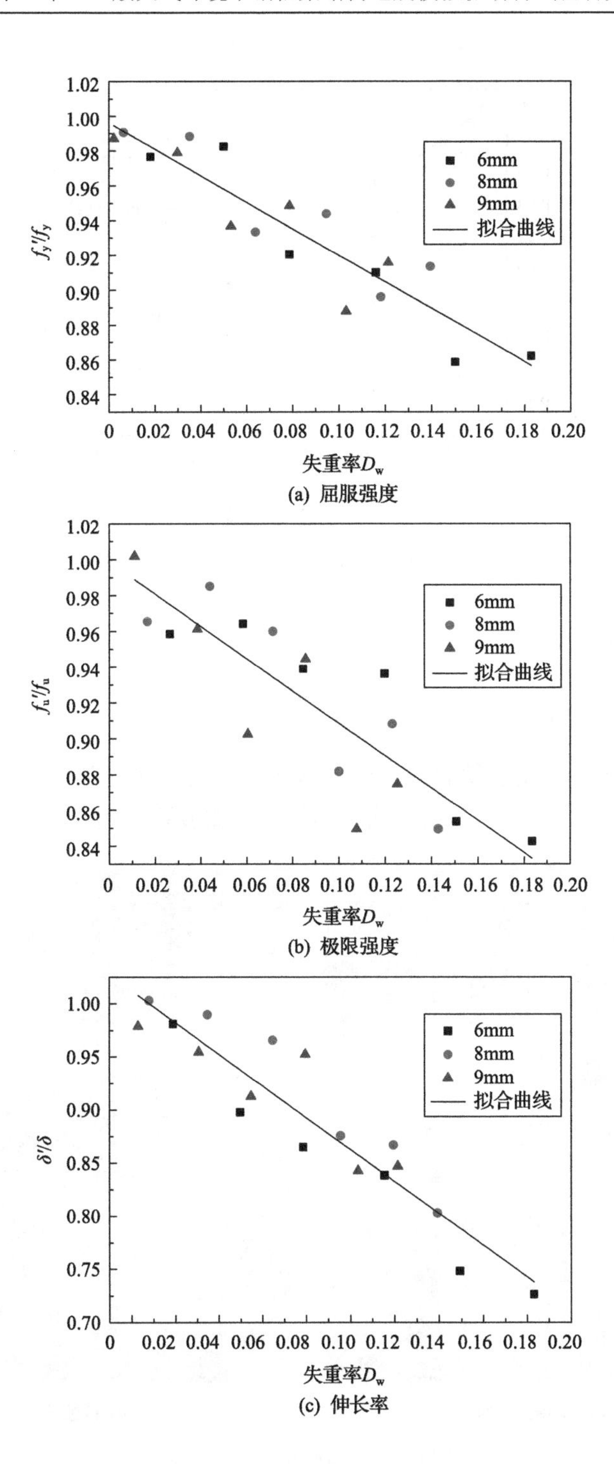

(a) 屈服强度

(b) 极限强度

(c) 伸长率

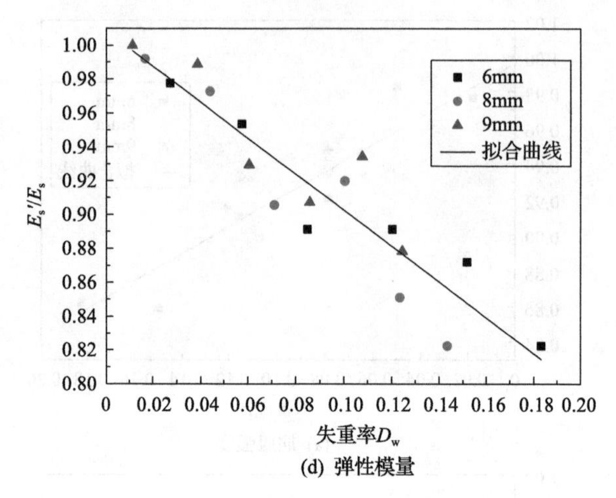

(d) 弹性模量

图 6.5　钢材力学性能指标随失重率的变化

6.2.3　加载方案

1. 试验加载装置

振动台试验在西安建筑科技大学结构工程与抗震教育部重点实验室进行，振动台的台面尺寸为 4.1m×4.1m。试验模型及加载装置如图 6.6 所示。

(a) 未锈蚀结构

(b) 锈蚀结构

图 6.6　试验模型及加载装置

2. 试验输入地震波

试验采用三向地震波输入，综合考虑模型特点及试验目的等因素，选取两条实际强震记录——El Centro 波(时间为 53.44s)、Taft 波(时间为 54.26s)和一条人工合成地震波——兰州波(16.6s)作为振动台试验地震动输入。地震波加速度反应谱与设计反应谱对比如图 6.7 所示，从三条地震波的反应谱包络来看，三条波的反应谱曲线在结构相应周期内与设计反应谱吻合较好，因此所选三条波的反应均值可反映结构在地震作用下的抗震性能。

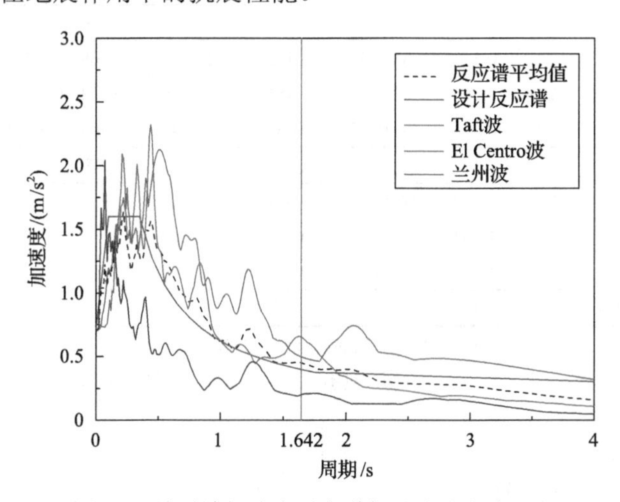

图 6.7　地震波加速度反应谱与设计反应谱对比

3. 试验方法

试验按照 8 度多遇、8 度基本和 8 度罕遇三个水准对模型结构进行地震模拟振动台试验。每个试验阶段，台面依次输入 Taft 波、El Centro 波和兰州波。地震波的持续时间按相似关系压缩为原地震波时间的 34%。前两个阶段为三向地震动输入，且 X 向、Y 向、Z 向峰值加速度大小之比为 1:0.85:0.65，第 3 阶段为双向水平地震动输入，X 向、Y 向峰值加速度大小之比为 1:0.85，各试验阶段均按模型试验相似关系对台面输入的地震波加速度峰值进行调整。在不同阶段地震波输入前后，分别对模型结构进行白噪声扫频，测量模型结构的自振频率、阻尼比和振型等动力特性参数。试验加载方案如表 6.3 所示。

6.2.4　测点布置及测试内容

根据试验模型结构特点及试验条件，模型结构各层设置 X 向、Y 向和 Z 向测振传感器，测试模型结构不同受力阶段的动力特性及各楼层位移、加速度与构件控制截面钢材应变反应。模型结构测点布置如图 6.8 所示。

表 6.3　试验加载方案

试验阶段		地震波	主震方向	加速度峰值/g						备注
				模型 X 向		模型 Y 向		模型 Z 向		
				设定值	实际值	设定值	实际值	设定值	实际值	
1	—	WN	—	0.05	—	0.05	—	0.05	—	三向白噪声
2	8 度多遇	TE	X 向	0.198	0.221(0.215)	0.168	0.184(0.179)	0.129	0.145(0.133)	三向地震
3		EL	X 向	0.198	0.206(0.202)	0.168	0.197(0.171)	0.129	0.132(0.148)	三向地震
4		LE	X 向	0.198	0.226(0.220)	0.168	0.201(0.187)	0.129	0.151(0.137)	三向地震
5	—	WN	—	0.05	—	0.05	—	0.05	—	三向白噪声
6	8 度基本	TE	X 向	0.566	0.588(0.569)	0.481	0.521(0.488)	0.368	0.437(0.388)	三向地震
7		EL	X 向	0.566	0.572(0.581)	0.481	0.530(0.491)	0.368	0.411(0.391)	三向地震
8		LE	X 向	0.566	0.594(0.577)	0.481	0.531(0.479)	0.368	0.398(0.351)	三向地震
9	—	WN	—	0.05	—	0.05	—	0.05	—	三向白噪声
10	8 度罕遇	TE	X 向	1.132	1.277(1.189)	0.962	1.120(0.995)	—	—	双向地震
11		EL	X 向	1.132	1.096(1.138)	0.962	1.011(1.031)	—	—	双向地震
12		LE	X 向	1.132	1.035(1.141)	0.962	0.947(0.959)	—	—	双向地震
13	—	WN	—	0.05	—	0.05	—	0.05	—	三向白噪声

注：1) WN 为白噪声，TE 为 Taft 波，El 为 El Centro 波，LE 为兰州波；

2) 括号内、外输入地震波的实际值分别针对未锈蚀模型结构和锈蚀模型结构。

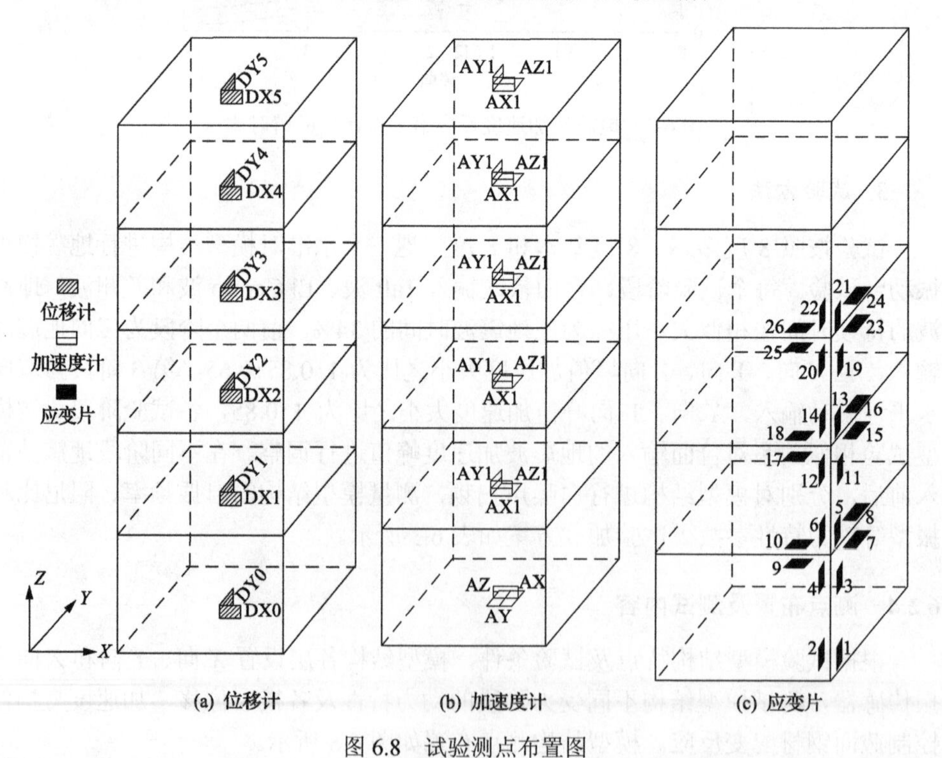

图 6.8　试验测点布置图

6.3　试验结果及分析

6.3.1　模型结构破坏过程与特征

未锈蚀模型结构 S1 与锈蚀模型结构 S2 的破坏过程与特征基本一致，但相对未锈蚀模型结构 S1，锈蚀模型结构 S2 在不同受力阶段各层位移响应明显增大，破坏程度加重，具体过程如下：

(1) 在 8 度多遇地震作用下，分别输入 Taft 波、El Centro 波和兰州波，模型结构 S1 和 S2 各层加速度和位移响应较小，白噪声扫频结果显示结构自振频率基本无变化，结构处于弹性工作状态，结构构件无明显损伤与变形。

(2) 在 8 度基本地震作用下，分别输入 Taft 波、El Centro 波和兰州波，模型结构 S1 和 S2 各层加速度和位移响应明显增大，结构构件逐步出现损伤与变形，白噪声扫频结果显示模型结构自振频率减小，进入弹塑性阶段。其中，模型 S1 的第 2 层 X 向梁端上下翼缘局部出现轻微屈曲，模型 S2 的第 2 层 X 向、Y 向梁端上下翼缘局部出现轻微屈曲。模型结构受力过程中，El Centro 波、Taft 波和兰州波作用下模型结构加速度和位移响应依次显著减小。

(3) 在 8 度罕遇地震作用下，分别输入 Taft 波、El Centro 波和兰州波，模型 S1 和 S2 各层加速度和位移响应显著增大，结构构件塑性变形充分发展，白噪声扫频结果亦表明自振频率进一步减小，刚度明显退化，模型结构累积损伤增大，处于弹塑性极限状态。其中，模型 S1 和 S2 原有梁端局部屈曲进一步发展乃至屈服；同时，模型 S1 在 3 层 X 向梁端上下翼缘出现新的局部屈曲，模型 S2 在第 3 层 X 向、Y 向梁端上下翼缘出现新的局部屈曲。模型结构梁端局部屈曲如图 6.9 所示。

图 6.9　模型结构梁端局部屈曲

6.3.2　动力特性

不同水准地震作用前后，均用白噪声对模型结构进行扫频试验，得到模型结构 X 向在不同受力阶段的自振频率、阻尼比[4]，如表 6.4 所示。可以看出：

表 6.4　未锈蚀和锈蚀模型结构动力特性（一般大气环境）

工况	未锈蚀结构		锈蚀结构	
	自振频率/Hz	阻尼比	自振频率/Hz	阻尼比
地震作用前白噪声	1.8013	0.0116	1.667	0.0218
8 度多遇地震后白噪声	1.8013	0.0136	1.667	0.0231
8 度基本地震后白噪声	1.6412	0.0245	1.499	0.0377
8 度罕遇地震后白噪声	1.4661	0.0417	1.323	0.0498

(1) 随着地震作用水准的逐步提升，模型结构累积损伤不断增大，刚度降低，自振频率逐渐减小，而阻尼比逐渐增大。

(2) 与未锈蚀模型结构相比，锈蚀模型结构刚度退化较大，频率显著降低。白噪声扫频试验结果显示，8 度多遇、8 度基本和 8 度罕遇三个水准地震作用后，锈蚀结构的自振频率比未锈蚀结构分别减小了 7.46%、8.66%和 9.76%。

6.3.3　加速度反应

楼层加速度反应放大系数 k，为相应水准地震作用下模型结构各楼层加速度反应的最大值与振动台台面相应方向输入加速度最大值之比[4]，即

$$k = |a|_{max} / |A|_{max} \tag{6-1}$$

式中，$|a|_{max}$ 为楼层绝对加速度反应最大值；$|A|_{max}$ 为台面输入绝对加速度反应最大值。

不同水准地震作用下模型结构各层加速度放大系数包络图如图 6.10 和图 6.11 所示。可以看出：

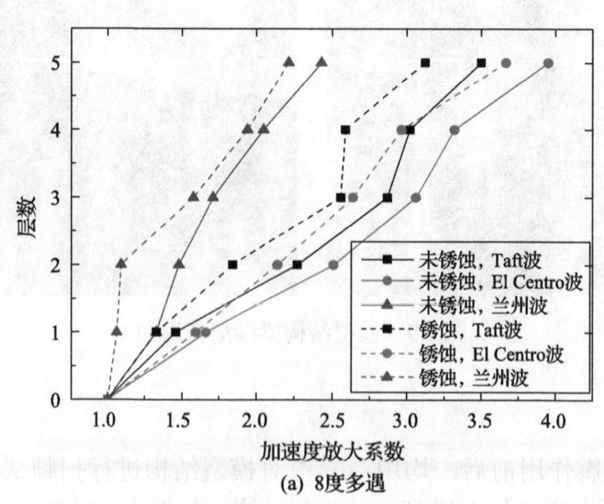

(a) 8度多遇

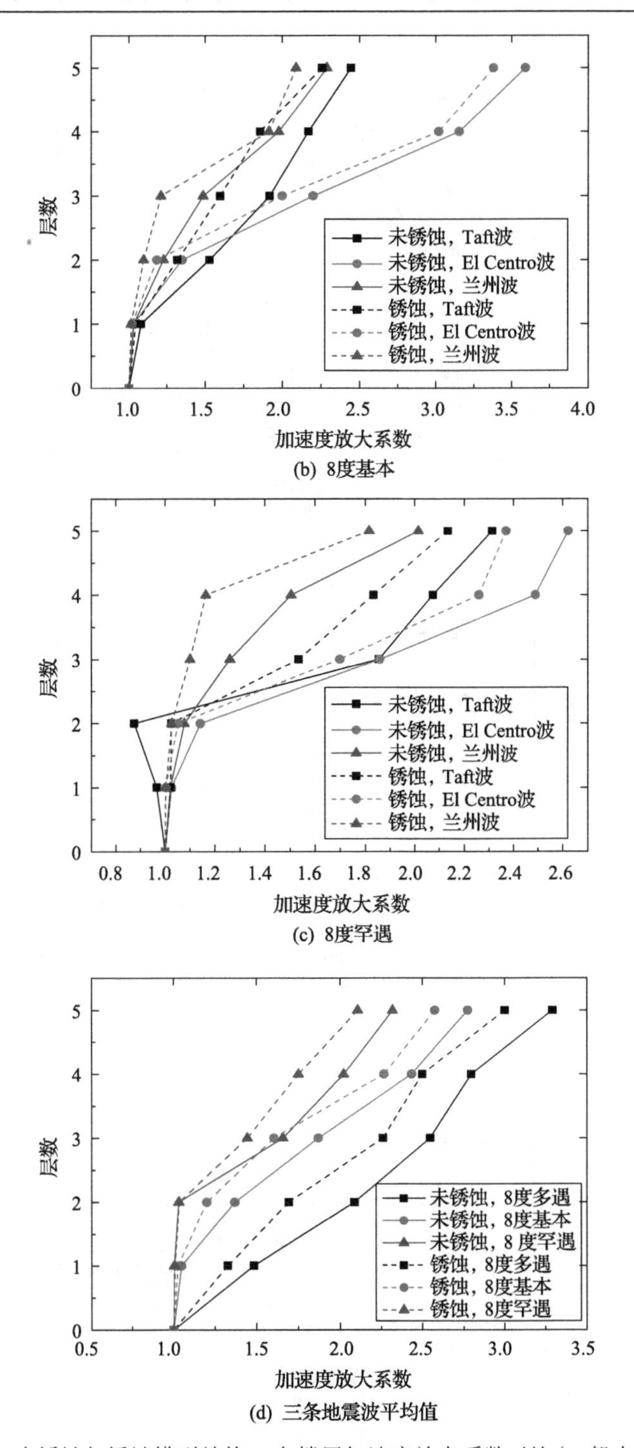

图 6.10　未锈蚀与锈蚀模型结构 X 向楼层加速度放大系数对比(一般大气环境)

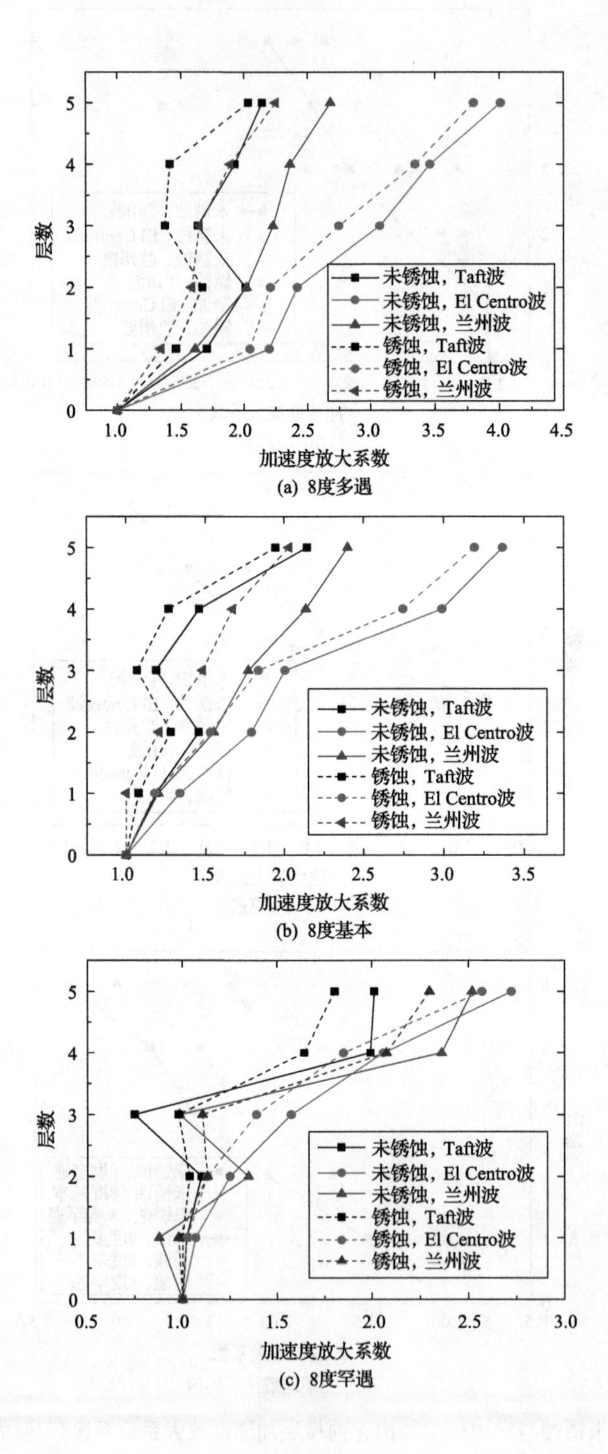

(a) 8度多遇

(b) 8度基本

(c) 8度罕遇

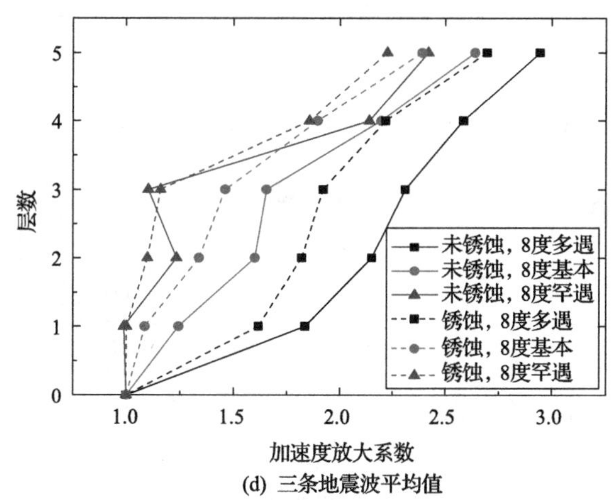

(d) 三条地震波平均值

图 6.11　未锈蚀与锈蚀模型结构 Y 向楼层加速度放大系数对比(一般大气环境)

(1)在 8 度多遇、8 度基本和 8 度罕遇三个水准地震作用下，未锈蚀和锈蚀模型结构楼层加速度反应放大系数变化规律基本一致，均随着楼层高度的增加而增大。同时，结构楼层 X 向的加速度反应大于 Y 向，这是因为结构设计时 X 向刚度大于 Y 向。

(2)随着地震作用水准的提升，未锈蚀与锈蚀模型结构逐步产生累积损伤，进入弹塑性阶段，结构刚度逐渐减小而阻尼比相应增大，导致楼层加速度放大系数逐步降低。

(3)不同受力阶段，锈蚀结构的加速度放大系数比未锈蚀结构均显著减小，减小幅度为 9%～28%，这是由于锈蚀损伤造成结构刚度降低。

6.3.4　位移反应

不同水准地震作用下模型结构各层相对于底座的位移包络图如图 6.12 和图 6.13 所示，可以看出：

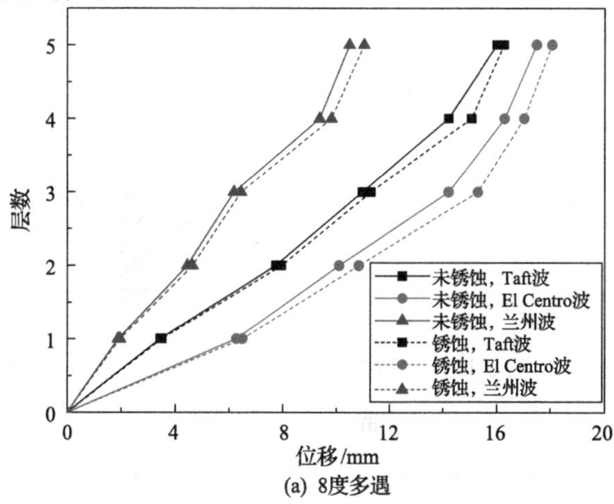

(a) 8度多遇

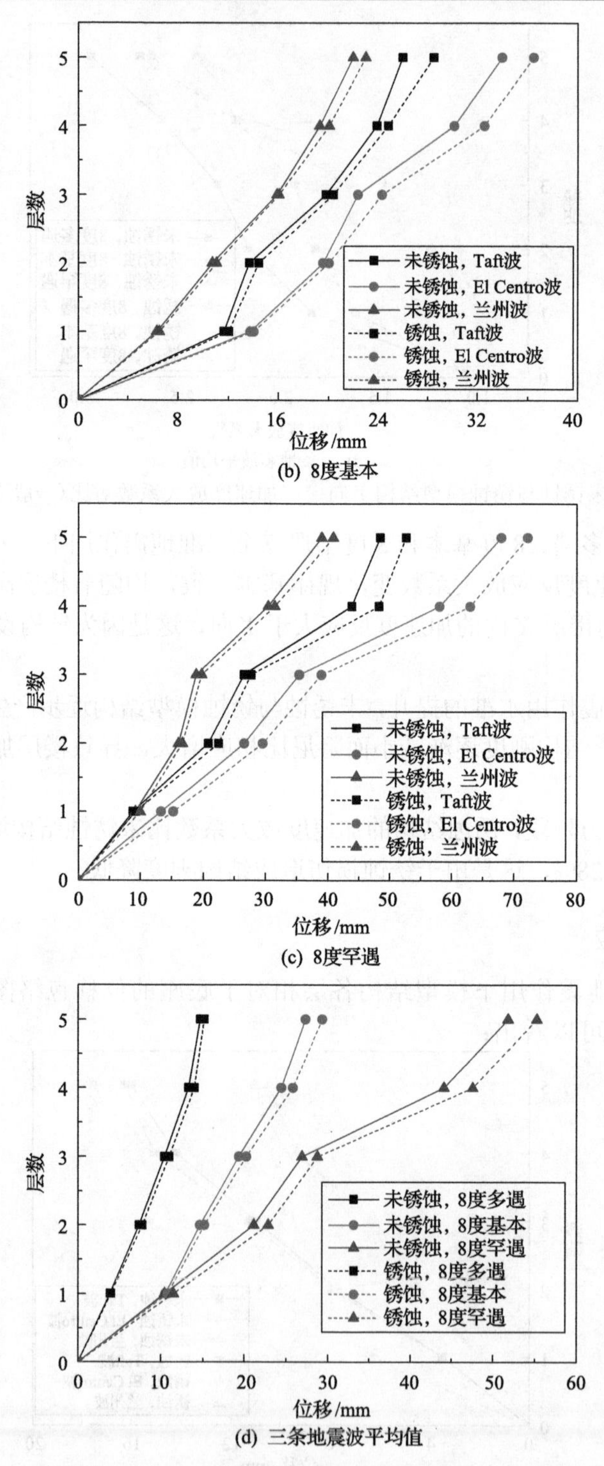

图 6.12　未锈蚀与锈蚀模型结构 X 向楼层最大位移对比(一般大气环境)

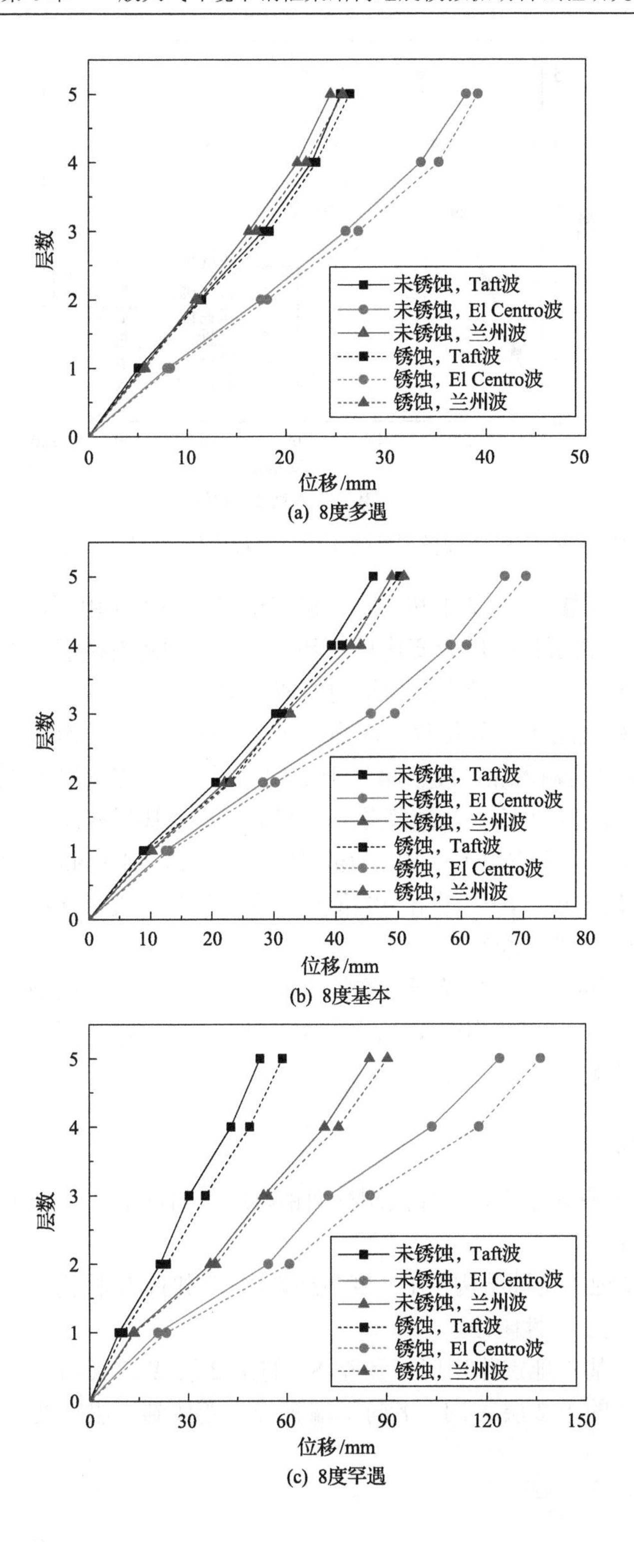

(a) 8度多遇

(b) 8度基本

(c) 8度罕遇

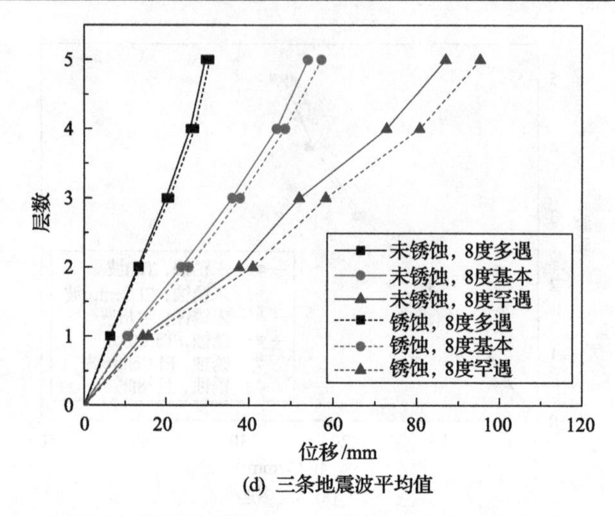

(d) 三条地震波平均值

图 6.13　未锈蚀与锈蚀模型结构 Y 向楼层最大位移对比(一般大气环境)

(1)在 8 度多遇、8 度基本和 8 度罕遇三个水准地震作用下，未锈蚀和锈蚀模型结构 X、Y 向楼层位移反应变化规律基本一致，均随着楼层高度的增加而逐渐减小，且第 2 层层间位移最大，为结构的薄弱层。

同时，结构楼层 X 向的位移反应小于 Y 向，这是因为结构设计时 X 向刚度大于 Y 向，而 X 向的输入加速度值略大于 Y 向，导致 X、Y 向刚度差异引起的结构位移反应差异明显大于输入加速度差异引起的结构位移反应差异。

(2)相同水准地震作用下，相比 Taft 波和兰州波，El Centro 波输入时模型结构的楼层位移反应最大，表明结构的位移反应不仅与地震加速度幅值有关，而且受地震波的频谱特性影响较大。

(3)不同受力阶段，锈蚀模型结构的位移反应比未锈蚀结构增大。在 8 度多遇、8 度基本、8 度罕遇地震作用下，相比未锈蚀结构，锈蚀结构受三条地震波作用时 X 向位移反应平均值分别增大了 7.6%、11.5%、10.8%。

6.3.5　应变反应

不同水准地震作用下，构件控制截面钢材应变测试结果如图 6.14～图 6.16 所示，可以看出：

(1)对未锈蚀和锈蚀结构，在 8 度多遇地震作用时，结构构件各控制截面应变值较小，结构处于弹性阶段。

(2)在 8 度基本地震作用时，模型 S1 的第 2 层 X 向梁端翼缘应变达到屈服应变，模型 S2 的第 2 层 X 向、Y 向梁端翼缘应变达到屈服应变，结构进入弹塑性阶段。

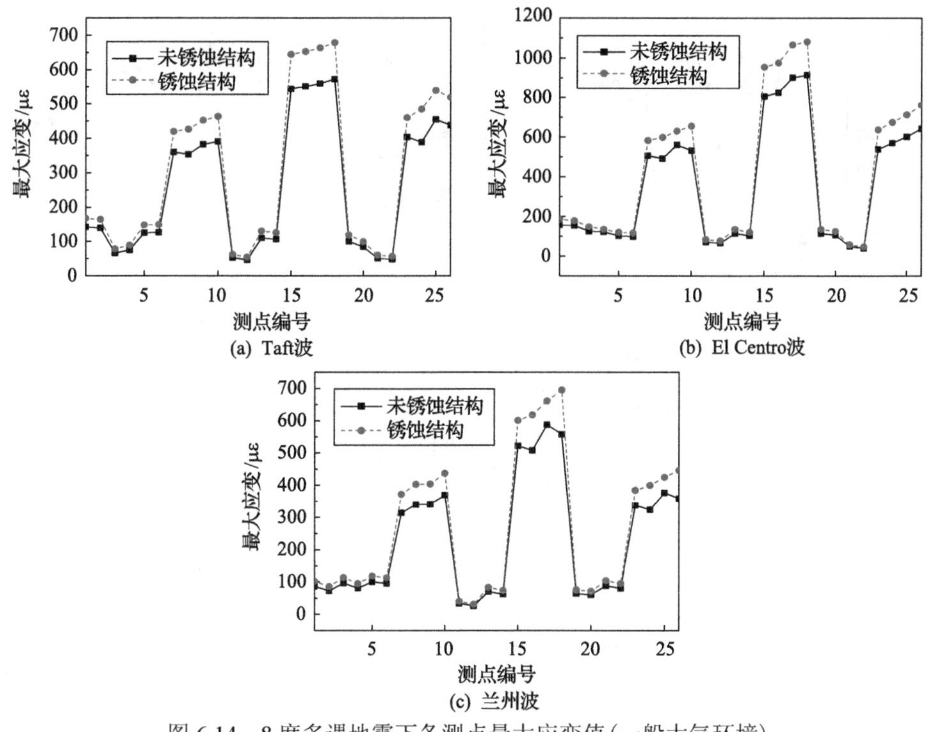

图 6.14　8 度多遇地震下各测点最大应变值(一般大气环境)

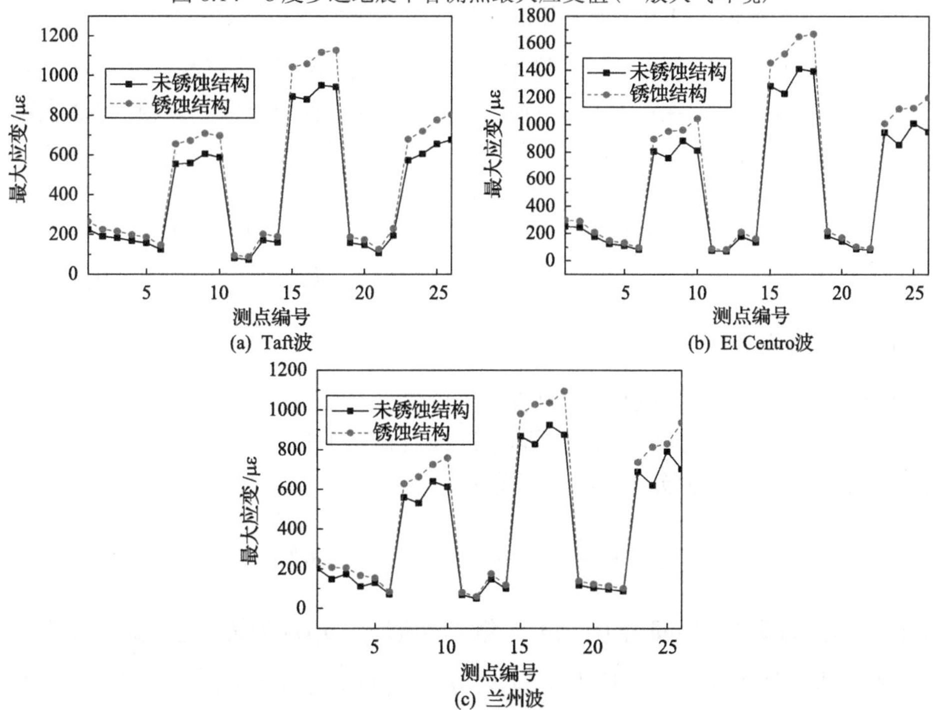

图 6.15　8 度基本地震下各测点最大应变值(一般大气环境)

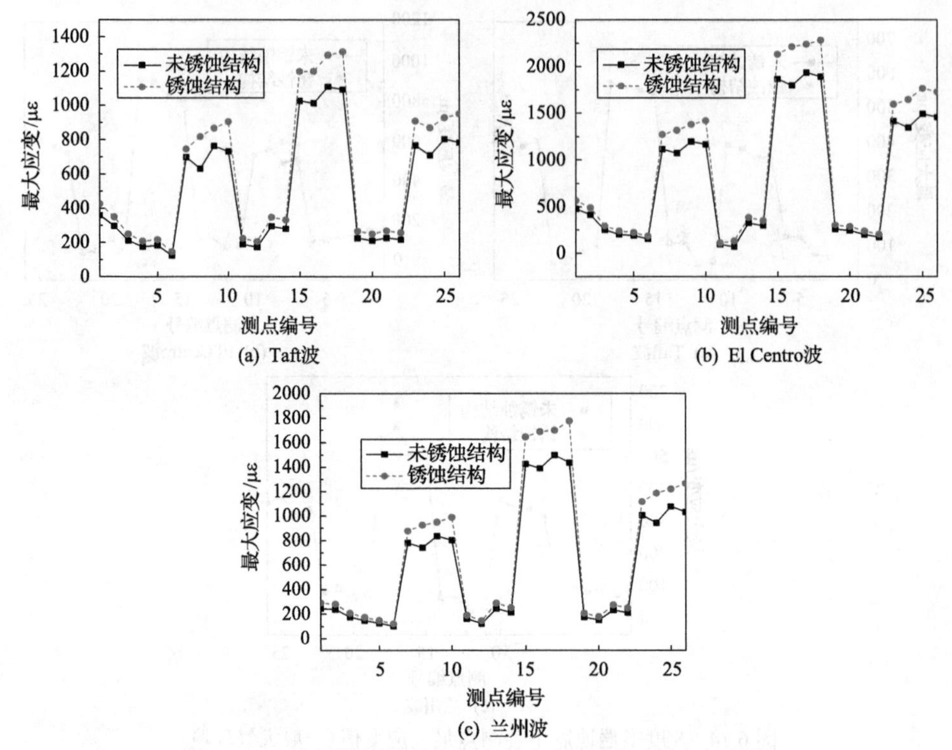

(a) Taft波　　(b) El Centro波

(c) 兰州波

图 6.16　8 度罕遇地震下各测点最大应变值(一般大气环境)

(3) 在 8 度罕遇地震作用时，模型 S1 和 S2 已屈服，梁端翼缘、腹板应变明显增加；同时，模型 S1 在第 3 层 *X* 向梁端翼缘应变达到屈服应变，模型 S2 在第 3 层 *X* 向、*Y* 向梁端翼缘应变达到屈服应变。整个受力过程中，梁端应变均明显大于柱端应变，表明结构具有良好的强柱弱梁特性。

(4) 不同受力阶段，锈蚀模型结构构件控制截面应变比未锈蚀模型结构相应截面应变显著增大，增大幅度为 10%～18%，这是锈蚀损伤引起构件截面削弱所致。

6.3.6　剪力分布

由模型结构的加速度反应及相似关系可得到原型结构的加速度反应，再结合原型结构楼层的质量分布，得到不同水准地震作用下相应楼层的惯性力，进而获得原型结构的层间剪力分布[5]。层间剪力为

$$V_i(t)=\sum_{j=1}^{5} m_j a_j(t),\quad i=1,2,3,4,5 \tag{6-2}$$

式中，$V_i(t)$ 为第 i 层层间剪力；m_j 为第 j 层质量；$a_j(t)$ 为第 j 层加速度反应。

不同水准地震作用下，原型结构 *X*、*Y* 向层间剪力分布如图 6.17 和图 6.18 所示。可以看出：

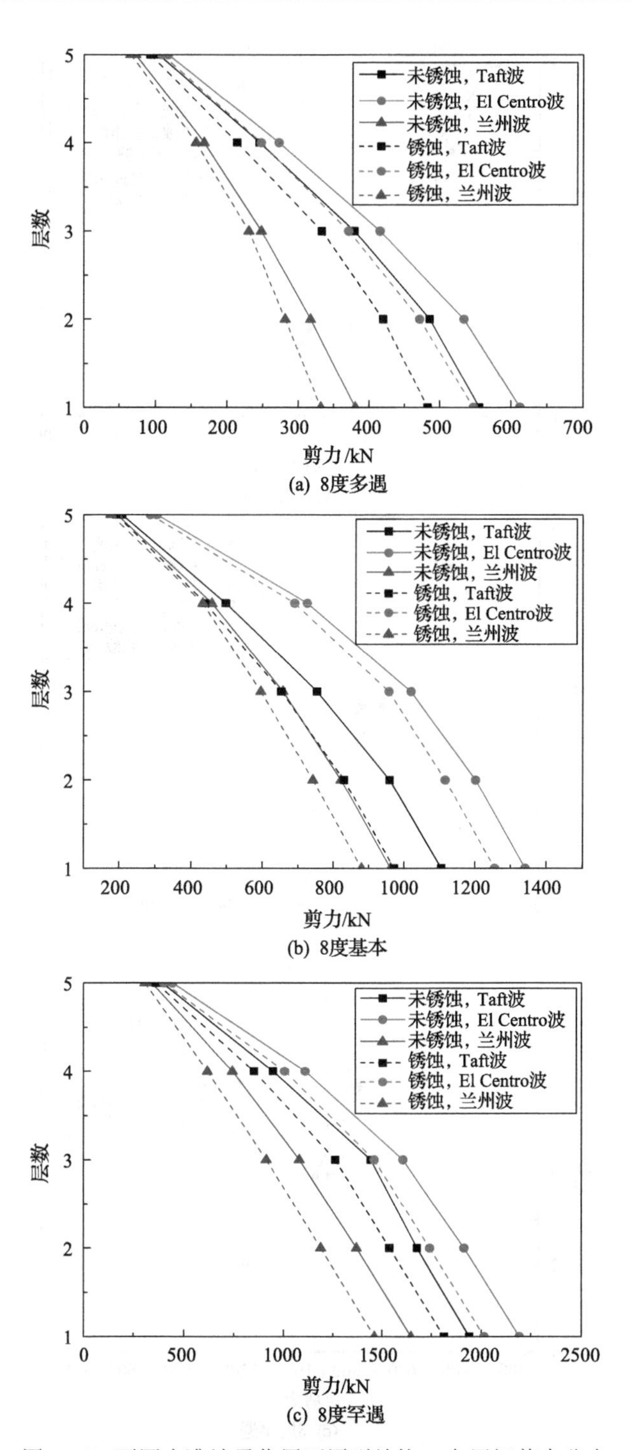

图 6.17　不同水准地震作用下原型结构 X 向层间剪力分布

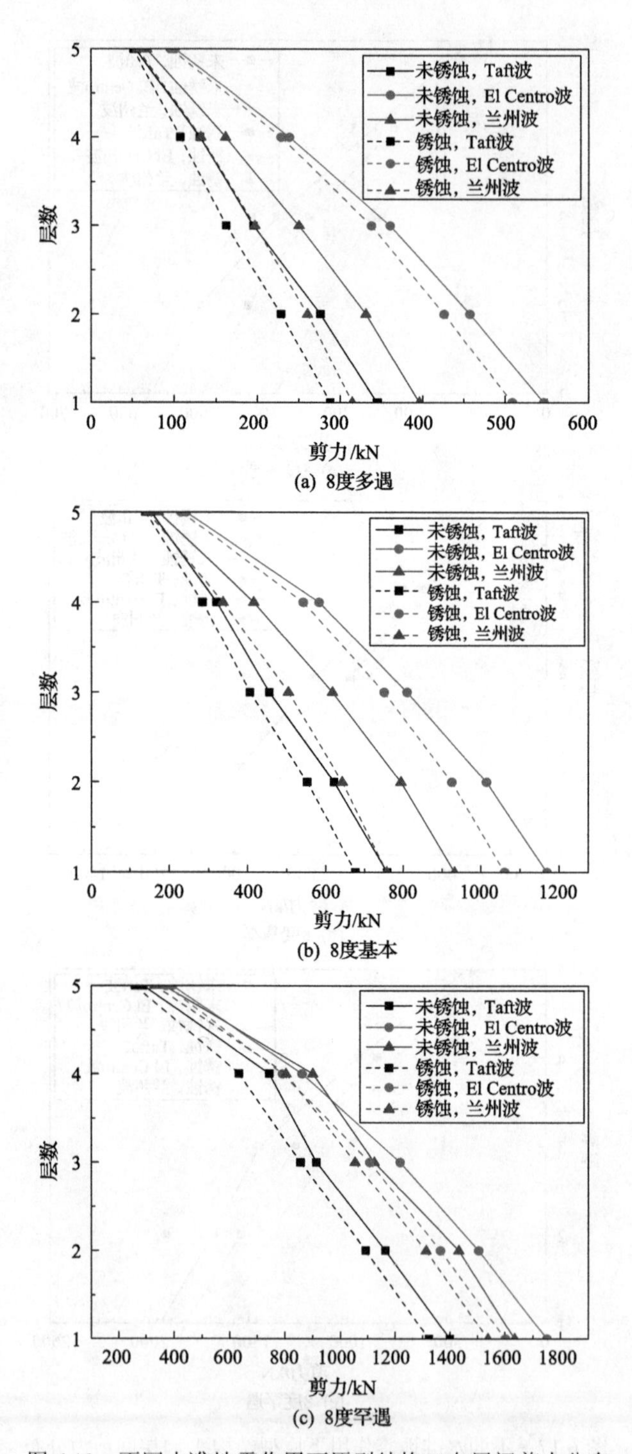

(a) 8度多遇

(b) 8度基本

(c) 8度罕遇

图 6.18　不同水准地震作用下原型结构 Y 向层间剪力分布

(1) 锈蚀与未锈蚀原型结构层间剪力分布规律基本相同，沿楼层从上到下逐渐增大，大致呈三角形分布，最大值出现在底层。但锈蚀结构底部剪力比未锈蚀结构显著减小，减小幅度为 10.23%～21.64%。

(2) 同一地震波作用下，层间剪力随着地震作用水准的提升而增大；相同水准时，El Centro 波作用所对应的层间剪力最大，Taft 波次之，兰州波最小，表明结构层间剪力不仅与地震加速度幅值有关，而且受地震波的频谱特性影响较大。

El Centro 波作用下原型结构底层及第 2 层的剪重比如表 6.5 所示。可以看出，锈蚀与未锈蚀原型结构底层及第 2 层剪重比均随着地震作用水准的提升而逐渐增大，相比未锈蚀结构，不同水准地震作用下锈蚀结构底层及第 2 层剪重比有所降低。

表 6.5　不同水准 El Centro 波作用下原型结构剪重比

位置	锈蚀程度	8 度多遇		8 度基本		8 度罕遇	
		X 向	*Y* 向	*X* 向	*Y* 向	*X* 向	*Y* 向
底层	未锈蚀	0.197	0.176	0.431	0.376	0.704	0.563
	锈蚀	0.176	0.163	0.403	0.341	0.647	0.515
第 2 层	未锈蚀	0.236	0.205	0.579	0.460	0.913	0.692
	锈蚀	0.211	0.192	0.544	0.426	0.829	0.629

参考文献

[1] 徐兴平, 黄东升, 潘东民. 渤海八号平台静强度评估[J]. 石油矿场机械, 1999, 28(4): 19-21.

[2] 国家市场监督管理总局, 中国国家标准化管理委员会. 钢及钢产品 力学性能试验取样位置及试验制备(GB/T 2975—2018)[S]. 北京: 中国标准出版社, 2018.

[3] 中华人民共和国国家质量监督检验检疫总局, 中国国家标准化管理委员会. 金属材料 拉伸试验 第 1 部分: 室温试验方法(GB/T 228.1—2010)[S]. 北京: 中国标准出版社, 2010.

[4] 周颖, 吕西林. 建筑结构振动台模型试验方法与技术[M]. 北京: 科学出版社, 2012.

[5] 郑山锁, 石磊, 张晓辉. 酸性大气环境下锈蚀钢框架结构振动台试验研究[J]. 工程力学, 2017, 34(11): 77-88.

第7章　近海大气环境下钢框架柱拟静力试验研究

7.1　引　言

本章采用人工气候环境模拟技术对48件钢材标准试件和19榀钢框架柱进行近海大气环境下的加速腐蚀，进而对不同锈蚀程度的钢材试件进行拉伸破坏试验，获得近海大气环境下锈蚀Q235B钢材力学性能指标随失重率增大的退化规律；对19榀钢框架柱进行低周往复加载试验，研究不同锈蚀程度、轴压比及加载路径对钢框架柱的滞回曲线、骨架曲线、强度和刚度退化以及滞回耗能等抗震性能的影响。

7.2　试验概况

7.2.1　试件设计

参考《建筑抗震试验规程》(JGJ/T 101—2015)[1]、《钢结构设计标准》(GB 50017—2017)[2]、《建筑抗震设计规范》(GB 50011—2010)[3]，并结合实际工程常规尺寸及实验室条件，设计1∶2缩尺比例的钢框架柱试件19榀。试件取框架中柱节点至反弯点区段，并在试件底端设置相对刚度较大的基础梁。试件均采用热轧H型钢制作，材质为Q235B，截面规格为HW250×250×9×14。试件几何尺寸与截面尺寸如图7.1所示。

整个构件连接部分均采用焊接连接，根据《钢结构设计标准》[2]的相关焊缝尺寸设计要求，对焊缝做了详细的尺寸设计。其中钢柱与底梁的连接部分采用全熔透坡口焊接，焊缝质量为二级。连接处根据《钢结构焊接规范》(GB 50661—2011)[4]采用10mm厚的衬板，并将衬板与柱采用角焊缝连接，其他部位均采用角焊缝连接，除衬板处角焊缝的高度h_f为6mm外，其余部位角焊缝的高度均为8mm。

试件设计参数包括锈蚀程度、轴压比和加载制度，见表7.1。其中，锈蚀程度由锈蚀时间控制，锈蚀时间分为0h、480h、960h、1920h、2400h、2880h六种；轴压比分为0.2、0.3和0.4三种；加载制度分为变幅循环-1加载、变幅循环-2加载和等幅循环加载三种。

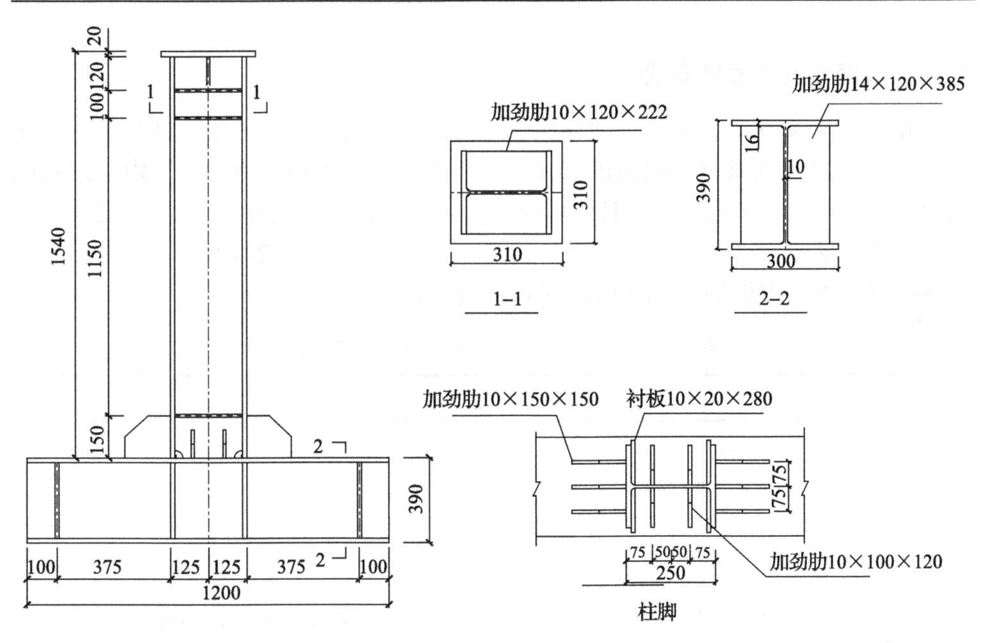

图 7.1　钢框架柱试件几何尺寸与截面尺寸(单位：mm)(近海大气环境)

表 7.1　钢框架柱试件设计参数(近海大气环境)

试件编号	截面尺寸/mm	轴压比	锈蚀时间/h	加载制度
KZ-1	HW250×250×9×14	0.2	1920	变幅循环-1 加载
KZ-2	HW250×250×9×14	0.2	1920	变幅循环-2 加载
KZ-3	HW250×250×9×14	0.2	1920	等幅循环加载
KZ-4	HW250×250×9×14	0.3	0	变幅循环-1 加载
KZ-5	HW250×250×9×14	0.3	480	变幅循环-1 加载
KZ-6	HW250×250×9×14	0.3	960	变幅循环-1 加载
KZ-7	HW250×250×9×14	0.3	1920	变幅循环-1 加载
KZ-8	HW250×250×9×14	0.3	2400	变幅循环-1 加载
KZ-9	HW250×250×9×14	0.3	2880	变幅循环-1 加载
KZ-10	HW250×250×9×14	0.3	0	等幅循环加载
KZ-11	HW250×250×9×14	0.3	480	等幅循环加载
KZ-12	HW250×250×9×14	0.3	960	等幅循环加载
KZ-13	HW250×250×9×14	0.3	1920	等幅循环加载
KZ-14	HW250×250×9×14	0.3	2400	等幅循环加载
KZ-15	HW250×250×9×14	0.3	2880	等幅循环加载
KZ-16	HW250×250×9×14	0.3	2880	变幅循环-2 加载
KZ-17	HW250×250×9×14	0.4	1920	变幅循环-1 加载
KZ-18	HW250×250×9×14	0.4	1920	变幅循环-2 加载
KZ-19	HW250×250×9×14	0.4	1920	等幅循环加载

注：0h、480h、960h、1920h、2400h、2880h 对应的失重率分别为 0%、1.28%、2.69%、4.69%、5.92%、7.04%。

7.2.2 近海大气环境模拟试验

由于实际大气暴露试验时间周期长且受区域性限制，为了缩短试验时间并在一定程度上真实预测钢材的腐蚀情况，近海大气环境模拟试验采用室内加速腐蚀方法，在西安建筑科技大学 ZHT/W2300 气候模拟试验系统进行，如图 2.2 所示。

依据《人造气氛腐蚀试验 盐雾试验》(GB/T 10125—2012)[5]配制中性盐雾(NSS)溶液以模拟近海大气环境，试验参数见表 7.2。

表 7.2 钢框架柱近海大气环境模拟试验参数

项目	试验条件
试验温度	35℃
试验湿度	≥95%
NaCl 溶液	5%(质量分数)
pH	6.5～7.5
喷雾方式	喷雾 5min，间隔 5min
盐雾沉降量	1～2mL/(80cm^2·h)

7.2.3 加载装置与加载制度

1. 加载装置

拟静力试验在西安建筑科技大学结构与抗震实验室进行。钢框架柱顶端水平低周往复荷载由 30 吨 MTS 电液伺服作动器施加，柱顶竖向荷载由 100 吨液压千斤顶施加，千斤顶与反力梁间设置滚轴装置，以确保千斤顶随柱顶实时水平移动并保持竖向荷载恒定。通过压梁与地脚螺栓将试件固定于实验室地面，并在基础梁两端分别设置千斤顶，以避免加载过程中试件发生滑移，实现底部嵌固的边界条件。此外，在试件两侧设置水平滑动支撑，确保试验过程中试件平面外稳定。试验加载装置如图 2.3 所示。

2. 加载制度

加载制度参考美国 AISC 2005 规范[6]，规定以层间位移角控制加载，加载方案如下：①变幅循环-1 加载，按照层间位移角分别为 0.375%、0.5%、0.75%、1%、1.5%和 2%时，各加载 2 个循环，之后层间位移角每增加 1%即加载 2 个循环，直至承载能力降至最大荷载值的 85%或加载设备达到最大加载能力而无法安全加载时，停止加载；②变幅循环-2 加载，按照变幅循环-1 加载的形式加载至层间位移角为 4%时转为等幅循环加载，直至加载结束；③按层间位移角为 4%的幅值进行等幅循环加载，直至试验结束。试验加载制度如图 7.2 所示。

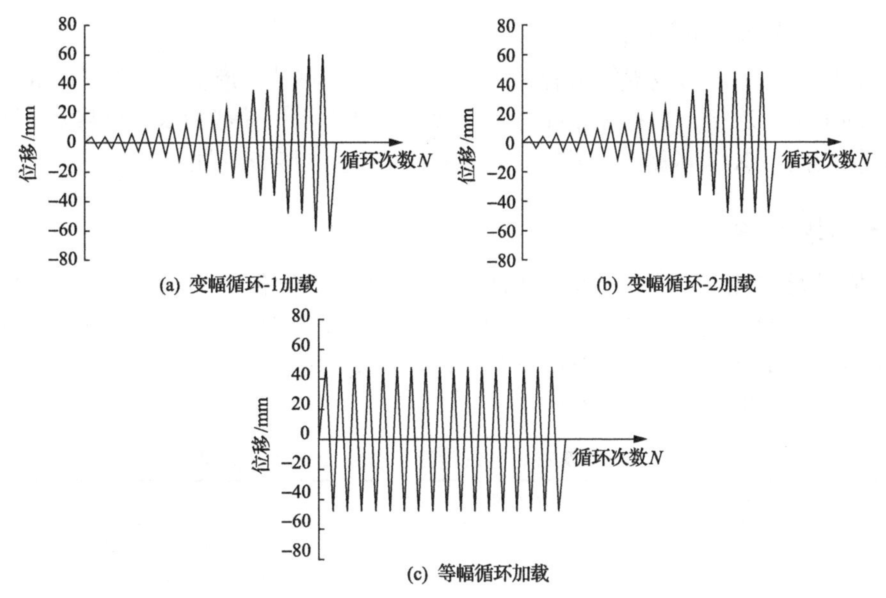

图 7.2　钢框架柱试验加载制度(近海大气环境)

7.2.4　测试内容

应变片、应变仪、位移计等不但要满足精度的要求，而且需保证足够的量程，确保满足构件进入非线性阶段量测大变形的要求。根据试验目的预先确定试验测试内容，本次试验包括如下测试内容：

(1)应变测量。沿钢柱翼缘及腹板的纵横方向粘贴应变片，用以测量试件在加载过程中各测点的应变变化规律，具体应变片布置如图 7.3 所示。

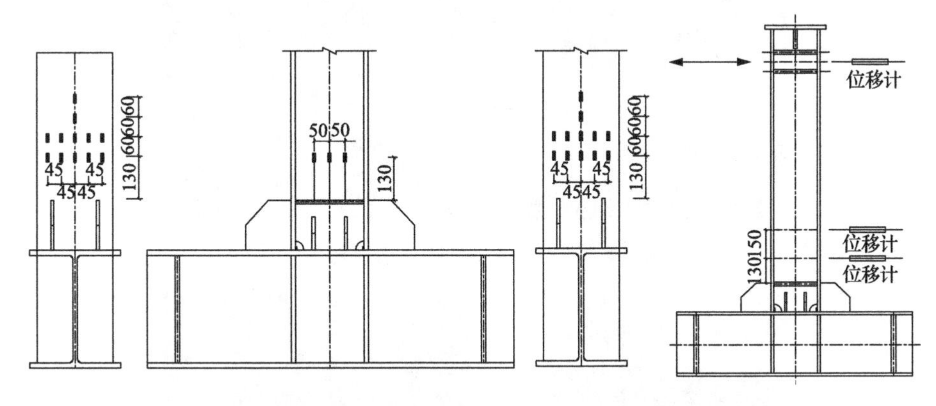

图 7.3　钢框架柱试件测点布置图(单位：mm)(近海大气环境)

(2)位移测量。如图 7.3 所示，在柱顶部布置一个位移计用于测量柱顶部的水平位移，并将所测数据作为位移控制加载的标准；在柱及基础梁的夹角处布置两个位移计，用来测量柱相对于基础梁的水平位移，并将所测位移数据转化为夹角的变化用于绘制弯矩-转角曲线。

试验过程中，所设置的附着式应变仪、电子位移计、应变片等与 TDS602 数据自动采集仪连接，根据需要随时采集数据。其中水平荷载和水平位移数据也同时传输到同步 X-Y 函数记录仪中，用来绘制荷载-位移滞回曲线。

7.2.5 材性试验

依据《钢及钢产品 力学性能试验取样位置及试样制备》(GB/T 2975—2018)[7]，从与试验用 H 型钢框架柱试件同一批次的钢材上，切取 6.5mm、9mm 和 14mm 三种厚度共 48 件材性试验试件，并将其与钢框架柱试件一同置于盐雾加速腐蚀箱内。具体试验设计参数见表 7.3。

表 7.3 钢框架柱材性试验设计参数(近海大气环境)

试件厚度/mm	试件数量	室内加速锈蚀时间/h
6.5	16	0/240/480/960/1440/1920/2400/2880
9	16	0/240/480/960/1440/1920/2400/2880
14	16	0/240/480/960/1440/1920/2400/2880

注：每种试验工况取 2 个试件进行试验，取平均值来获得相应的力学性能指标。

按《金属材料 拉伸试验 第 1 部分：室温试验方法》(GB/T 228.1—2010)[8]的相关规定，对经过腐蚀的钢材材性试件进行拉伸破坏试验，并在拉伸破坏试验前，用稀盐酸除去试件表面锈层并烘干称重，如图 7.4 所示。拉伸仪器采用 30 吨万能试验机，应变采集器采用 DH3818 静态应变仪，如图 7.5 所示。

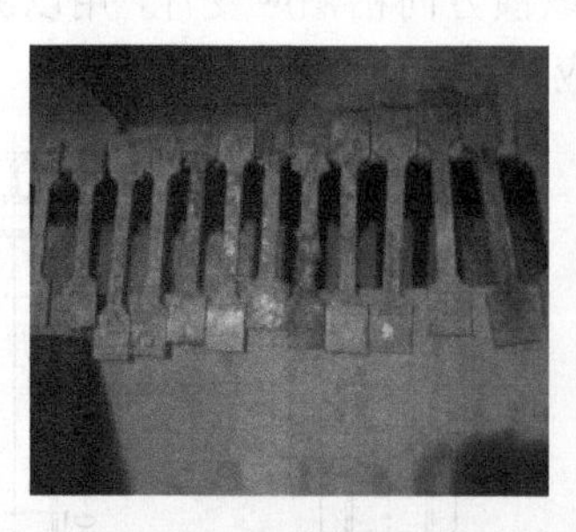
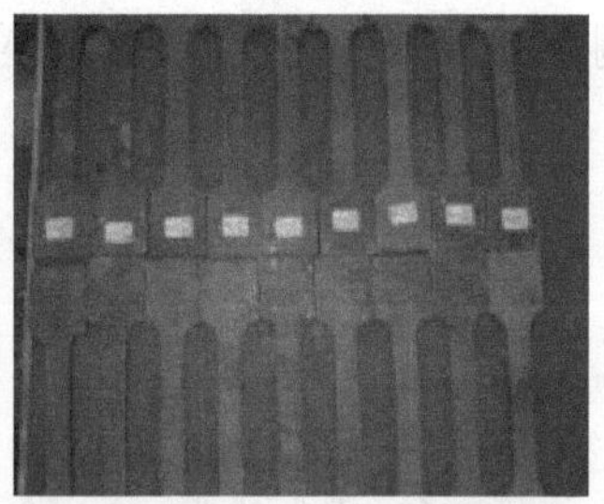

图 7.4 钢材材性试件除锈前后对照图

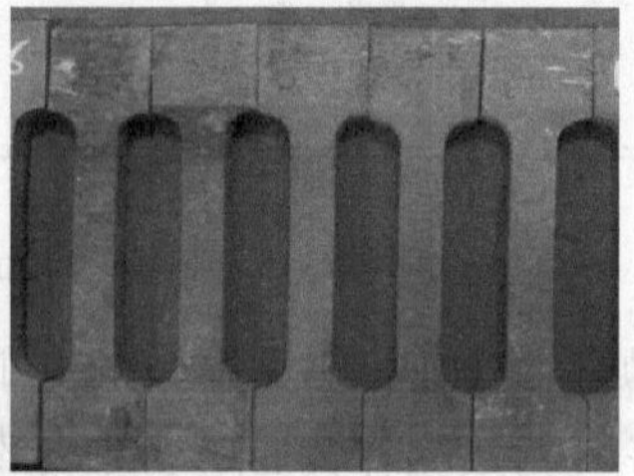

(a) 试件标距机械

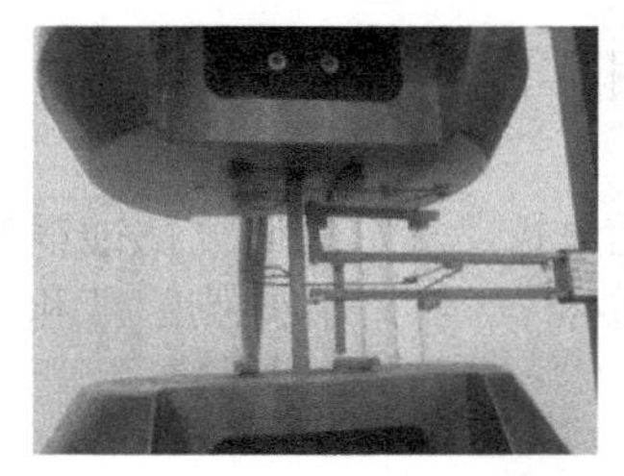
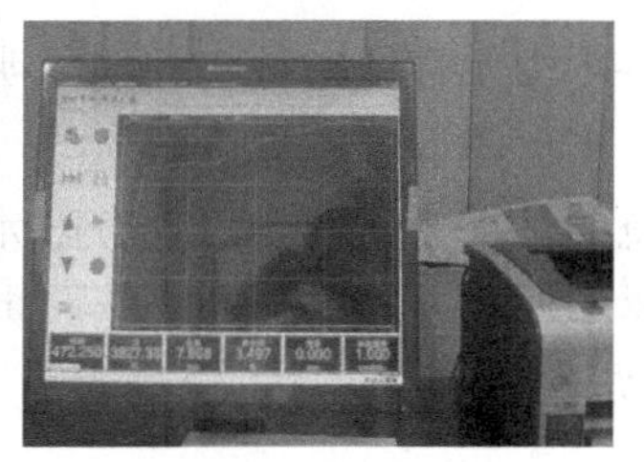

(b) 拉伸试件及数据采集

图 7.5　拉伸破坏试验设备

表 7.4 给出了锈蚀钢材力学性能指标试验结果，可知，钢材材性试件随锈蚀程

表 7.4　锈蚀钢材力学性能指标(近海大气环境)

厚度/mm	锈蚀时间/h	失重率/%	屈服强度f_y/MPa	极限强度f_u/mm	伸长率 δ/mm	弹性模量 E_s/MPa
6.5	0	0	335.23	482.34	27.68	206386
	240	1.32	330.54	487.04	27.38	206126
	480	2.54	332.86	478.23	25.54	205003
	960	5.15	320.13	459.47	26.00	199548
	1440	6.99	309.52	449.45	24.69	198368
	1920	8.99	308.39	441.40	24.02	190684
	2400	11.35	303.17	439.30	23.79	186684
	2880	13.51	291.66	419.50	22.45	178984
9	0	0	341.38	495.96	26.10	205881
	240	0.93	344.23	489.69	25.87	204111
	480	1.81	336.54	480.54	25.63	200684
	960	3.72	330.58	476.97	24.89	199844
	1440	5.02	324.84	474.57	24.12	192336
	1920	6.49	322.16	458.92	23.82	191558
	2400	8.24	322.33	454.68	22.35	188955
	2880	9.76	311.94	447.94	21.30	185684
14	0	0	326.64	480.79	28.96	204768
	240	0.59	325.21	489.69	28.68	201335
	480	1.13	322.18	478.40	28.21	202351
	960	2.39	320.44	470.31	27.82	190667
	1440	3.19	315.62	472.02	27.32	197684
	1920	4.17	312.58	461.95	26.96	195558
	2400	5.26	305.11	460.16	25.99	194668
	2880	6.27	306.68	452.23	25.71	193336

注：表中每一行的力学性能指标均为 2 个材性试件试验结果的平均值。

度的增加，各项力学性能指标劣化现象明显，且对于锈蚀时间相同的试件，厚度越小，其性能劣化的程度越显著。

值得注意的是，为了便于后期有限元分析，本节在研究锈蚀钢材力学性能退化规律时，采用的是“名义”力学性能指标[9]，名义屈服强度 f_y' 和名义极限强度 f_u' 的计算式为

$$f_y' = F_y' / A \tag{7-1}$$

$$f_u' = F_u' / A \tag{7-2}$$

式中，F_y'、F_u' 分别为腐蚀后钢材材性试件的屈服荷载、极限荷载；A 为腐蚀前钢材试件截面面积。

基于钢材力学性能试验结果，本节采用最小二乘法线性回归得到了锈蚀 Q235B 钢材力学性能指标与失重率的函数关系，如图 7.6 所示。

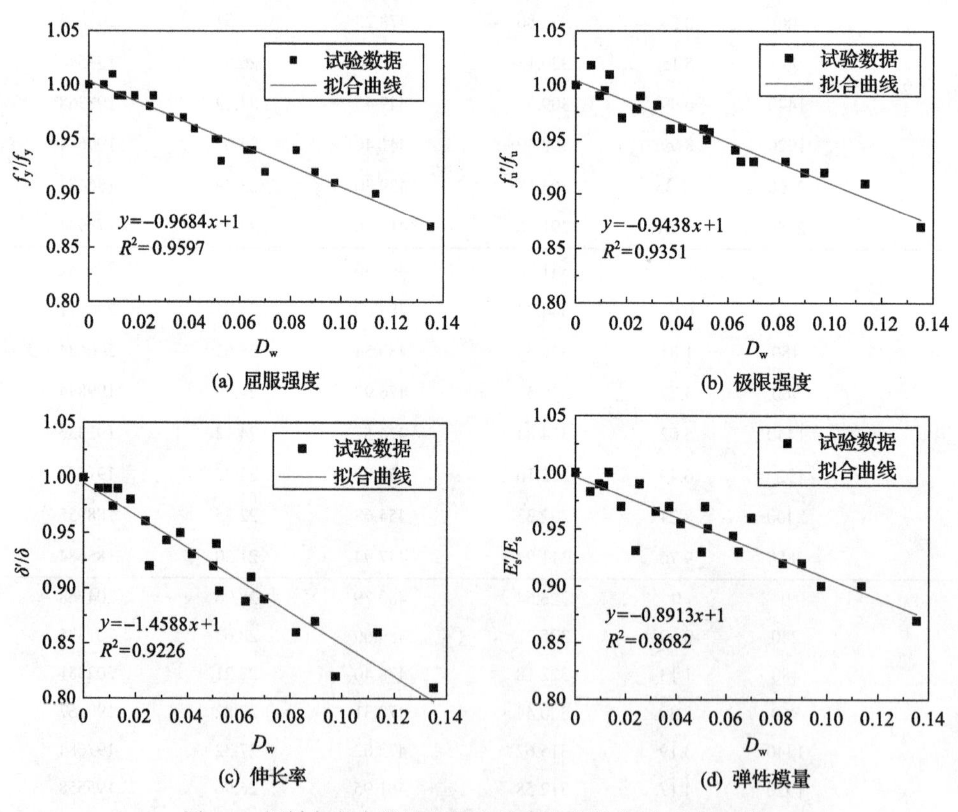

图 7.6　钢材名义力学性能随失重率的变化(近海大气环境)

回归曲线的表达式为

$$\begin{cases} f_y'/f_y = 1 - 0.9684D_w \\ f_u'/f_u = 1 - 0.9438D_w \\ \delta'/\delta = 1 - 1.4588D_w \\ E_s'/E_s = 1 - 0.8913D_w \end{cases} \tag{7-3}$$

式中，f_y'、f_y分别为钢材锈蚀后和锈蚀前的屈服强度；f_u'、f_u分别为钢材锈蚀后和锈蚀前的极限强度；δ'、δ分别为钢材锈蚀后和锈蚀前的伸长率；E_s'、E_s分别为钢材锈蚀后和锈蚀前的弹性模量；D_w为钢材的失重率。

7.3　试验结果及分析

7.3.1　试验现象及破坏形态

试验结果表明，变幅循环加载下的试件在加载初期处于弹性变形阶段，柱顶端荷载随位移呈正比例增加。随着加载位移的增大，锈蚀层不断剥落，钢柱开始进入屈服阶段，柱两侧翼缘出现轻微的局部屈曲，如图 7.7 所示。随着加载位移的进一步增大，靠近左右翼缘部位的钢柱腹板先后出现较大的凸曲变形，塑性铰逐渐形成。随着加载进程的继续，试件的塑性变形越来越大，承载能力开始出现明显的下降；在加载后期，试件底端塑性铰完全形成，柱腹板也出现明显的“鼓起”塑性变形，此时，加载点的试验荷载已经降为其极限荷载的 85%以下，延性完全失去，试件宣告破坏，试验结束。

(a) 右翼缘

(b) 左翼缘

图 7.7　试件屈曲变形

在等幅循环加载制度下，试件第 1 循环即开始进入屈服阶段，柱两侧翼缘处开始出现轻微的屈曲变形。随着荷载循环往复进行，试件承载力继续增加，钢柱腹板开始向一侧鼓曲，塑性铰逐渐形成。当加载至第 6 循环时，塑性铰充分发展，柱左右翼缘发生明显的局部屈曲，腹板也出现严重凸曲现象。此时，加载点的试验荷载已经下降20%左右，试验宣告结束。

总结各试件的破坏现象可知：

(1) 各试件试验现象相似，其破坏过程均为翼缘首先局部屈曲，然后腹板凸曲，充分形成塑性铰，承载力下降至破坏。且破坏过程缓慢，属延性破坏。

(2) 随着锈蚀程度的增加，相同位移幅值下，试件水平承载能力逐步降低；同时，试件底端翼缘屈曲，腹板鼓曲及塑性铰形成所对应的位移逐渐减小。反映出随着锈蚀程度的增加，试件延性降低的规律。

(3) 在等幅循环加载制度下，由于加载位移幅值较大，试件在加载第一圈时即产生屈曲变形，进入塑性阶段，破坏迅速且严重；而在变幅循环加载制度下，由于一开始位移幅值较小，试件最初无明显变化，随着加载位移幅值的不断增大，试件变形逐步加剧，破坏过程相对缓慢。

各试件的破坏形态如图 7.8 所示。

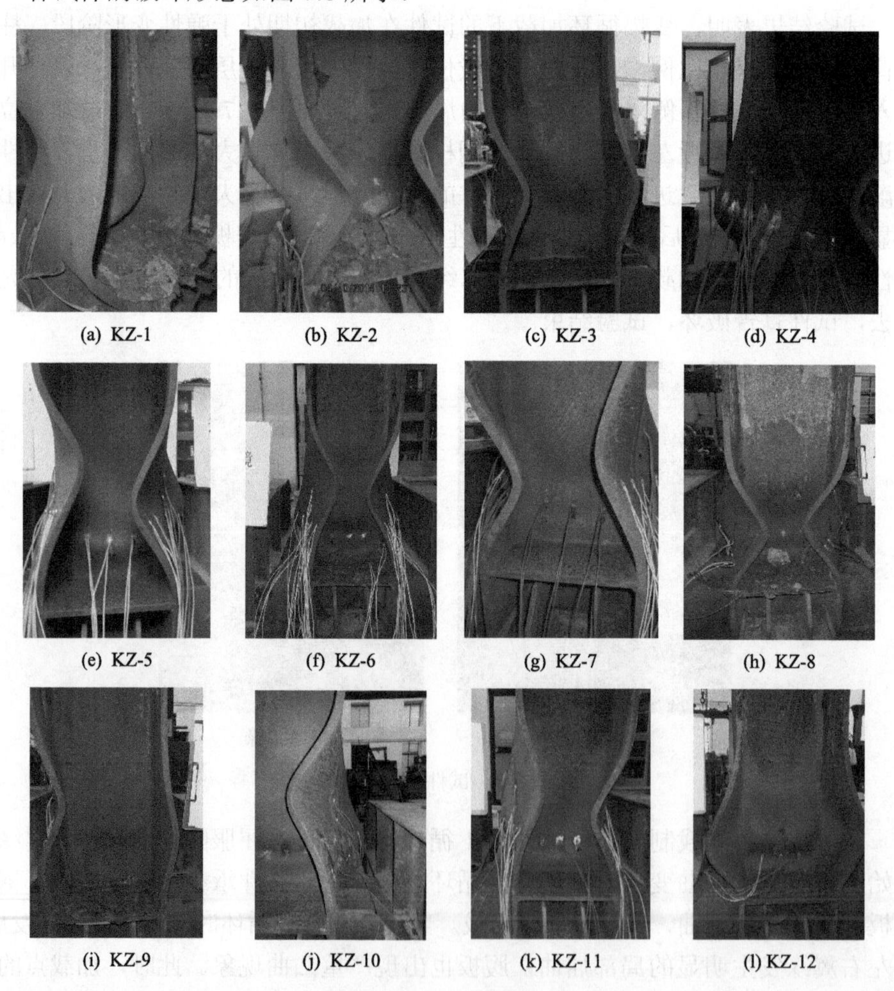

(a) KZ-1 (b) KZ-2 (c) KZ-3 (d) KZ-4

(e) KZ-5 (f) KZ-6 (g) KZ-7 (h) KZ-8

(i) KZ-9 (j) KZ-10 (k) KZ-11 (l) KZ-12

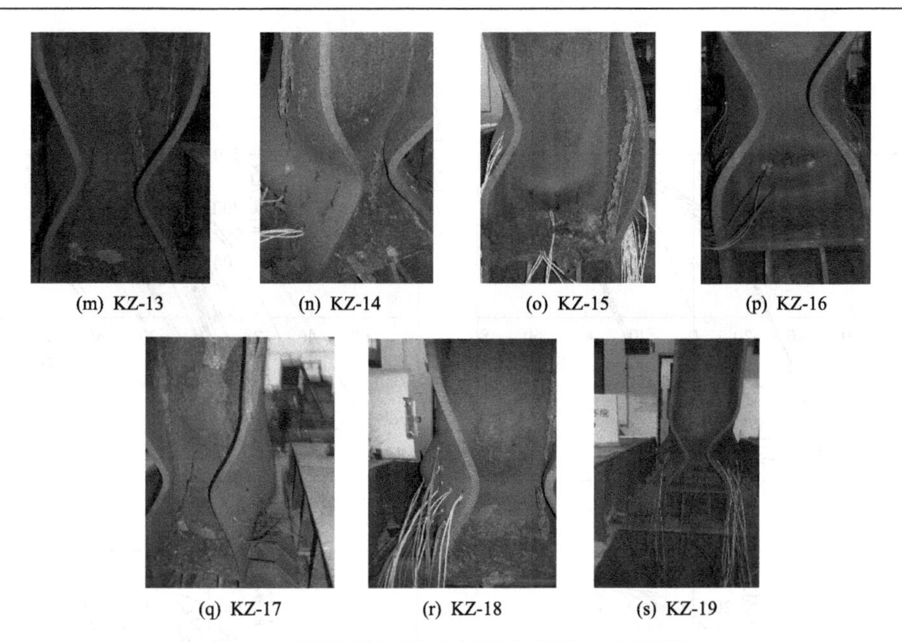

(m) KZ-13　(n) KZ-14　(o) KZ-15　(p) KZ-16

(q) KZ-17　(r) KZ-18　(s) KZ-19

图 7.8　钢框架柱试件破坏形态(近海大气环境)

7.3.2　滞回曲线

试件在反复循环荷载作用下所得到的荷载-位移(P-Δ)曲线，也称为滞回曲线。它可以很好地反映构件在受力过程中其力学性能的变化规律，是构件抗震性能的一个综合表现[10]。图 7.9 给出了各试件的荷载-位移滞回曲线。

对比分析各试件的滞回曲线，可以得到如下结论：

(1) 19 个钢框架柱试件的滞回曲线均呈较为饱满的纺锤形，并无捏拢现象，且滞回环面积较大，说明各个试件耗能能力较好。

(2) 在加载制度和轴压比相同的情况下，随锈蚀程度的增加，试件承载力降低，

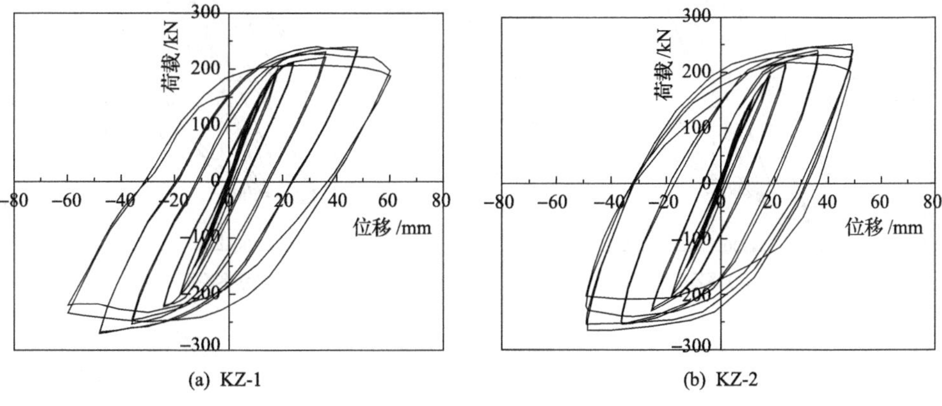

(a) KZ-1　(b) KZ-2

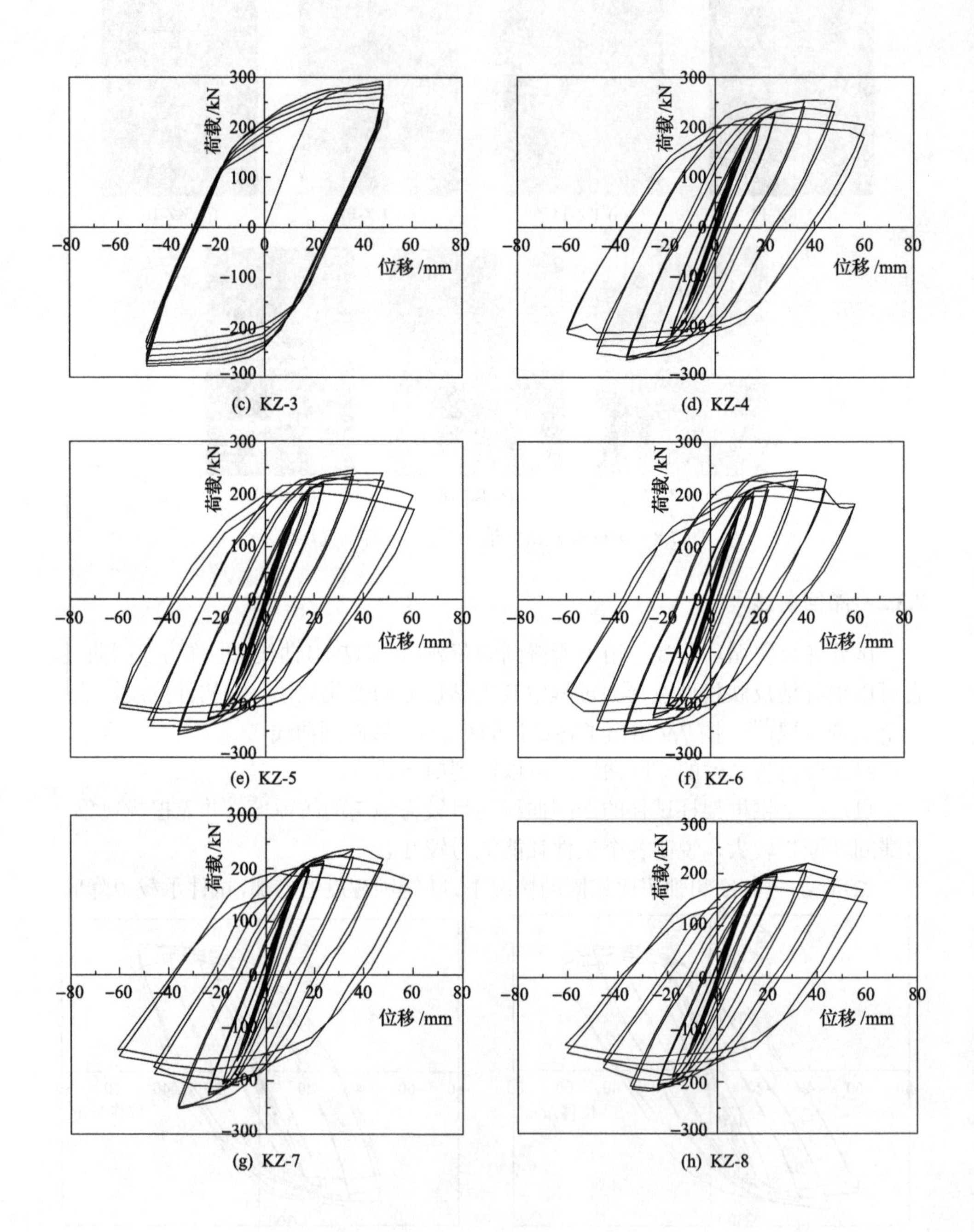

(c) KZ-3　(d) KZ-4
(e) KZ-5　(f) KZ-6
(g) KZ-7　(h) KZ-8

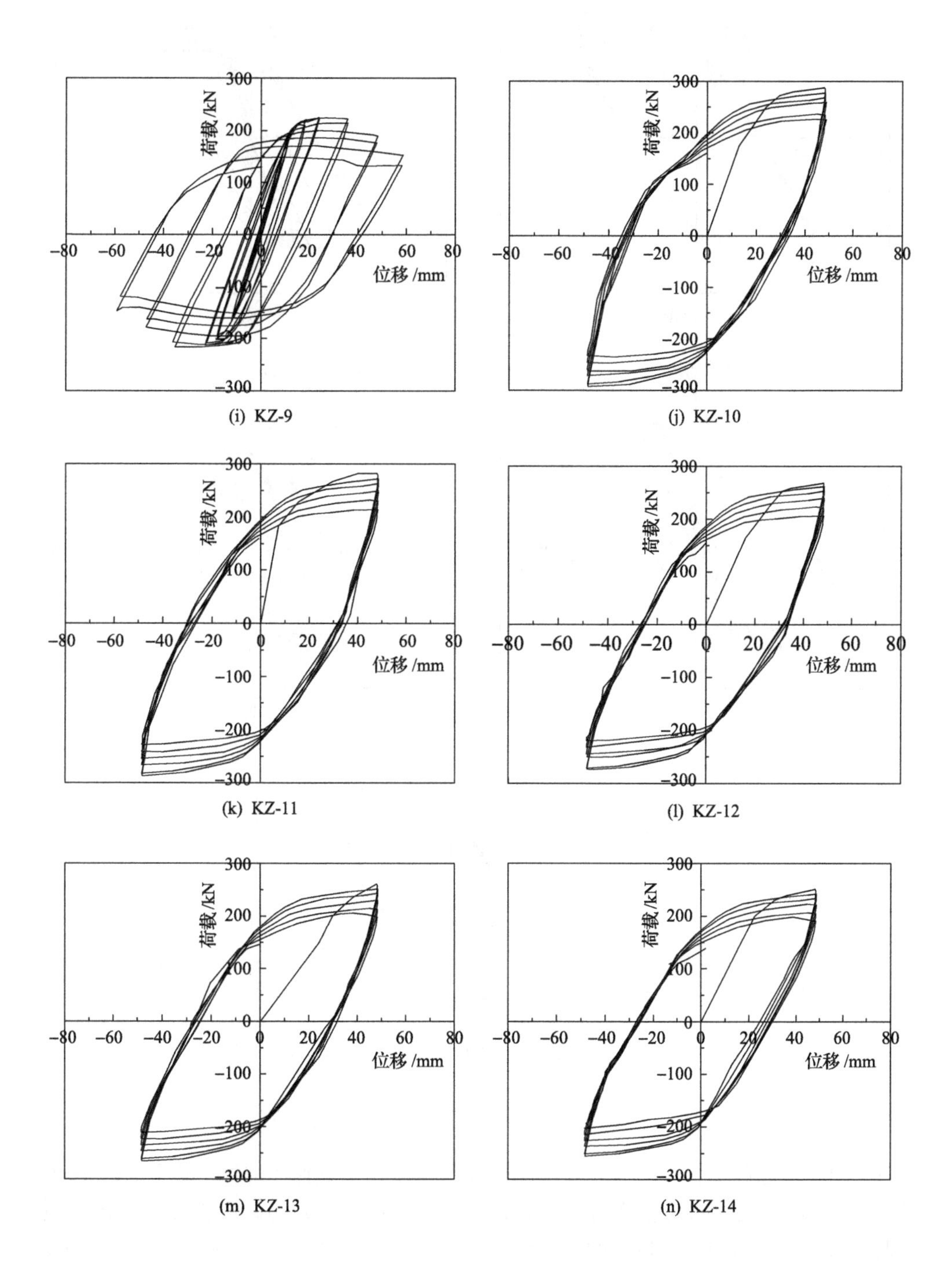

(i) KZ-9　　(j) KZ-10

(k) KZ-11　　(l) KZ-12

(m) KZ-13　　(n) KZ-14

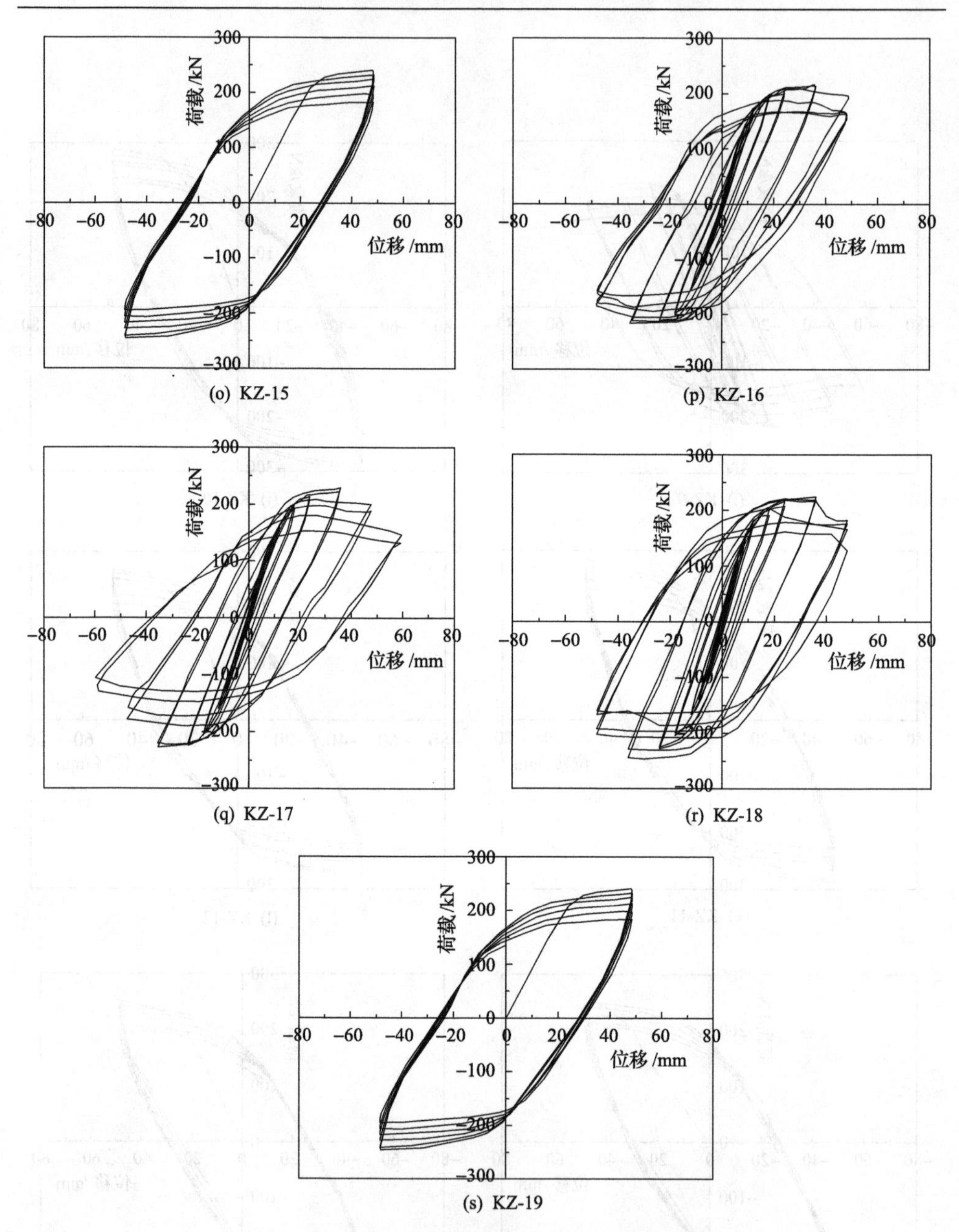

图 7.9　钢框架柱试件滞回曲线(近海大气环境)

滞回环面积逐渐减小，尤其是未锈蚀试件与重度锈蚀试件的滞回环面积对比最为明显，这表明试件的耗能能力随锈蚀程度的增加而逐渐减弱。产生上述现象的原因在于，试件锈蚀后，材料本身已经存在一定的损伤，在这个损伤状态的基础上，随加载进程的继续，试件累积损伤不断增大。

(3) 在相同锈蚀程度、轴压比的情况下，随着位移幅值的增加，钢柱强度与刚度衰减逐渐加快。其中，变幅循环加载是一个由小到大的渐变过程。加载初期，试件基本处于弹性变形状态，随着位移幅值的增加，塑性变形充分发展，试件损伤累积程度不断加大，造成试件的强度、刚度出现明显退化。相比于变幅循环-2加载，变幅循环-1 加载因后期位移幅值较大，其作用下的试件抗震性能退化更为明显；而等幅循环加载下，由于位移幅值较大，试件较早进入塑性阶段，随着循环次数的增加，强度和刚度均产生较大程度的衰减，衰减程度比较均匀。

(4) 一定范围内，轴压比增大将加剧钢框架柱承载力退化，加快钢框架柱损伤累积。轴压比较低的钢柱滞回曲线较为饱满，达到峰值荷载后，滞回曲线也比较稳定，试件的强度和刚度衰减较慢；轴压比相对较大的钢柱达到峰值荷载后滞回环虽较为饱满，但其稳定性较差，强度、刚度衰减较快，极限承载力及相应的位移都明显小于轴压比较小的试件。

7.3.3　骨架曲线

试件的骨架曲线是指在循环加载试验所得滞回曲线上，将同一方向各级加载的第 1 循环的峰值点依次连接所得到的曲线[11]。图 7.10 给出了各试件的骨架曲线及其对比分析。

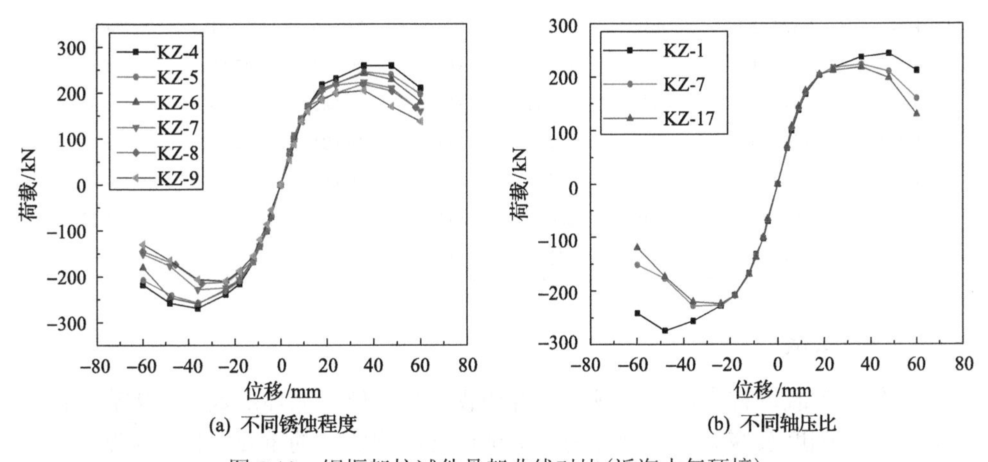

图 7.10　钢框架柱试件骨架曲线对比(近海大气环境)

分析图 7.10 所示的骨架曲线，可以得到如下结论：

(1) 在低周往复荷载作用下，所有试件均经历了弹性阶段、塑性发展阶段和塑性破坏阶段 3 个阶段。在弹性阶段，骨架曲线基本呈直线，随着位移幅值的增大，骨架曲线出现转折，表明试件开始屈服并进入塑性发展阶段，随位移幅值的进一步增大，试件的局部屈曲越来越严重，曲线出现下降，承载力降低。这一变化过程也揭示了试件在低周往复荷载作用下的破坏是一个损伤不断累积且不可逆的过程。

(2)通过对比不同腐蚀程度试件的骨架曲线可以看出，随着腐蚀程度的增加，由于钢材强度及延性性能降低，试件的屈服荷载、极限荷载都在不断下降；其中腐蚀程度最大的试件的承载力在下降段表现得最为明显。

(3)随着轴压比的增大，试件峰值荷载随之下降；骨架曲线的下降趋势也随着轴压比的升高而变得更加陡峭[11]。

7.3.4 承载力及延性系数

由骨架曲线进一步分析得到各试件实测特征值及位移延性系数，见表 7.5。其中屈服点按截面边缘屈服确定，极限点由峰值荷载的 85%所对应的点确定。

表 7.5 钢框架柱试件实测特征值及延性系数(近海大气环境)

试件编号	屈服点		峰值点		极限点		延性系数 μ
	P_y/kN	Δ_y/mm	P_m/kN	Δ_m/mm	P_u/kN	Δ_u/mm	
KZ-1	158.36	11.07	254.39	48.00	216.23	56.23	5.08
KZ-2	156.21	11.23	248.66	48.87	211.36	—	—
KZ-4	163.4619	11.21	252.94	48.06	215.00	57.57	5.14
KZ-5	155.8369	10.92	247.52	35.84	210.39	54.27	4.97
KZ-6	157.6928	10.64	250.23	36.00	212.69	52.71	4.95
KZ-7	155.695	10.15	245.56	33.91	208.72	45.69	4.50
KZ-8	149.9897	9.93	235.12	33.25	199.85	43.09	4.34
KZ-9	144.0117	9.78	222.60	30.99	189.21	42.26	4.32
KZ-16	141.53	9.81	224.58	35.45	190.89	46.45	4.71
KZ-17	143.66	10.46	228.12	35.78	193.90	45.19	4.32
KZ-18	142.32	10.69	222.25	36.28	188.912	—	—

7.3.5 强度衰减

试件在加载过程中，其承载力随着加载位移幅值和循环次数的增大有所降低的现象称为强度衰减。强度衰减是衡量试件强度稳定性的重要指标，反映了试件承受反复荷载的能力[12]。图 7.11 给出了各试件的强度衰减曲线。

分析图 7.11 所示的强度衰减曲线，可以得到如下结论：

(1)试件在加载过程中，其承载力随加载进程先变大，然后趋于平稳，最后开始衰减。强度衰减的根本原因是试件的弹塑性性质及损伤的发展。

(2)锈蚀对试件强度退化的影响十分显著，主要表现在：随锈蚀程度的增大，试件强度退化现象越明显。

(3)随着轴压比的增大，曲线的斜率越来越大，即试件强度衰减的速度越来越

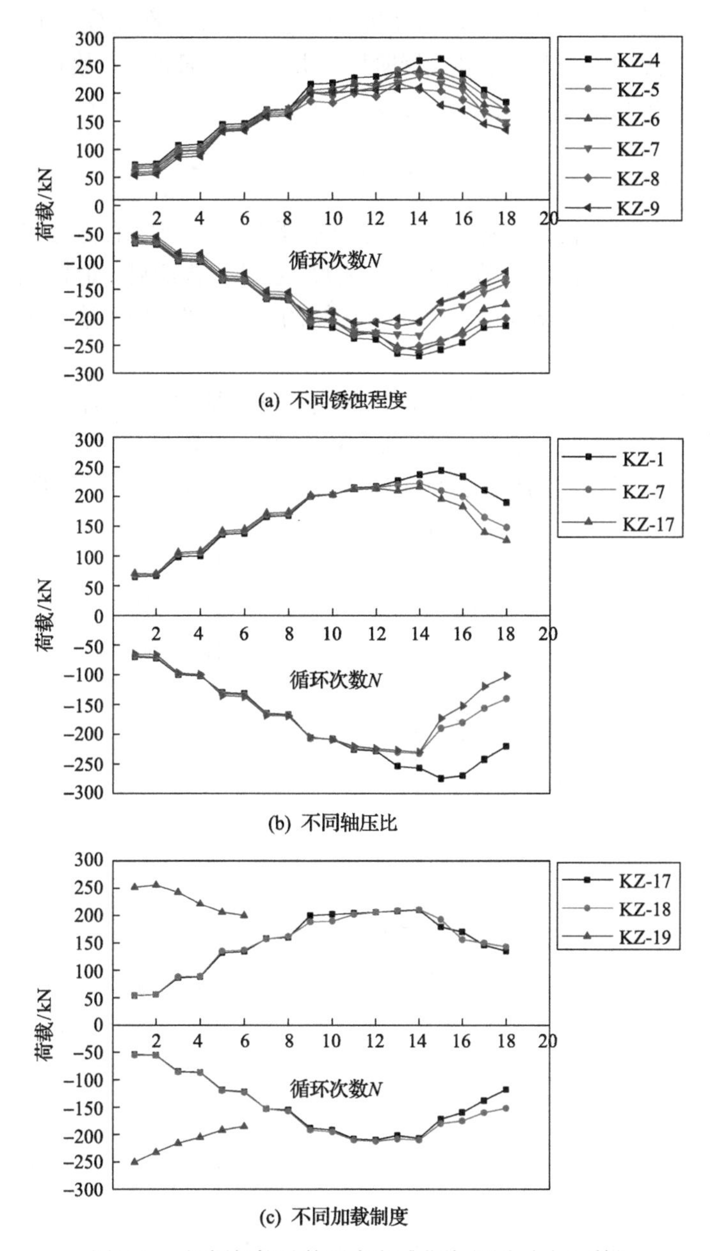

图 7.11　钢框架柱试件强度衰减曲线(近海大气环境)

快；同时轴压比越大，强度衰减曲线越不稳定。

(4) 与 KZ-18 试件的强度衰减曲线相比，KZ-17 试件强度衰减曲线后期下降段较为陡峭，这是由于变幅循环-1 加载的位移幅值一直增大，而变幅循环-2 加载的位移幅值在后期固定为 48mm；在相同循环次数下，KZ-13 试件的强度衰减速度更快，这是由于等幅循环加载制度下初始位移幅值较大，在加载至正向第一圈时，KZ-13 试件就已经屈服进入塑性发展阶段，并出现局部屈曲和累积塑性变形，强度退化比变幅循环加载更明显。

7.3.6 刚度退化

与强度相似，损伤亦引起试件刚度的不断退化。刚度退化是评价结构或构件抗震性能的重要指标，本节采用等效刚度 K[12]来描述刚度退化现象，即试件滞回曲线中原点与某次循环的荷载峰值连线的斜率。图 7.12 给出了各试件的刚度退化曲线。

分析图 7.12 所示各试件的刚度退化曲线，可以得到如下结论：

(1) 屈服荷载前，各试件残余变形较小，无明显的刚度退化现象。达到屈服荷载后，随着位移幅值的增加，试件刚度退化显著，后期趋于平稳。同时，正向曲线

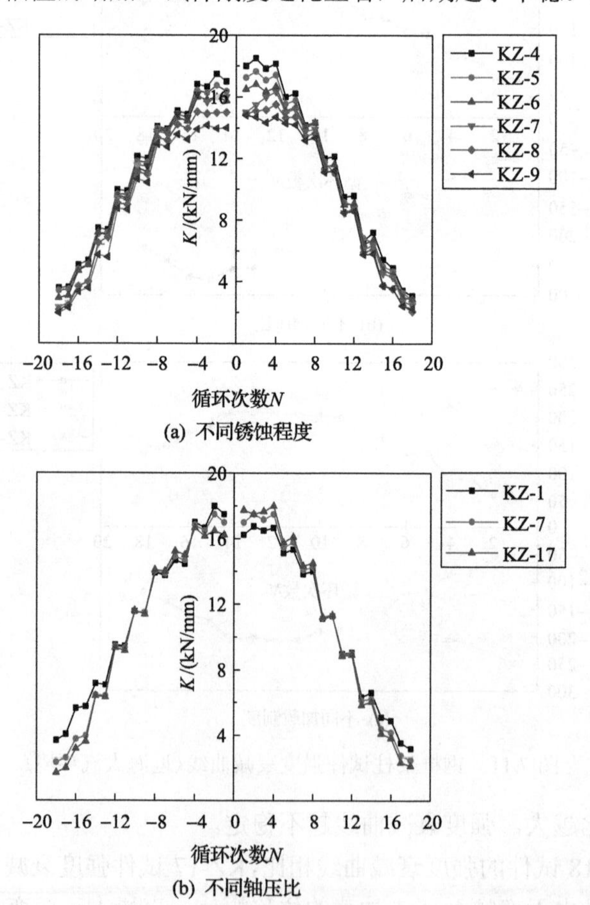

(a) 不同锈蚀程度

(b) 不同轴压比

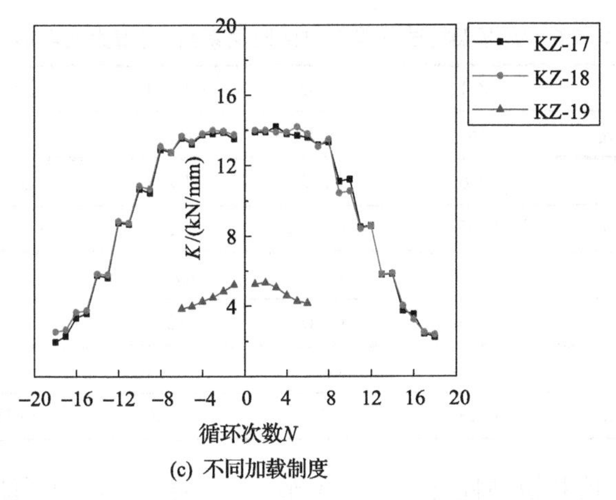

(c) 不同加载制度

图 7.12　钢框架柱试件刚度退化曲线(近海大气环境)

与反向曲线并不完全对称，主要是正向循环加载结束时试件尚存在一定的残余变形，即正向循环加载对试件造成一定程度的损伤，所以反向加载时试件刚度偏低。

(2) 不同锈蚀程度的各试件强度退化曲线在弹性阶段就出现偏差，此现象说明，锈蚀损伤会造成钢框架柱刚度退化。但随加载过程的继续，各试件刚度退化趋势基本一致。

(3) 当轴压比较高时，试件的刚度退化更为明显，尤其是在加载后期，轴压比越大，相同循环数下的刚度越小，曲线斜率也更大。

(4) 从图 7.14(c) 可以看出，达到峰值荷载后，相比其他加载制度，试件在等幅循环加载下刚度退化曲线趋势较为平缓，原因是试件在等幅循环加载制度的后期，相比变幅循环加载制度，其位移幅值要小，试件后期塑性变形增加较少，往复循环作用下试件的刚度降低。

7.3.7　耗能能力

耗能能力是评定结构抗震性能的重要指标，结构的耗能能力常采用等效黏滞阻尼系数 h_e[13]来表示，h_e 越大，结构的耗能能力就越强。按照各试件达到极限荷载时的滞回环计算所得的等效黏滞阻尼系数见表 7.6，可知：

(1) 在变幅循环-1 加载情况下，各试件(KZ-4、KZ-5、KZ-6、KZ-7、KZ-8、KZ-9) 耗能能力随着锈蚀程度的增加而逐渐减小，由 0.275 降至 0.226，降幅将近 18%。产生此现象的原因是：钢材腐蚀后发生了一系列的复杂物理化学变化引起钢材内部组成发生变化，导致钢材力学性能降低，试件承载力及延性降低，在往复荷载作用下更易发生脆断。

(2) 在相同锈蚀程度和加载制度下，随着轴压比的增大，试件的耗能能力逐渐减小。

表 7.6　钢框架柱试件等效黏滞阻尼系数(近海大气环境)

试件编号	KZ-1	KZ-2	KZ-3	KZ-4	KZ-5
等效黏滞阻尼系数 h_e	0.286	0.273	0.262	0.275	0.270
试件编号	KZ-6	KZ-7	KZ-8	KZ-9	KZ-10
等效黏滞阻尼系数 h_e	0.265	0.248	0.235	0.226	0.251
试件编号	KZ-11	KZ-13	KZ-13	KZ-14	KZ-15
等效黏滞阻尼系数 h_e	0.248	0.243	0.237	0.233	0.182
试件编号	KZ-16	KZ-17	KZ-18	KZ-19	
等效黏滞阻尼系数 h_e	0.223	0.214	0.206	0.173	

(3) 相同轴压比和锈蚀程度下，变幅循环-1 加载下试件的耗能能力最好，等幅循环加载下试件的耗能能力最差。

7.4　锈蚀钢框架柱恢复力模型

大多数恢复力模型是通过对大量试验所获得的关系曲线进行适当的抽象与简化后所得的应用数学模型。目前，针对钢结构或构件恢复力模型建立的研究已经相当成熟[14-17]，而对在役或锈蚀钢结构或构件恢复力特性的研究却是寥寥无几。从上述试验也可以看出，锈蚀试件与未锈蚀试件的滞回曲线存在明显差异，为了更准确地描述锈蚀钢框架柱的滞回性能，亟待建立锈蚀钢框架柱的恢复力模型。

恢复力模型主要包括骨架曲线和滞回规则两大部分，建立锈蚀钢框架柱恢复力模型的基本假定是：锈蚀钢框架柱试件与完好试件的恢复力模型几何形状相似，仅是在低周往复荷载作用下的力学性能退化程度不同，导致模型相关参数设定不同。

7.4.1　骨架曲线模型

根据试验骨架曲线的特征，本节采用三折线骨架曲线简化模型，并假定骨架曲线正、负向对称，如图 7.13 所示。模型分为 OA 弹性段、AB 强化段和 BC 下降段三个阶段；其中，A 点为构件边缘屈服点，B 点为峰值点，C 点为极限点。

1) 屈服点

考虑轴力产生 2 阶弯矩的影响，在构件屈服状态变形图上建立平衡方程，推导出未锈蚀试件屈服点位移、屈服点荷载，具体过程如下：

柱底由弯矩产生的最大正应力为

$$\sigma_1 = \frac{M_{\text{总}}}{W} = \frac{P_y L + N\varDelta_y^0}{W} \tag{7-4}$$

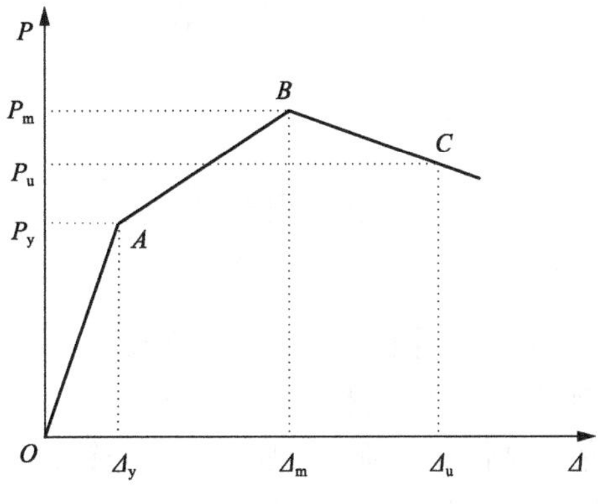

图 7.13　骨架曲线简化模型

由柱顶轴压力产生的正应力为

$$\sigma_2 = \frac{N}{A} \tag{7-5}$$

当构件受力最大的边缘纤维出现屈服时，有

$$\sigma_1 + \sigma_2 = f_y \tag{7-6}$$

将式(7-4)和式(7-5)代入式(7-6)可得

$$P_y = \frac{(f_y - N/A)W - N\varDelta_y}{L} \tag{7-7}$$

而由柱顶屈服荷载产生的位移为

$$\varDelta_1 = \frac{P_y L^3}{3EI} \tag{7-8}$$

由轴压力产生的附加弯矩而引起的位移为

$$\varDelta_2 = \frac{N\varDelta_y L^2}{2EI} \tag{7-9}$$

则屈服位移为

$$\varDelta_y = \varDelta_1 + \varDelta_2 \tag{7-10}$$

将式(7-7)～式(7-9)代入式(7-10)可得

$$\Delta_y = \frac{2W(f_y - N/A)}{6EI/L^2 - N} \tag{7-11}$$

则弹性刚度 K_e 为

$$K_e = \frac{P_y}{\Delta_y} = \frac{6EI - NL^2}{2L^3} \tag{7-12}$$

式中，N 为柱顶轴压力；L 为试件长度；W 为截面模量；A 为截面面积；E 为钢材弹性模量；I 为截面惯性矩；f_y 为钢材实测屈服强度。

根据试验研究结果，试件屈服荷载及屈服位移随锈蚀率的变化关系如图 7.14 所示。可知，屈服强度、屈服位移均随着锈蚀率的增大呈线性递减趋势。对相关

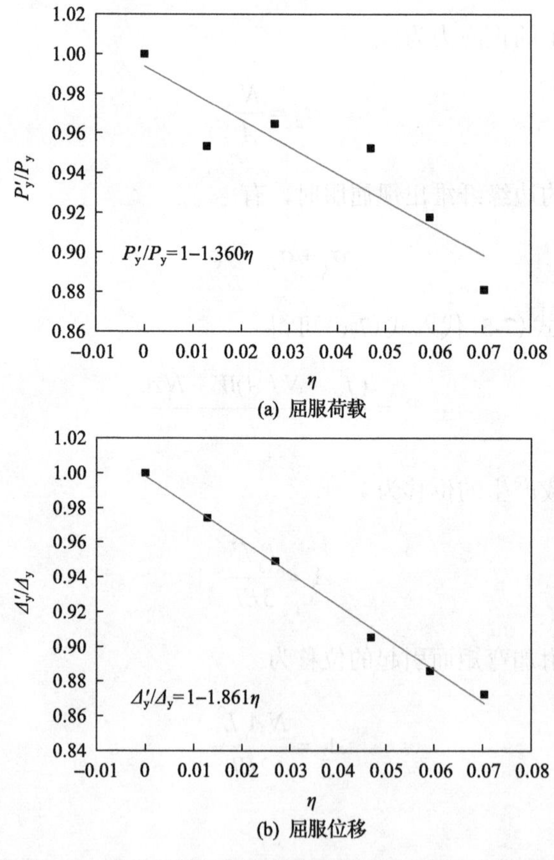

(a) 屈服荷载

(b) 屈服位移

图 7.14　试件屈服荷载及屈服位移随锈蚀率的变化关系

数据进行统计分析，回归出可以考虑锈蚀率 η 影响的屈服荷载 P_y' 与屈服位移 Δ_y' 的表达式为

$$P_y' = (0.994 - 1.360\eta)P_y \tag{7-13}$$

$$\Delta_y' = (1 - 1.861\eta)\Delta_y \tag{7-14}$$

2）峰值点

试件峰值荷载与屈服荷载的比值随锈蚀率的变化关系如图 7.15 所示。回归可得到峰值荷载的计算式为

$$P_m = (1.593 - 0.0010e^{-49.309\eta})P_y \tag{7-15}$$

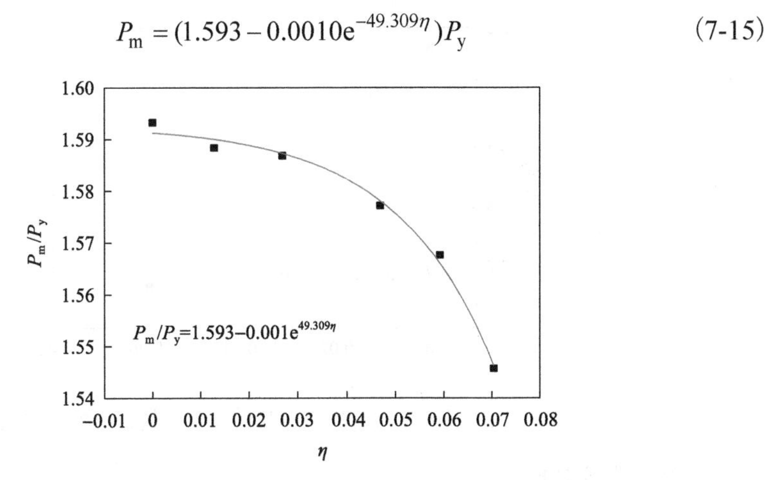

图 7.15　试件峰值荷载与屈服荷载的比值随锈蚀率的变化关系

同理，图 7.16 给出了试件峰值位移与屈服位移的比值随锈蚀率的变化关系。回归可得到峰值位移的计算式为

$$\Delta_m = (3.491 - 3.608\eta)\Delta_y \tag{7-16}$$

3）极限点

极限荷载取为峰值荷载的 85%，即

$$P_u = 0.85P_m \tag{7-17}$$

极限位移与屈服位移的比值随锈蚀率的变化关系如图 7.17 所示。经回归分析，试件极限位移的表达式为

$$\Delta_u = (5.162 - 12.726\eta)\Delta_y \tag{7-18}$$

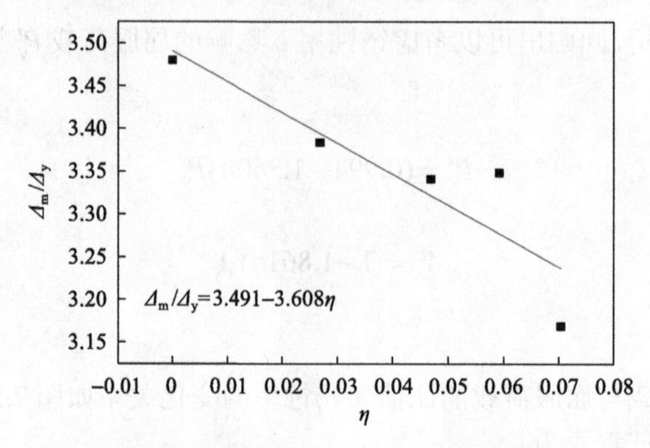

图 7.16　试件峰值位移与屈服位移的比值随锈蚀率的变化关系

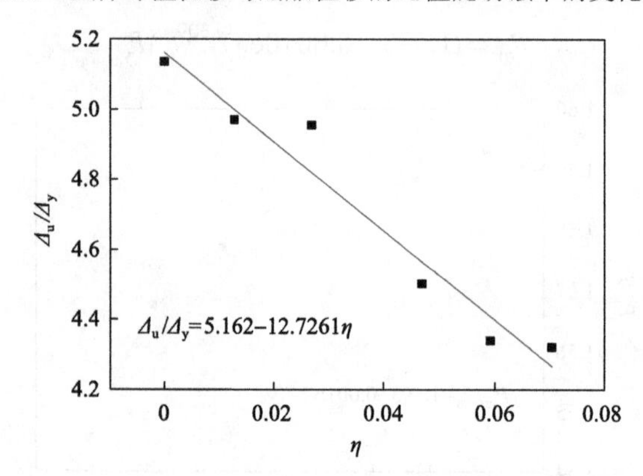

图 7.17　试件极限位移与屈服位移的比值随锈蚀率的变化关系

4) 骨架曲线对比

根据上述骨架曲线简化模型各特征点参数的计算公式，钢框架柱试件计算骨架曲线与试验骨架曲线对比如图 7.18 所示。由图 7.18 可知，计算骨架曲线与试验骨架曲线吻合较好，说明本节所建议的骨架曲线模型在一定程度上能够反映锈蚀钢框架柱的荷载-位移关系。

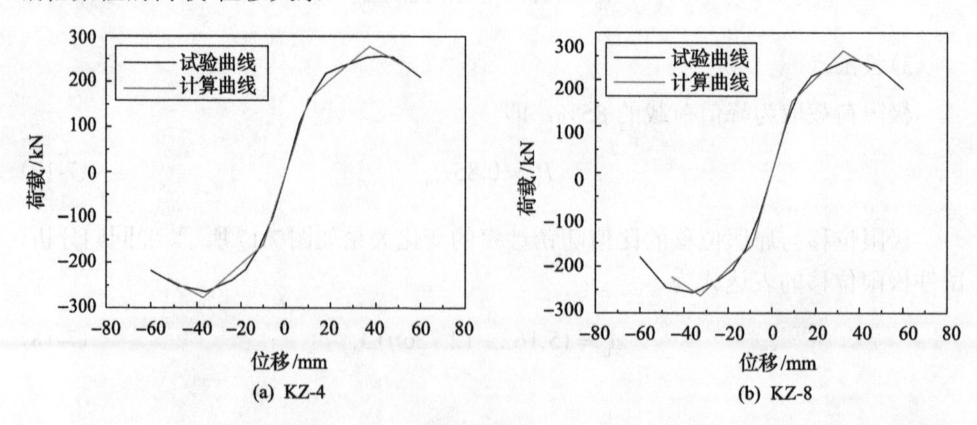

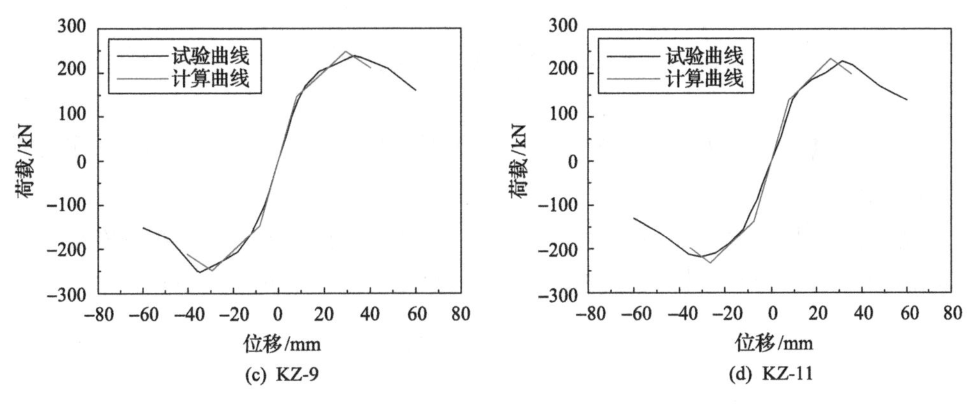

图 7.18　钢框架柱试件计算骨架曲线与试验骨架曲线对比

7.4.2　滞回规则

从试验研究成果可知，钢框架柱试件在低周往复荷载作用下的强度、刚度均随着循环次数及位移幅值的增加而不断退化；且随着锈蚀的加剧，退化越严重。而正确描述结构或构件在循环荷载下的强度衰减和刚度退化等力学特征是建立其恢复力模型的基本前提，同时也是研究结构在地震激励下发生动力损伤破坏的重要基础。因此，本节提出能够反映强度和刚度退化现象的锈蚀钢框架柱滞回规则。

1) 循环退化指数

为了定量地描述锈蚀钢框架柱试件力学性能的循环退化效应，本节采用 Rahnama 和 Krawinkler[18]基于能量耗散原理提出的循环退化指数 ζ_i，其假设构件的滞回耗能为一定值，忽略加载历程的影响，具体可按式(7-19)计算：

$$\zeta_i = \left[\frac{E_i}{\left(E_{\mathrm{t}} - \sum_{j=1}^{i} E_j \right)} \right]^c \tag{7-19}$$

式中，c 为循环退化速率($1 \leqslant c \leqslant 2$)，本节取 3/2；$E_i$ 为第 i 次循环加载时构件的滞回耗能；$\sum_{j=1}^{i} E_j$ 为第 i 次循环加载之前构件累积滞回耗能；E_{t} 为构件总滞回耗能，其值可取为[19]

$$E_{\mathrm{t}} = 2.5 I_{\mathrm{u}} (P_{\mathrm{y}} \Delta_{\mathrm{y}}) \tag{7-20}$$

功比指数 I_{u} 是评价结构或构件耗能能力的重要指标之一[20]，其表达式为

$$I_u = \sum_{i=1}^{n} P_i \varDelta_i / (P_y \varDelta_y) \tag{7-21}$$

式中，P_i、$\varDelta_i$ 为第 i 次循环加载时卸载点的荷载和位移；P_y、$\varDelta_y$ 分别为屈服荷载和屈服位移。

I_u 的影响因素众多，目前并没有统一的公式。因此，对试验数据及有限元计算结果进行统计分析，回归得到试件功比指数与锈蚀率之间的关系式为

$$I_u = 68.925 - 4.103\,\mathrm{e}^{0.091\eta} \tag{7-22}$$

2) 强度退化规则

试件屈服后，其屈服荷载随着加载循环次数及位移幅值的增加而逐渐降低，其退化规律可定义为

$$P_{y,i}^{\pm} = (1-\zeta_i) P_{y,i-1}^{\pm} \tag{7-23}$$

式中，$P_{y,i}^{\pm}$ 为第 i 次循环加载时构件的屈服荷载；$P_{y,i-1}^{\pm}$ 为第 i–1 次循环加载时构件的屈服荷载；上标“±”表示加载方向，“+”为正向加载，“–”表示反向加载，下面表示亦相同。

与屈服荷载相同，试件在同一位移级别下的滞回环峰值荷载亦随着循环次数的增加而不断退化，其变化规律为

$$P_{j,i}^{\pm} = (1-\zeta_i) P_{j,i-1}^{\pm} \tag{7-24}$$

式中，$P_{j,i}^{\pm}$ 为第 j 级位移第 i 次循环加载时构件的峰值荷载；$P_{j,i-1}^{\pm}$ 为第 j 级位移第 i–1 次循环加载时构件的峰值荷载。

图 7.19 为钢框架柱试件强度退化规则示意图。试件从点 0 开始沿正向加载完成一个半循环到达点 3，根据式(7-19)首次计算循环退化指数 ζ_i，再根据式(7-23)计算相应的量值，确定负向加载时屈服荷载 P_y^- 降至为 $P_{y,1}^-$。继续沿负向加载完成一个半循环至点 7，再次根据式(7-19)计算 ζ_i，然后再按式(7-23)和式(7-24)依次确定正向再加载时，构件的屈服荷载由 P_y^+ 降至为 $P_{y,1}^+$；峰值荷载点 2 点强度 P_j^+ 退化至 10 点 $P_{j,1}^+$。同理，负向再加载时，峰值荷载点 6 点强度 P_j^- 退化至 13 点 $P_{j,1}^-$。

3) 刚度退化规则

在循环荷载作用下，卸载刚度的退化规律为

$$K_{u,i} = (1-\zeta_i) K_{u,i-1} \tag{7-25}$$

式中，$K_{u,i}$ 为第 i 次循环加载时构件的卸载刚度；$K_{u,i-1}$ 为第 i–1 次循环加载时构件的卸载刚度。与前面不同的是，式中未采用上标“±”，即假定构件的正、负向卸载刚度相同。

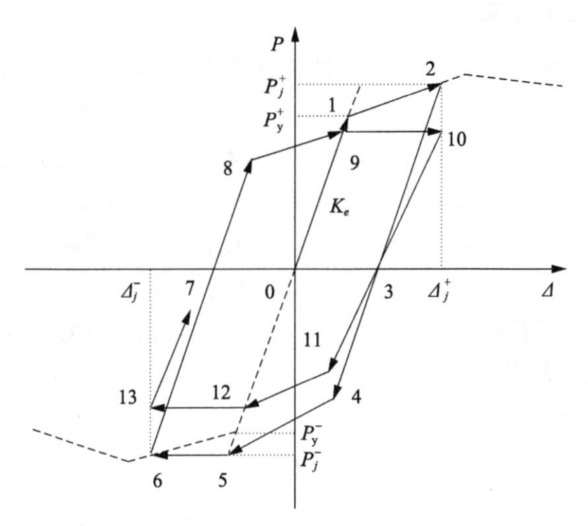

图 7.19　锈蚀钢框架柱强度退化规则示意图

图 7.20 为钢框架柱试件卸载刚度退化的示意图。试件从 0 点开始沿正向加载完成一个半循环至点 3，根据式(7-19)计算循环退化指数 ζ_i。继续负向加载至点卸载点 6，再根据式(7-25)确定构件的卸载刚度由 K_e 降至 $K_{u,1}$。而当正向再加载至卸载点 10 时，再次根据式(7-19)计算 ζ_i，按式(7-25)计算卸载时，构件的卸载刚度由 $K_{u,1}$ 降至 $K_{u,2}$。

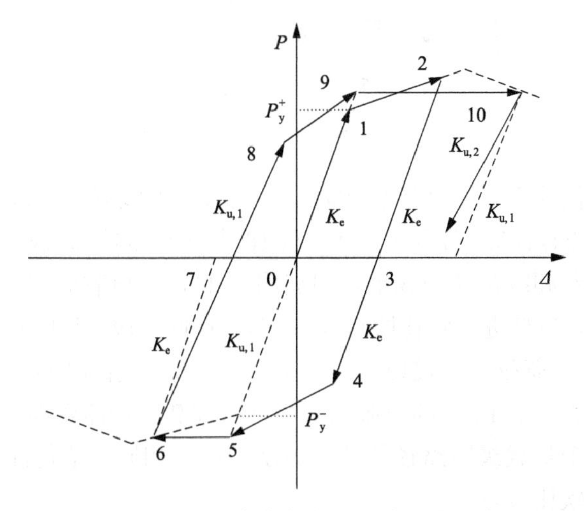

图 7.20　锈蚀钢框架柱卸载刚度退化示意图

此外，依据试验滞回曲线可知，再加载沿着卸载路线进行，即构件的再加载刚度等于其上次循环的卸载刚度。

7.4.3 恢复力模型的建立

确定了骨架曲线及滞回规则后，便可建立考虑锈蚀影响的钢框架柱恢复力模型，如图 7.21 所示。在弹性阶段(0-1 段)，加、卸载路径重合；加载超过构件初始屈服值，加载路径沿着骨架曲线进行(1-2 段)。从 2 点开始卸载，卸载按初始弹性刚度 K_e 进行；并沿着卸载路径直至负向屈服点 4，其荷载值可按式(7-23)确定。继续负向加载，模型进入强化段(4-5 段)，5 点在初始弹性刚度延长线上，其荷载值等于骨架曲线上 6 点的荷载值。当再次卸载时(6-7 段)，卸载刚度按式(7-25)确定；并沿着卸载路径正向再加载至屈服点 8，其荷载值由式(7-23)确定。此后，继续正向加载时，模型进入 8-9 强化段，9 点在初始弹性刚度的延长线上，其荷载值等于 10 点的荷载值。

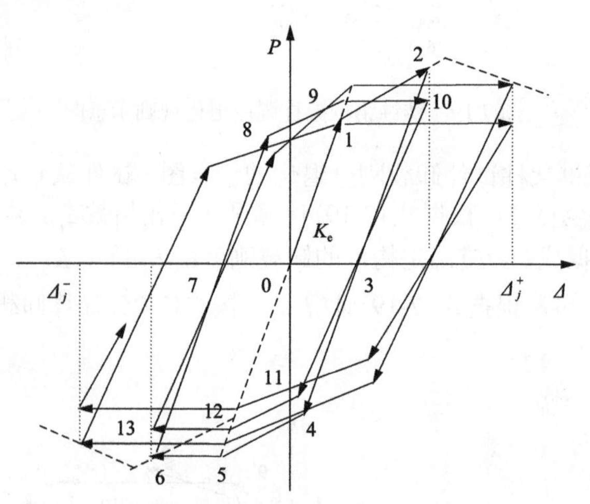

图 7.21 锈蚀钢框架柱恢复力模型

当进行本级位移第二圈循环加载时，正向骨架曲线峰值荷载点退化至 10 点，其荷载值按式(7-24)计算，位移值不变。从 10 点开始卸载，卸载刚度根据式(7-25)重新确定；并沿着卸载路径加载至负向屈服点 11，其荷载值按式(7-23)确定。当继续负向加载时，模型进入强化段(12-13 段)。在此阶段，负向骨架曲线峰值荷载点退化至 13 点，其荷载值按式(7-24)计算，位移值不变；12 点在初始弹性刚度延长线上，其荷载值等于 13 点的荷载值。当再次卸载时，卸载刚度按式(7-25)再重新确定。其后每个加载级别路径的计算方法与前述相同。值得注意的是，整个加载过程中不考虑软化段。

7.4.4 恢复力模型的验证

依据本节提出的锈蚀钢框架柱恢复力模型，求解出各试件的滞回曲线，并与试验滞回曲线进行对比，如图 7.22 所示。由图 7.22 可知，计算滞回曲线与试验滞回曲线吻合较好，能准确反映试件强度衰减及刚度退化等力学特征，验证了该恢复力模型的准确性。

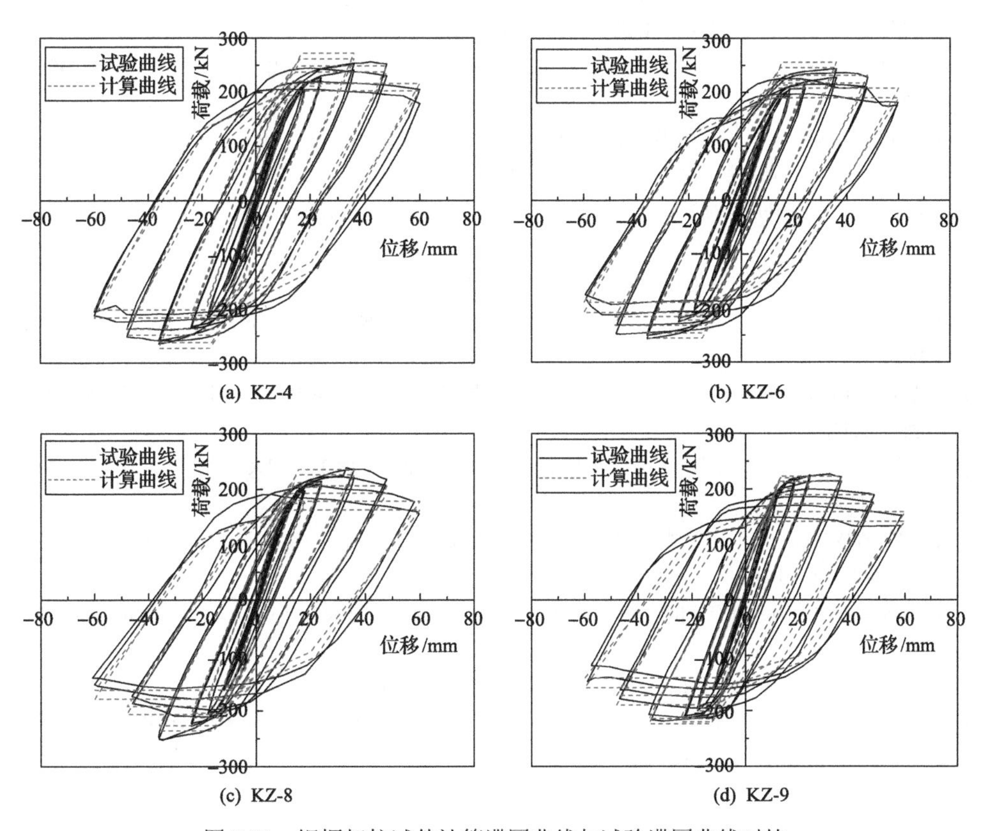

(a) KZ-4　(b) KZ-6

(c) KZ-8　(d) KZ-9

图 7.22　钢框架柱试件计算滞回曲线与试验滞回曲线对比

参 考 文 献

[1] 中华人民共和国住房和城乡建设部. 建筑抗震试验规程(JGJ/T 101—2015)[S]. 北京: 中国建筑工业出版社, 2015.

[2] 中华人民共和国住房和城乡建设部. 钢结构设计标准(GB 50017—2017)[S]. 北京: 中国计划出版社, 2017.

[3] 中华人民共和国住房和城乡建设部, 中华人民共和国国家质量监督检验检疫总局. 建筑抗震设计规范(GB 50011—2010(2016 年版))[S]. 北京: 中国建筑工业出版社, 2016.

[4] 中华人民共和国住房和城乡建设部. 钢结构焊接规范(GB 50661—2011)[S]. 北京: 中国建筑工业出版社, 2012.

[5] 中华人民共和国国家质量监督检验检疫总局, 中国国家标准化管理委员会. 人造气氛腐蚀试验 盐雾试验(GB/T 10125—2012)[S]. 北京: 中国标准出版社, 2013.

[6] AISC. Seismic provisions for structural steel buildings (ANSI/AISC 341-10) [S]. Chicago: American Institute of Steel Construction, 2010.

[7] 国家市场监督管理总局, 中国国家标准化管理委员会. 钢及钢产品 力学性能试验取样位置及试验制备(GB/T 2975—2018)[S]. 北京: 中国标准出版社, 2018.

[8] 中华人民共和国国家质量监督检验检疫总局, 中国国家标准化管理委员会. 金属材料 拉伸试验 第1部分: 室温试验方法(GB/T 228.1—2010)[S]. 北京: 中国标准出版社, 2010.

[9] 郑山锁, 张晓辉, 王晓飞. 近海大气环境下多龄期钢框架柱抗震性能试验研究[J]. 土木工程学报, 2016, 49(4): 69-77.

[10] 沈祖炎, 陈杨骥, 陈以一. 钢结构基本原理[M]. 北京: 中国建筑工业出版社, 2002.

[11] 王斌. 型钢高强性能混凝土构件及其框架结构的地震损伤研究[D]. 西安: 西安建筑科技大学, 2010.

[12] 郑山锁, 王晓飞, 韩彦召. 酸性大气环境下多龄期钢框架柱抗震性能试验研究[J]. 土木工程学报, 2015, 48(8): 47-59.

[13] 姚谦峰. 土木工程结构试验[M]. 2版. 北京: 中国建筑工业出版社, 2008.

[14] 石永久, 苏迪, 王元清. 考虑组合效应的钢框架梁柱节点恢复力模型研究[J]. 世界地震工程, 2008, 24(2): 15-20.

[15] 冉红东, 郝麒麟, 苏明周, 等. 高强组合钢 K 型偏心支撑框架恢复力模型[J]. 西安建筑科技大学学报(自然科学版), 2013, 45(5): 627-632.

[16] 李海锋, 罗永峰, 李德章, 等. 大跨度空间结构箱形钢柱的恢复力模型[J]. 四川大学学报(工程科学版), 2013, 45(3): 40-49.

[17] 曾磊, 许成祥, 郑山锁, 等. 型钢高强高性能混凝土框架节点荷载-位移恢复力模型[J]. 武汉理工大学学报, 2012, 34(9): 104-108.

[18] Rahnama M, Krawinkler H. Effects of soft soil and hysteresis model on seismic demands[R]. Stanford: Standford University, 1993.

[19] 李磊, 郑山锁, 王斌, 等. 型钢高强混凝土框架的循环退化效应[J]. 工程力学, 2010, 27(8): 125-132.

[20] Gosain N K, Brown R H, Jirsa J O. Shear requirements for load reversals on RC members[J]. Journal of the Structural Division, 1977, 103(7): 1461-1475.

第8章　近海大气环境下钢框架节点拟静力试验研究

8.1　引　　言

随着我国经济的高速发展，钢框架结构由于其施工方便、延性良好等优点在钢结构工程中得到了广泛应用，成为多层和高层建筑选用的主要结构形式之一。在框架结构中，梁柱节点起着至关重要的作用，其连接性能会直接影响框架结构在荷载作用下的整体行为。世界上实录震害分析表明，地震时框架节点先于框架梁和柱遭到破坏，致使框架梁和柱的钢材没有充分发挥其延性和耗能能力，从而导致钢结构丧失了其优良的抗震性能。因此，梁柱节点连接作为钢框架结构的关键部位，已成为钢框架结构设计的一个重要环节。

钢材作为一种金属材料，其本身具有耐腐蚀性较差的特点，这对承重钢构件的力学性能和整体钢结构的抗震性能均有不利的影响。目前，对已发生锈蚀的钢构件和在役钢结构进行抗震性能评估时，仅考虑构件因锈蚀导致的截面面积削弱，并按照规范进行复核计算。该评估方法是以钢结构材性均匀锈蚀为基本假定，计算时沿用锈蚀前钢材材性的力学性能指标，忽略了锈蚀可能对钢材材性与构件性能的影响，因此计算结果不能反映锈蚀钢构件的实际性能。我国对锈蚀后钢材材料力学性能与寿命预测所做的研究尚且很少，对锈蚀钢构件的受力性能研究更是空白。

综上，本章进行近海大气环境下锈蚀钢材的拉伸破坏试验和锈蚀钢框架梁柱节点的低周往复加载试验，研究钢材的力学性能随锈蚀程度增加的退化规律及不同锈蚀程度对钢框架梁柱节点承载力、刚度、延性、耗能能力等抗震性能的影响。

8.2　试 验 概 况

8.2.1　近海大气环境模拟试验

1998 年，国际标准化组织(ISO)推出了 ISO 12944(Paints and varnishes—Corrosion protection of steel structures by protective paint systems)，将腐蚀环境进行划分，作为公共设施的大部分钢结构基本都处在 ISO C2～C3(低或中腐蚀性)环境中[1]。按照本章研究目的及国际标准化组织对环境的分类，可以认为 C3 典型环境(低盐度沿海区域)与本章典型近海大气环境基本相同。由于实际结构在大气环境中暴露和储存的时间周期很长，户外暴露试验虽可对构件进行真实而精确的腐蚀模拟，但其需要很长的时间。受试验时间限制，本章采用室内加速腐蚀方法，其能在较短时间内得到试件腐蚀效果，并可在一定程度上预测材料和构件受长期腐蚀的影响。室内加速腐蚀试验设备采用西安建筑科技大学 ZHT/W2300 气候模拟实验系统(图 2.2)，该盐雾加速腐蚀箱的内部几何尺寸为 3m×2.5m×2m(长×宽×高)。

近海大气环境模拟依据《人造气氛腐蚀试验　盐雾试验》(GB/T 10125—2012)[2]规定的中性盐雾箱试验条件进行设定，详见表 7.2。

8.2.2　试件设计

为便于试验加载，选取钢框架边节点为试验对象，节点柱取上、下柱反弯点区段。参考国家现行规范与规程[3-5]，按 1∶2 缩尺比例共设计了 20 榀钢框架梁柱节点试件，钢材均采用 Q235B，梁、柱截面规格均分别为 HN300×150×6.5×9、HW250×250×9×14。各节点试件均满足“强柱弱梁”的设计要求，梁柱刚度比、板件宽厚比均满足《钢结构设计标准》(GB 50017—2017)[3]要求；各部件之间的连接形式均采用焊接连接。试件详细尺寸见图 3.1。

根据本次试验的研究目的，将 10 个钢框架节点放置于设定好试验条件的盐雾腐蚀箱内，达到预期的腐蚀时间后，再进行相应的低周往复加载试验。具体试验相关参数见表 8.1。钢材材性试验方案及力学性能测试结果见 7.2.5 节叙述。

表 8.1　钢框架节点试件设计参数(近海大气环境)

试件编号	梁截面尺寸/mm	柱截面尺寸/mm	锈蚀时间/h	加载方式
JD-1	HN300×150×6.5×9	HW250×250×9×14	0	变幅循环加载
JD-2	HN300×150×6.5×9	HW250×250×9×14	960	变幅循环加载
JD-3	HN300×150×6.5×9	HW250×250×9×14	1920	变幅循环加载
JD-4	HN300×150×6.5×9	HW250×250×9×14	2400	变幅循环加载
JD-5	HN300×150×6.5×9	HW250×250×9×14	2880	变幅循环加载
JD-6	HN300×150×6.5×9	HW250×250×9×14	0	等幅循环-1 加载
JD-7	HN300×150×6.5×9	HW250×250×9×14	960	等幅循环-1 加载
JD-8	HN300×150×6.5×9	HW250×250×9×14	1920	等幅循环-1 加载
JD-9	HN300×150×6.5×9	HW250×250×9×14	2400	等幅循环-1 加载
JD-10	HN300×150×6.5×9	HW250×250×9×14	2880	等幅循环-1 加载
JD-11	HN300×150×6.5×9	HW250×250×9×14	0	等幅循环-2 加载
JD-12	HN300×150×6.5×9	HW250×250×9×14	960	等幅循环-2 加载
JD-13	HN300×150×6.5×9	HW250×250×9×14	1920	等幅循环-2 加载
JD-14	HN300×150×6.5×9	HW250×250×9×14	2400	等幅循环-2 加载
JD-15	HN300×150×6.5×9	HW250×250×9×14	2880	等幅循环-2 加载

续表

试件编号	梁截面尺寸/mm	柱截面尺寸/mm	锈蚀时间/h	加载方式
JD-16	HN300×150×6.5×9	HW250×250×9×14	0	混合加载
JD-17	HN300×150×6.5×9	HW250×250×9×14	960	混合加载
JD-18	HN300×150×6.5×9	HW250×250×9×14	1920	混合加载
JD-19	HN300×150×6.5×9	HW250×250×9×14	2400	混合加载
JD-20	HN300×150×6.5×9	HW250×250×9×14	2880	混合加载

8.2.3　试验加载方案

低周往复加载装置如图 3.2 所示。水平反复荷载通过 1 台 30 吨 MTS 液压伺服作动器施加在梁端。试验时采用丝杠将钢框架梁柱节点试件的柱两端固定在地面上，丝杠上、下垫有滚板以确保柱在轴向力作用下能够自由变形，并用 1 台 100 吨液压千斤顶对柱其中一端施加恒定轴力。此外，在梁端设置侧向支撑以防止梁发生平面外失稳。

采用位移控制的加载方式对节点试件进行低周往复加载，对 3 组不同锈蚀程度的节点试件分别进行变幅加载、等幅 60mm 加载、等幅 90mm 加载和混合加载，其中变幅与混合加载具体过程详见表 3.2。

8.2.4　测试内容

本次试验包括以下测试内容：

(1) 位移测量。除在梁端加载点设置位移计外，为了测量塑性铰处相对节点核心区的转角，分别在各个节点的塑性铰附近增设两个位移计，如图 8.1 所示。

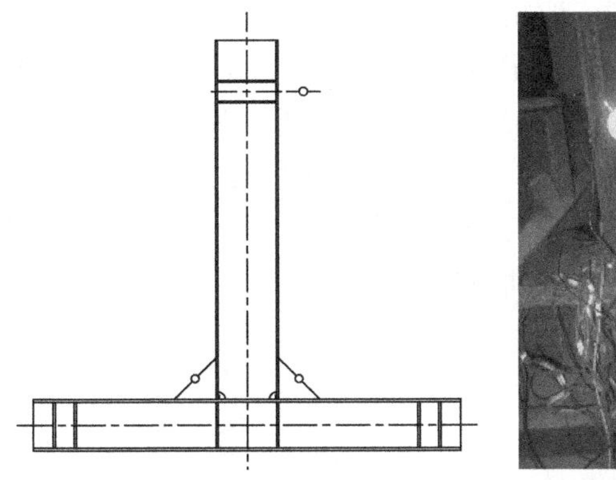
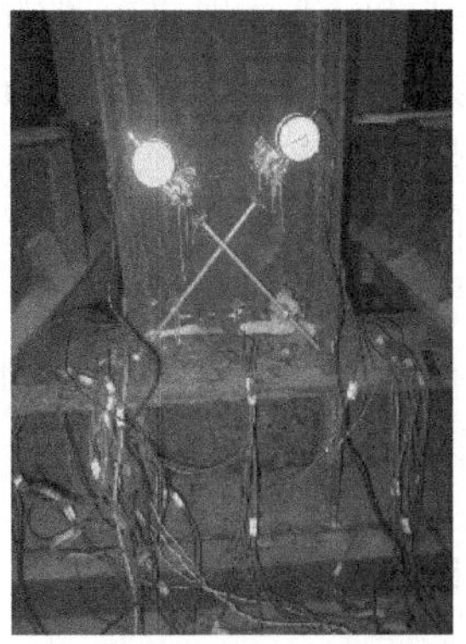

图 8.1　位移计布置图

(2) 应变测量。分别在柱翼缘、柱加劲肋、梁上下翼缘及梁腹板纵横方向粘贴应变片，用于测量加载过程中各位置的应变变化，具体应变片布置如图 8.2 所示。

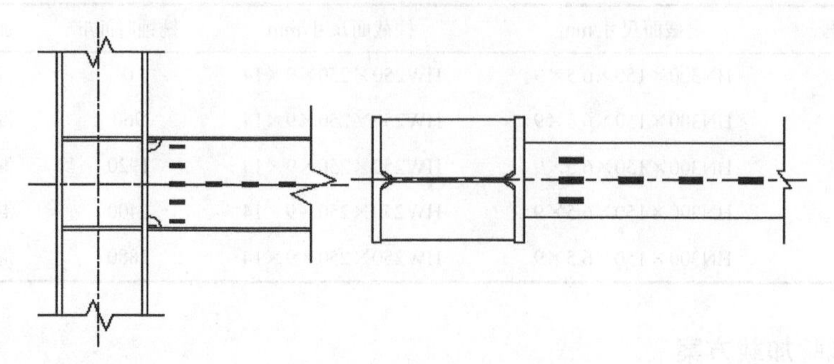

图 8.2　腹板和翼缘应变片布置图

8.3　试验结果及分析

8.3.1　试验现象及破坏形态

试验结果表明，在加载的初期阶段，试件处于弹性阶段，除试件表面锈层粉末脱落外，梁根部、焊缝与节点域处无明显变化。随着位移幅值的继续增大，由于锈蚀程度的不同，各试件的荷载-位移曲线相继出现转折，试件进入塑性阶段，在梁根部受压一侧翼缘出现轻微的局部屈曲变形，并发出轻微的响声。随着加载进程的继续，试件塑性变形越来越大，梁根部两侧翼缘局部屈曲进一步发展，腹板亦出现鼓曲现象；梁根部腹板在焊孔位置处开始出现细微的裂纹并向翼缘发展。在加载的后期，梁根部受拉侧翼缘在焊孔位置处裂缝贯通，发出巨响，同时腹板裂纹斜向发展，撕裂母材。试件承载力下降过快，宣告破坏。

总结各试件的破坏现象，可知：

(1) 梁腹板焊接孔处首先出现微裂纹，微裂纹逐渐扩展并撕裂翼缘与腹板母材，但梁柱焊接连接处焊缝均未出现裂纹或发生断裂现象。

(2) 试件一侧翼缘裂缝贯通后，另一侧不会出现裂纹或已有裂纹不再发展。

(3) 随着锈蚀程度的增加，试件断裂越来越早。

因各试件破坏形态相似，仅选取有代表性试件的破坏形态试验照片，如图 8.3 所示。

8.3.2　滞回曲线

各试件的荷载-位移滞回曲线如图 8.4 所示。对比各试件的滞回曲线，可得到如下结论：

图 8.3　钢框架节点试件破坏形态(近海大气环境)

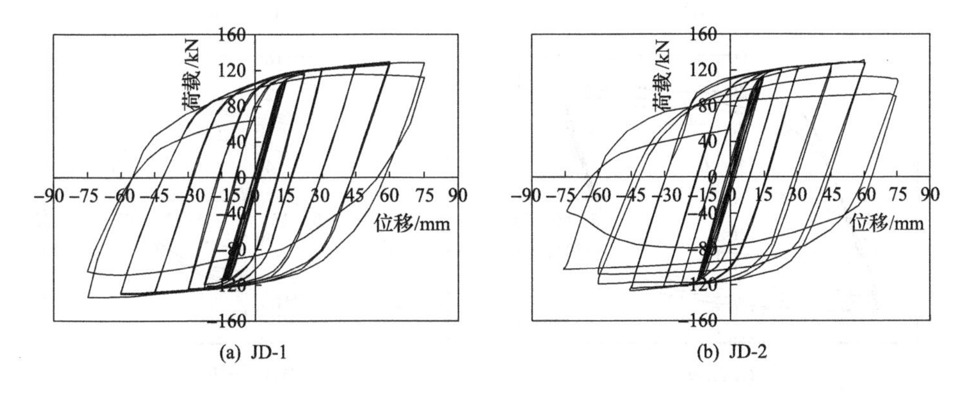

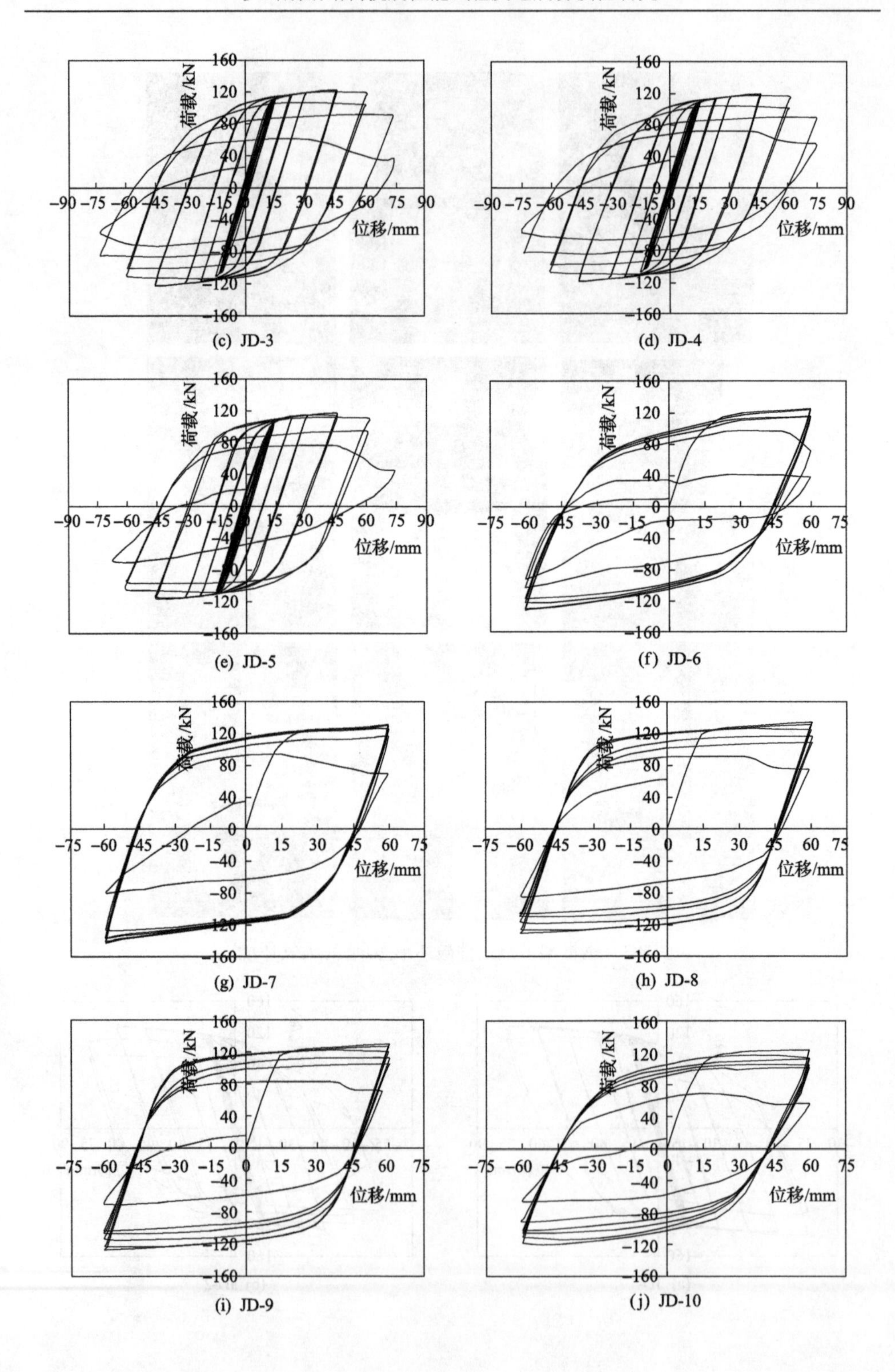

(c) JD-3　(d) JD-4

(e) JD-5　(f) JD-6

(g) JD-7　(h) JD-8

(i) JD-9　(j) JD-10

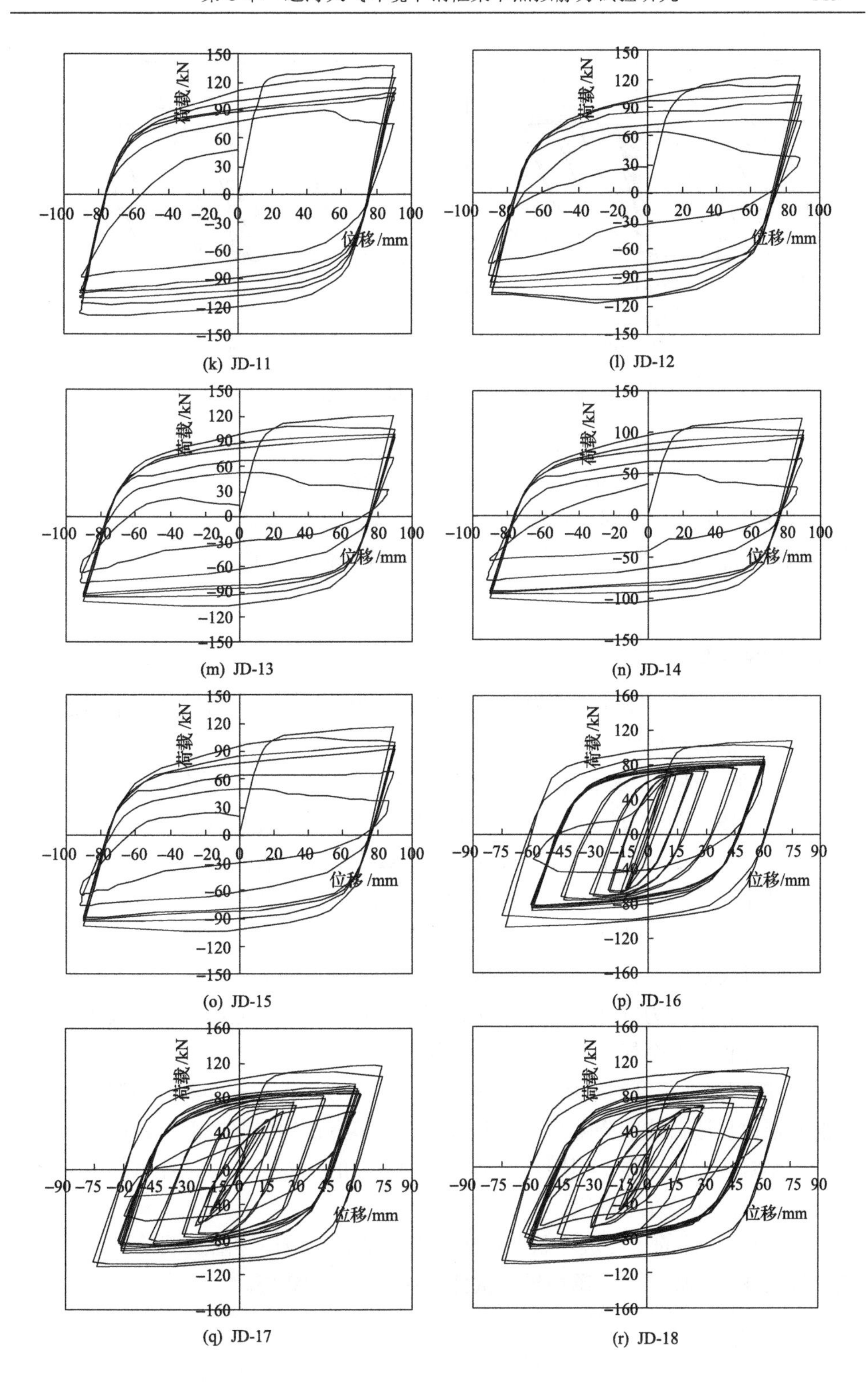

(k) JD-11　(l) JD-12

(m) JD-13　(n) JD-14

(o) JD-15　(p) JD-16

(q) JD-17　(r) JD-18

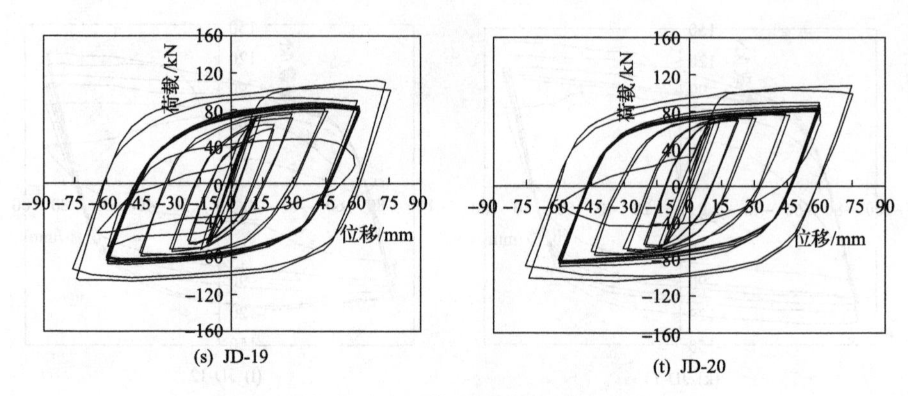

图 8.4　钢框架节点试件滞回曲线(近海大气环境)

(1) 在相同加载制度下，随着锈蚀程度的增加，试件承载力降低，滞回曲线越来越“瘦”，所围成的滞回环面积逐渐减小，试件的耗能能力逐渐降低。

(2) 从试件总的滞回面积分析，相比等幅循环加载制度，变幅循环加载制度下试件耗能能力较大，可见试件的峰值位移幅值对试件的耗能能力有显著的影响。

8.3.3　骨架曲线

图 8.5 给出了变幅循环加载制度下各试件的骨架曲线。通过分析不同锈蚀程度节点试件的骨架曲线，可以得到以下结论：

(1) 在低周往复荷载作用下，不同锈蚀程度的节点试件变形基本分为三个阶段：弹性阶段、塑性发展阶段和塑性破坏阶段。虽然试件经过锈蚀后力学性能表现有所差异，但是这三个变化阶段在骨架曲线中都明显表现出来：在弹性阶段，锈蚀对其影响不是很明显，骨架曲线均呈直线，且不同锈蚀程度的试件骨架曲线基本重合；随着位移的增大，骨架曲线出现了拐点，这表明试件开始屈服并且逐渐进入塑性发展阶段；随着位移的进一步增大，试件的局部屈曲越来越严重，曲线出现下降，承载力降低。这一变化过程也揭示了试件在低周往复荷载作用下试件的破坏过程是一个损伤不断累积的过程。

(2) 随着锈蚀程度的增加，试件的屈服荷载、极限荷载都在不断下降，极限荷载的降幅比屈服荷载的降幅大。由此可见，在节点试件屈服之前，锈蚀对其抗震性能的影响不是很明显，屈服后，随着锈蚀程度的增大，节点试件承载力的降幅显著增大，尤其是在下降段。

(3) 节点试件的最终破坏状态由未锈蚀时的延性破坏逐渐发展至严重锈蚀时的脆性破坏，由此可见，锈蚀导致试件更易发生脆性断裂。

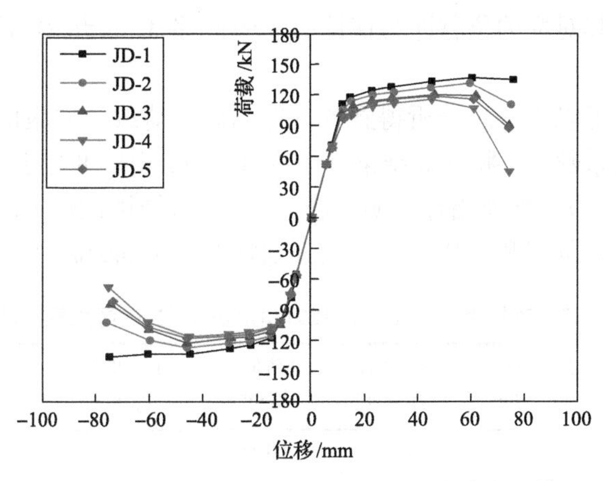

图 8.5　钢框架节点试件骨架曲线(近海大气环境)

8.3.4　承载力及延性系数

延性是指结构或构件在屈服之后直至破坏之前，在承受一定荷载作用条件下所具有的变形能力。它反映了结构或构件的变形能力，是评价结构或构件抗震性能的一个重要指标。结构的延性越大，耗能性能就越好。试件延性的大小可以通过延性系数 μ 来衡量，其计算公式为

$$\mu = \frac{\Delta_u}{\Delta_y} \tag{8-1}$$

式中，Δ_u 为极限位移，指试件破坏时的位移或指骨架曲线中极限荷载下降到峰值荷载 85%时的位移；Δ_y 为屈服位移。

采用“通用屈服弯矩法”[6]来确定屈服点。如图 8.6 所示，从原点 O 作弹性理论值线与过峰值荷载点 C 的水平线相交于点 E，过点 E 作垂线交 P-Δ 曲线于点 A，连结 OA 并延长后交 CE 于点 F，过点 F 作垂线交 P-Δ 曲线于点 B，点 B 即为

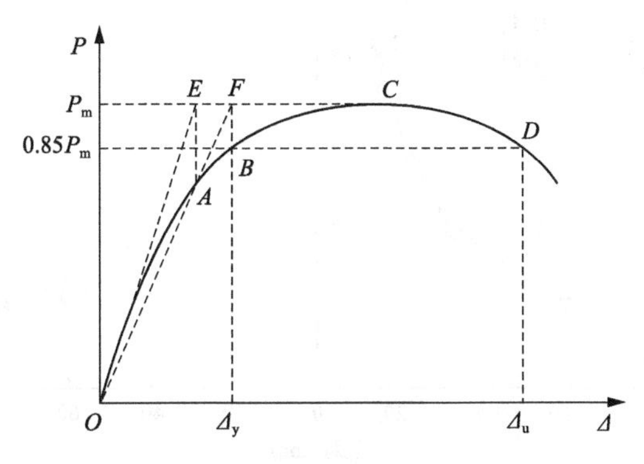

图 8.6　通用屈服弯矩法示意图

假定的屈服点，其对应的位移即为试件的屈服位移 Δ_y；点 D 对应的位移为试件的极限位移 Δ_u。

由骨架曲线可以进一步分析得到各试件的屈服荷载、屈服位移、极限荷载、极限位移及延性系数 μ，将计算结果列于表 8.2 中。由表 8.2 可见：随着锈蚀程度的增加，试件各项力学性能指标均明显降低。相比未锈蚀试件 JD-1，锈蚀试件 JD-5 的峰值荷载、极限位移和位移延性系数分别降低了 15.49%、16.90%和 19.76%。

表 8.2　钢框架节点试件承载力和延性系数(近海大气环境)

试件	屈服荷载 P_y /kN	屈服位移 Δ_y /mm	峰值荷载 P_m /kN	峰值位移 Δ_m /mm	极限荷载 P_u /kN	极限位移 Δ_u /mm	延性系数 μ
JD-1	124.41	22.71	136.77	60.44	135	75.82	3.34
JD-2	120.00	23.08	127.06	45.05	108.00	74.34	3.22
JD-3	113.92	23.21	122.65	46.52	104.25	68.22	2.94
JD-4	112.57	23.37	118.75	45.82	100.27	68.32	2.92
JD-5	108.61	23.48	115.59	45.22	98.25	63.01	2.68

8.3.5　刚度退化

试件在进入塑性变形阶段后刚度不断退化，取骨架曲线各点到原点连线的斜率表示割线刚度，其退化的程度可以用各变形阶段的割线刚度与初始弹性刚度的比值，即刚度退化系数 β 来表示[6]。

各试件刚度退化曲线如图 8.7 所示。可以看出，各试件的刚度退化趋势总体上一致，在弹性阶段试件刚度基本无退化，超过屈服位移时试件刚度退化明显，正负向退化规律基本对称。刚度退化的原因是翼缘与腹板屈曲使得试件的刚度降

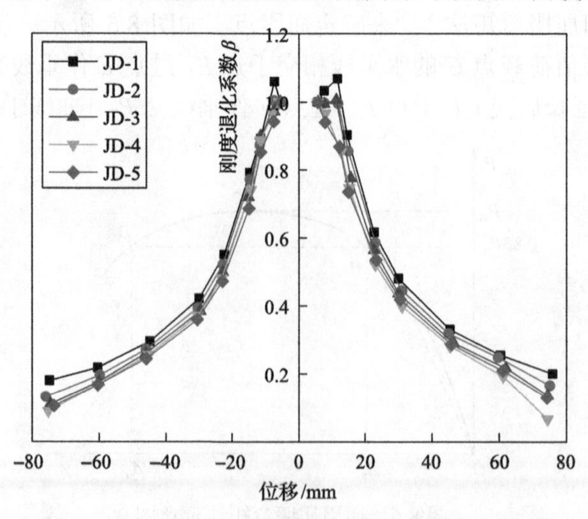

图 8.7　钢框架节点试件刚度退化曲线(近海大气环境)

低。锈蚀程度严重的试件刚度退化比锈蚀程度轻的试件稍快，其原因是锈蚀削弱翼缘厚度，翼缘塑性屈曲发展更加充分。并且试件刚度的退化随着锈蚀程度的增加而加剧。

8.3.6 耗能能力

结构或构件在抗震中的耗能能力可采用等效黏滞阻尼系数 h_e 表示[6]，其可按照试件达到极限荷载时的滞回环面积来计算，各试件等效黏滞阻尼系数计算结果见表 8.3 所示。由表可知：

(1) 在加载方式相同的情况下，各节点试件的耗能能力随腐蚀程度的增加而逐渐减小，其中变幅循环加载下等效黏滞阻尼系数由 0.65 降至 0.39，降低了 40%；等幅循环加载下等效黏滞阻尼系数由 0.54 降至 0.28，降低了 48%。出现以上结果的原因是钢材在腐蚀后发生了复杂的物理化学变化，导致钢材强度及伸长率等发生降低，进而引起试件的承载力及延性性能降低，在往复荷载作用下耗能能力变差，破坏时更易发生脆断。

(2) 在锈蚀程度相同的情况下，相比于等幅循环加载制度，变幅循环加载制度下试件的等效黏滞阻尼系数较大，可见加载制度对试件的耗能能力也有显著的影响。

表 8.3　节点试件等效黏滞阻尼系数

试件编号	JD-1	JD-2	JD-3	JD-4	JD-5
等效黏滞阻尼系数 h_e	0.65	0.62	0.57	0.46	0.39
试件编号	JD-6	JD-7	JD-8	JD-9	JD-10
等效黏滞阻尼系数 h_e	0.54	0.50	0.46	0.36	0.28
试件编号	JD-11	JD-12	JD-13	JD-14	JD-15
等效黏滞阻尼系数 h_e	0.7	0.66	0.61	0.57	0.52
试件编号	JD-16	JD-17	JD-18	JD-19	JD-20
等效黏滞阻尼系数 h_e	0.58	0.55	0.51	0.47	0.42

参 考 文 献

[1] 刘新, 时虎. 钢结构防腐蚀和防火涂装[M]. 北京: 化学工业出版社, 2005.

[2] 中华人民共和国国家质量监督检验检疫总局, 中国国家标准化管理委员会. 人造气氛腐蚀试验 盐雾试验(GB/T 10125—2012)[S]. 北京: 中国标准出版社, 2013.

[3] 中华人民共和国住房和城乡建设部. 钢结构设计标准(GB 50017—2017)[S]. 北京: 中国计划出版社, 2017.

[4] 中华人民共和国住房和城乡建设部, 中华人民共和国国家质量监督检验检疫总局. 建筑抗震设计规范(GB 50011—2010(2016 年版))[S]. 北京: 中国建筑工业出版社, 2016.

[5] 中华人民共和国住房和城乡建设部. 建筑抗震试验规程(JGJ/T 101—2015)[S]. 北京: 中国建筑工业出版社, 2015.

[6] 姚谦峰. 土木工程结构试验[M]. 2 版. 北京: 中国建筑工业出版社, 2008.

第9章 近海大气环境下钢框架梁拟静力试验研究

9.1 引　言

本章采用人工气候环境模拟技术对 16 榀钢框架梁试件进行近海大气环境下的加速腐蚀，进而对腐蚀后的试件进行低周往复加载试验，研究不同锈蚀程度、板件宽厚比对钢框架梁破坏特征、滞回曲线、骨架曲线、强度和刚度退化、延性及耗能能力等抗震性能指标的影响。在试验研究的基础上，建立能够反映强度、刚度循环退化效应的锈蚀钢框架梁恢复力模型，为在役钢框架结构弹塑性地震反应分析奠定理论支撑。

9.2 试 验 概 况

9.2.1 试件设计

为了研究近海大气环境下锈蚀钢框架梁的抗震性能，参考现行规范和规程[1-3]，并结合实际工程常规尺寸及实验室条件，设计了 16 榀 1∶2 缩尺比例的钢框架梁试件(表 9.1)。试件均采用热轧 H 型钢制作，梁截面规格为 HN300×150×6.5×9，材质均为 Q235B；在试件底端设置刚度较大的支座梁。试件几何尺寸与截面尺寸如图 4.1 所示。近海大气环境模拟试验方案与参数设置同 7.2.2 节，锈蚀钢材材性试验、测试方案及材料力学性能测试结果见 7.2.5 节叙述。

9.2.2 加载装置与加载制度

试验加载装置同 4.2.3 节，如图 4.2 所示。梁端采用 30 吨 MTS 电液伺服作动器施加水平往复荷载，梁底通过压梁及地脚螺栓固定于刚性地面上。同时，在试件两侧加设侧向支撑以防平面外失稳。

水平加载采用位移控制的变幅循环加载制度和等幅 60mm 循环加载制度。其中，变幅循环加载制度如图 4.3 所示，按位移角依次为 0.375%、0.5%、0.75%、1%、1.5%、2%、3%、4%…进行往复循环加载，每级循环 2 次，直至试件水平荷载下降至峰值荷载的 85%或出现明显破坏而无法承受竖向荷载时，停止加载[4]。

表 9.1　钢框架梁试件设计参数(近海大气环境)

试件编号	截面高度 h/mm	截面宽度 b/mm	翼缘厚度 t_f/mm	腹板厚度 t_w/mm	翼缘宽厚比 b/t_f	腹板高厚比 h/t_w	锈蚀时间/h	加载制度
B-1	300	180	9	6.5	9.64	46.15	0	变幅循环加载
B-2	300	150	9	6.5	7.97	46.15	0	变幅循环加载
B-3	300	120	9	6.5	6.31	46.15	0	变幅循环加载
B-4	270	150	9	6.5	7.97	41.54	0	变幅循环加载
B-5	250	150	9	6.5	7.97	38.46	0	变幅循环加载
B-6	300	150	9	6.5	7.97	46.15	480	变幅循环加载
B-7	300	150	9	6.5	7.97	46.15	960	变幅循环加载
B-8	300	150	9	6.5	7.97	46.15	1920	变幅循环加载
B-9	300	150	9	6.5	7.97	46.15	2400	变幅循环加载
B-10	300	150	9	6.5	7.97	46.15	2880	变幅循环加载
B-11	250	150	9	6.5	7.97	38.46	0	等幅循环加载
B-12	300	150	9	6.5	7.97	46.15	480	等幅循环加载
B-13	300	150	9	6.5	7.97	46.15	960	等幅循环加载
B-14	300	150	9	6.5	7.97	46.15	1920	等幅循环加载
B-15	300	150	9	6.5	7.97	46.15	2400	等幅循环加载
B-16	300	150	9	6.5	7.97	46.15	2880	等幅循环加载

注：锈蚀时间 0h、480h、960h、1920h、2400h、2880h 对应的失重率分别为 0%、2.11%、4.30%、7.5%、9.5%、11.28%。

9.3　试验结果及分析

9.3.1　试件破坏过程与特征

各钢框架梁试件破坏过程基本相似，在加载过程中均经历了弹性、弹塑性发展、塑性破坏三个阶段。加载初期，各试件处于弹性阶段，梁端荷载随位移呈线性变化，试件各部位均无明显变化。当加载位移角为 1%左右时，不同锈蚀程度试件的荷载-位移曲线相继出现转折，进入弹塑性阶段。当加载位移角为 2%～3%时，试件底端两侧翼缘出现轻微局部屈曲。当加载位移角为 3%～4%时，试件两侧翼缘局部屈曲现象明显，腹板亦发生一定程度的鼓曲，梁端部塑性铰形成，水平荷载达到最大值。持续加载，试件塑性变形越来越大，而水平荷载逐步下降，试件进入塑形破坏阶段。当加载位移角为 5%～5.5%时，梁端翼缘出现细微裂纹并快速发展。当加载位移角为 6%时，梁端翼缘裂缝贯通，水平荷载急剧下降，试件宣告破坏。

不同之处在于：①随着锈蚀程度的增加，试件水平承载能力逐步降低，梁端塑性铰形成及裂缝产生所对应的位移逐渐减小，表明钢框架梁的承载力及延性随着锈蚀程度的增加而逐步降低；②随着翼缘宽厚比或腹板高厚比的增大，试件出现局部屈曲现象与破坏时的位移减小。

试件典型破坏形态如图 9.1 所示。

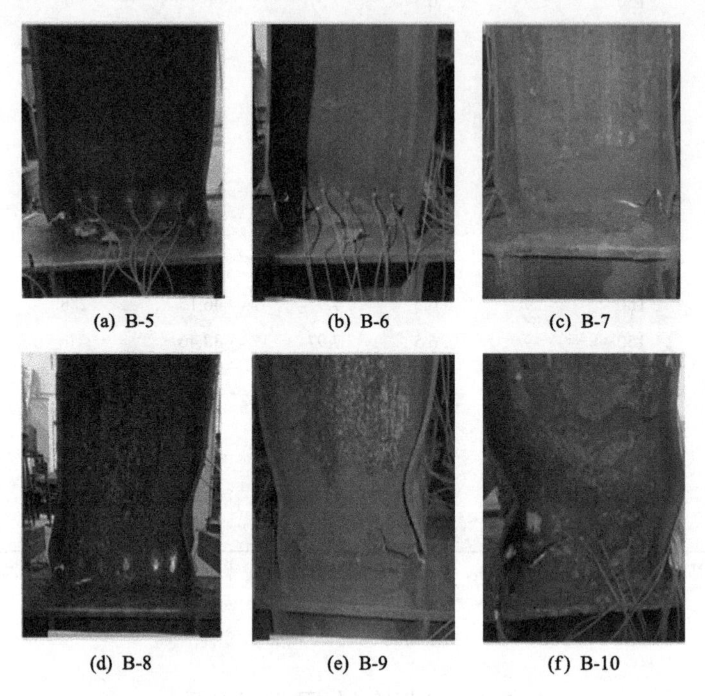

(a) B-5 (b) B-6 (c) B-7

(d) B-8 (e) B-9 (f) B-10

图 9.1 钢框架梁试件典型破坏形态(近海大气环境)

9.3.2 滞回曲线

各试件荷载-位移滞回曲线如图 9.2 所示，可以看出：

(1)变幅循环加载下各试件的滞回性能基本相同。屈服前，滞回曲线近似呈直线。屈服后至峰值荷载前，滞回曲线出现明显弯曲，滞回环面积逐渐增大；此阶段试件塑形变形小，损伤较轻，由于钢材应变硬化效应，试件水平荷载仍不断增大，且同一级位移水平下，试件强度、刚度随着循环次数的增加退化不明显。达到峰值荷载后，试件塑性变形充分发展，累积损伤不断增大，试件的强度、刚度随着位移幅值和循环次数的增加而明显降低，但滞回曲线仍呈饱满的梭形，无明显捏拢现象，表明锈蚀钢框架梁仍具有较好的耗能能力。

等幅循环加载下，由于初始加载位移幅值较大，试件在第 1 循环加载时即进入弹塑性阶段，随着循环次数的增加，滞回环面积逐渐减小，耗能能力降低，强度和刚度退化相对较快。

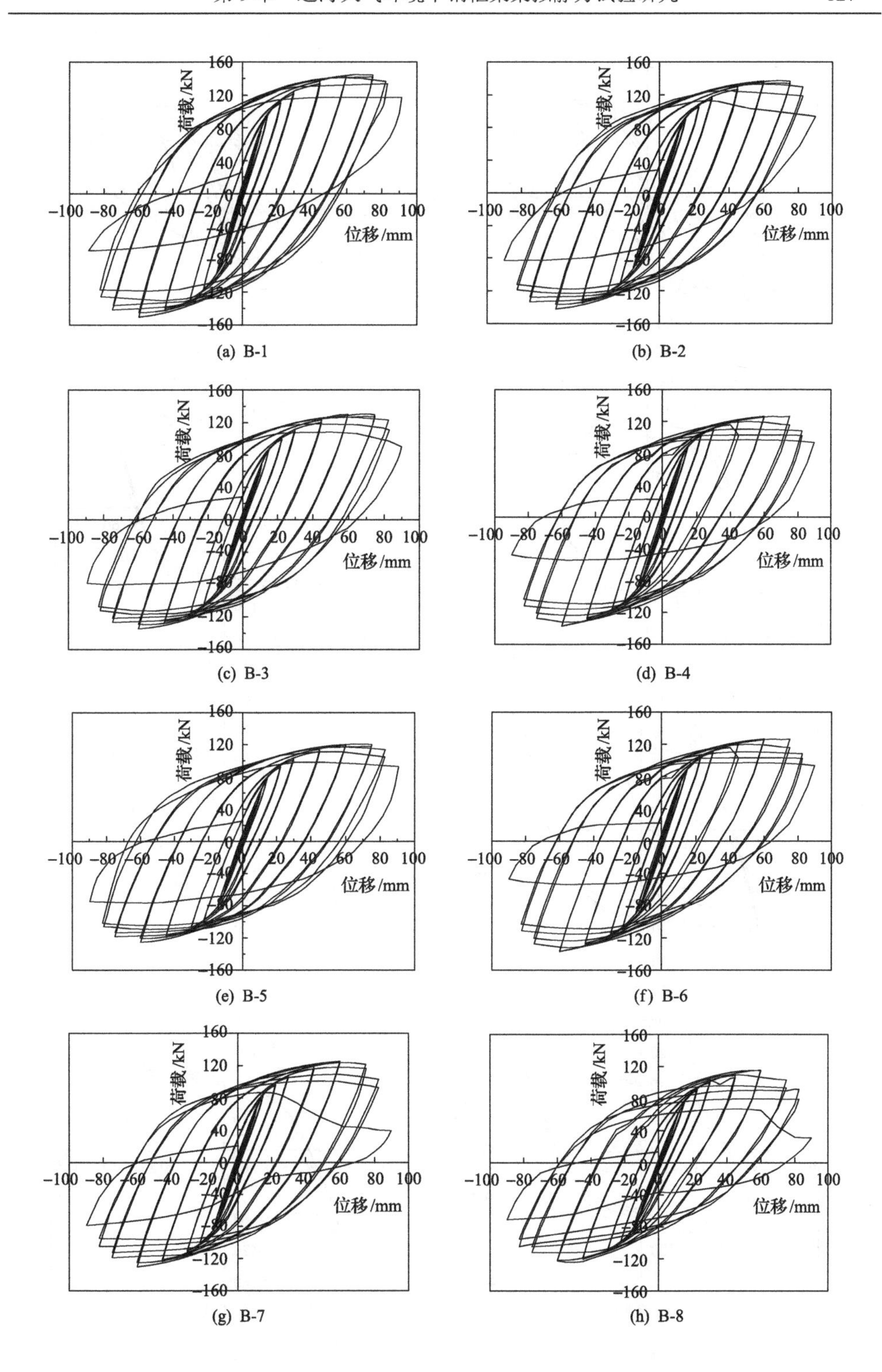

(a) B-1　(b) B-2　(c) B-3　(d) B-4　(e) B-5　(f) B-6　(g) B-7　(h) B-8

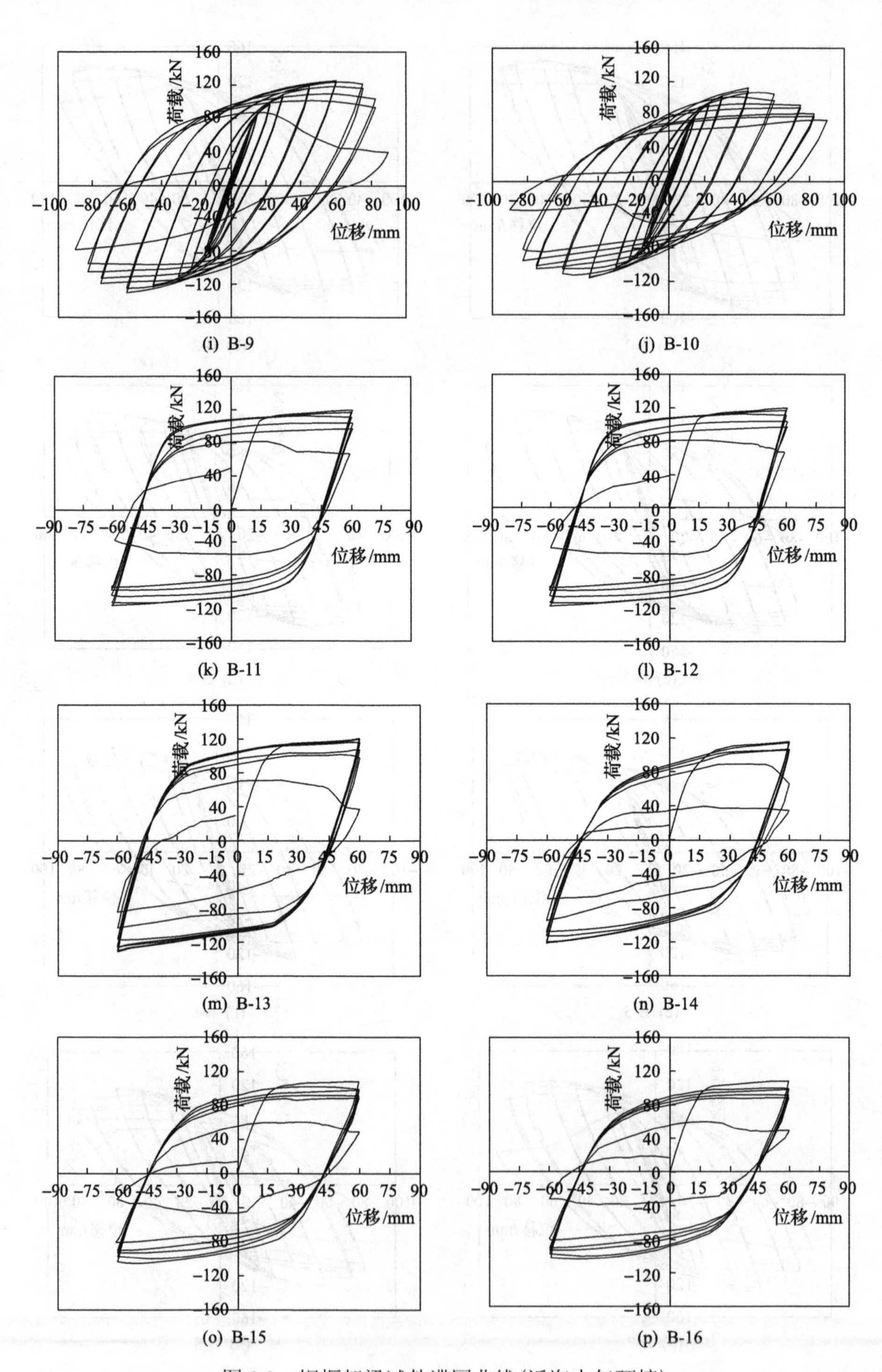

图 9.2　钢框架梁试件滞回曲线(近海大气环境)

(2) 随着锈蚀程度的增加，试件承载力及刚度逐渐降低，滞回环面积减小，强度、刚度退化现象逐步加重，表明钢框架梁的承载能力、变形能力与耗能能力均随锈蚀程度的增加而逐渐减弱。

(3) 随翼缘宽厚比或腹板高厚比的增加，试件承载力逐渐降低，滞回环面积减小，耗能能力降低。

9.3.3　骨架曲线

各试件骨架曲线如图 9.3 所示，可以看出：

(1) 加载初期，试件处于弹性阶段，骨架曲线呈线性发展；随着位移幅值的增大，骨架曲线开始弯曲，试件刚度不断降低，逐步进入弹塑性发展阶段；达到峰值荷载后，试件塑性变形充分发展，刚度显著降低，试件进入塑性破坏阶段。

(2) 随着锈蚀程度的增加，试件屈服平台变短，峰值荷载不断降低，骨架曲线下降段亦逐渐变陡，表明试件的承载力及延性随着锈蚀程度的增加而减小。

(3) 随着翼缘宽厚比或腹板高厚比的增大，试件峰值荷载有所增大，但峰值荷载后荷载下降较快。

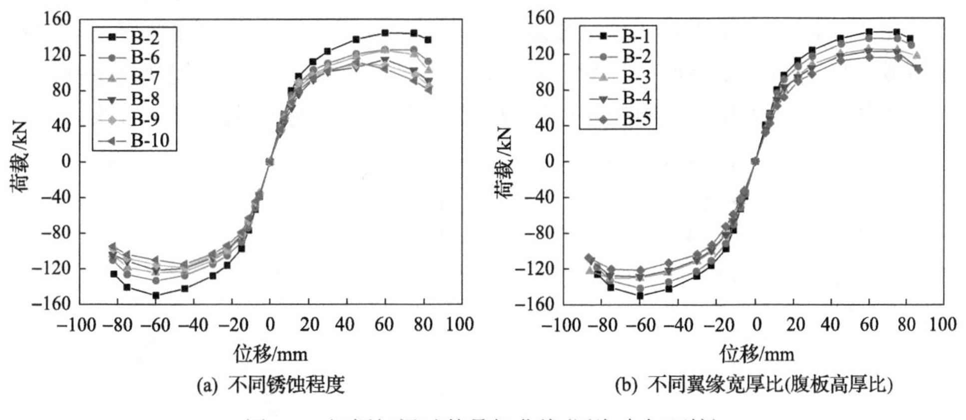

(a) 不同锈蚀程度　(b) 不同翼缘宽厚比(腹板高厚比)

图 9.3　钢框架梁试件骨架曲线(近海大气环境)

9.3.4　承载力及延性系数

由骨架曲线可以进一步分析获得各试件的屈服荷载 P_y、屈服位移 Δ_y、峰值荷载 P_m、峰值位移 Δ_m、极限荷载 P_u、极限位移 Δ_u 和位移延性系数 μ，见表 9.2。其中，破坏荷载取峰值荷载的 85%，极限位移取峰值荷载 85%时对应的位移。

表 9.2　钢框架梁试件实测特征值及延性系数(近海大气环境)

试件编号	屈服点		峰值点		极限点		延性系数 μ
	P_y/kN	Δ_y/mm	P_m/kN	Δ_m/mm	P_u/kN	Δ_u/mm	
B-1	117.31	29.44	137.31	59.67	131.07	81.88	2.78
B-2	111.67	29.85	130.04	60.04	122.94	83.00	2.78
B-3	99.76	29.78	125.73	59.57	117.70	82.06	2.76
B-4	97.54	29.74	123.23	59.57	107.05	81.18	2.73
B-5	91.97	29.13	116.41	59.13	101.07	80.43	2.76
B-6	104.08	29.81	129.74	60.51	112.85	82.44	2.77
B-7	98.74	29.40	124.90	61.04	110.00	79.47	2.70
B-8	97.75	29.73	118.37	60.85	100.61	76.18	2.56
B-9	95.12	29.63	112.32	60.22	95.47	75.45	2.55
B-10	93.89	29.54	107.23	59.31	91.15	74.27	2.51

9.3.5　刚度退化

各试件刚度退化曲线如图 9.4 所示，可以看出，各试件刚度退化趋势基本一致：屈服前，刚度无明显变化；屈服后，刚度退化显著，后期趋于平稳。锈蚀损伤造成试件初始刚度降低，加载过程中，锈蚀程度重的试件刚度退化速率相对较快。此外，翼缘宽厚比或腹板高厚比较大的试件，后期刚度退化速率较快。

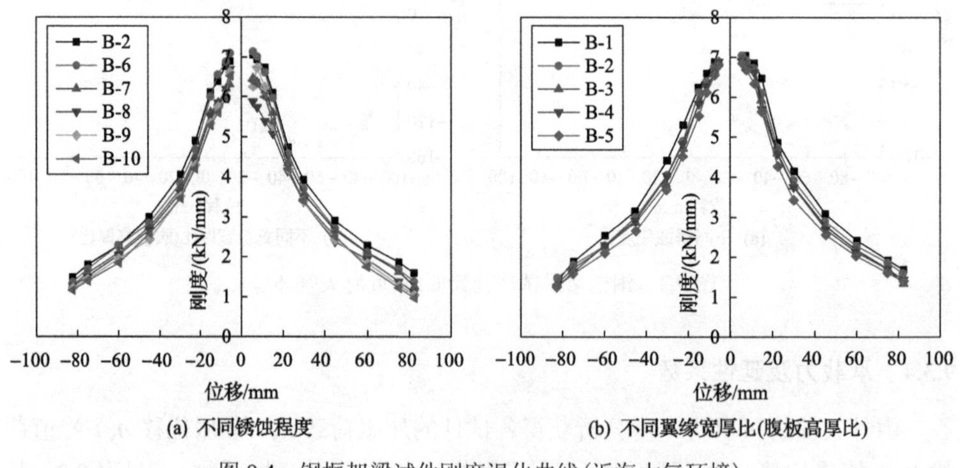

图 9.4　钢框架梁试件刚度退化曲线(近海大气环境)

9.3.6　耗能能力

钢框架梁的耗能能力采用等效黏滞阻尼系数 h_e 表示，其值越大，表明钢框架梁的耗能能力越强[5]。各钢框架梁试件等效黏滞阻尼系数如表 9.3 所示，可以看出：

(1) 变幅循环加载下，相比未锈蚀试件 B-2，锈蚀试件 B-6～B-10 的等效黏滞阻尼系数分别降低了 8.93%、16.07%、23.21%、28.57%和 33.93%；等幅循环加载下，相比未锈蚀试件 B-11，锈蚀试件 B-12～B-16 的等效黏滞阻尼系数分别降低了 5.36%、12.5%、17.86%、25%和 32.14%，表明钢框架梁的耗能能力随着锈蚀程度增加而逐步降低。

(2) 相比翼缘宽厚比较小试件 B-1，翼缘宽厚比较大试件 B-2、B-3 的等效黏滞阻尼系数分别降低了 11.11%和 17.46%，表明钢框架梁的耗能能力随着翼缘宽厚比的增大而逐渐减小。相比腹板高厚比较小试件 B-2，腹板高厚比较大试件 B-4、B-5 的等效黏滞阻尼系数分别降低了 3.57%和 5.36%，表明钢框架梁的耗能能力随着腹板高厚比的增大而呈减小趋势。

表 9.3　钢框架梁试件等效黏滞阻尼系数(近海大气环境)

试件编号	B-1	B-2	B-3	B-4	B-5	B-6
等效黏滞阻尼系数 h_e	0.63	0.56	0.52	0.54	0.53	0.51
试件编号	B-7	B-8	B-9	B-10	B-11	B-12
等效黏滞阻尼系数 h_e	0.47	0.43	0.40	0.37	0.56	0.53
试件编号	B-13	B-14	B-15	B-16		
等效黏滞阻尼系数 h_e	0.49	0.46	0.42	0.38		

9.4　锈蚀钢框架梁恢复力模型

构件恢复力模型是进行结构弹塑性地震反应分析的重要基础，主要包括骨架曲线和滞回规则两大部分[6]。目前，关于锈蚀钢框架梁恢复力特性的研究鲜见报道。试验结果表明，锈蚀试件与未锈蚀试件的滞回曲线存在明显差异，为了客观揭示锈蚀钢框架梁的滞回性能，有必要建立锈蚀钢框架梁的恢复力模型。

9.4.1　骨架曲线模型

根据试验骨架曲线特征，锈蚀钢框架梁骨架曲线模型采用三折线形式，如图 7.16 所示。模型分为弹性段 *OA*、强化段 *AB* 和软化段 *BC* 三段。其中，*A* 点为构件屈服点，*B* 点为峰值点，*C* 点为极限点。

1) 屈服点

以截面边缘屈服作为弹性极限计算梁底端截面弯矩 M_e，公式见式(9-1)，梁端截面应力分布如图 9.5(a)所示。

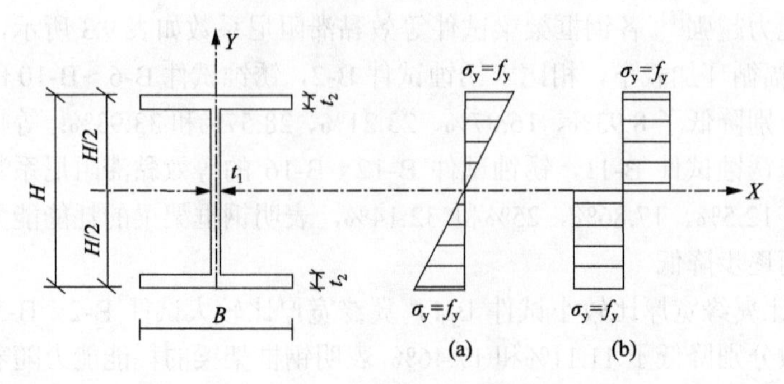

图 9.5 截面应力分布图

$$M_e = W_n f_y \tag{9-1}$$

式中，W_n 为钢框架梁截面模量；f_y 为钢材屈服强度。

则钢框架梁屈服荷载为

$$P_y = \frac{M_e}{L} \tag{9-2}$$

式中，L 为钢框架梁长度。

考虑到钢框架梁试件屈服时，梁截面翼缘高度已部分屈服，导致所测试验屈服位移大于理论推导值，根据试验结果，取梁端屈服位移为

$$\varDelta_y = 1.4\frac{P_y L^3}{3EI} \tag{9-3}$$

式中，E 为钢材弹性模量；I 为截面惯性矩。

则弹性刚度为

$$K_e = \frac{P_y}{\varDelta_y} = \frac{2.14EI}{L^3} \tag{9-4}$$

根据 9.3.4 节试验数据，拟合得到锈蚀钢框架梁屈服荷载与屈服位移的计算公式为

$$P_y' = \left(0.778 + 0.228e^{-0.137D_w}\right)P_y \tag{9-5}$$

$$\varDelta_y' = (1.001 - 0.008\eta)\varDelta_y \tag{9-6}$$

2）峰值点

以全截面屈服作为塑性极限计算梁底端弯矩 M_p，公式见式(9-7)，截面应力分布见图 9.5(b)。

$$M_{\mathrm{p}}=W_{\mathrm{p}}f_{\mathrm{y}} \tag{9-7}$$

式中，W_{p} 为钢框架梁全塑性截面模量。

$$W_{\mathrm{p}}=bt_{\mathrm{f}}\left(H-t_{\mathrm{f}}\right)+\frac{1}{4}\left(H-2t_{\mathrm{f}}\right)^{2}t_{\mathrm{w}} \tag{9-8}$$

式中，b 为截面宽度；H 为截面高度；t_{f} 为翼缘厚度；t_{w} 为腹板厚度。

由于钢材的应变硬化效应，所测试验峰值弯矩大于理论推导值，故根据试验结果，取梁端峰值弯矩为

$$M_{\max}=1.2M_{\mathrm{p}} \tag{9-9}$$

则钢框架梁峰值荷载为

$$P_{\max}=\frac{M_{\max}}{L} \tag{9-10}$$

根据 9.3.4 节试验数据，统计回归得到锈蚀钢框架梁峰值荷载和峰值位移的计算公式如下：

$$P'_{\max}=\left(0.768+0.231\mathrm{e}^{-0.134D_{\mathrm{w}}}\right)P_{\max} \tag{9-11}$$

$$\varDelta_{\max}=(3.558-0.001\mathrm{e}^{0.632D_{\mathrm{w}}})\varDelta_{\mathrm{y}} \tag{9-12}$$

式中，$P_{\max}$、$P'_{\max}$ 分别为未锈蚀和锈蚀钢框架梁峰值荷载；$\varDelta_{\max}$ 为锈蚀钢框架梁峰值位移。

3) 极限点

极限荷载取峰值荷载的 85%，同式 (7-17)：

$$P_{\mathrm{u}}=0.85P_{\max}$$

根据 9.3.4 节试验数据，统计回归得到极限位移与屈服位移的比值随失重率的变化关系为

$$\frac{\varDelta_{\mathrm{u}}}{\varDelta_{\mathrm{y}}}=4.643+0.210\mathrm{e}^{-0.072D_{\mathrm{w}}} \tag{9-13}$$

式中，$\varDelta_{\mathrm{u}}$ 为锈蚀钢框架梁极限位移，其余参数定义同前。

9.4.2 滞回规则

1) 循环退化指数

为了有效体现锈蚀钢框架梁力学性能的循环退化效应，引入 Rahnama 和 Krawinkle[7]提出的循环退化指数，见式 (7-19)。

其中，构件总滞回耗能 E_t 按式(9-14)计算[8]：

$$E_t = \Lambda M_y \tag{9-14}$$

$$\Lambda = 495\left(\frac{h}{t_w}\right)^{-1.34}\left(\frac{b}{2t_f}\right)^{-0.595}\left(\frac{f_y}{355}\right)^{-0.360} \tag{9-15}$$

式中，Λ 为构件累积塑性转角；M_y 为有效屈服弯矩，取为 $1.17M_p$；h/t_w 为腹板高厚比；b/t_f 为翼缘宽厚比；f_y 为钢材屈服强度。

2) 强度退化规则

锈蚀钢框架梁进入弹塑性阶段后，其屈服荷载随着位移幅值和循环次数的增加而逐级递减，退化规律表征同式(7-23)。

此外，同一位移幅值下不同循环的峰值荷载亦随着循环次数的增加而逐步降低，其退化规律可表征为

$$P_{j,i}^{\pm} = (1-\zeta_i)P_{j,i-1}^{\pm} \tag{9-16}$$

式中，$P_{j,i}$ 为第 j 级位移第 i 次循环加载时构件的峰值荷载；$P_{j,i-1}$ 为第 j 级位移第 i–1 次循环加载时构件的峰值荷载。上标“±”表示加载方向，其中“+”表示正向加载，“–”表示反向加载。

图 9.6 为锈蚀钢框架梁强度退化规则示意图。

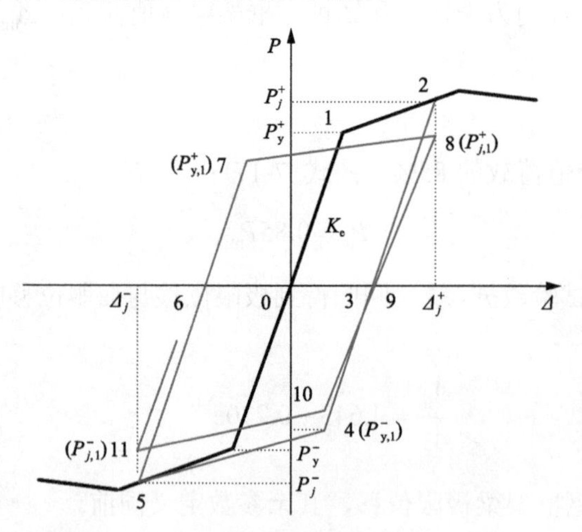

图 9.6　锈蚀钢框架梁强度退化规则示意图

3) 刚度退化规则

在往复荷载作用下，锈蚀钢框架梁的卸载刚度亦不断退化，可表征为

$$K_{u,i} = (1-\zeta_i)K_{u,i-1} \tag{9-17}$$

式中，$K_{u,i}$ 为第 i 次循环加载时构件的卸载刚度；$K_{u,i-1}$ 为第 i–1 次循环加载时构件的卸载刚度。

根据试验结果，反向再加载刚度亦逐步退化，其退化规律可表征为

$$K_{r,i} = (1-\zeta_i)K_{u,i-1} \tag{9-18}$$

式中，$K_{r,i}$ 为第 i 次循环加载时构件的再加载刚度。

图 9.7 为锈蚀钢框架梁刚度退化规则示意图。

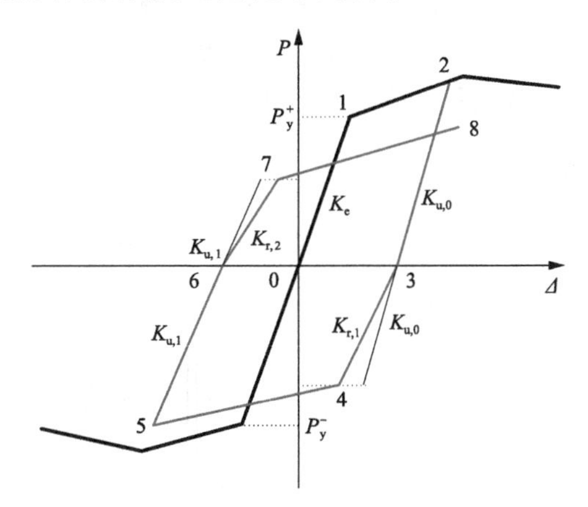

图 9.7　锈蚀钢框架梁刚度退化规则示意图

9.4.3　恢复力模型的建立

基于骨架曲线模型及滞回规则，可建立锈蚀钢框架梁恢复力模型，如图 9.8 所示。

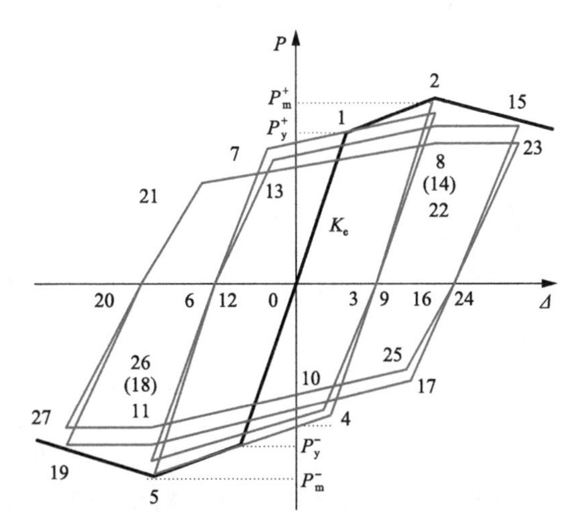

图 9.8　锈蚀钢框架梁恢复力模型

(1) 屈服前(0-1 段)：加载、卸载路径重合。

(2) 屈服后至峰值荷载前：加载路径沿着骨架曲线(1-2 段)。至任意 2 点开始卸载，卸载刚度为弹性刚度 K_e；继续反向加载至负向屈服点 4，屈服荷载与再加载刚度分别由式(7-24)和式(9-18)确定。加载至骨架曲线上负向目标点 5 卸载，卸载刚度按式(9-17)确定；正向再加载时(6-7 段)，屈服荷载及再加载刚度由式(7-24)和式(9-18)重新确定。

(3) 峰值荷载后：每个级别加载路径与阶段(2)相似，区别在于达到峰值荷载后的强化段保持荷载不变，即 14 点和 15 点荷载值相同，按式(9-16)确定。

其后，重复上述加载过程，直至构件破坏。

9.4.4 恢复力模型的验证

依据所建立的锈蚀钢框架梁恢复力模型，分析获得钢框架梁试件 B-2、B-7、B-8、B-10 的计算滞回曲线，并与其试验滞回曲线进行对比，如图 9.9 所示。可以

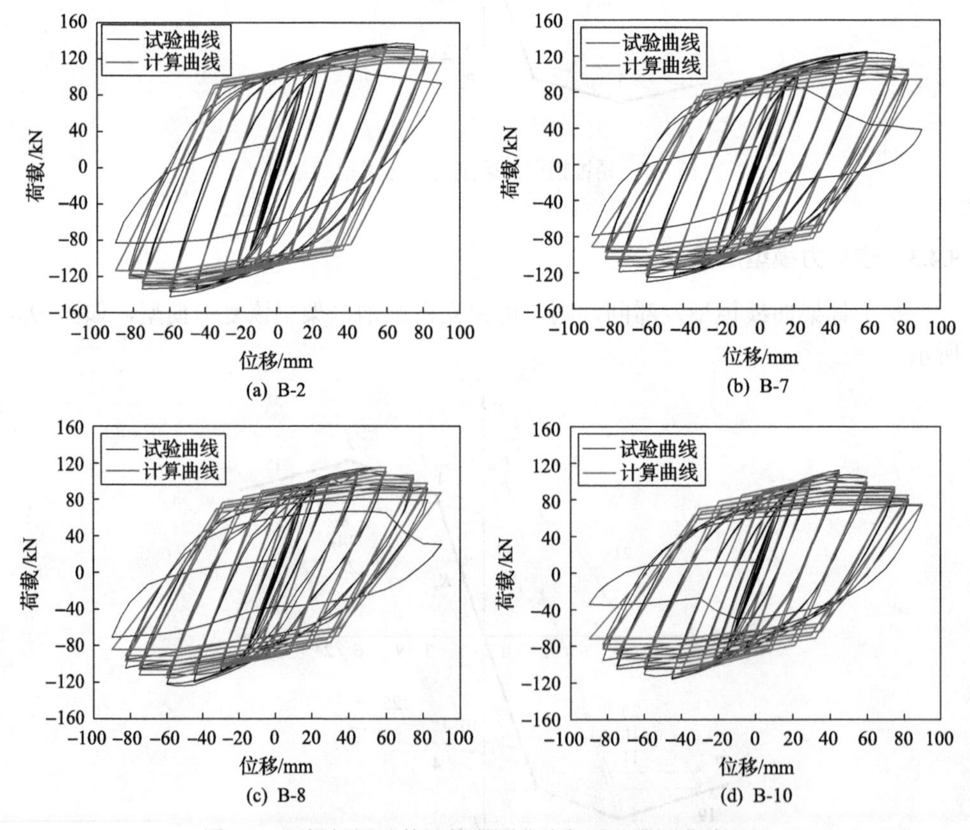

图 9.9 钢框架梁试件计算滞回曲线与试验滞回曲线对比

看出，两者吻合较好，表明所建立的恢复力模型能准确反映锈蚀钢框架梁的力学与抗震性能。

参 考 文 献

[1] 中华人民共和国住房和城乡建设部. 钢结构设计标准(GB 50017—2017)[S]. 北京: 中国计划出版社, 2017.

[2] 中华人民共和国住房和城乡建设部, 中华人民共和国国家质量监督检验检疫总局. 建筑抗震设计规范(GB 50011—2010(2016 年版))[S]. 北京: 中国建筑工业出版社, 2016.

[3] 中华人民共和国住房和城乡建设部. 建筑抗震试验规程(JGJ/T 101—2015)[S]. 北京: 中国建筑工业出版社, 2015.

[4] 郑山锁, 张晓辉, 赵旭冉. 近海大气环境下锈蚀钢框架梁抗震性能试验及恢复力研究[J]. 工程力学, 2018, 35(12): 98-106.

[5] 姚谦峰. 土木工程结构试验[M]. 2 版. 北京: 中国建筑工业出版社, 2008.

[6] 殷小溦, 吕西林, 卢文胜. 配置十字型钢的型钢混凝土柱恢复力模型[J]. 工程力学, 2014, 31(1): 97-103.

[7] Rahnama M, Krawinkler H. Effects of soft soil and hysteresis model on seismic demands[R]. Stanford: Stanford University, 1993.

[8] Lignos D G, Krawinkler H. Deterioration modeling of steel components in support of collapse prediction of steel moment frames under earthquake loading[J]. Journal of Structural Engineering, 2010, 137(11): 1291-1302.

第10章 近海大气环境下平面钢框架结构拟静力试验研究

10.1 引 言

本章采用人工气候环境模拟技术对7榀平面钢框架进行近海大气环境下的加速腐蚀，进而对腐蚀后的试件进行低周往复加载试验，研究不同锈蚀程度、轴压比和加载制度对平面钢框架的破坏特征、滞回曲线、骨架曲线、强度和刚度退化、延性及耗能能力等的影响，为近海大气环境下在役钢框架结构的抗震性能评估提供试验支撑。

10.2 试 验 概 况

10.2.1 试件设计

参考国家现行规范与规程[1-3]，按“强节点弱构件”、“强柱弱梁”原则，设计了7榀1∶3缩尺比例的单跨三层平面钢框架结构试件。试件均采用热轧H型钢制作，材质为Q235B，框架梁、柱截面规格分别为HN125×60×6×8和HW125×125×6.5×9，梁柱刚度比、板件宽厚比均满足规范要求。试件几何尺寸如图5.1所示。

试件设计参数包括锈蚀程度、轴压比和加载制度，见表10.1。其中，锈蚀程度分为未锈蚀、轻度锈蚀、中度锈蚀和重度锈蚀四种；轴压比分为0.2、0.3和0.4三种；加载制度分为变幅循环加载和等幅循环加载两种。

表10.1 平面钢框架试件设计参数(近海大气环境)

试件编号	截面尺寸/mm			腐蚀时间/d	轴压比	加载制度
	框架梁	底梁	框架柱			
J-0	HN125×60×6×8	HN250×250×9×14	HW125×125×6.5×9	0	0.3	变幅循环加载
J-1	HN125×60×6×8	HN250×250×9×14	HW125×125×6.5×9	20	0.3	变幅循环加载
J-2	HN125×60×6×8	HN250×250×9×14	HW125×125×6.5×9	60	0.3	变幅循环加载
J-3	HN125×60×6×8	HN250×250×9×14	HW125×125×6.5×9	120	0.3	变幅循环加载
J-4	HN125×60×6×8	HN250×250×9×14	HW125×125×6.5×9	60	0.2	变幅循环加载
J-5	HN125×60×6×8	HN250×250×9×14	HW125×125×6.5×9	120	0.3	等幅循环加载
J-6	HN125×60×6×8	HN250×250×9×14	HW125×125×6.5×9	60	0.4	变幅循环加载

10.2.2　近海大气环境模拟试验

采用室外加速腐蚀方法模拟近海大气环境作用。此方法是在传统室外暴露试验的基础上采用人工间歇式喷淋盐雾的方法对试件进行加速腐蚀，该方法可人为控制盐雾溶液的浓度，较真实地模拟近海大气环境并缩短腐蚀时间。

依据《人造气氛腐蚀试验　盐雾试验》(GB/T 10125—2012)[4]，配置中性盐雾(NSS)试验溶液，以模拟近海大气环境作用，具体试验设计参数如表 10.2 所示。为保证试验过程中的温度和湿度条件，试验选择在春、夏季进行，每天 8:00～12:00 和 14:00～18:00 两个时间段进行喷淋，每 40min 进行一次，每次喷淋 20min，则未锈蚀、轻度锈蚀、中度锈蚀和重度锈蚀试件人工喷雾加速腐蚀时间分别拟定为 0 天、20 天、60 天和 120 天。室外加速腐蚀试验现场如图 10.1 所示。喷淋设备选用 18L 超强压力手动喷雾器，为保证试验过程中腐蚀溶液的稳定性，每隔 24h 对溶液进行一次浓度和 pH 测量与调整。

表 10.2　平面钢框架结构近海大气环境模拟试验参数

项目	试验条件
NaCl 溶液浓度	50g/L±5g/L
pH	6.5～7.2
单循环时间	8h(8:00～12:00 和 14:00～18:00)
喷雾方式	喷雾 20min，间隔 40min

图 10.1　室外加速腐蚀试验现场

10.2.3　加载装置与加载制度

试验加载装置同 5.2.4 节，如图 5.5 所示。

水平往复荷载采用位移控制加载，加载制度分为变幅循环加载和等幅循环加载两种。其中，变幅循环加载制度如图 10.2(a)所示，以结构顶层位移幅值进行控制加载，直至试件破坏而无法继续承受竖向荷载，停止加载；等幅循环加载制度如图 10.2(b)所示，以顶层位移 150mm 为位移幅值进行控制加载，直至试件破坏而无法继续承受竖向荷载，停止加载。

试验测试内容同 5.2.5 节。

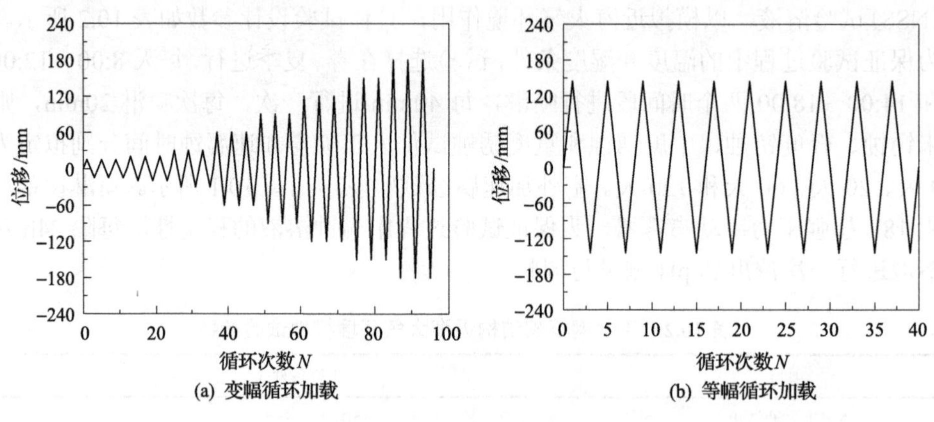

图 10.2 加载制度

10.2.4 材性试验

钢材材性试验包括失重率的测定和拉伸破坏试验，以确定锈蚀钢材的屈服强度、极限强度、伸长率等力学性能指标随失重率的变化规律。从与制作平面钢框架试件同批次钢材上切取 6mm、9mm 和 14mm 三种厚度材性试件(图 10.3)，每种厚度材性试件各 7 组(每组 3 个)，进而与平面钢框架试件一同置于室外进行同步加速腐蚀。材性试验设计参数见表 10.3。

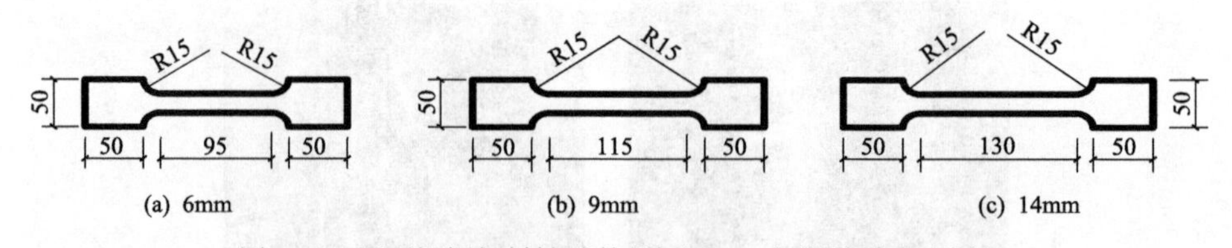

图 10.3 平面钢框架材性试件(单位：mm)(近海大气环境)

表 10.3 材性试验设计参数

试件厚度/mm	试件数量	室外加速腐蚀时间(天)
6	21	0/20/40/60/80/100/120
9	21	0/20/40/60/80/100/120
14	21	0/20/40/60/80/100/120

按《金属材料 拉伸试验 第 1 部分：室温试验方法》(GB/T 228.1—2010)[5]的相关规定，对不同锈蚀程度钢材材性试件进行拉伸破坏试验，并对试验结果进行回归统计，得到锈蚀 Q235B 钢材的屈服强度、极限强度、伸长率和弹性模量随失重率的变化关系，如图 10.4 所示，关系式见式(10-1)。可以看出，钢材各项力学性能指标随锈蚀程度的增加逐渐劣化。

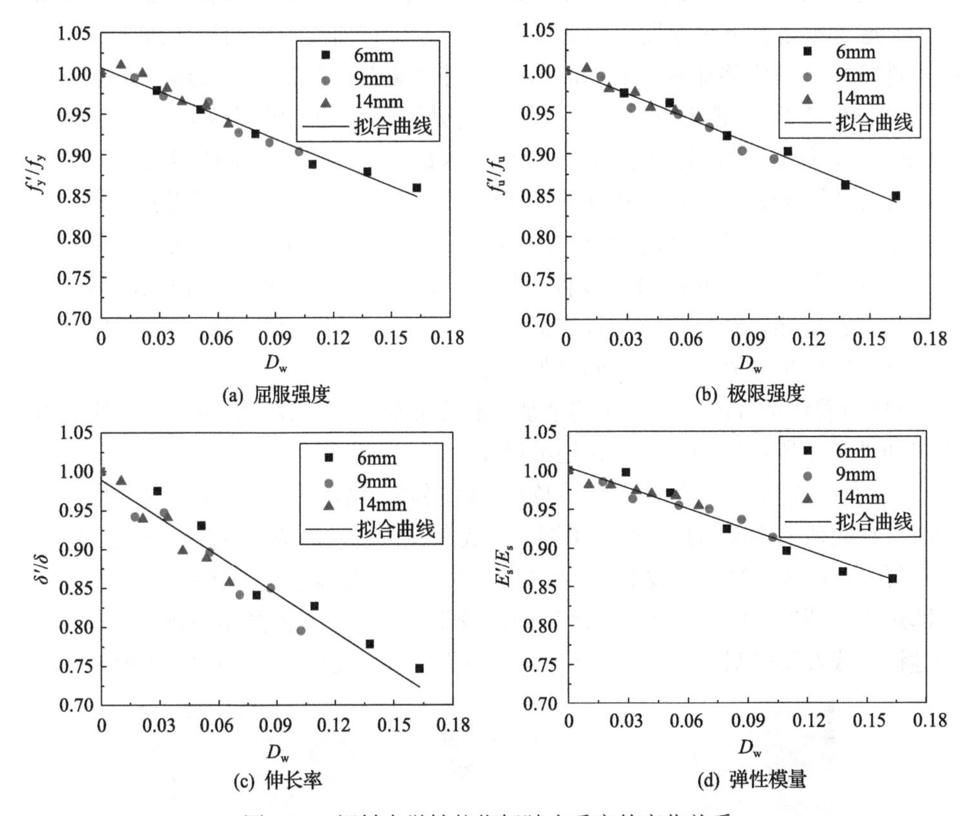

(a) 屈服强度　(b) 极限强度　(c) 伸长率　(d) 弹性模量

图 10.4　钢材力学性能指标随失重率的变化关系

$$
\begin{cases}
f_y' / f_y = 1 - 0.9721 D_w \\
f_u' / f_u = 1 - 0.9883 D_w \\
\delta' / \delta = 1 - 1.6434 D_w \\
E_s' / E_s = 1 - 0.8863 D_w
\end{cases}
\tag{10-1}
$$

式中，f_y、f_y' 分别为钢材锈蚀前后的屈服强度；f_u、f_u' 分别为钢材锈蚀前后的极限强度；δ、δ' 分别为钢材锈蚀前后的伸长率；E_s、E_s' 分别为钢材锈蚀前后的弹性模量；D_w 为钢材失重率。

10.3　试验结果及分析

10.3.1　试件破坏过程与特征

未锈蚀试件 J-0：加载初期，试件表现出明显的弹性特征。当位移加载至 38mm 时，二层梁端上、下翼缘发生局部屈曲，荷载-位移曲线出现明显转折，试件进入弹塑性阶段。当位移加载至 60mm 时，二层梁端上、下翼缘局部屈曲现象明显，首个塑性铰形成。继续加载，底层和顶层梁端塑性铰相继形成。当位移加载至 120mm 时，柱底塑性铰形成，水平荷载达到最大值。随后，试件塑性变形迅速发展，而水平荷载逐步下降。当位移加载至 150mm 时，框架柱出现轻微扭转，整个框架趋于平面外失稳。当位移加载至 180mm 时，试件平面外失稳严重，试件宣告破坏。

锈蚀试件 J-1～J-6 的破坏过程与特征与未锈蚀试件 J-0 基本相似，塑性铰均首先出现在梁端，待梁端塑性铰发展到一定程度时柱底塑性铰形成，变形迅速发展，试件发生平面外失稳。不同之处在于：

(1) 随着锈蚀程度或轴压比的增加，框架梁端、柱底出现塑性铰及试件整体发生平面外失稳所对应的水平位移逐渐减小。

(2) 在变幅循环加载下，由于初始加载位移幅值较小，试件无明显变化，随着加载位移幅值的不断增加，框架梁端、柱底塑性铰依次形成，塑性发展及破坏过程相对缓慢。在等幅循环加载下，由于初始加载位移幅值较大，试件在第一循环加载时即进入弹塑性阶段，框架梁端产生屈曲变形，相对于变幅循环加载，梁端、柱底塑性铰形成及发展明显加快，破坏严重。试件各部位典型破坏特征如图 10.5 所示。

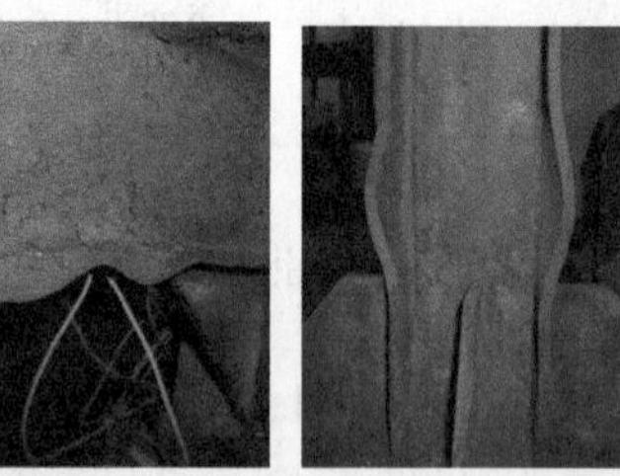
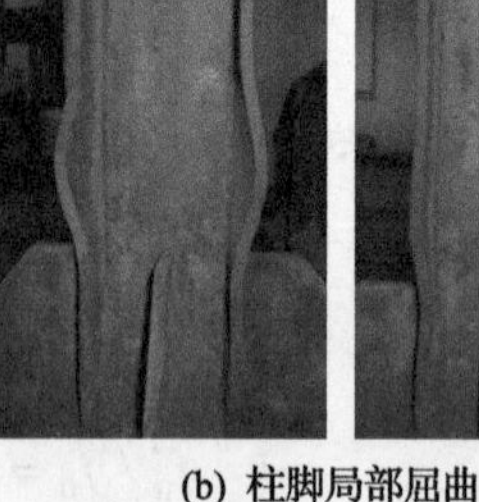

(a) 梁端局部屈曲　　　　(b) 柱脚局部屈曲

(c) 框架平面外失稳　　　　(d) 梁端腹板开裂

(e) 试件整体破坏形态

图 10.5　试件各部位典型破坏特征(近海大气环境)

10.3.2　滞回曲线

各试件荷载-位移滞回曲线如图 10.6 所示，可以看出：

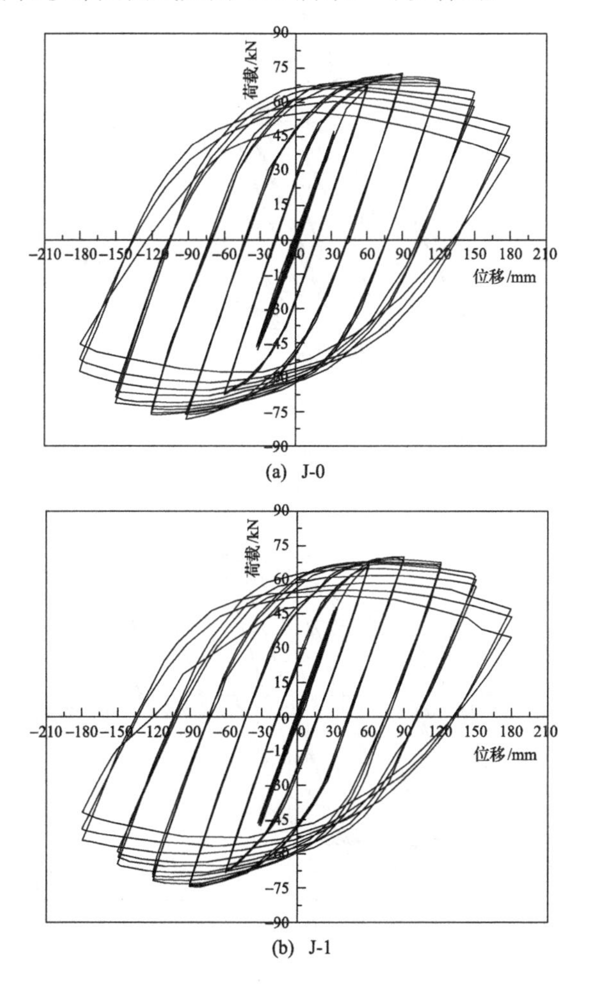

(a) J-0

(b) J-1

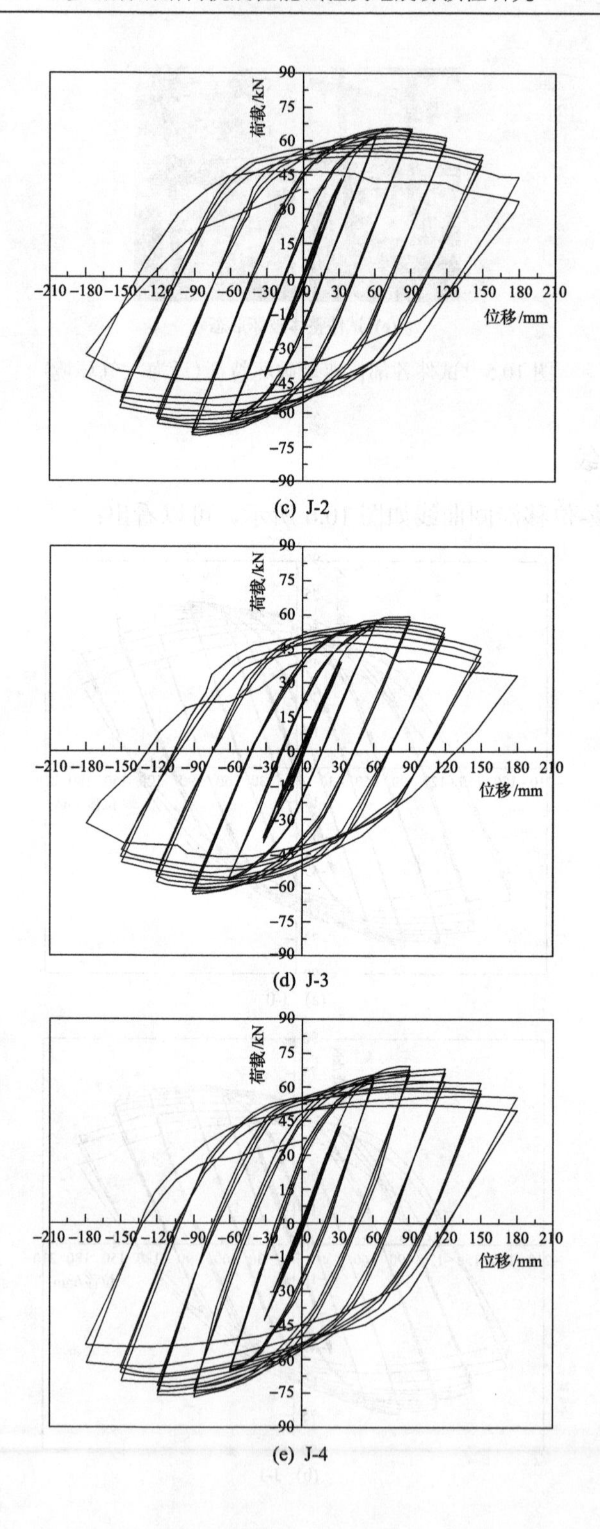
荷载/kN
位移/mm
90
75
60
45
30
15
0
−15
−30
−45
−60
−75
−90
−210 −180 −150 −120 −90 −60 −30 0 30 60 90 120 150 180 210

(c) J-2

(d) J-3

(e) J-4

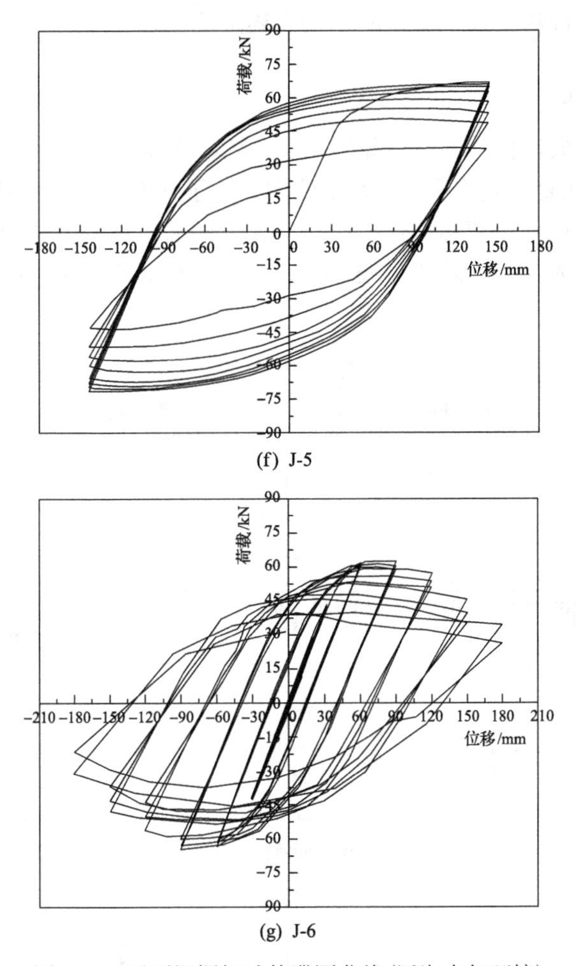

(f) J-5

(g) J-6

图 10.6　平面钢框架试件滞回曲线(近海大气环境)

(1) 7 榀不同锈蚀程度平面钢框架试件的滞回曲线均呈饱满的梭形，无明显捏拢现象，滞回环面积较大，表明锈蚀平面钢框架仍具有较好的耗能能力。

(2) 变幅循环加载下，峰值荷载前，框架整体塑性变形小，损伤较轻，同一位移级别下，不同循环次数的荷载-位移曲线基本重合。达到峰值荷载后，结构构件塑性变形充分发展，累积损伤不断增大，强度、刚度随着位移幅值和循环次数的增加而逐步降低。

等幅循环加载下，由于初始加载位移幅值较大，试件在第一循环加载时即进入弹塑性阶段，随着循环次数的增加，滞回环面积逐渐减小，试件强度和刚度退化相对较快。

(3) 随着锈蚀程度或轴压比的增加，试件屈服荷载和峰值荷载逐渐降低，滞回环面积减小，强度、刚度退化现象逐步加重，表明平面钢框架的承载能力、延性及耗能能力随锈蚀程度或轴压比的增加而逐渐降低。

10.3.3　骨架曲线

各平面钢框架试件骨架曲线如图 10.7 所示，可以看出：

(1)在低周往复荷载作用下，各试件均经历了弹性、弹塑性和塑性破坏三个阶段。弹性阶段，试件骨架曲线皆呈线性变化。随着位移幅值的增大，骨架曲线逐步弯曲，试件进入弹塑性阶段。峰值荷载后，骨架曲线逐步下降，试件进入塑性破坏阶段。

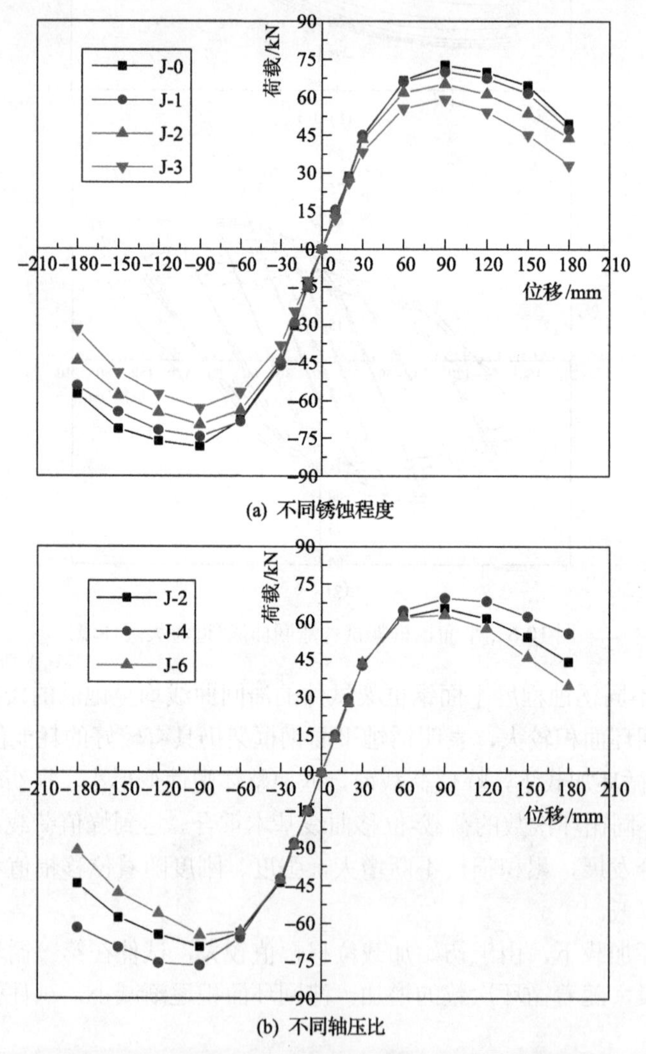

(a) 不同锈蚀程度

(b) 不同轴压比

图 10.7　平面钢框架试件骨架曲线(近海大气环境)

(2) 随着锈蚀程度或轴压比的增加，试件屈服荷载、峰值荷载和软化刚度逐渐降低，表明平面钢框架的承载力和延性随着锈蚀程度或轴压比的增加而降低。

10.3.4 承载力及延性系数

由骨架曲线可进一步分析获得各试件的屈服荷载 P_y(根据能量等值法确定[6])、峰值荷载 P_m、极限荷载 P_u(峰值荷载的 85%)与相应的位移值及延性系数 μ，见表 10.4。可以看出，随着锈蚀程度或轴压比的增加，试件各项力学性能指标均有所降低。相比未锈蚀试件 J-0，重度锈蚀试件 J-3 的峰值荷载、极限位移和延性系数分别下降了 19.44%、21.56%和 15.78%；相比轴压比较小试件 J-4，轴压比较大试件 J-6 的峰值荷载、极限位移和延性系数分别下降了 12.97%、21.96%和 9.02%。

表 10.4 平面钢框架试件承载力及延性系数(近海大气环境)

试件		屈服荷载 P_y /kN	屈服位移 Δ_y /mm	峰值荷载 P_m /kN	峰值位移 Δ_m /mm	极限荷载 P_u /kN	极限位移 Δ_u /mm	延性系数 μ
J-0	正向	67.53	58.71	72.56	89.46	61.68	156.72	2.67
	负向	−70.37	−67.12	−78.14	−90.73	−66.42	−186.59	2.78
J-1	正向	65.72	59.38	69.77	89.66	59.30	154.77	2.61
	负向	−67.27	−59.55	−73.95	−90.57	−62.86	−153.97	2.59
J-2	正向	60.13	57.20	65.58	89.46	55.74	142.05	2.48
	负向	−63.43	−60.94	−69.07	−90.78	−58.71	−144.16	2.37
J-3	正向	54.93	59.40	59.30	89.46	50.41	132.49	2.23
	负向	−55.44	−58.07	−62.09	−90.73	−52.78	−136.81	2.36
J-4	正向	63.10	61.35	69.69	90.21	59.24	163.55	2.67
	负向	−68.65	−66.05	−75.99	−90.45	−64.59	−167.92	2.54
J-6	正向	57.66	55.00	62.68	90.73	53.28	131.48	2.39
	负向	−59.05	−54.19	−64.09	−90.55	−54.48	−127.19	2.35

10.3.5 刚度退化

各试件刚度退化曲线如图 10.8 所示，可以看出：

(1) 锈蚀损伤引起试件初始刚度降低，且随着锈蚀程度增加，试件受力过程中刚度退化加快。

(2) 轴压比对试件初始刚度影响较小，但随着轴压比的增加，试件受力过程中刚度退化更为显著。

(3) 相比变幅循环加载，等幅循环加载下，由于初始加载位移幅值较大，试件较早进入弹塑性阶段，刚度降低较快，抵御水平往复作用(循环次数)能力显著降低。

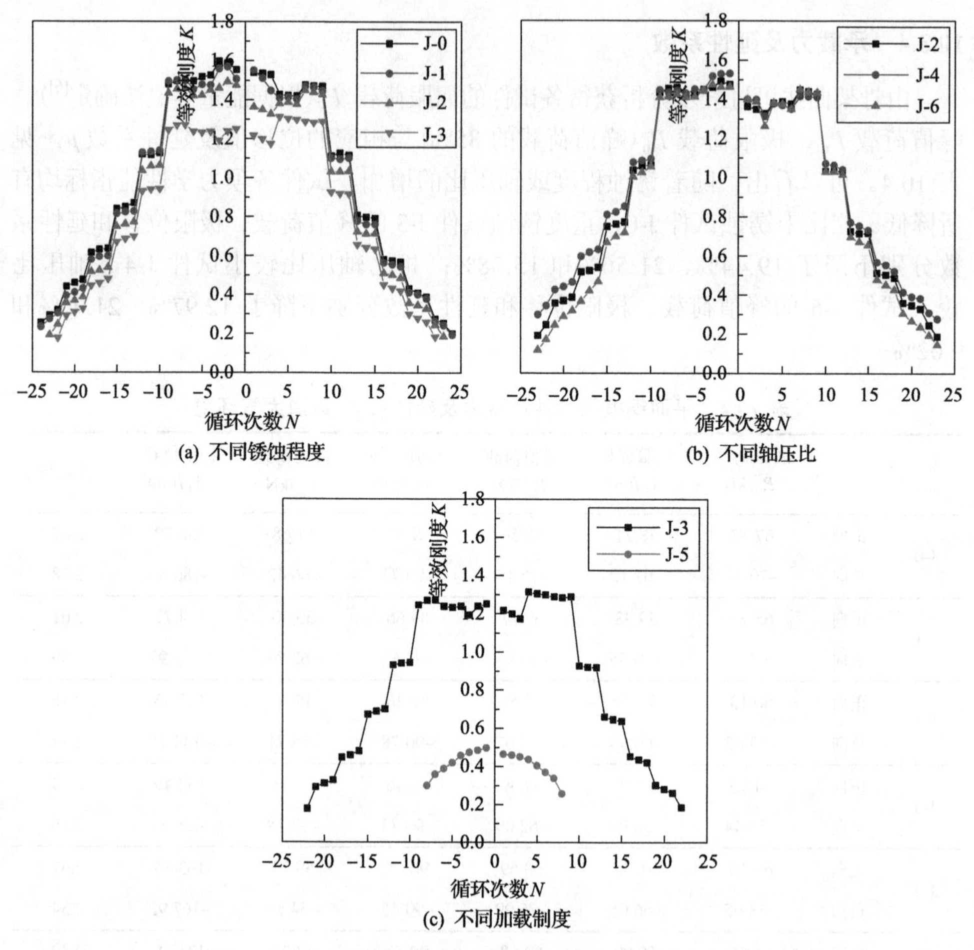

图 10.8　平面钢框架试件刚度退化曲线(近海大气环境)

10.3.6　耗能能力

采用等效黏滞阻尼系数和功比指数来表征不同锈蚀程度平面钢框架的耗能能力。指标值越大，试件的耗能能力越好[7]。各平面钢框架试件的耗能指标计算结果如表 10.5 所示，可以看出：

(1) 随锈蚀程度的增大，各试件等效黏滞阻尼系数和功比指数均逐渐减小，相比未锈蚀试件 J-0，重度锈蚀试件 J-3 的等效黏滞阻尼系数和功比指数分别下降了 11.60%和 13.86%，表明平面钢框架的耗能能力随着锈蚀程度的增加而逐渐降低。

(2) 随着轴压比的增大，各试件等效黏滞阻尼系数和功比指数均逐渐减小，相比轴压比较小试件 J-4，轴压比较大试件 J-6 的等效黏滞阻尼系数和功比指数分别下降了 10.12%和 11.31%，表明轴压比对平面钢框架的耗能能力影响显著。

表 10.5　平面钢框架试件耗能能力

试件编号	等效黏滞阻尼系数	功比指数
J-0	0.4379	27.41
J-1	0.4355	27.12
J-2	0.4322	26.13
J-3	0.4271	23.61
J-4	0.4337	26.52
J-5	0.4031	—
J-6	0.4298	25.52

参 考 文 献

[1] 中华人民共和国住房和城乡建设部, 中华人民共和国国家质量监督检验检疫总局. 建筑抗震设计规范(GB 50011—2010(2016 年版))[S]. 北京: 中国建筑工业出版社, 2016.

[2] 中华人民共和国住房和城乡建设部. 钢结构设计标准(GB 50017—2017)[S]. 北京: 中国计划出版社, 2017.

[3] 中华人民共和国住房和城乡建设部. 建筑抗震试验规程(JGJ/T 101—2015)[S]. 北京: 中国建筑工业出版社, 2015.

[4] 中华人民共和国国家质量监督检验检疫总局, 中国国家标准化管理委员会. 人造气氛腐蚀试验 盐雾试验(GB/T 10125—2012)[S]. 北京: 中国标准出版社, 2013.

[5] 中华人民共和国国家质量监督检验检疫总局, 中国国家标准化管理委员会. 金属材料 拉伸试验 第 1 部分: 室温试验方法(GB/T 228.1—2010)[S]. 北京: 中国标准出版社, 2010.

[6] 沈在康. 混凝土结构试验方法新标准应用讲评[M]. 北京: 地震出版社, 1992.

[7] 姚谦峰. 土木工程结构试验[M]. 2 版. 北京: 中国建筑工业出版社, 2008.

第 11 章　近海大气环境下钢框架结构地震模拟振动台试验研究

11.1　引　言

为研究近海大气环境下锈蚀钢框架结构的整体抗震性能退化规律，本章设计了 2 个相同的 5 层空间钢框架结构模型(S1、S2)，并采用近海大气环境模拟试验方法对 S2 模型进行加速腐蚀(未锈蚀模型 S1 用于对比分析)，进而分别对 2 个结构模型进行地震模拟振动台试验，考察不同地震作用下结构的破坏过程与特征及位移、加速度和构件控制截面钢材应变反应，揭示近海大气环境下不同锈蚀程度的钢框架结构地震破坏机理，分析结构抗震性能随锈蚀程度增大的退化规律，为建立我国多龄期钢结构建筑的地震易损性分析模型并实施地震灾害风险性评估提供试验支撑。

11.2　试 验 概 况

11.2.1　原型结构与模型设计

近海大气环境下未锈蚀空间钢框架结构模型 S1、锈蚀空间钢框架结构模型 S2 的原型结构与模型设计基本信息同 6.2.1 节。

根据试验研究目的，首先对模型结构 S2 进行近海大气环境加速腐蚀试验，待模型达到预期腐蚀程度(120 天)后，再进行地震模拟振动台试验。其中，近海大气环境模拟试验方案与参数设置同 10.2.2 节，腐蚀前后模型结构对比如图 11.1 所示。锈蚀钢材力学性能指标见表 11.1。

(a) 腐蚀前

(b) 腐蚀后

图 11.1　腐蚀前后模型结构对比

表 11.1　锈蚀钢材力学性能指标

时间	试件厚度	失重率/%	屈服强度/MPa	极限强度/MPa	弹性模量/MPa	伸长率
0 天	6mm	0	336.06	384.00	207287.5	0.3409
	8mm	0	334.61	382.11	208374.6	0.3277
	10mm	0	337.41	386.28	207982.6	0.3632
120 天	6mm	19.35	272.85	310.57	171737.9	0.2325
	8mm	14.89	286.18	325.87	180875.4	0.2475
	10mm	11.91	298.35	340.81	186028.3	0.2921

11.2.2　加载方案与测试内容

试验加载装置、地震波输入和加载方案同 6.2.3 节，试验测点布置及测试内容同 6.2.4 节。

11.3　试验结果及分析

11.3.1　模型结构破坏过程与特征

近海大气环境下模型结构破坏过程和特征与一般大气环境下模型结构破坏过程和特征基本一致，参见 6.3.1 节。模型结构构件局部屈曲示意见图 11.2。

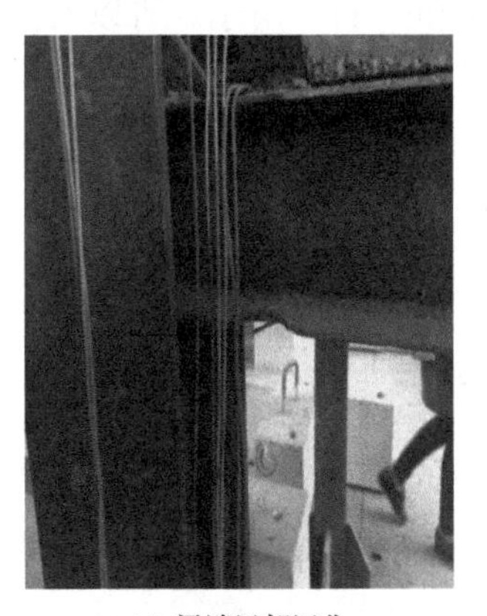

(a) 梁端局部屈曲

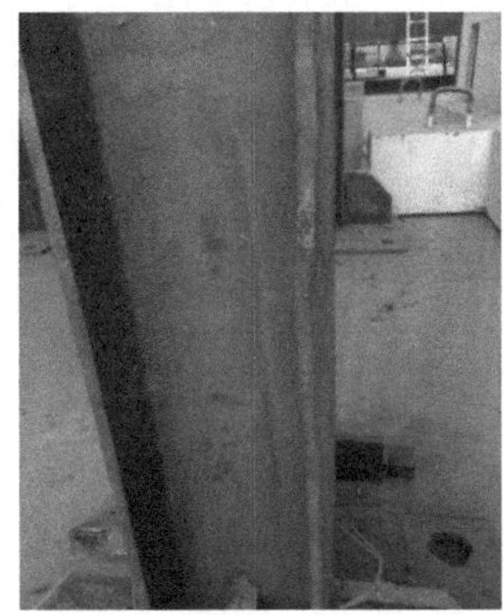

(b) 柱脚局部屈曲

图 11.2　模型结构构件局部屈曲(近海大气环境)

11.3.2　动力特性

不同水准地震作用前后，均用白噪声对模型结构进行扫频试验，得到模型结构 X 向在不同受力阶段的自振频率、阻尼比[1]，如表 11.2 所示。可以看出：

(1) 随着地震作用水准的逐步提升，模型结构自振频率逐渐减小，而阻尼比逐渐增大。这是由于随着地震作用水准的提高，结构累积损伤不断增大，结构构件塑性变形逐步发展，结构刚度降低。

(2) 锈蚀损伤将减小钢框架结构刚度，进而降低结构自振频率。白噪声扫频试验结果显示，8 度多遇、8 度基本和 8 度罕遇三个水准地震作用后，锈蚀结构自振频率比未锈蚀结构分别降低了 8.44%、9.68%和 11.0%。

表 11.2　未锈蚀和锈蚀模型结构动力特性(近海大气环境)

工况	未锈蚀结构		锈蚀结构	
	自振频率/Hz	阻尼比	自振频率/Hz	阻尼比
地震作用前白噪声	1.8013	0.0116	1.6493	0.0265
8 度多遇地震后白噪声	1.8013	0.0136	1.6493	0.0364
8 度基本地震后白噪声	1.6412	0.0245	1.4823	0.0430
8 度罕遇地震后白噪声	1.4661	0.0417	1.3048	0.0536

11.3.3　加速度反应

楼层加速度反应放大系数 k 的定义[2]见 6.3.3 节。模型结构在各水准地震作用下的加速度反应放大系数包络图如图 11.3 和图 11.4 所示。可以看出：

(1) 在 8 度多遇、8 度基本和 8 度罕遇三个水准地震作用下，未锈蚀和锈蚀模型结构楼层加速度反应放大系数变化规律基本一致，均随着楼层高度的增加而增大。同时，结构楼层 X 向的加速度反应大于 Y 向，这是因为结构设计时 X 向刚度大于 Y 向。

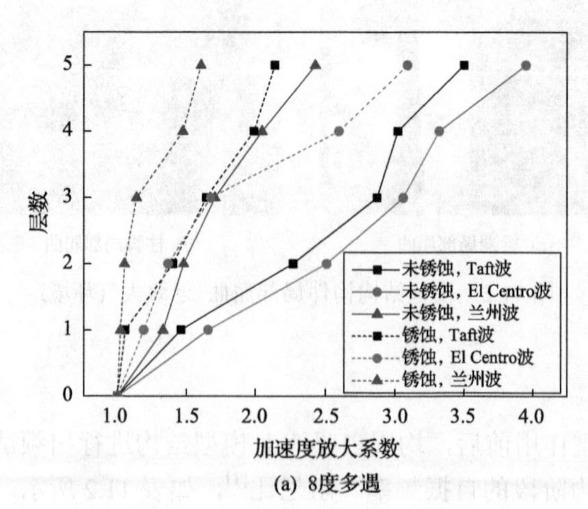

(a) 8度多遇

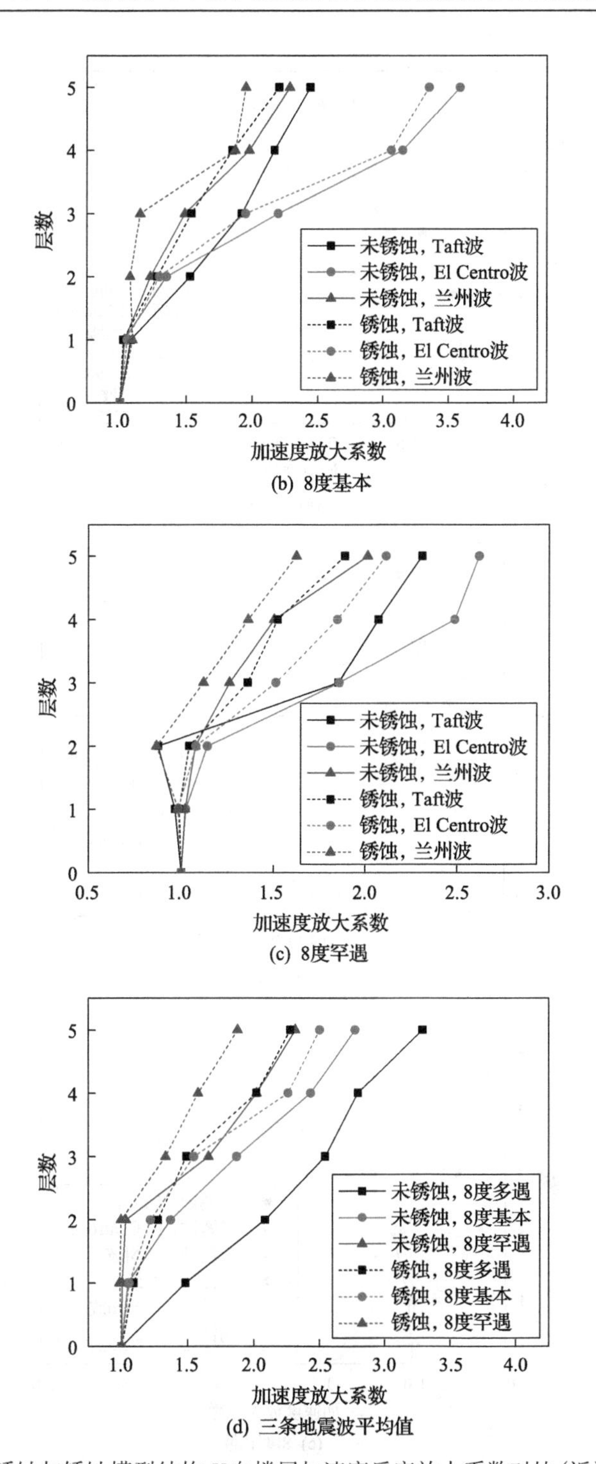

图 11.3　未锈蚀与锈蚀模型结构 X 向楼层加速度反应放大系数对比(近海大气环境)

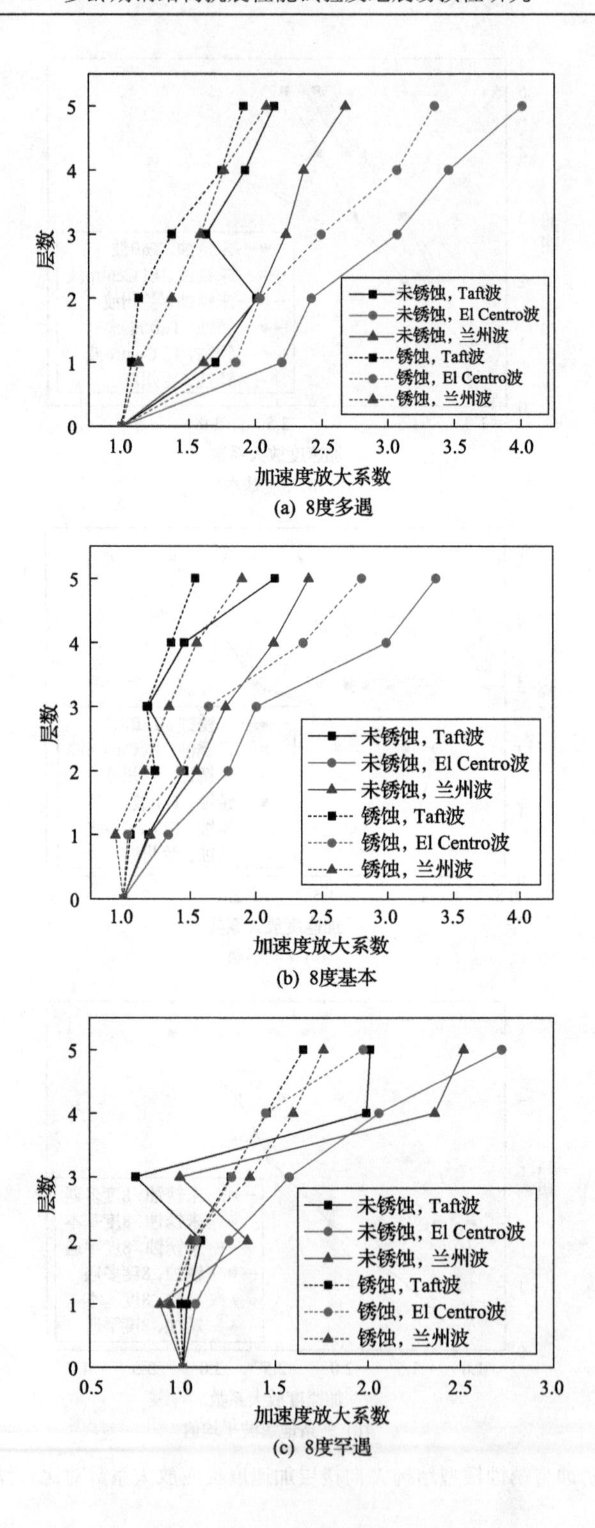

(a) 8度多遇

(b) 8度基本

(c) 8度罕遇

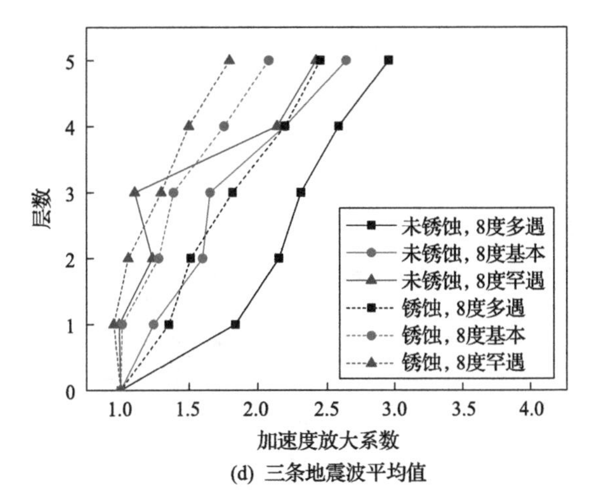

(d) 三条地震波平均值

图 11.4　未锈蚀与锈蚀模型结构 *Y* 向楼层加速度反应放大系数对比(近海大气环境)

(2) 随着地震作用水准的提升，未锈蚀与锈蚀模型结构加速度反应放大系数均逐渐减小。这是由于随着地震动强度的增大，结构累积损伤与塑性变形不断发展，造成结构刚度逐渐减小而阻尼比相应增大。

(3) 不同水准地震作用下，锈蚀模型结构的加速度反应放大系数均小于未锈蚀模型结构的加速度反应放大系数，减小幅度为 11.3%～29.6%，这是由锈蚀损伤造成结构刚度降低所致。

(4) 相同水准地震作用下，相比 Taft 波和兰州波，El Centro 波输入时模型结构楼层加速度反应放大系数最大，表明结构的楼层加速度反应不仅与地震加速度幅值有关，而且受地震波的频谱特性影响较大。

11.3.4　位移反应

不同水准地震作用下模型结构各层水平位移包络图如图 11.5 和图 11.6 所示，可以看出：

(1) 各工况下，结构 *X* 向的位移反应小于 *Y* 向。这是因为在输入三向地震波时，虽然 *X* 向输入地震强度大于 *Y* 向，但结构自身 *Y* 向的刚度明显小于 *X* 向，刚度不同引起的位移反应差异大于地震强度不同引起的位移反应差异。

(2) 相同水准地震作用下，El Centro 波、Taft 波和兰州波输入时模型结构位移反应依次减小，表明结构的位移反应不仅与地震加速度幅值有关，而且受地震波的频谱特性影响较大。

(3) 不同水准地震作用下，锈蚀模型结构的位移反应均比未锈蚀结构显著。在 8 度多遇、8 度基本、8 度罕遇地震作用下，相比未锈蚀结构，锈蚀结构受三条地震波作用时 *X* 向位移反应平均值分别增大了 7.7%、9.3%、22.8%。

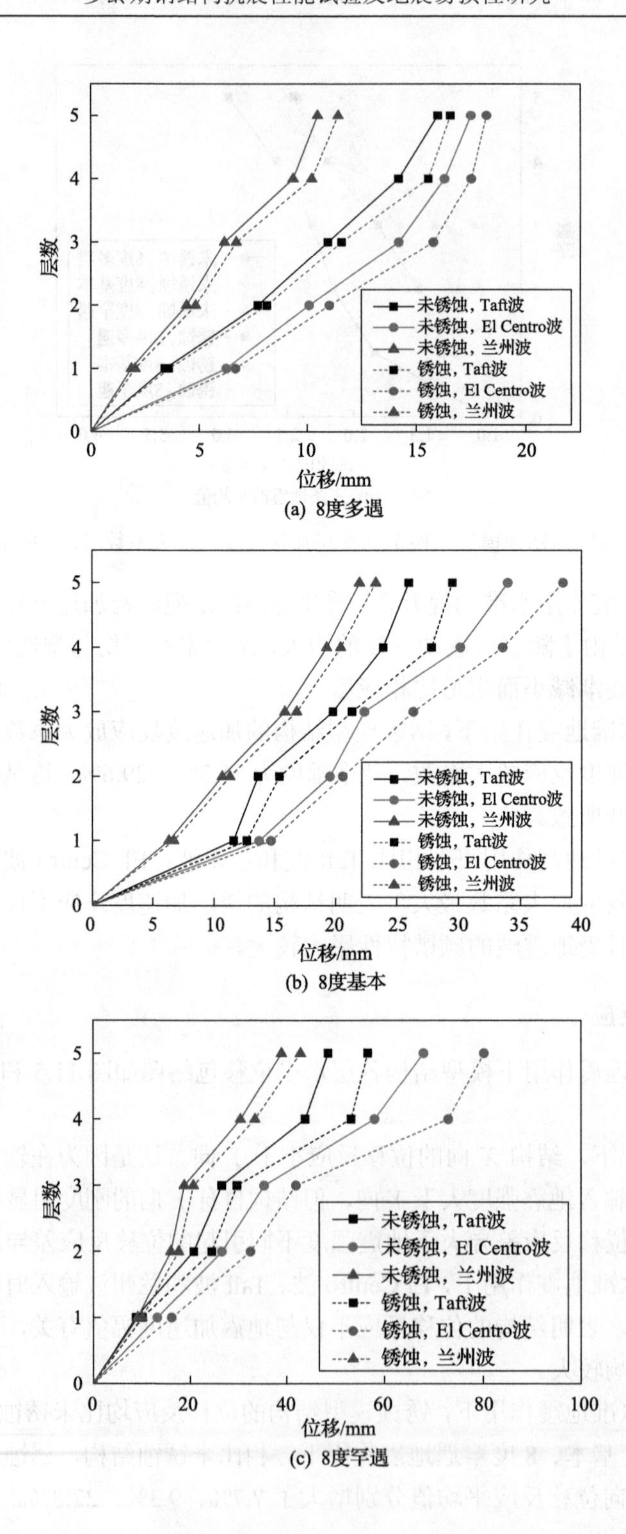

(a) 8度多遇

(b) 8度基本

(c) 8度罕遇

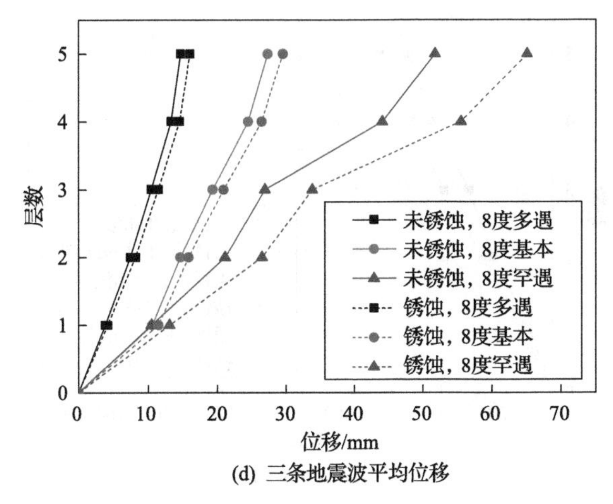

(d) 三条地震波平均位移

图 11.5　未锈蚀与锈蚀模型结构 X 向楼层最大位移对比(近海大气环境)

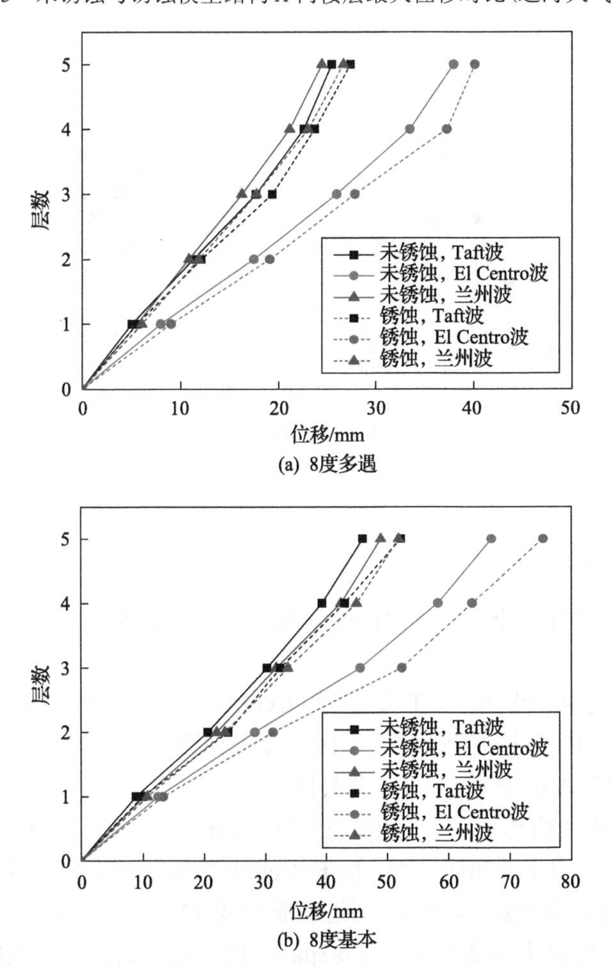

(a) 8度多遇

(b) 8度基本

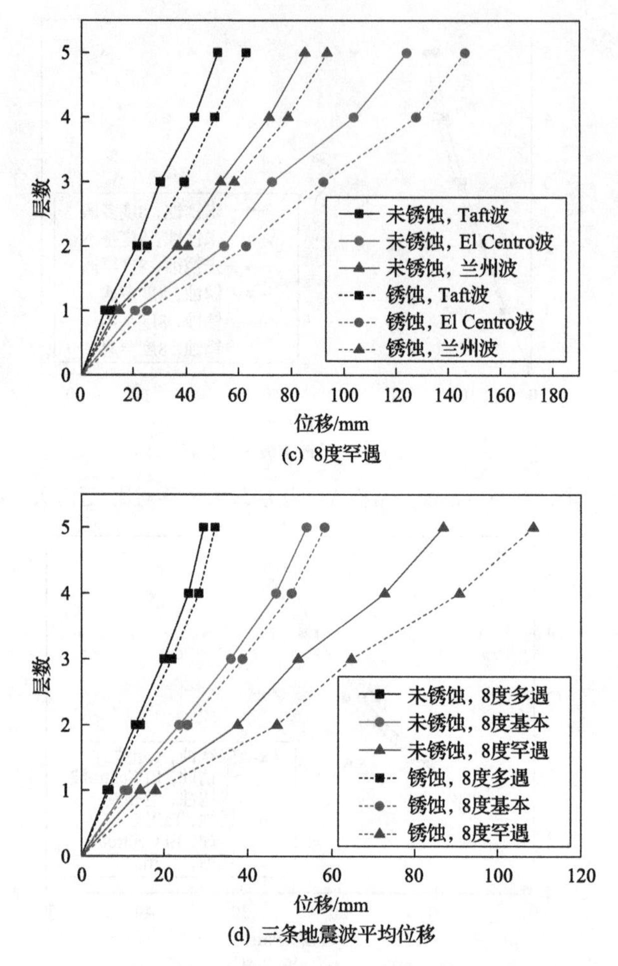

图 11.6　未锈蚀与锈蚀模型结构 Y 向楼层最大位移对比(近海大气环境)

11.3.5　应变反应

不同水准地震作用下，结构构件控制截面钢材应变测试结果如图 11.7～图 11.9 所示，可以看出：

(1) 8 度多遇地震作用下，Taft 波、El Centro 和兰州波输入时，未锈蚀模型 S1 和锈蚀模型 S2 构件各控制截面应变均小于屈服应变($\varepsilon_y = f_y / E = 1378.5\mu\varepsilon$)，表明未锈蚀模型 S1 和锈蚀模型 S2 均处于弹性阶段。

(2) 8 度基本地震作用下，Taft 波和兰州波输入时，未锈蚀模型 S1 和锈蚀模型 S2 各测点应变均小于屈服应变。而 El Centro 波输入时，未锈蚀模型 S1 的 2 层 X 向梁端翼缘最大应变达 1422με，超过屈服应变 1378.5με；锈蚀模型 S2 的 2 层 X 向、Y 向梁端翼缘最大应变分别达 1583με 和 1715με，均大于屈服应变 1378.5με，表明结构进入弹塑性阶段。

(3) 8 度罕遇地震作用下，Taft 波、El Centro 和兰州波输入时，未锈蚀模型 S1 和锈蚀模型 S2 的最大测点应变值均超过屈服应变，进入弹塑性阶段。此外，整个受力过程中，梁端应变均明显大于柱端应变，表明结构具有良好的强柱弱梁特性。

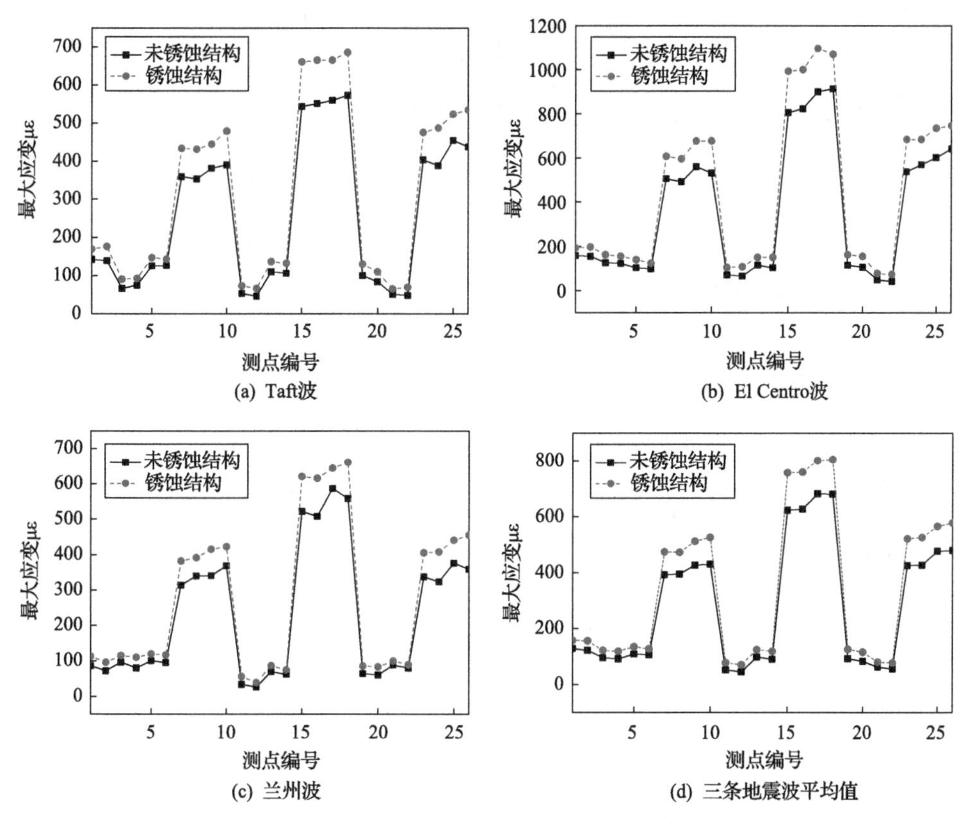

图 11.7　8 度多遇地震下各测点最大应变值(近海大气环境)

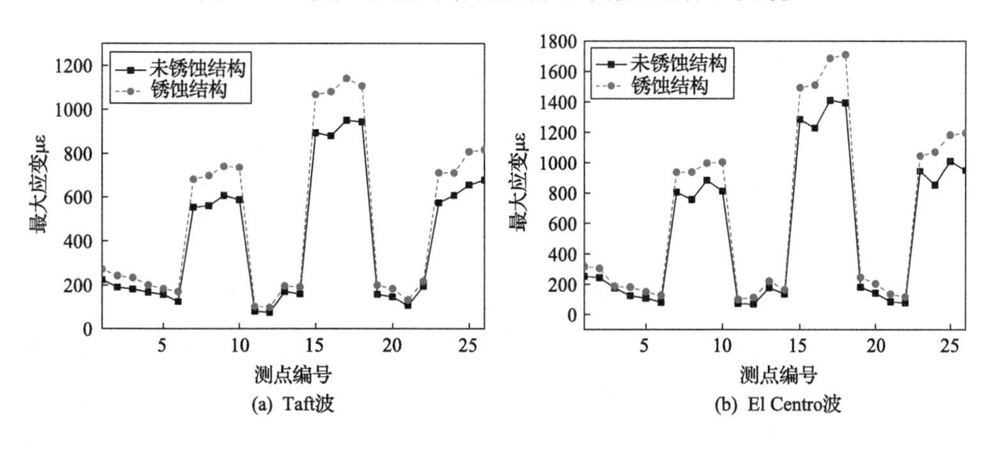

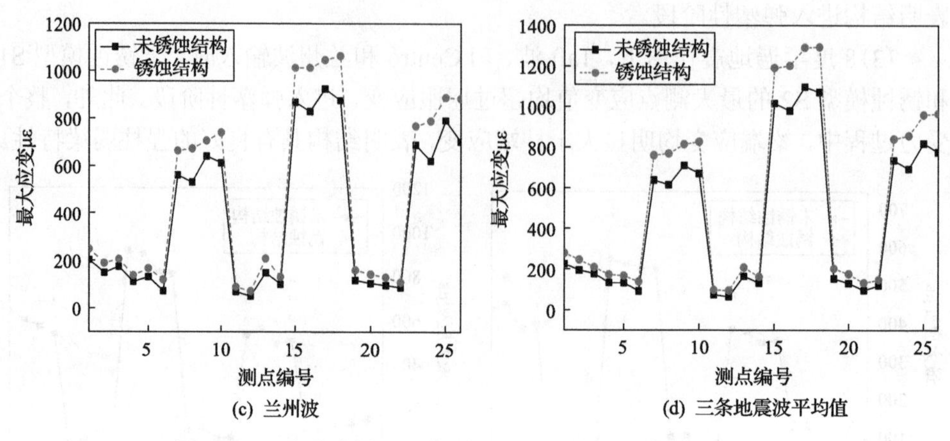

(c) 兰州波　　(d) 三条地震波平均值

图 11.8　8 度基本地震下各测点最大应变值(近海大气环境)

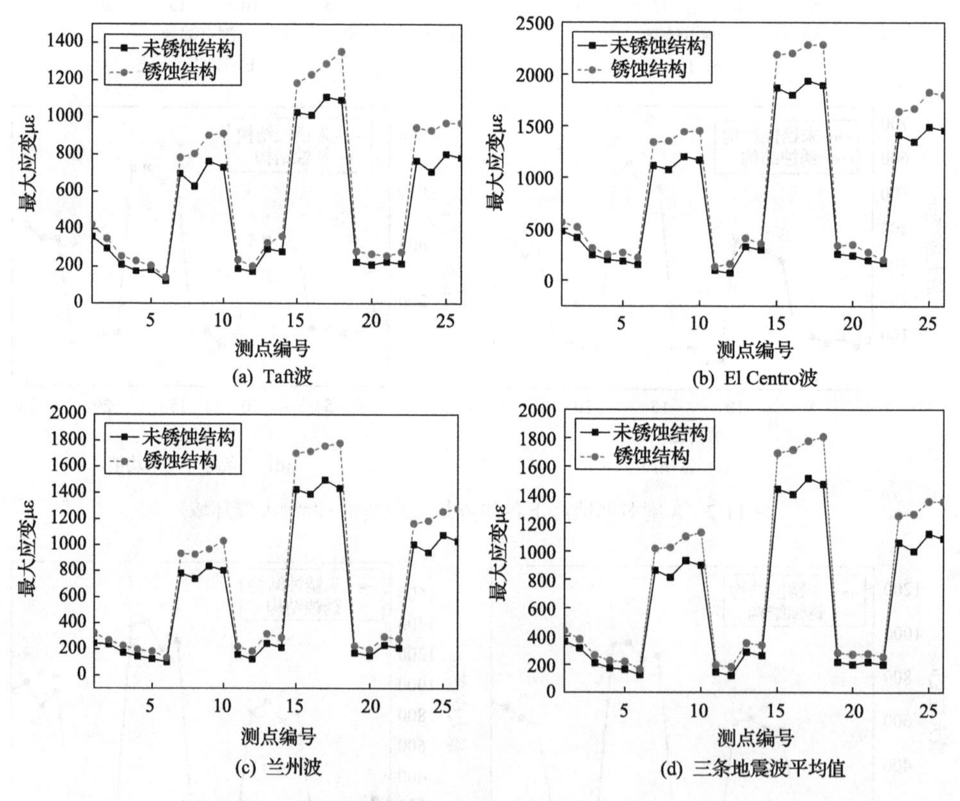

(a) Taft波　　(b) El Centro波

(c) 兰州波　　(d) 三条地震波平均值

图 11.9　8 度罕遇地震下各测点最大应变值(近海大气环境)

(4) 不同水准地震作用下，锈蚀模型 S1 结构构件控制截面应变均大于未锈蚀模型 S2 结构构件相应截面应变，增大幅度为 12.3%～20.6%，这是由于锈蚀损伤引起构件截面削弱所致。

11.3.6　剪力分布

根据 6.3.6 节结构层间剪力计算方法，分析得到不同水准地震作用下原型结构层间剪力沿楼层的分布，如图 11.10～图 11.12 所示。可以看出：

(1) 锈蚀与未锈蚀原型结构层间剪力分布规律基本一致，沿楼层从上到下呈三角形分布趋势，最大值出现在底层。但相比于未锈蚀结构，锈蚀结构底部剪力明显减小，减小幅度为 12.45%～24.84%。

(2) 同一地震波作用下，层间剪力随着地震作用水准的提升而增大；相同水准时 El Centro 波作用所对应的层间剪力最大，Taft 波次之，兰州波最小，表明结构层间剪力不仅与地震加速度幅值有关，而且受地震波的频谱特性影响较大。

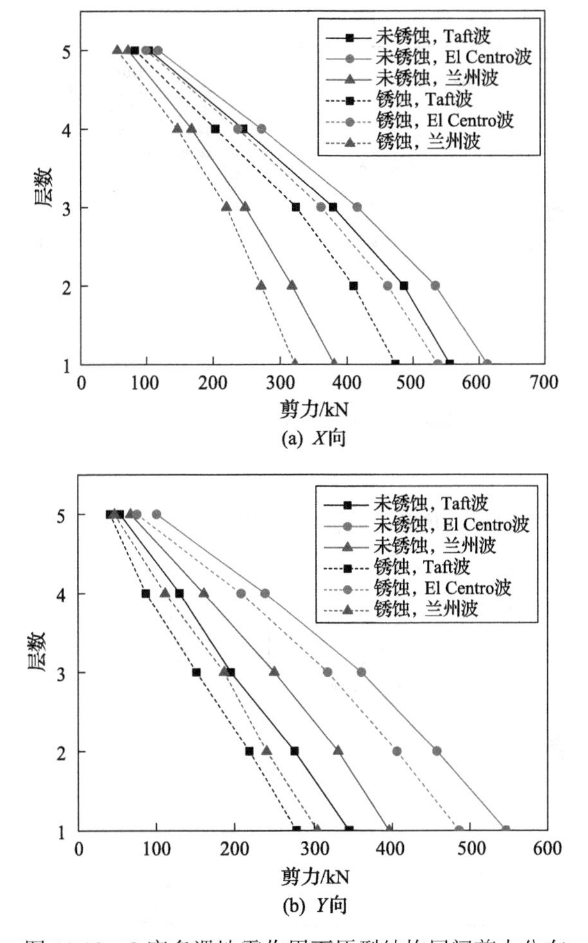

图 11.10　8 度多遇地震作用下原型结构层间剪力分布

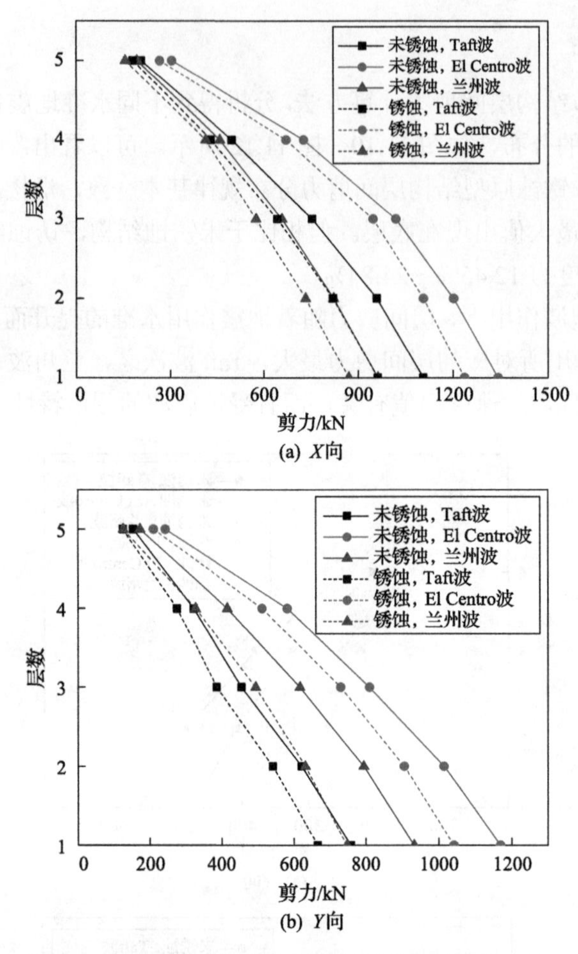

(a) X向

(b) Y向

图 11.11　8 度基本地震作用下原型结构层间剪力分布

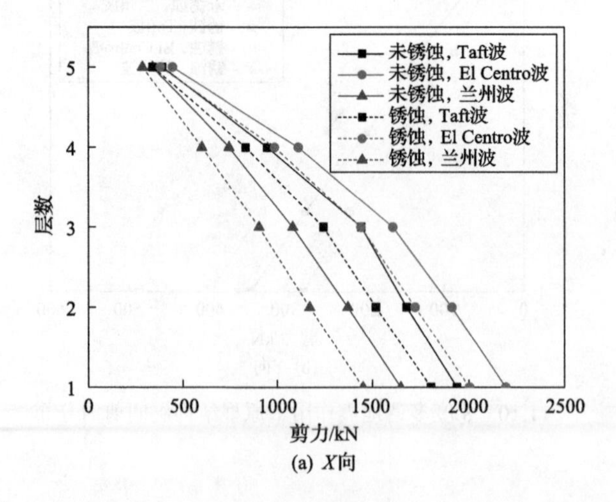

(a) X向

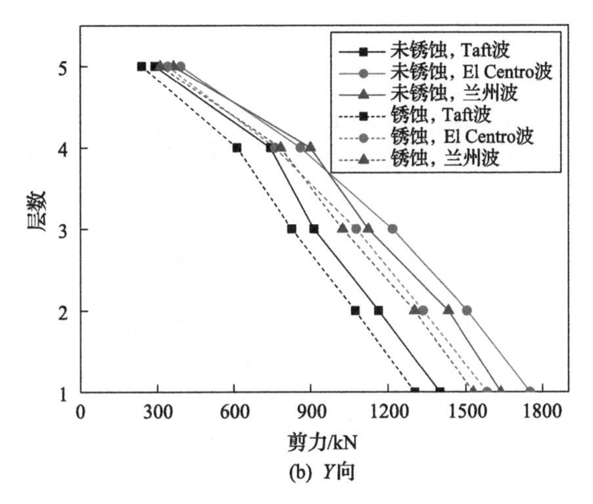

(b) Y向

图 11.12　8 度罕遇地震作用下原型结构层间剪力分布

参 考 文 献

[1] 郑山锁, 石磊, 张晓辉. 酸性大气环境下锈蚀钢框架结构振动台试验研究[J]. 工程力学, 2017, 34(11): 77-88.

[2] 周颖, 吕西林. 建筑结构振动台模型试验方法与技术[M]. 北京: 科学出版社, 2012.

第12章 新型钢框架节点抗震性能试验研究

12.1 引 言

为了提高钢框架节点的抗震性能，提出了一种盖板加强与腹板开孔削弱并用的节点构造形式。本章对4种不同构造形式的钢框架节点(标准型节点、等强型节点、盖板加强型节点和腹板开孔削弱型节点)进行低周往复加载试验，研究不同构造形式对钢框架节点的破坏过程与特征、滞回曲线、骨架曲线、承载力、延性及耗能能力等的影响。

12.2 试 验 概 况

12.2.1 试件设计

参考国家现行规范与规程[1-3]，设计了9个不同构造形式的钢框架节点试件，节点类型包含标准型、盖板加强型、腹板开孔削弱型和等强型四种，如图12.1所示。其中，等强型节点是在不改变钢框架节点强度与刚度的前提下，为实现节点处塑性铰外移，避免节点发生脆性破坏而提出的一种盖板加强与腹板开孔削弱并用的新型节点。试件均采用热轧H型钢制作，缩尺比为1∶2，材质为Q235B，框架梁、柱截面规格分别为HN300×150×6.5×9和HW250×250×9×14；构件间均采用焊接连接。试件几何尺寸与截面尺寸如图12.2所示，试件设计参数见表12.1。

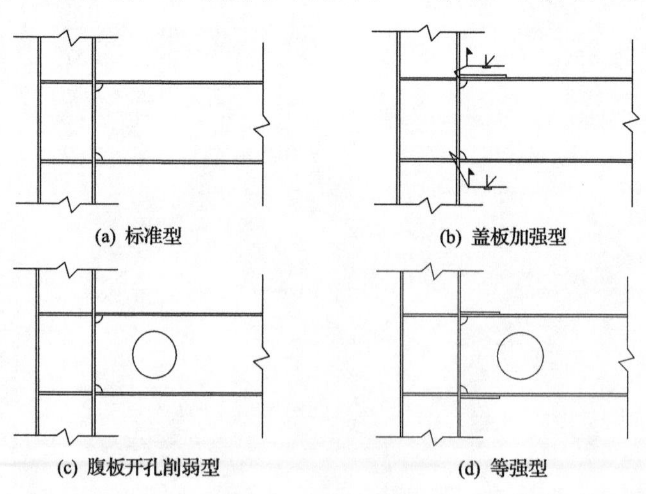
(a) 标准型　(b) 盖板加强型　(c) 腹板开孔削弱型　(d) 等强型

图12.1 节点类型

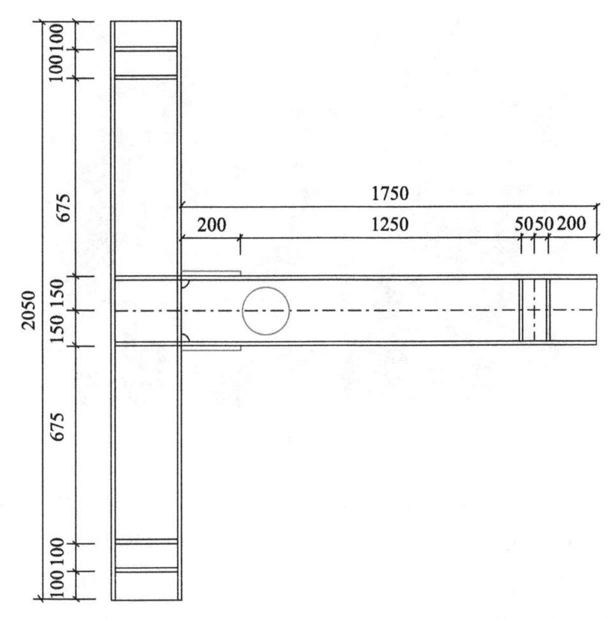

图 12.2　试件几何尺寸(单位：mm)

表 12.1　试件设计参数

试件编号	梁截面尺寸/mm	柱截面尺寸/mm	盖板尺寸/mm	开孔半径/mm	加载制度
NS1	300×150×6.5×9	250×250×9×14	200×120×10	80	变幅循环加载
NS2	300×150×6.5×9	250×250×9×14	200×120×10	80	等幅 60mm 循环加载
NS3	300×150×6.5×9	250×250×9×14	200×120×10	80	等幅 90mm 循环加载
NS4	300×150×6.5×9	250×250×9×14	200×120×10	70	变幅循环加载
NS5	300×150×6.5×9	250×250×9×14	150×120×10	80	变幅循环加载
NS6	300×150×6.5×9	250×250×9×14	200×120×10	90	变幅循环加载
NS7	300×150×6.5×9	250×250×9×14	250×120×10	80	变幅循环加载
NS8	300×150×6.5×9	250×250×9×14	200×120×10	—	变幅循环加载
NS9	300×150×6.5×9	250×250×9×14	—	80	变幅循环加载
JD-1	300×150×6.5×9	250×250×9×14	—	—	变幅循环加载

12.2.2　加载装置与加载制度

试验加载装置如图 12.3 所示。水平低周往复荷载通过 1 台 50 吨 MTS 电液伺服作动器施加在框架节点试件梁端，节点柱端设置 1 台 100 吨液压千斤顶以施加恒定轴向荷载。通过压梁与地脚螺栓将试件固定于实验室地面，柱下表面与地面间垫有滚板以确保柱在轴向力作用下能够自由变形。此外，在试件两侧设置水平滑动支撑，确保试验过程中试件平面外稳定。

图 12.3　试验加载装置

水平往复荷载采用位移控制加载，加载制度分为变幅循环加载、等幅 60mm 循环加载和等幅 90mm 循环加载三种。其中，变幅循环加载按位移角依次为 0.375%、0.5%、0.75%、1%、1.5%、2%、3%、4%…进行往复循环加载，每级循环 2 次，直至试件水平荷载下降至峰值荷载的 85%或出现明显破坏而无法承受竖向荷载时，停止加载[4]。试验加载制度如图 12.4 所示。

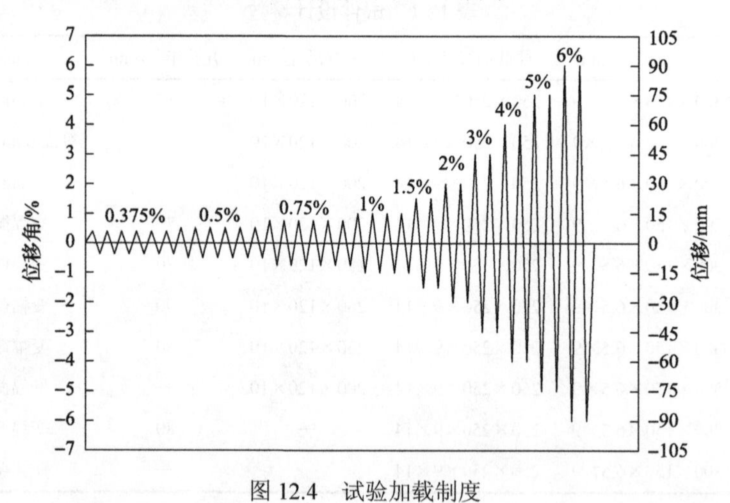

图 12.4　试验加载制度

试验测试方案同 3.2.3 节。

12.3　试验结果及分析

12.3.1　试件破坏过程与特征

等强型节点试件 NS1：加载初期，试件处于弹性阶段，梁端水平荷载随位移基本呈线性增加，试件各部位无明显变化。当加载位移至 22.5mm 时，荷载-位移曲线出现转折，试件进入弹塑性阶段。当加载位移至 45mm 时，腹板开孔中心处梁两侧翼缘出现轻微局部屈曲。当加载位移至 60mm 时，梁两侧翼缘局部屈曲明显，腹板开孔边缘亦出现鼓曲现象，梁端塑性铰形成，水平荷载达到最大值。继续加载，试件塑性变形不断增大，水平荷载逐步下降。当加载位移至 82.5mm 时，梁端塑性铰充分发展，水平荷载降至峰值荷载 85%以下，试件宣告破坏。

等强型节点试件 NS2～NS9 的破坏过程与特征与 NS1 相似，均为梁端削弱截面处形成塑性铰并充分发展，水平荷载下降至试件破坏。不同之处在于：

(1) 随着腹板开孔半径的增大，试件承载力有所降低，梁端塑性铰形成及试件破坏所对应的位移逐渐减小。

(2) 随着翼缘盖板长度的增加，梁端塑性铰形成位置距节点的距离逐渐增大，局部屈曲现象更为明显。

(3) 在等幅循环加载下，由于初始加载位移幅值较大，试件在第一循环加载时即进入弹塑性阶段，梁端削弱截面处产生屈曲变形，相对于变幅循环加载，其塑性发展明显加快，破坏严重。

总体而言，相比标准型节点试件，等强型节点、盖板加强型节点、腹板开孔削弱型节点试件均有效避免了节点焊缝处的脆性破坏，实现了塑性铰外移的设计目标，提高了钢框架节点的抗震性能。各试件破坏形态如图 12.5 所示。

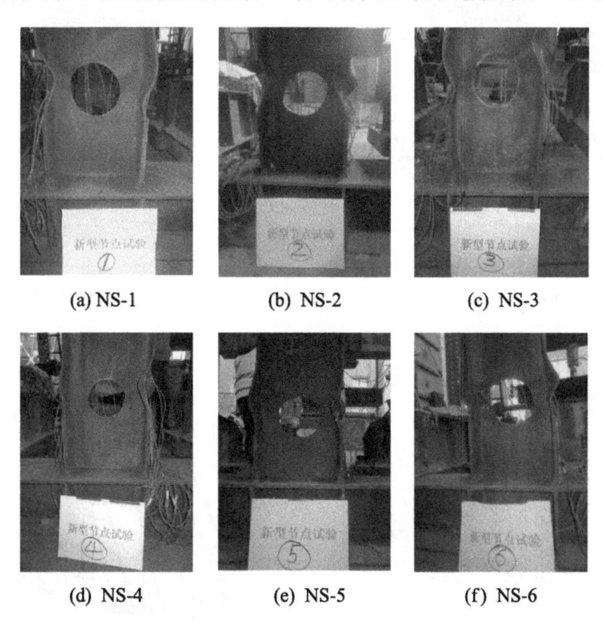

(a) NS-1　(b) NS-2　(c) NS-3

(d) NS-4　(e) NS-5　(f) NS-6

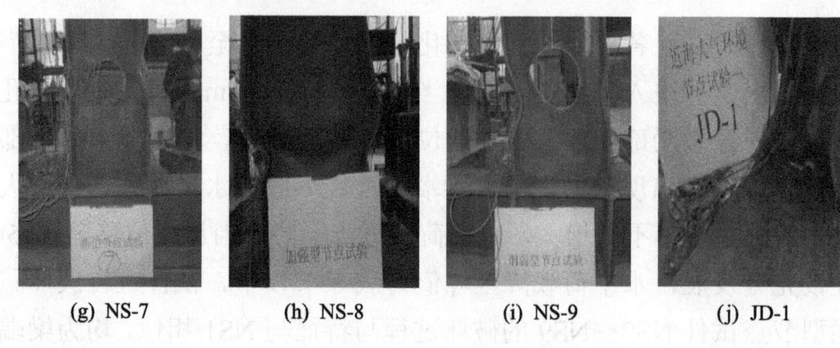

(g) NS-7　　(h) NS-8　　(i) NS-9　　(j) JD-1

图 12.5　试件破坏形态

12.3.2　滞回曲线

各试件荷载-位移滞回曲线如图 12.6 所示，可以看出：

(1) 不同构造形式的节点试件荷载-位移滞回曲线均呈饱满的梭形，无明显捏拢现象，且采取局部构造措施的节点试件塑性变形能力明显大于标准型节点试件。

(2) 随着腹板开孔半径的增大，试件承载力有所降低，滞回环面积减小，耗能能力降低。表明腹板开孔半径对节点的承载能力和耗能能力有较大影响。

(3) 盖板长度变化影响节点梁端塑性铰的位置，但在一定长度范围内对节点的承载能力及耗能能力影响较小。

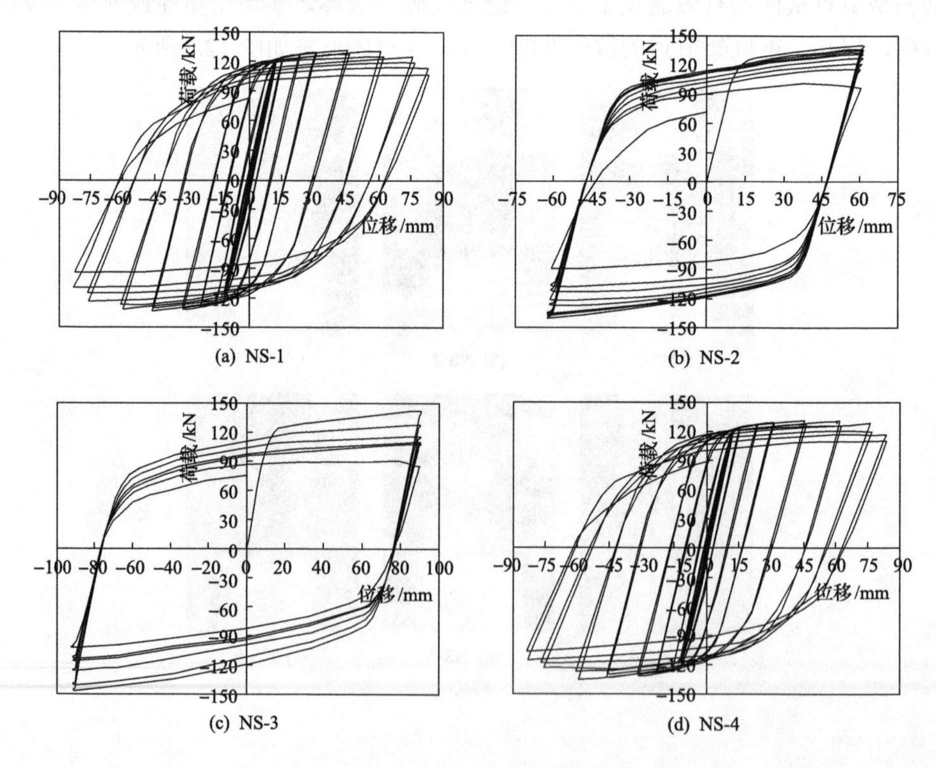

(a) NS-1　　(b) NS-2

(c) NS-3　　(d) NS-4

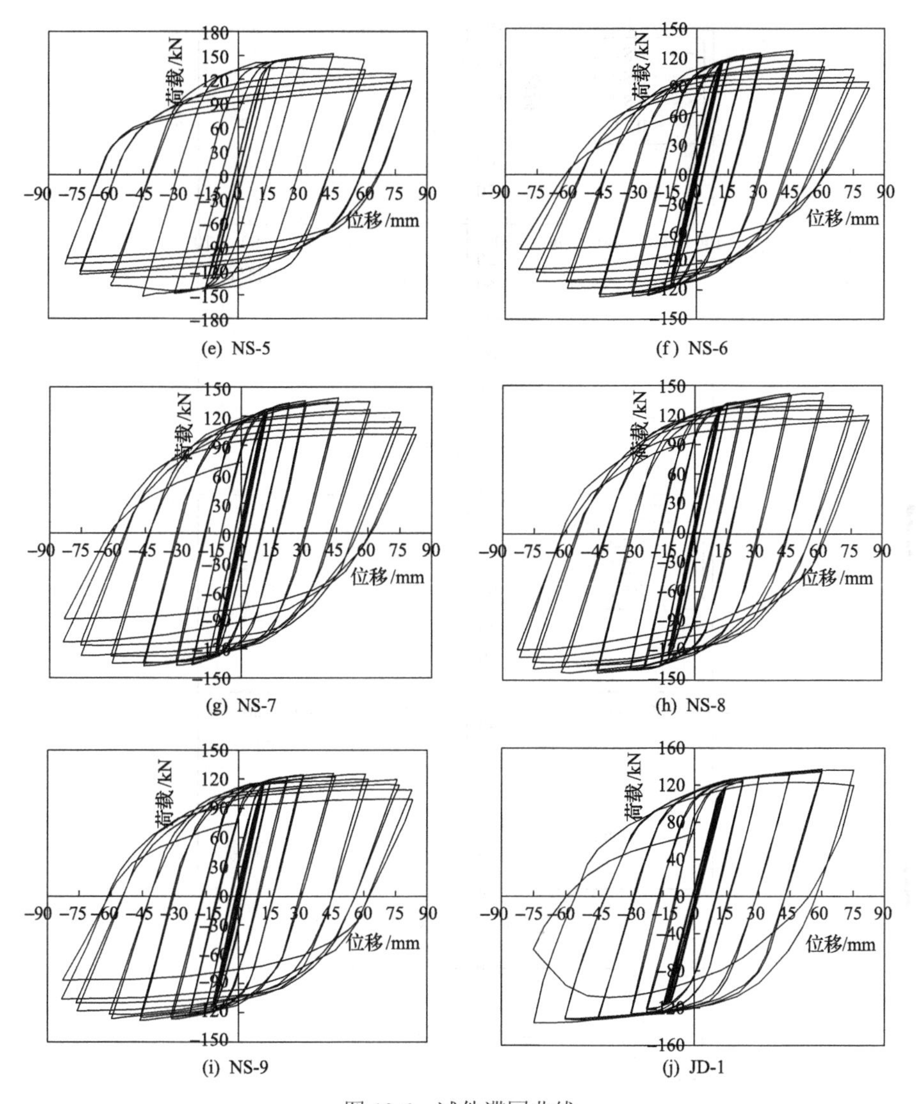

图 12.6　试件滞回曲线

12.3.3　骨架曲线

各试件骨架曲线如图 12.7 所示，可以看出：

(1) 标准型节点试件达峰值荷载后无下降段，破坏突然，属于脆性破坏，而采取局部构造措施的节点试件均在达到峰值荷载后仍有较大变形，属于延性破坏。

(2) 在一定范围内，盖板长度变化对节点承载能力与变形能力的影响较小。

(3) 随着腹板开孔半径的增大，试件屈服荷载、峰值荷载逐渐减小，软化段刚度呈降低趋势，表明随着腹板开孔半径的增加，节点的承载力及延性逐步降低。

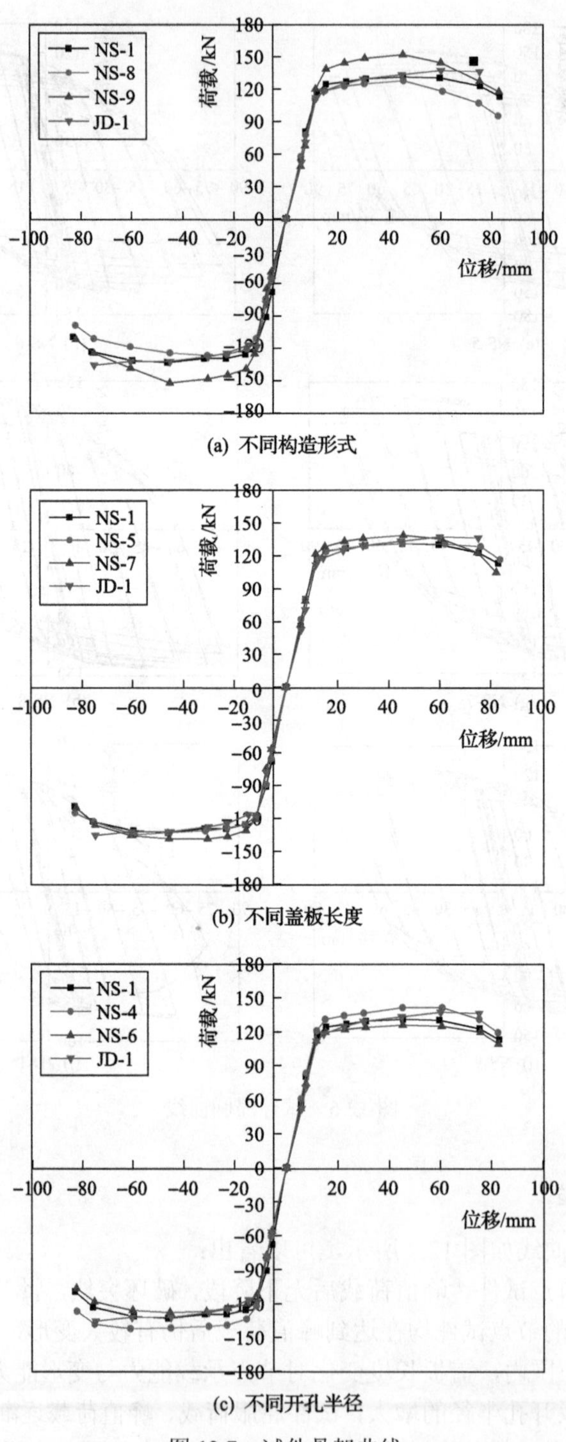

(a) 不同构造形式

(b) 不同盖板长度

(c) 不同开孔半径

图 12.7　试件骨架曲线

12.3.4 承载力及延性系数

由骨架曲线可进一步分析获得各试件的屈服荷载 P_y(根据能量等值法确定[5])、峰值荷载 P_m、极限荷载 P_u(峰值荷载的 85%)与相应的位移值及延性系数 μ，见表 12.2。可以看出，相比标准型节点试件 JD-1，等强型节点试件 NS-1 的峰值荷载降低了 1.66%，而极限位移和位移延性系数分别增加了 10.66%和 12.46%，满足等强型节点在强度基本不变的前提下提高钢框架节点延性的设计目标。相比腹板开孔半径较小试件 NS-4，腹板开孔半径较大试件 NS-6 的峰值荷载降低了 10.85%，极限位移和位移延性系数分别降低了 0.51%和 5.20%。

表 12.2　试件实测特征值及延性系数

编号	屈服荷载 P_y/kN	屈服位移 Δ_y/mm	峰值荷载 P_m/kN	峰值位移 Δ_m/mm	极限荷载 P_u/kN	极限位移 Δ_u/mm	塑性转角 θ_u	延性系数 μ
NS-1	126.07	20.91	131.17	45.33	113.14	83.03	5.42	3.97
NS-4	133.39	20.34	141.31	45.15	120.11	82.19	5.46	4.04
NS-5	125.12	18.34	131.05	45.33	116.78	83.78	5.36	4.57
NS-6	121.76	21.35	125.98	45.26	108.97	81.77	5.34	3.83
NS-7	130.96	19.29	138.67	45.76	117.87	77.07	5.07	3.99
NS-8	121.56	20.71	127.74	45.42	108.58	72.92	4.80	3.52
NS-9	142.18	19.73	152.08	45.30	129.27	73.17	4.85	3.71
JD-1	123.75	21.24	133.38	44.88	129.28	75.03	5.42	3.53

12.3.5 耗能能力

各试件耗能能力如表 12.3 所示。其中，累积塑性转角[6]为试件破坏之前的累积塑性转动，累计耗能为试件所耗散的最大能量，有效累积塑性转角为试件在承载力降低至 85%时所对应的累积塑性转动，有效累积耗能为试件在承载力降低至 85%时所对应的累积耗能。

表 12.3　试件耗能能力

试件编号	累积塑性转角/rad	累积耗能/J	有效累积塑性转角/rad	有效累积耗能/J
NS-1	1.246	197969	1.202	157508
NS-2	1.121	181741	0.731	98500
NS-3	1.324	179184	0.572	88529
NS-4	1.238	201081	1.207	166468
NS-5	1.236	195371	1.204	142203
NS-6	1.261	191358	1.209	134588
NS-7	1.261	198440	1.211	138892
NS-8	1.232	211332	1.218	172964
NS-9	1.274	175564	1.043	121696
JD-1	0.777	117469	0.484	81485

由表 12.3 可以看出：

(1) 采用局部构造措施的节点试件耗能能力均优于标准型节点试件 JD-1。这是由于标准型节点在承载力未明显下降即发生脆性断裂破坏时无耗能储备，而采取局部构造措施的节点在承载力降低 15%时仍有较大的耗能储备。

(2) 相比腹板开孔半径较小试件 NS-4，腹板开孔半径较大试件 NS-6 的累积耗能降低了 4.84%，表明等强型节点耗能能力随着腹板开孔半径的增大逐渐降低。

(3) 相比盖板长度较小试件 NS-1，盖板长度较大试件 NS-7 的累积耗能增加了 0.24%，表明在一定范围内，盖板长度对等强型节点耗能能力基本无影响。

参 考 文 献

[1] 中华人民共和国住房和城乡建设部, 中华人民共和国国家质量监督检验检疫总局. 建筑抗震设计规范(GB 50011—2010(2016 年版))[S]. 北京: 中国建筑工业出版社, 2016.

[2] 中华人民共和国住房和城乡建设部. 钢结构设计标准(GB 50017—2017)[S]. 北京: 中国计划出版社, 2017.

[3] 中华人民共和国住房和城乡建设部. 建筑抗震试验规程(JGJ/T 101—2015)[S]. 北京: 中国建筑工业出版社, 2015.

[4] 郑山锁, 张晓辉, 王晓飞, 等. 锈蚀钢框架柱抗震性能试验研究及有限元分析[J]. 工程力学, 2016, 33(10): 145-154.

[5] 沈在康. 混凝土结构试验方法新标准应用讲评[M]. 北京: 地震出版社, 1992.

[6] Federal Emergency Management Agency. Interim guidelines: advisory No.2, supplement to FEMA 267: FEMA-267b[R]. Washington DC: Federal Emergency Management Agency, 1999.

第 13 章　近场区竖向地震作用下钢框架结构抗震性能试验研究

13.1　引　言

本章设计了 1 榀缩尺比为 1∶3 的 5 层空间钢框架结构模型，并对其进行地震模拟振动台试验，研究近场地震动竖向分量对结构的破坏过程与特征、位移、加速度和构件控制截面钢材应变反应等的影响，为近场地震区在役钢框架结构的抗震性能评估提供试验支撑。

13.2　试 验 概 况

13.2.1　原型结构与模型设计

近场区竖向地震作用下空间钢框架原型结构与模型设计基本信息同 6.2.1 节。

13.2.2　加载方案

试验加载装置和所选地震波同 6.2.3 节。

试验按照 8 度多遇、8 度基本和 8 度罕遇三个水准对模型结构进行地震模拟振动台试验。每个试验阶段，台面依次输入 Taft 波、El Centro 波和兰州波。地震波的持续时间按相似关系压缩为原地震波时间的 34%，地震动输入方向分为双向和三向，X、Y、Z 三向加速度峰值的比值取为 1∶0.85∶1.2。各试验阶段，均按模型试验相似关系对台面输入的加速度峰值进行调整。在不同阶段地震波输入前后，分别对模型结构进行白噪声扫频，测量模型结构的自振频率、阻尼比和振型等动力特性参数。试验加载方案如表 13.1 所示。

表 13.1　试验加载方案

试验阶段		地震波	主震方向	加速度峰值/g						备注
				模型 X 向		模型 Y 向		模型 Z 向		
				设定值	实际值	设定值	实际值	设定值	实际值	
1	—	WN	—	0.05	—	0.05	—	0.05	—	三向白噪声

续表

试验阶段		地震波	主震方向	加速度峰值/g						备注
				模型 X 向		模型 Y 向		模型 Z 向		
				设定值	实际值	设定值	实际值	设定值	实际值	
2	8 度多遇	TE	X	0.198	0.221 (0.215)	0.168	0.184 (0.179)	0.129	0.145 (0.133)	双向地震
3		EL	X	0.198	0.206 (0.202)	0.168	0.197 (0.171)	0.129	0.132 (0.148)	双向地震
4		LE	X	0.198	0.226 (0.220)	0.168	0.201 (0.187)	0.129	0.151 (0.137)	双向地震
5	—	WN	—	0.05	—	0.05	—	0.05	—	三向白噪声
6	8 度多遇	TE	X	0.198	0.221 (0.215)	0.168	0.184 (0.179)	0.129	0.145 (0.133)	三向地震
7		EL	X	0.198	0.206 (0.202)	0.168	0.197 (0.171)	0.129	0.132 (0.148)	三向地震
8		LE	X	0.198	0.226 (0.220)	0.168	0.201 (0.187)	0.129	0.151 (0.137)	三向地震
9	—	WN	—	0.05	—	0.05	—	0.05	—	三向白噪声
10	8 度基本	TE	X	0.566	0.588 (0.569)	0.481	0.521 (0.488)	0.368	0.437 (0.388)	双向地震
11		EL	X	0.566	0.572 (0.581)	0.481	0.530 (0.491)	0.368	0.411 (0.391)	双向地震
12		LE	X	0.566	0.594 (0.577)	0.481	0.531 (0.479)	0.368	0.398 (0.351)	双向地震
13	—	WN	—	0.05	—	0.05	—	0.05	—	三向白噪声
14	8 度基本	TE	X	0.566	0.588 (0.569)	0.481	0.521 (0.488)	0.368	0.437 (0.388)	三向地震
15		EL	X	0.566	0.572 (0.581)	0.481	0.530 (0.491)	0.368	0.411 (0.391)	三向地震
16		LE	X	0.566	0.594 (0.577)	0.481	0.531 (0.479)	0.368	0.398 (0.351)	三向地震
17	—	WN	—	0.05	—	0.05	—	0.05	—	三向白噪声
18	8 度罕遇	TE	X	1.132	1.277 (1.189)	0.962	1.120 (0.995)	—	—	双向地震
19		EL	X	1.132	1.096 (1.138)	0.962	1.011 (1.031)	—	—	双向地震
20		LE	X	1.132	1.035 (1.141)	0.962	0.947 (0.959)	—	—	双向地震
21	—	WN	—	0.05	—	0.05	—	0.05	—	三向白噪声

注：1) WN 为白噪声，TE 为 Taft 波，EL 为 El Centro 波，LE 为兰州波；
2) 实际值中括号内、外数值分别针对未锈蚀模型结构和锈蚀模型结构。

13.3 试验结果及分析

13.3.1 模型结构破坏过程与特征

(1) 8 度多遇地震作用下，分别输入 Taft 波、El Centro 波和兰州波，模型结构各层加速度和位移响应较小，白噪声扫频结果显示结构自振频率基本无变化，结构处于弹性工作状态，结构构件无明显损伤与变形。此阶段，地震波三向输入与双向输入时，结构响应无明显差异。

(2) 8 度基本地震作用下，Taft 波、El Centro 波和兰州波双向输入时，模型结构各层加速度响应呈减小趋势，而位移响应增大，白噪声扫频结果显示模型结构自振频率明显减小，进入弹塑性阶段；但此阶段，结构构件损伤较小，无明显塑性变形。当 Taft 波、El Centro 波和兰州波三向输入时，模型各层加速度和位移响应明显增大，白噪声扫频结果显示模型结构自振频率进一步减小，结构构件累积损伤不断增大，第 2 层 X 向、Y 向梁端上下翼缘局部出现轻微屈曲。

(3) 8 度罕遇地震作用下，Taft 波、El Centro 波和兰州波双向地震输入时，模型结构各层加速度响应减小，而位移响应显著增大，结构第 1 层、第 3 层 X 向和 Y 向梁端上下翼缘出现新的局部屈曲，白噪声扫频结果亦表明模型结构自振频率进一步减小，结构弹塑性进一步发展。当 Taft 波、El Centro 波和兰州波三向输入时，模型结构各层加速度响应继续减小，位移响应更为显著，结构构件塑性变形充分发展，第 1～3 层 X 向、Y 向梁端上下翼缘及柱脚翼缘处均出现局部屈曲现象。模型结构构件局部屈曲如图 13.1 所示。

(a) 梁端局部屈曲

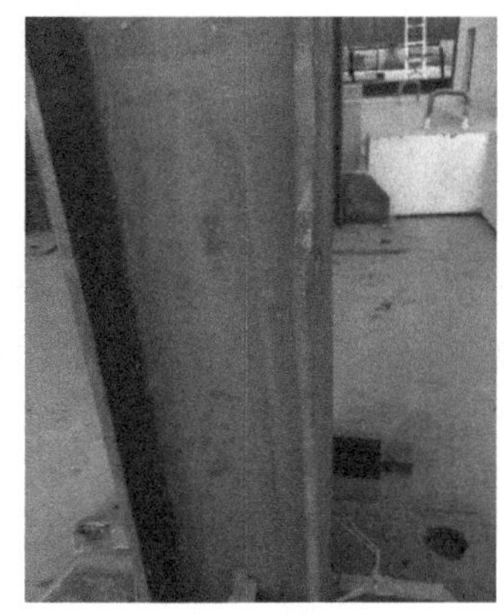

(b) 柱脚局部屈曲

图 13.1　模型结构构件局部屈曲(近场竖向地震作用)

13.3.2　动力特性

不同水准地震作用前后，均用白噪声对模型结构进行扫频试验，得到模型结构 X 向在不同受力阶段的自振频率、阻尼比[1]，如表 13.2 所示。可以看出：

(1) 随着地震作用水准的逐步提升，模型结构自振频率逐渐减小，而阻尼比逐渐增大。这是由于随着地震作用水准的提高，结构累积损伤不断增大，结构构件塑性变形逐步发展，结构刚度降低。

(2) 相同水准地震作用下，地震波三向输入时结构自振频率比地震波双向输入时的小，而阻尼比相应增大。

表 13.2　模型结构动力特性

工况	频率/Hz	阻尼比	频率降幅/%
地震作用前	1.8013	0.0116	—
8 度多遇地震双向输入后	1.8005	0.0119	0.04
8 度多遇地震三向输入后	1.6605	0.0183	7.82
8 度基本地震双向输入后	1.6547	0.0206	8.14
8 度基本地震三向输入后	1.6312	0.0245	9.44
8 度罕遇地震双向输入后	1.4661	0.0417	18.6
8 度罕遇地震三向输入后	1.4137	0.0417	21.52

13.3.3　加速度反应

楼层加速度反应放大系数 k 的定义[2]见 6.3.3 节。模型结构在各水准地震作用下的楼层加速度反应放大系数包络图如图 13.2～图 13.4 所示。可以看出：

(1) 相同水准地震作用下，相比地震波双向输入时，地震波三向输入时模型结构水平加速度反应放大系数增大了 7%～10%，竖向加速度反应放大系数增大了 16%～27%。

(2) 随着地震作用水准的提升，模型结构逐步产生累积损伤，进入弹塑性阶段，结构刚度逐渐减小而阻尼比相应增大，导致楼层加速度放大系数逐步降低。

(3) 相同水准地震作用下，相比 Taft 波和兰州波，El Centro 波输入时模型结构楼层加速度反应放大系数最大，表明结构的楼层加速度反应不仅与地震加速度幅值有关，而且受地震波的频谱特性影响较大。

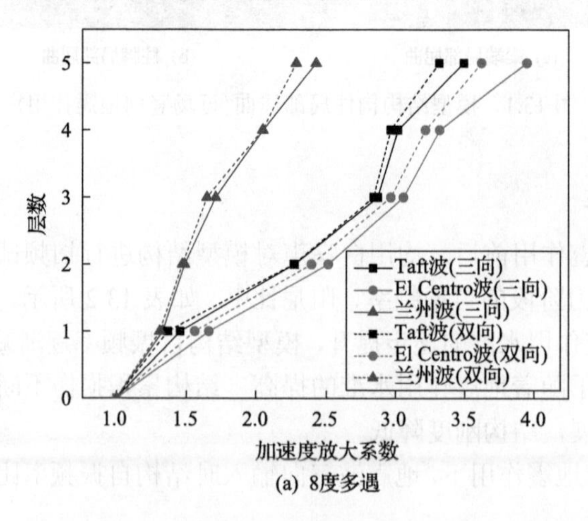

(a) 8度多遇

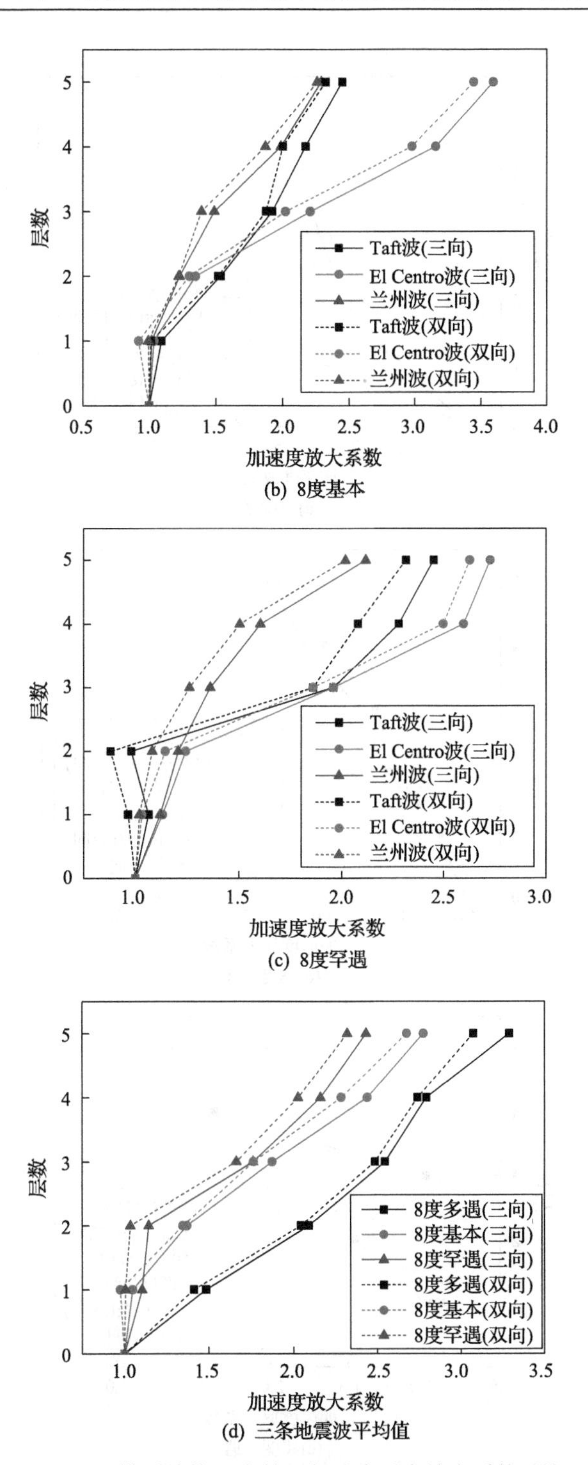

(b) 8度基本

(c) 8度罕遇

(d) 三条地震波平均值

图 13.2　模型结构 X 向楼层加速度反应放大系数对比

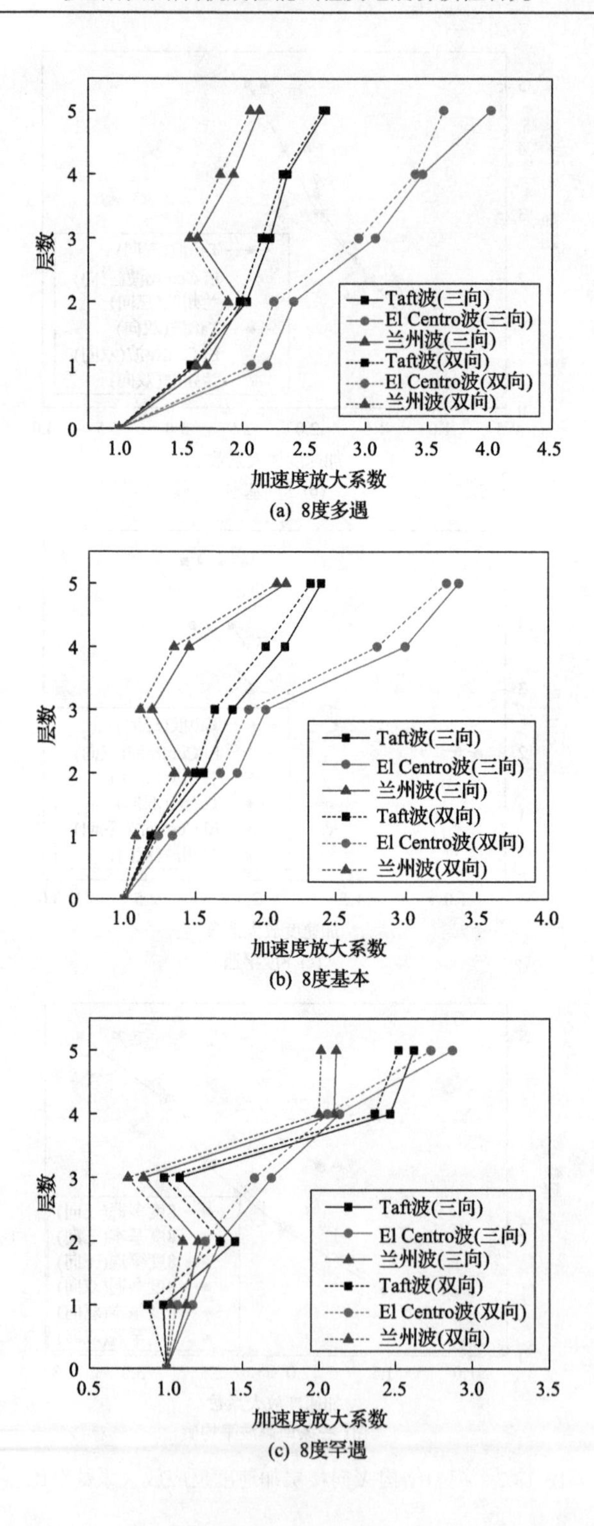

(a) 8度多遇

(b) 8度基本

(c) 8度罕遇

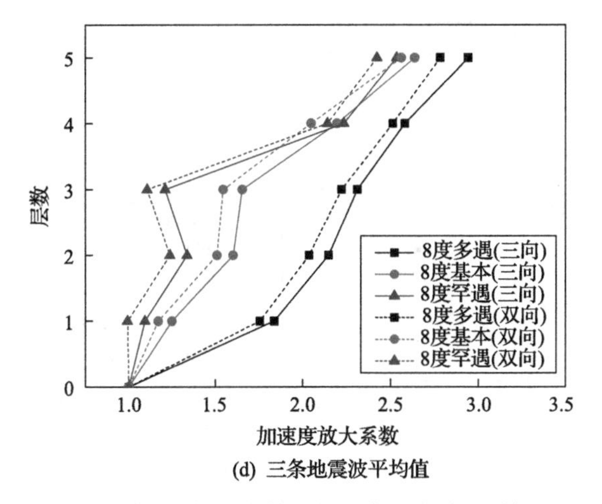

(d) 三条地震波平均值

图 13.3　模型结构 Y 向楼层加速度反应放大系数对比

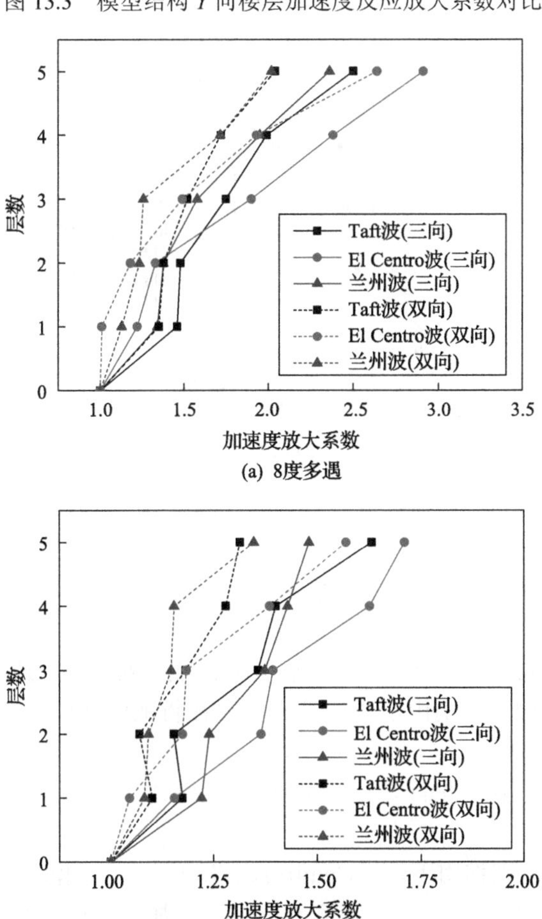

(a) 8度多遇

(b) 8度基本

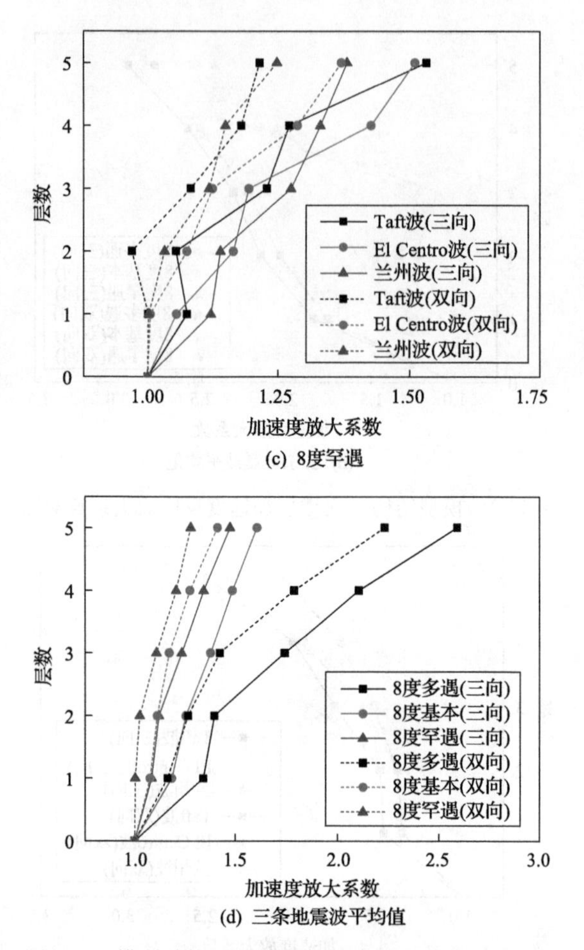

(c) 8度罕遇

(d) 三条地震波平均值

图 13.4　模型结构 Z 向楼层加速度反应放大系数对比

13.3.4　位移反应

不同水准地震作用下模型结构各层水平位移包络图如图 13.5 和图 13.6 所示，可以看出：

(1) 相同水准地震作用下，相比地震波双向输入时，地震波三向输入时模型结构位移反应显著增大，这是由于竖向地震动存在将加剧结构的二阶效应(附加弯矩和附加位移)。

(2) 随着地震作用水准的提升，模型结构累积损伤不断增大，结构刚度降低，位移反应逐步增大。

(3) 相同水准地震作用下，El Centro 波、Taft 波和兰州波输入时模型结构位移反应依次减小，表明结构的位移反应不仅与地震加速度幅值有关，而且受地震波的频谱特性影响较大。

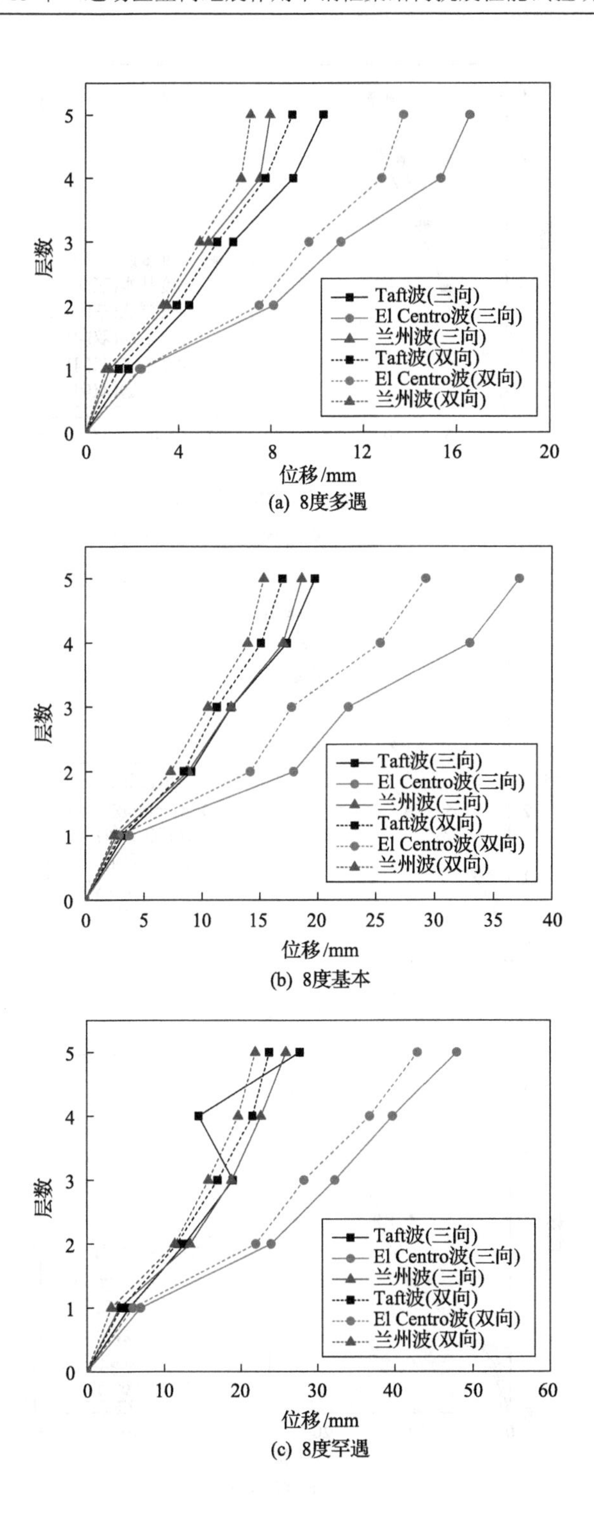

(a) 8度多遇

(b) 8度基本

(c) 8度罕遇

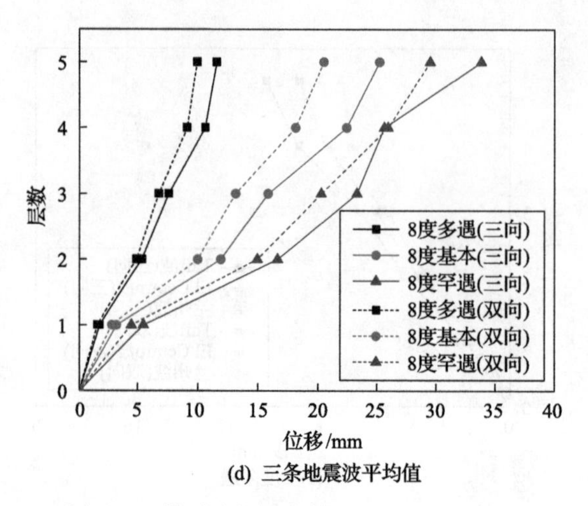

(d) 三条地震波平均值

图 13.5 模型结构 X 向楼层最大位移包络图

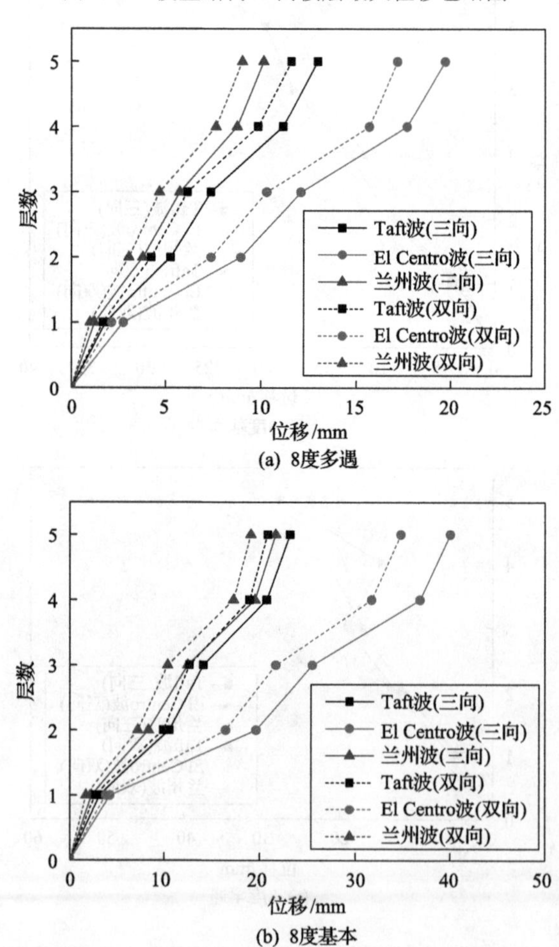

(a) 8度多遇

(b) 8度基本

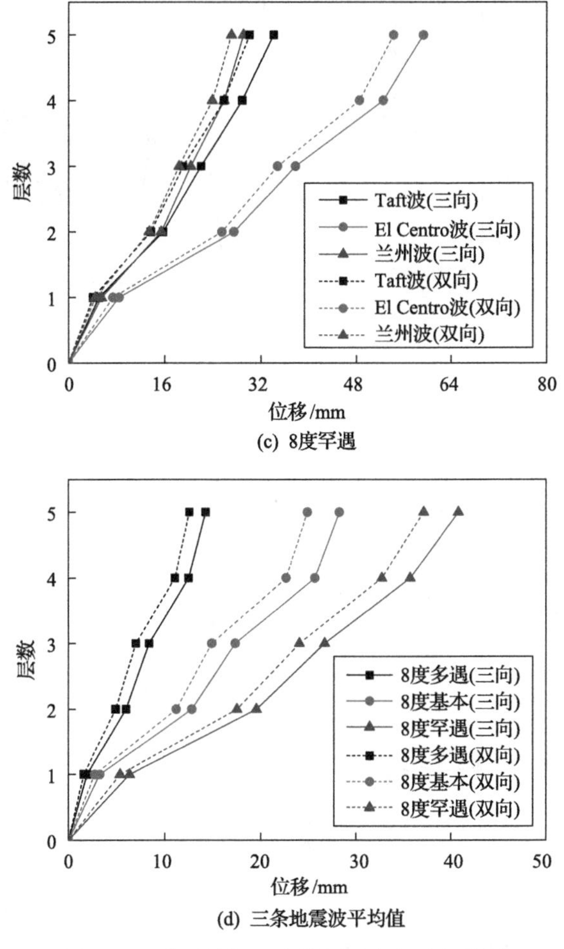

图 13.6　模型结构 Y 向楼层最大位移包络图

13.3.5　应变反应

不同水准地震作用下，结构构件控制截面钢材应变测试结果如图 13.7 所示，可以看出：

(1) 8 度多遇地震作用下，模型结构构件各控制截面应变均小于屈服应变(1378.5με)，表明结构处于弹性阶段。8 度基本地震作用下，模型结构的第 2 层 X 向、Y 向梁端翼缘最大应变均大于屈服应变，表明结构进入弹塑性阶段。8 度罕遇地震作用下，超过屈服应变的构件控制截面增多，结构构件塑性变形不断发展。

(2) 不同受力阶段，相比地震波双向输入时，地震波三向输入时模型结构应变反应增大了 9%～16%。

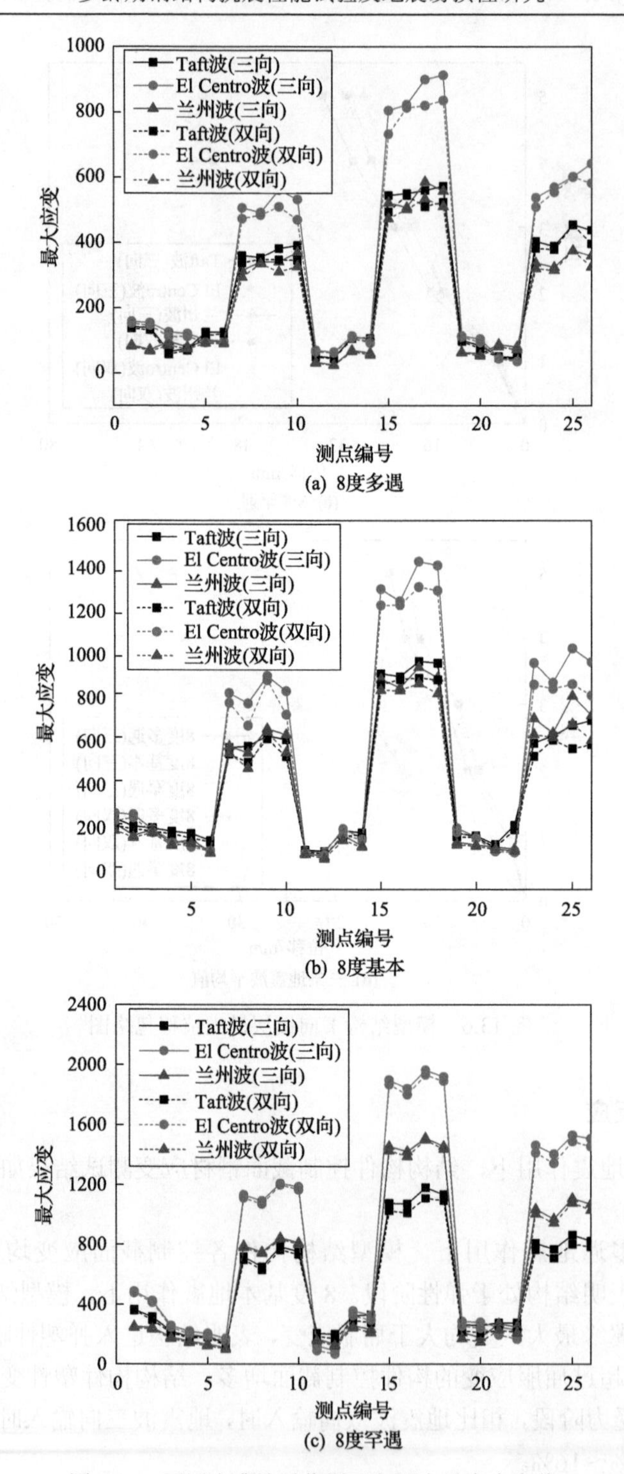

(a) 8度多遇

(b) 8度基本

(c) 8度罕遇

图 13.7　不同水准地震作用下各测点最大应变值

13.3.6　结构剪力

根据 6.3.6 节结构层间剪力的计算方法，分析得到不同水准地震作用下原型结构层间剪力沿楼层的分布，如图 13.8 所示。可以看出：

(1) 相同水准地震作用下，相比地震波双向输入，地震波三向输入时原型结构层间剪力增大了 10.9%～14.7%，表明竖向地震动对钢框架结构层间剪力影响显著。

(2) 各水准地震作用下，原型结构层间剪力分布规律基本相同，沿楼层从上到下逐渐增大，大致呈三角形分布，最大值出现在底层。

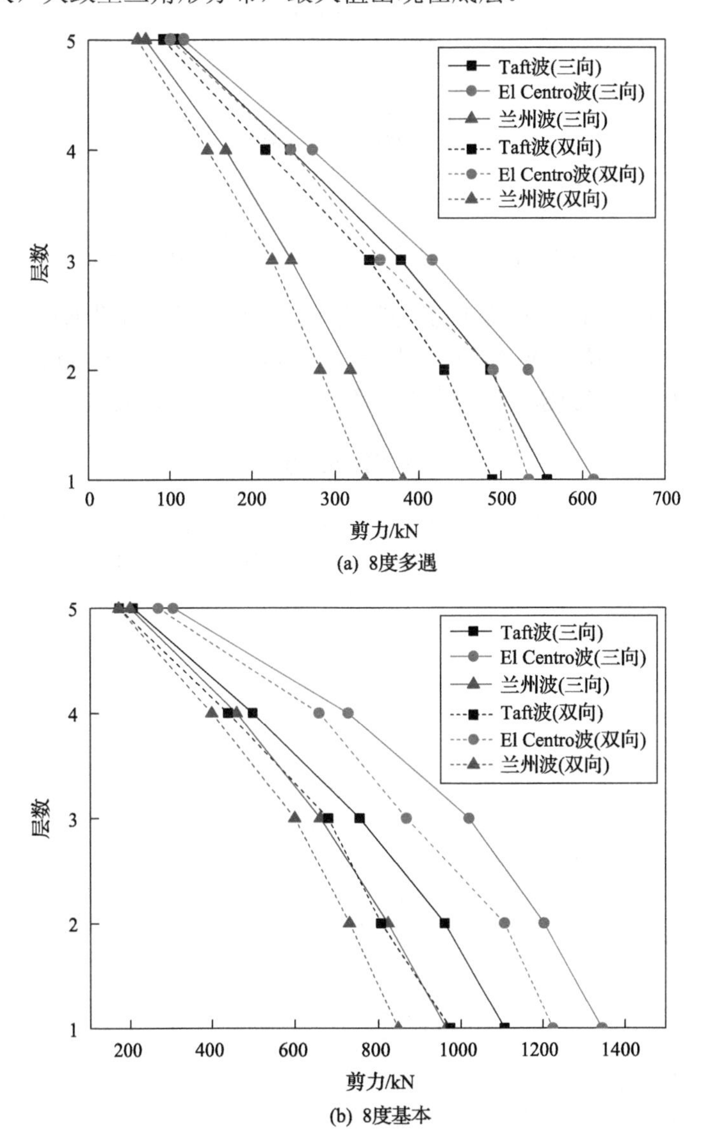

(a) 8度多遇

(b) 8度基本

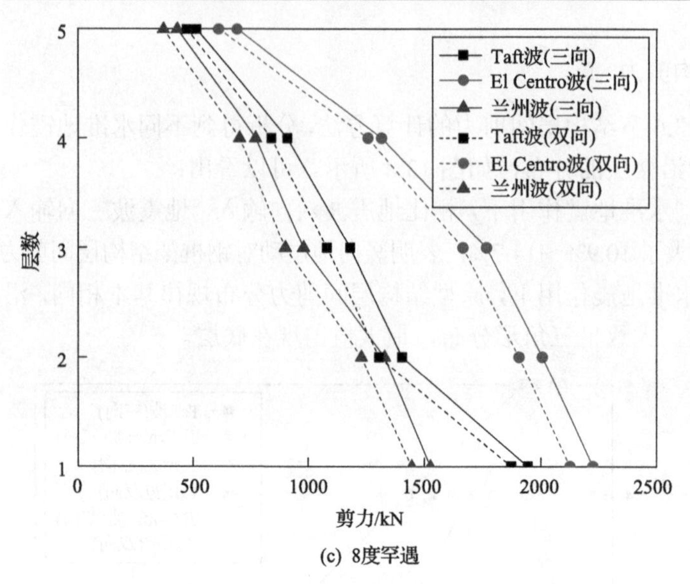

(c) 8度罕遇

图 13.8　不同水准地震作用下原型结构层间剪力分布

(3) 同一地震波作用下，层间剪力随着地震作用水准的提升而增大；相同水准时 El Centro 波作用所对应的层间剪力最大，Taft 波次之，兰州波最小，表明结构层间剪力不仅与地震加速度幅值有关，而且受地震波的频谱特性影响较大。

参 考 文 献

[1] 郑山锁, 石磊, 张晓辉. 酸性大气环境下锈蚀钢框架结构振动台试验研究[J]. 工程力学, 2017, 34(11): 77-88.

[2] 周颖, 吕西林. 建筑结构振动台模型试验方法与技术[M]. 北京: 科学出版社, 2012.

第14章　结　　论

对不同设计参数的钢结构构件(框架梁、柱、节点)和框架结构进行一般大气、近海大气环境的模拟试验；进而，通过低周往复加载试验研究了不同锈蚀程度的钢材力学性能、钢结构构件与结构的抗震性能，得到主要结论如下：

(1)随着锈蚀程度的增加，钢材屈服强度、极限强度、伸长率和弹性模量逐渐降低；对钢材材性试验结果进行线性回归分析，得到一般气环境、近海大气环境下锈蚀Q235B钢材的力学性能指标与其失重率的函数关系。

(2)锈蚀是影响钢框架柱抗震性能的重要因素。随着锈蚀程度的增加，承载力及延性逐渐降低，耗能能力变差，强度和刚度退化显著。

(3)轴压比对钢框架柱的抗震性能有较大影响。在一定范围内随着轴压比的增大，钢框架柱承载力明显减小，强度和刚度退化显著，延性及耗能能力变差。

(4)加载制度对钢框架柱的影响主要体现在塑性变形发展及累积效应产生上。相比变幅循环加载，等幅循环加载下钢框架柱由于初始加载位移幅值较大，其塑性发展较快，破坏相对迅速且严重。

(5)锈蚀对钢框架节点抗震性能影响显著。随着锈蚀程度的增大，梁端部塑性铰形成及裂缝产生所对应的位移逐渐减小，承载力及延性逐步降低，耗能能力变差，强度和刚度退化显著。

(6)等幅循环-2加载、变幅循环加载、混合加载、等幅循环-1加载下钢框架节点的耗能能力依次降低。相比变幅循环加载，等幅循环加载下的钢框架节点强度、刚度退化相对较快。

(7)随着锈蚀程度的增加，钢框架梁端部塑性铰形成及裂缝产生所对应的位移逐渐减小，承载力及延性逐步降低，强度、刚度退化现象加重、耗能能力变差，表明锈蚀损伤对钢框架梁的承载能力、变形能力及耗能能力有显著影响。

(8)随着翼缘宽厚比或腹板高厚比的增大，钢框架梁试件局部屈曲出现和达到破坏时所对应的位移逐渐减小；承载力及耗能能力有所增加，但延性呈减小趋势。

(9)随着锈蚀程度的增加，平面钢框架梁、柱出现塑性铰及发生平面外失稳所对应的位移逐渐减小，结构整体破坏程度亦逐渐加重；承载力及延性逐步降低，强度和刚度退化显著，耗能能力变差。

(10)相比未锈蚀模型结构，锈蚀模型结构在不同受力阶段的自振频率降低，加速度放大系数显著减小，减小幅度为9%～28%；但结构位移响应和构件控制截面应变反应均显著增大，增大幅度分别为11.8%～16.3%和10%～18%；同时，锈蚀原型结构比未锈蚀原型结构底部剪力显著减小，减小幅度为 10.23%～21.64%，表明锈蚀损伤对钢框架结构抗震性能影响较大。

(11) 相同水准的不同地震波作用所对应的结构加速度放大系数、位移响应、构件控制截面应变反应和层间剪力，El Centro 波最大，Taft 波次之，兰州波最小，表明结构加速度放大系数、位移反应、构件控制截面应变和层间剪力不仅与地震加速度幅值有关，而且受地震波的频谱特性影响较大。

(12) 提出了可以考虑锈蚀影响的骨架曲线简化模型；并在理论分析的基础上，对试验数据及有限元计算结果进行统计分析，回归得到骨架曲线上各特征点参数的计算公式。同时，基于耗能原理，引入循环退化指数，进而建立了能够反应强度衰减和刚度退化等力学特征的锈蚀钢框架柱滞回模型。模型计算滞回曲线与试验滞回曲线吻合较好，表明所提出的恢复力模型能较好地描述锈蚀钢框架柱的滞回特性。研究成果为在役钢框架结构弹塑性地震反应分析及倒塌风险分析提供了理论基础。

(13) 引入循环退化指数，建立了能够客观反映力学性能循环退化效应的锈蚀钢框架梁恢复力模型。模型计算滞回曲线与试验滞回曲线吻合较好，表明所提出的恢复力模型能较好地揭示锈蚀钢框架梁的力学与抗震性能。研究成果为在役钢框架结构弹塑性地震反应分析提供了理论依据。

(14) 相比标准节点试件，等强节点、盖板加强型节点、腹板开孔削弱型节点试件均有效避免了节点焊缝处的脆性破坏，实现了塑性铰外移的设计目标，提高了钢框架节点的抗震性能。

(15) 随着腹板开孔半径的增大，等强节点承载力、延性及耗能能力逐步降低。盖板长度在一定范围内，对等强节点的承载能力、变形能力及耗能能力影响均较小。

(16) 相比地震波双向输入，地震波三向输入时模型结构在各受力阶段的自振频率降低，水平和竖向加速度反应放大系数分别增大 7%～10%和 16%～27%，位移反应和构件控制截面应变反应显著增大；同时，地震波三向输入时原型结构层间剪力较地震波双向输入时增大 10.9%～14.7%，表明竖向地震动对钢框架结构抗震性能影响显著，故近场地震作用下结构地震响应分析应考虑竖向地震作用。

下　　篇

多龄期钢结构地震易损性研究

第 15 章　地震易损性概述

15.1　研究背景与研究意义

当前，土木基础设施系统与工程结构的地震易损性分析受到了地震工程和土木工程界的广泛关注，国外众多学者已经对核电站、建筑结构、桥梁结构、水坝、生命线系统等重大工程的地震易损性开展了大量系统性的研究工作。

城市建筑由于建造的历史时期不同、建造时所依据的设计规范体系以及所处外部环境不同而表现出多龄期特性，新建、老龄和超龄结构并存，这些建筑的设计参数和性能劣化程度均有所不同，从而造成其抗震性能存在明显的差异。而国内外现行的震害预测方法大多没有区别新建建筑、老旧建筑及复杂环境下的在役建筑在抗震性能方面的差异，难以体现城市建筑结构多龄期特性的影响。地震引起建筑物严重破坏、倒塌、使用功能丧失是造成人员伤亡及经济与社会损失的主要原因，因此考虑城市在役建筑的多龄期性能退化特性，对其进行地震易损性分析研究已成为目前震害预测或风险评估的重要内容。

鉴于此，下篇以城市多龄期建筑中的钢框架结构、带支撑钢框架结构及钢结构厂房为研究对象，考虑其抗震性能的多龄期退化特性，基于数值分析方法，建立不同服役环境、服役龄期、建筑高度、抗震设防烈度及设计规范下各类多龄期典型钢结构的地震易损性模型。

以下章节基于上篇不同大气(一般、近海)环境下钢材力学性能退化规律及钢结构构件(框架梁、柱、节点)恢复力模型，并结合既有研究成果与国家现行有关规范，建立各类多龄期钢结构的数值模型，进行概率地震需求分析与抗震能力分析，获得相应的时变地震易损性模型。研究成果可为在役多龄期钢结构的抗震性能与地震灾害损失评估提供依据。

15.2　建筑结构地震易损性研究现状

15.2.1　国外研究概况

地震易损性的研究最早起源于 20 世纪 70 年代初核电站的地震概率风险评估[1]。通过对经验易损性评估方法的校正和处理，地震易损性作为地震动强度的函数首次运用于结构的评估。Ghiocel 等[2]对美国东部地区的核电站考虑土-结构相互作用进行了地震反应分析和易损性评定。Ozaki 等[3]针对日本核反应堆建筑的地震易损性分析，提出了改进的响应系数法以考虑非线性效应及其变异特性。Kazuta 等[4]在对快速核反应堆设施进行易损性分析时考虑了结构抗力的随机性。Bhargava 等[5]和 Kapilesh 等[6]对核电站中的储水罐进行了易损性评定。Yamaguchi[7]则对核反应堆的管道系统进行了地震易损性研究，并获得很好的效果。Hwang 等[8]在建筑结构领域较早地开始了地震易损性的研究工作并将地震易损性分析应用到了电力系统变电站设备的安全评定中，随后对钢框架结构、钢筋混凝土框架结构和平板结构等进行了大量的地震易损性分析。Ellingwood[9]、Song 等[10]研究了各种形式的焊接结构对特殊抗弯钢框架的抗震可靠性和地震易损性的影响，并与 Rosowsky 等[11~13]合作，在性能设计理论框架下针对木结构在地震和风荷载作用下的易损性进行了系统深入的研究；此外，与 Wen 等[14]合作研究了易损性评定在“基于后果的工程”中的应用。Sasani 等[15]系统地研究了各种不确定性因素对建筑结构地震易损性的影响。Dimova 等[16]则对按照欧洲规范设计的工业框架结构的地震易损性进行了评定。

15.2.2 国内研究概况

与国外相比，国内对结构地震易损性分析的研究起步较晚，主要是针对量大面广的建筑结构进行经验性分析，且往往与震害预测联系在一起。杨玉成等[17]在 20 世纪 80 年代初就对多层房屋的易损性及其震害预测做过较为系统的研究，并与美国斯坦福大学 Blume 地震工程中心合作，开发了关于多层砌体房屋震害预测的专家系统 PDSMSMBE[18]。同一时期，高小旺等[19,20]研究了底层全框架砖房及钢筋混凝土框架房屋的震害预测问题，虽然没有明确提出易损性的概念，但已考虑了不同地震烈度下结构失效的概率问题。尹之潜[21,22]通过大量的震害调查和试验，建立了结构破坏状态与超越强度倍率和延伸率间的关系，并针对砖砌体结构、厂房排架结构及多层钢筋混凝土结构进行了系统的地震易损性研究，形成了关于结构易损性、地震危险性和地震损失估计的理论，提出了一种求解普通结构易损性的简易方法。

赵少伟等[23]通过对不同结构形式采用不同的易损性分析方法，建立了河北省一个城市中 6 类建筑在 7～9 度地震烈度下的震害预测矩阵。宋立军等[24]基于已有的易损性矩阵，建立了石河子市建筑结构的地震易损性矩阵。常业军等[25]采用重要抽样的确定性易损性分析方法，建立了合肥市底层框架砖房的震害预测矩阵。于红梅等[26]以我国台湾集集地震的震害资料为基础，利用统计分析方法，分析了房屋的破坏数量与震中距、地表加速度的关系，建立了不同类型房屋的经验易损性模型。钟德理等[27]提出了易损性指数的概念，并将地震动强度作为输入参数，绘制出建筑物平均易损性指数曲线，以评价城市建筑的总体抗震性能。

近年来，国内学者在单体建筑的解析易损性分析方面已取得了一定的成果。

张令心等[28]采用拉丁超立方体抽样技术，利用多自由度滞变体系的时程分析方法，对多层住宅砖房的地震易损性进行了研究。于德湖等[29]对配筋砌体结构的解析地震易损性进行了初步研究。温增平等[30]考虑地震环境和局部场地的影响，对钢筋混凝土房屋的地震易损性进行了分析。楼思展等[31]采用 SAP2000 软件，对上海浦东某医院钢筋混凝土框架结构进行了非线性动力时程分析，并基于延性破坏指标和强度破坏指标，分别绘制了不同地震烈度下建筑物的易损性曲线。乔亚玲等[32]开发了建筑物易损性分析计算系统。陶正如等[33]结合性能设计思想，以地震动参数作为输入，给出了根据地震易损性矩阵进行参数反演建立地震易损性曲线的方法。吕大刚等[34,35]将可靠度引入结构易损性分析中，并以钢框架结构为对象，考虑结构的不确定性，进行了基于可靠度的整体和局部易损性分析。

15.3　地震易损性分析方法

地震易损性常用分析方法有经验、解析、混合三种。经验地震易损性方法是基于历史震害资料统计，建立建(构)筑物结构的震害矩阵，进行其地震易损性分析。解析地震易损性方法是通过建立结构数值模型，选择实际或人工构造的地震波应用时程分析方法或静力推覆法来分析结构的能力谱和需求谱，进而得到结构的易损性曲线。混合地震易损性方法是基于不同类别数据来源的易损性分析，是解析与经验地震易损性方法的结合。

对于经正规设计而震害资料缺乏的建筑物，解析地震易损性可以有效地评估其抗震性能，弥补经验地震易损性的不足。解析地震易损性分析结果的准确性主要取决于计算模型是否合理。解析地震易损性借助量化的易损性损伤指标确定结构的破坏状态，常见的控制指标有强度、延伸率、变形和变形-能量等。解析地震易损性可采用静力弹塑性分析(Pushover)法、反应谱分析法和时程分析法进行，其计算步骤如图 15.1 所示。

静力弹塑性分析法假定结构的响应由第一阶振型控制，形状向量在地震反应过程中保持不变。该方法首先在结构上施加恒定竖向荷载，然后将沿高度呈一定分布形式的水平荷载逐渐增大，直至结构达到目标位移，得到此时结构的塑性铰分布、层间位移和顶点位移等地震动响应，从而进行抗震性能与易损性分析。静力弹塑性分析法计算简便、易于推广，但是计算精度不高。

反应谱法利用单自由度体系的加速度反应谱和振型分解的基本原理，分别求解各阶振型的等效地震作用，然后将这些地震作用效应按一定的原则进行组合，由此得到结构的最大地震响应，用于地震易损性分析。反应谱法考虑了结构自身动力特性对地震响应的影响，一般考虑前几个振型就能得到满意的分析结果，计算量小。反应谱法更适用于规则的结构体系，但无法考虑地震动持时的影响，不能给出结构的全过程地震响应。

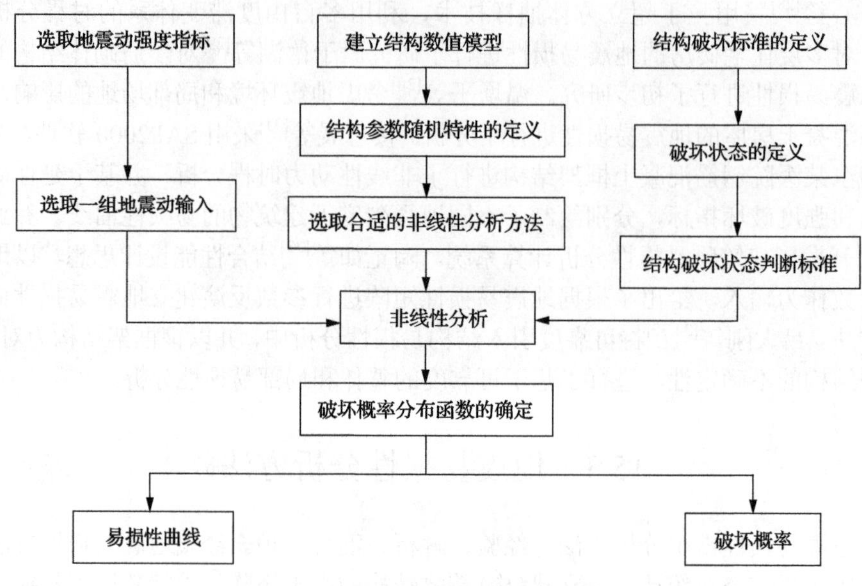

图 15.1 解析地震易损性分析框图

时程分析法是一种对运动微分方程逐步积分的算法，把地震过程按照时间步长分为若干段，在每个时间段内将结构按线性体系考虑，计算得到其每个时刻的速度、加速度和位移，并求得结构的内力。由此建立的地震动强度指标与结构损伤指标关系曲线(IM-DM 曲线)，可用于地震易损性分析。时程分析法可描述结构从弹性阶段到倒塌的整个地震响应全过程，但是其结果的准确性依赖于地震动记录的合理选取，计算速度相对较慢。

15.4 地震易损性研究思路

近年来我国频发的地震灾害及《国家防震减灾规划(2006—2020 年)》的颁布均对我国城市区域建筑结构地震灾害的科学合理、快速有效评估提出了要求。基于性能的地震工程(PBEE)框架及群体建筑震害预测框架(PBEE-2)的提出为我国城市区域建筑结构地震灾害风险评估的实现提供了技术途径。然而，由于城市区域建筑结构的个性特征，如结构体系、层数、平立面布局、设防水平、建筑功能、服役环境与龄期、所依据设计规范等的不同，基于上述评估框架实现城市区域建筑结构地震灾害风险的科学合理评估仍困难重重。因此，为突破我国城市区域建筑结构地震灾害风险评估难题，本节在总结国内外研究成果的基础上，结合作者多年研究工作，提出基于类的区域建筑结构地震灾害风险评估框架及考虑服役环境侵蚀作用影响的多龄期结构时变地震易损性分析方法，现对其予以叙述。

15.4.1　基于类的区域建筑结构地震灾害风险评估框架

目前国内外普遍采用的区域建筑结构地震灾害风险评估方法均为基于单体抽样的分析方法，即以可反映一类结构主要属性与抗震性能的典型结构地震易损性分析结果，通过统计分析构建该类结构的地震易损性模型，实现该类结构的地震灾害风险评估。该评估方法能够合理地考虑区域建筑中各结构的个性特征，且具有较好的适应性与可操作性，并易于实现易损性分析结果的逐层细化，因此，本节借鉴该分析方法，提出基于类的区域建筑结构地震灾害风险评估框架，如图 15.2 所示。该评估框架得以实现的重点和难点是一类建筑结构的典型结构及其地震易损性模型的建立。

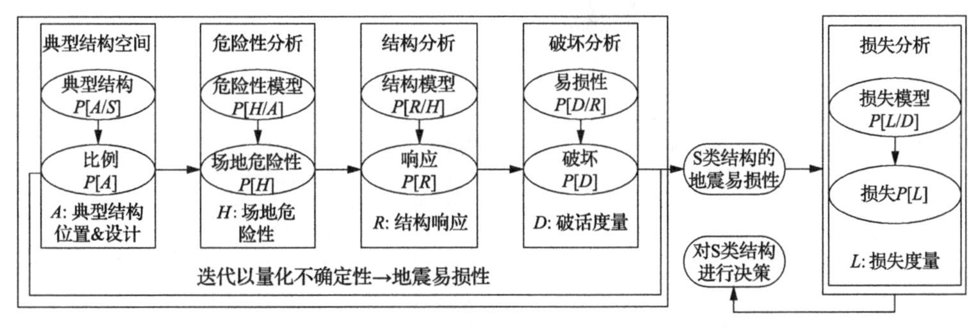

图 15.2　基于类的区域建筑结构地震灾害风险评估框架
S 表示原型结构空间

对于典型结构的建立方法，Porter 等[36]提出的基于矩匹配抽样获取典型建筑物样本属性，进而建立典型结构的方法，虽在一定程度上反映了群体建筑的统计特征，具有一定的灵活性与适用性，但由于影响建筑结构抗震性能的关键特征参数较多，采用该方法将形成大量的典型结构样本，不利于后期结构地震易损性模型的建立，因而本书不采用 Porter 等建议的方法建立典型结构，而是结合 FEMA P-695[37]、Pitilakis 等[38]和 D'Ayala 等[39]的研究成果，提出一种新的典型结构建立方法，具体内容详见第 16 章。

15.4.2　多龄期结构时变地震易损性分析方法

我国城市区域的建筑钢结构大都处于一般和近海大气环境中，既有研究结果表明，城市区域中的多龄期建筑结构由于环境侵蚀作用影响，其内部材料的力学性能逐渐退化，导致构件与结构的抗震性能不断劣化，并引起结构的地震易损性产生明显差异，进而影响城市区域地震灾害风险评估的准确性。因此，为实现我国城市区域建筑结构地震灾害的科学合理评估，在建立一类建筑结构的地震易损性模型时，应考虑其地震易损性的时变特性。Yalciner[40]和 Ghosh 等[41]的研究表明，不同服役龄期下建筑结构的抗震能力和地震需求均会产生明显变化，在此背景下，Rao[42]基于 PBEE 理论框架，引入退化指标 W，建立了可考虑结构性能退化的时变 PBEE 理论框架，如图 15.3 所示。其中，W 是描述结构耐久性损伤程度的量化指标，用以量测特定时刻结构的性能退化水平。例如，主导退化模式为氯离子侵蚀导致的钢材锈蚀，则 W 可选为锈蚀钢材质量损失率、锈蚀深度等。

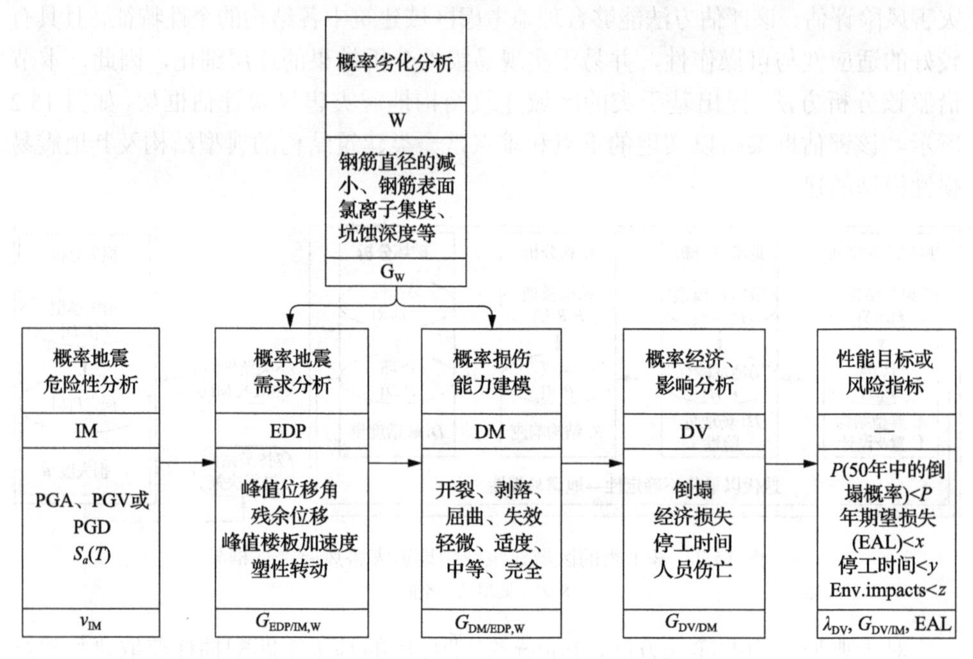

图 15.3　时变 PBEE 理论框架

基于 Rao 提出的概率时变地震风险评估框架，采用解析地震易损性分析方法，对一般和近海大气环境下的多龄期钢框架结构、带支撑钢框架结构、钢结构厂房进行时变地震易损性分析。首先基于试验研究结果，建立了不同侵蚀环境下锈蚀钢材时变本构模型及锈蚀钢框架梁、柱、节点宏观恢复力模型，将其用于各类多龄期钢结构的数值建模中。在此基础上，结合不同侵蚀环境下钢材锈蚀程度与结构服役龄期间的量化关系，采用 Pushover 法和 IDA 方法，建立了考虑环境侵蚀作用影响的结构时变概率抗震能力模型和时变概率地震需求模型，进而根据解析地震易损性分析方法，考虑结构自身不确定性和地震动的不确定性，建立了不同服役环境下各类多龄期钢结构的时变地震易损性模型。

参 考 文 献

[1] 周艳龙, 张鹏. 结构地震易损性分析的研究现状及展望[J]. 四川建筑, 2010, 30(3): 110-112.

[2] Ghiocel D M, Wilson P R, Thomas G G, et al. Seismic response and fragility evaluation for an Eastern US NPP including soil-structure interaction effects[J]. Reliability Engineering & System Safety, 1998, 62(3): 197-214.

[3] Ozaki M, Okazaki A, Tomomoto K, et al. Improved response factor methods for seismic fragility of reactor building[J]. Nuclear Engineering and Design, 1998, 185(2-3): 277-291.

[4] Kazuta H, Takahiro S. Fragility estimation of an isolated FBR structure considering the ultimate state of rubber bearings[J]. Nuclear Engineering and Design, 1994, 147(2): 183-196.

[5] Bhargava K, Ghosh A K, Ramanujama S. Seismic response and fragility analysis of a water storage structure[J]. Nuclear Engineering and Design, 2005, 235(14): 1481-1501.

[6] Kapilesh B, Ghosh A K, Agrawal M, et al. Evaluation of Seismic fragility of Structures—a case study[J]. Nuclear Engineering and Design, 2002, 212(1-3): 253-272.

[7] Yamaguchi A. Seismic failure probability evaluation of redundant fast breader reactor piping system by probabilistic structural response analysis[J]. Nuclear Engineering and Design, 1997, 175(3): 237-245.

[8] Hwang H H M, Huo J R. Seismic fragility analysis of electric substation equipment and structures[J]. Probabilistic Engineering Mechanics, 1998, 13(2): 107-116.

[9] Ellingwood B R. Earthquake risk assessment of building structures[J]. Reliability Engineering & System Safety, 2001, 74(4): 251-262.

[10] Song J L, Ellingwood B R. Seismic reliability of special moment steel frames with welded connections: II[J]. Journal of Structural Engineering, 1999, 125(4): 372-384.

[11] Rosowsky D V, Ellingwood B R. Performance-based engineering of wood frame housing: Fragility analysis methodology[J]. Journal of Structural Engineering, 2002, 128(1): 32-38.

[12] Ellingwood B R, Rosowsky D V, Li Y, et al. Fragility assessment of light-frame wood construction subjected to wind and earthquake hazards[J]. Journal of Structural Engineering, 2004, 130(12): 1921-1930.

[13] Kim J H, Rosowsky D V. Fragility analysis for performance-based seismic design of engineered wood shearwalls[J]. Journal of Structural Engineering, 2005, 131(11): 1764-1773.

[14] Wen Y K, Ellingwood B R. The role of fragility assessment in consequence-based engineering[C]//The 9th International Conference on Applications of Stochastic and Probability in Civil Engineering(ICASP9), Rotterdam, 2003: 1573-1579.

[15] Sasani M, Kiureghian A D. Seismic Fragility of RC Structural Walls: Displacement Approach[J]. Journal of Structural Engineering, 2001, 127(2): 219-228.

[16] Dimova S L, Negro P. Seismic assessement of an industrial frame structure designed according to Eurocodes. Part 2: Capacity and vulnerability[J]. Engineering Structures, 2015, 27(5): 724-735.

[17] 杨玉成, 杨柳, 高大学. 现有多层砖房震害预测的方法及其可靠度[J]. 地震工程与工程震动, 1982, 2(3): 75-84.

[18] 杨玉成, 李大华, 杨雅玲, 等. 投入使用的多层砌体房屋震害预测专家系统 PDMSMB-1[J]. 地震工程与工程震动, 1990, 10(3): 83-89.

[19] 高小旺, 钟益树. 底层全框架砖房震害预测方法[J]. 建筑科学, 1990, (2): 47-53.

[20] 高小旺, 钟益树, 陈德彬. 钢筋混凝土框架房屋震害预测方法. 建筑科学, 1989, (1): 16-23.

[21] 尹之潜. 地震灾害与损失预测方法[M]. 北京: 地震出版社, 1995.

[22] 尹之潜. 地震损失分析与设防标准[M]. 北京: 地震出版社, 2004.

[23] 赵少伟, 窦远明, 张书祥, 等. 建筑结构震害预测方法研究与实践[J]. 地震工程与工程振动, 2006, 26(3): 51-53.

[24] 宋立军, 唐丽华, 尹力峰, 等. 石河子市建筑物群体易损性矩阵的建立方法与震害预测[J]. 内陆地震, 2001, 15(4): 320-325.

[25] 常业军, 吴曙光. 底层框架砖房的震害预测方法[J]. 华南地震, 2001, 21(1): 57-61.

[26] 于红梅, 许建东, 张素灵. 基于集集地震的建筑物易损性统计分析[J]. 防灾科技学院学报, 2006, 8(4): 17-20.

[27] 钟德理, 冯启民. 基于地震动参数的建筑物震害研究[J]. 地震工程与工程震动, 2004, 24(5): 46-51.

[28] 张令心, 江近仁, 刘洁平. 多层住宅砖房的地震易损性分析[J]. 地震工程与工程振动, 2002, 22(1): 49-55.

[29] 于德湖, 王焕定. 配筋砌体结构地震易损性评价方法初探[J]. 地震工程与工程振动, 2002, 22(4): 97-101.

[30] 温增平, 高孟潭, 赵凤新, 等. 统一考虑地震环境和局部场地影响的建筑物易损性研究[J]. 地震学报, 2006, 28(3): 277-283.

[31] 楼思展, 叶志明, 陈玲俐. 框架结构房屋地震灾害风险评估[J]. 自然灾害学报, 2005, 14(5): 99-105.

[32] 乔亚玲, 闫维明, 郭小东. 建筑物易损性分析计算系统[J]. 工程抗震与加固改造, 2005, 27(4): 75-79.

[33] 陶正如, 陶夏新. 基于地震动参数的建筑物震害预测[J]. 地震工程与工程振动, 2005, 24(2): 88-94.

[34] 吕大刚, 李晓鹏, 王光远. 基于可靠度和性能的结构整体地震易损性分析[J]. 自然灾害学报, 2006, 15(2): 107-114.

[35] 吕大刚, 王光远. 基于可靠度和灵敏度的结构局部地震易损性分析[J]. 自然灾害学报, 2006, 15(4): 157-162.

[36] Porter K, Farokhnia K, Vamvatsikos D, et al. Analytical derivation of seismic vulnerability function for high rise buildings[R]. Stanford: Stanford University, 2013.

[37] FEMA P-695. Quantification of building seismic performance factors[S]. Washington, D C: Applied Technology Council for the Federal Emergency Management Agency, 2009.

[38] Pitilakis K, Crowley H, Kaynia A M. Syner-G: Typology Definition and Fragility Functions for Physical Elements at Seismic Risk[M]. New York: Springer, 2014.

[39] D'Ayala D, Meslem A, Vamvatsikos D, et al. Guidelines for analytical vulnerability assessment of low/mid-rise buildings-methodology[J]. Utopian Studies, 2014, 25(25): 150-173.

[40] Yalçıner H. Predicting performance level of reinforced concrete structures subject to corrosion as a function of time[D]. Gazimagusa: Eastern Mediterranean University, 2012.

[41] Ghosh J, Padgett J E. Aging considerations in the development of time-dependent seismic fragility curves[J]. Journal of Structural Engineering, 2010, 136(12): 1497-1511.

[42] Rao A. Structural deterioration and time-dependent seismic risk analysis[R]. Stanford: Stanford University, 2013.

第 16 章　典型结构的建立

城市区域建筑中钢结构的地震易损性分析涉及结构自身特性离散性和结构所处场地多样性两个重点和难点问题。ATC-63 提出了典型结构的概念，以反映一类结构地震易损性分析中结构自身特性离散性特点。典型结构为某一类抗侧力体系的典型代表，在地震激励下，可以反映该类抗侧力体系的主要破坏特征，弥补单个特定建筑性能预测与一个完备类结构广义性能评估之间的隔阂。本章首先回顾典型结构的研究现状及其建立方法，进而提出适用于我国城市区域建筑抗震性能评估的典型结构建立方法，并据此设计相应的典型钢框架结构、带支撑钢框架结构、钢结构厂房。

16.1　典型结构研究现状

Haselton 等[1]首次提出了“典型结构”这一概念，并基于此概念建立了相应结构的广义倒塌性能预测方法与流程。虽然“典型结构”的概念是在建筑结构倒塌风险评估的前提下提出的，但其可广泛应用于结构的其他性能评估。文献[2]基于上述研究提出了“索引典型(index archetype)结构”这一概念，并对其进行了如下系统定义。

典型的定义：根据韦氏字典，典型是指原始的模式或模型，其中同一类型中的所有特性均具有代表性和可复制性。索引典型结构：典型结构为某一抗侧力体系的典型代表，其在地震激励下可反映此类抗侧力体系的主要性能与倒塌特征。若结构设计规范对于结构设计限定较为宽松，则所设计典型结构不必代表此类结构体系中的所有可能情况，而仅需体现设计参数的合理变化范围，并可代表常规设计和建造中的相关情况。根据 FEMA P-695[3]的要求，典型结构应具有一般性和代表性且能够反映一类结构的共性特点。典型设计空间：一系列的典型结构构成了典型设计空间。典型设计空间是对某一结构类型的全面概括，体现了此类结构类型的设计布局、设计参数及其他特性的变化范围。

同时，FEMA P-695[3]还给出了建立典型结构的具体流程，如图 16.1 所示。

Syner-G 提出了群体建筑结构地震易损性数据库的建立方法，简称 UPAT 方法。该方法与 FEMA P-695 建议的方法类似，即以一类结构的基本范例(base case)为分析对象建立相应的地震易损性曲线，其中基本范例与 FEMA P-695 中的典型结构具有类似的效果。GEM 以代表建筑物为分析对象，建立一类建筑结构的地震易

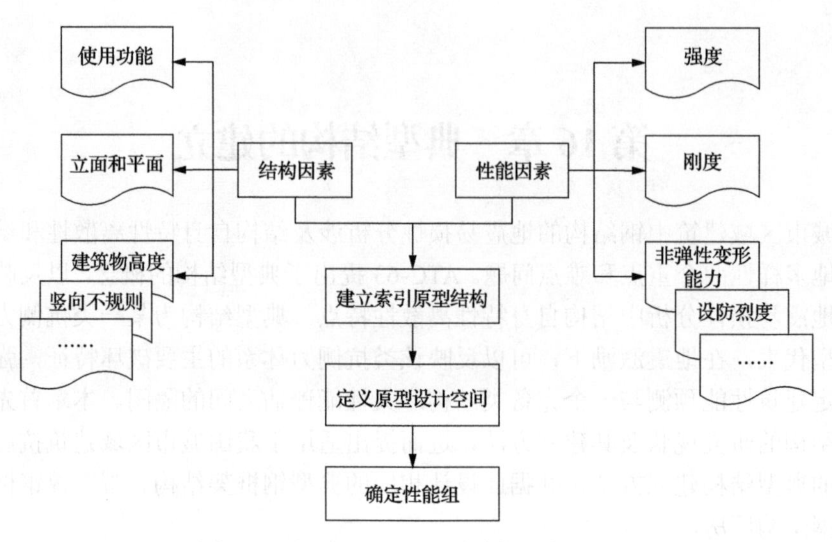

图 16.1 FEMA P-695 典型结构的建立流程

损性曲线。与 FEMA P-695 和 Syner-G 不同的是，GEM 研究项目中建议的代表建筑物可按以下方法确定：根据结构不同质量区间(poor、typical、good)水平取一个均值意义上的典型结构(typical)、通过抽样法获得多个典型结构。

典型结构这一概念的提出，将单个特定建筑物的抗震性能评估与一类建筑物抗震性能预测相联系，为个体结构性能向群体结构的一般性能预测搭建起了技术途径。

16.2 研究采用的典型结构

16.2.1 典型结构建立方法

为评估城市区域建筑中各类钢结构的抗震性能，进而实现城市区域建筑的地震灾害风险评估，本章参考 FEMA P-695、Syner-G 和 GEM 的相关研究成果，引入典型结构概念以建立各类钢结构的地震易损性曲线，并据此构建建筑结构地震易损性曲线数据库。同时，为使构建建筑结构的地震易损性曲线数据库具有可扩展性和可添加性，实现地震易损性数据库的可持续发展，以下将典型结构划分为三部分：基本典型结构、补充典型结构和既有计算模型结构，如图 16.2 所示。

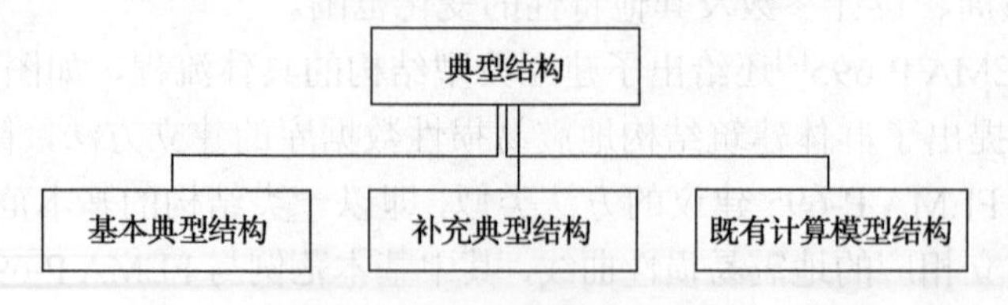

图 16.2 典型结构的组成框架

地震易损性数据库的建立，以基本典型结构模型为主要研究对象。基本典型结构全面考虑了影响建筑结构地震易损性分析的主要因素，但未能考虑到结构所有因素变化的影响。补充典型结构是指基本典型结构扩充结构模型的集合，可进一步将结构设计参数予以细化和变化。既有计算模型结构是指基于国内震害资料已建立的某些建筑结构的经验地震易损性曲线及国内学者所建立的各类建筑结构的解析地震易损性曲线。以下仅以基本典型结构为研究对象，后续将会对其他两类典型结构做进一步补充。

典型结构的建立是区域建筑结构抗震性能评估的基础，因此本章结合 Google Earth、实地考察、实际工程设计资料、我国相关规范以及 FEMA P-695、Syner-G 和 GEM 的相关研究成果，提出了适用于我国城市区域建筑抗震性能评估的典型结构建立方法。该方法主要包含以下三部分内容：①根据结构体系、建筑高度、设防烈度等结构设计参数的不同，对所研究的结构进行分类，建立典型结构空间；②基于 Google Earth、实地考察以及相关设计资料，经适当简化，确定典型结构空间中各类结构的平面布置形式；③结合设计资料和我国相关设计规范，对各典型结构进行迭代设计，使其弹性层间位移角与所收集的统计资料相符，从而得到相应的基本典型结构。具体建立流程如图 16.3 所示。

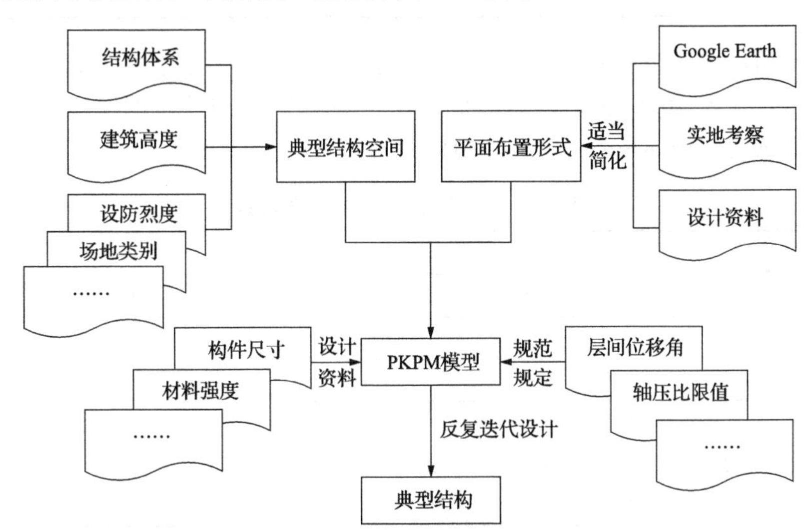

图 16.3　基本典型结构的建立流程

16.2.2　典型结构空间的建立

参考 Syner-G 和 GEM 中建筑物的分类规则，结合我国《建筑抗震设计规范》(GB 50011—2010)[4]和《高层民用建筑钢结构技术规程》(JGJ 99—2015)[5]中结构设计的相关规定可知：结构类型的选择由抗震设防类别、抗震设防烈度、高度、高宽比、场地类别等条件确定，而建筑结构的抗震等级与抗震设防类别、抗震设防烈度、高度和结构类型有关。因此，对于基本典型结构空间的初步设计可考虑结构类型、设防烈度、建筑高度等主要设计参数。

本书将钢结构分为钢框架结构、带支撑钢框架结构、单层钢结构厂房，详见表 16.1。

表 16.1　钢结构典型结构

结构类型	层数/吊车吨位	设防烈度					
		6	7	7.5	8	8.5	9
钢框架结构	3 层	√	√	√	√	√	√
	5 层	√	√	√	√	√	√
	10 层	√	√	√	√	√	√
带支撑钢框架结构	12 层	—	√	√	√	√	√
	16 层	√	√	√	√	√	√
单层钢结构厂房	0t	√	√	√	√	√	√
	30t	√	√	√	√	√	√
	100t	√	√	√	√	√	√

根据所确定的结构类型、设防烈度、建筑高度，确定钢结构基本典型结构的抗震等级，见表 16.2。同时，考虑结构服役龄期以及设计规范的不同，可确定研究所涉及的各结构体系的完整典型结构空间。

表 16.2　钢结构典型结构抗震等级

结构类型		设防烈度							
		6 (0.05*g*)		7 (0.10*g*/0.15*g*)		8 (0.20*g*/0.30*g*)		9 (0.40*g*)	
高度/m		≤50	>50	≤50	>50	≤50	>50	≤50	>50
抗震等级		—	四	四	三	三	三	二	一
钢框架结构	3 层	—	—	√	—	√	—	√	—
	5 层	—	—	√	—	√	—	√	—
	10 层	—	—	√	—	√	—	√	—
带支撑钢框架结构	12 层	—	—	√	—	√	—	√	—
	16 层	—	√	—	√	—	√	—	√
单层钢结构厂房	0t	—	—	√	—	√	—	√	—
	30t	—	—	√	—	√	—	√	—
	75t	—	—	√	—	√	—	√	—

根据所建立的典型结构空间，确定其中各典型结构的平面布置形式，进而通

过 PKPM、MIDAS 等软件对其进行迭代设计，从而实现各典型结构的建立。以下就不同类型结构体系典型结构的建立方法及过程分别予以介绍。

16.2.3 钢框架典型结构的建立

1. 结构平立面布置形式

首先通过 Google Earth 与实地调研，对大量钢框架结构的平立面布局和构件尺寸进行统计分析，进而通过适当简化，确定该类结构体系典型结构的平立面布局(图 16.4)及梁柱构件尺寸等设计参数如下：

(1)跨度为 3 跨，各跨跨度均为 6m；

(2)首层层高为 4.2m，标准层层高为 3.6m；

(3)楼层数为 3 层、5 层和 10 层。

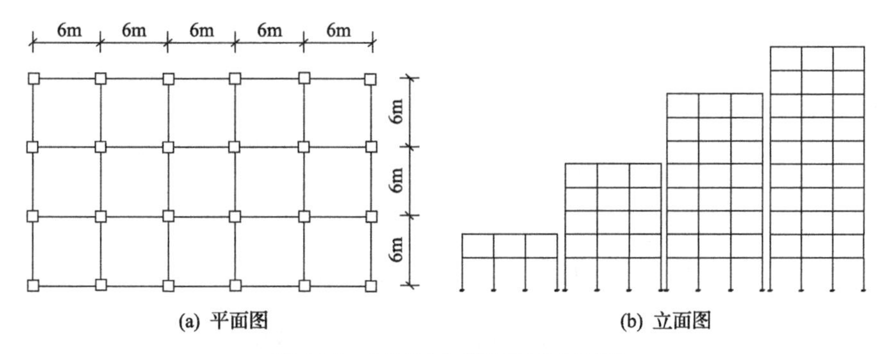

图 16.4 钢框架典型结构平立面图

2. 典型结构设计

为保证所设计的典型结构能够反映该类结构的抗震性能特性，课题组收集实际钢框架结构建筑的设计资料，对其在多遇地震作用下的弹性层间位移角进行统计，发现按 6 度进行抗震设防的钢框架结构，在多遇地震作用下的弹性层间位移角范围为 1/1300～1/900；按 7 度和 8 度进行抗震设防的钢框架结构，在多遇地震作用下的弹性层间位移角范围分别为 1/900～1/550 和 1/450～1/300。基于此，本节在设计典型钢框架结构时，将设防烈度为 6 度、7 度、8 度的钢框架结构在多遇地震作用下的弹性层间位移角分别控制在 1/1300～1/900、1/900～1/550 和 1/450～1/300 内，反复进行迭代设计，最终确定各典型钢框架结构构件的截面尺寸。

基于上述设计原则，依据《钢结构设计标准》(GB 50017—2017)[6]、《建筑抗震设计规范》(GB 50011—2010)[4]、《建筑结构荷载规范》(GB 50009—2012)[7]等，采用 MIDAS 软件分别对不同层数和抗震设防烈度的典型钢框架结构进行设计。各典型钢框架结构的主要设计信息为：楼(屋)面板厚度均取为 120mm；设计地震分组为第一组，场地类别为Ⅱ类，抗震设防烈度分别为 6 度、7(7.5)度、8(8.5)度、9 度，对应设计基本地震加速度分别为 0.05g、0.10g(0.15g)、0.20g(0.30g)、0.4g；各楼层恒荷载按建筑结构构(配)件实际自重计算确定，楼(屋)面、楼梯、走廊等活荷载根据《建筑结构荷载规范》(GB 50009—2012)[7]取值；钢材型号为Q235B。

基于上述设计信息与原则，采用 MIDAS 软件对各典型钢框架结构反复进行迭代设计，最终确定其梁柱截面尺寸以及结构在其设防烈度所对应的多遇地震作用下的弹性层间位移角和基本自振周期。不同层数的钢框架典型结构模型如图 16.5 所示，各典型钢框架结构的梁柱截面尺寸见表 16.3～表 16.10。钢框架典型结构的弹性层间位移角和基本自振周期的分布如图 16.6 所示。

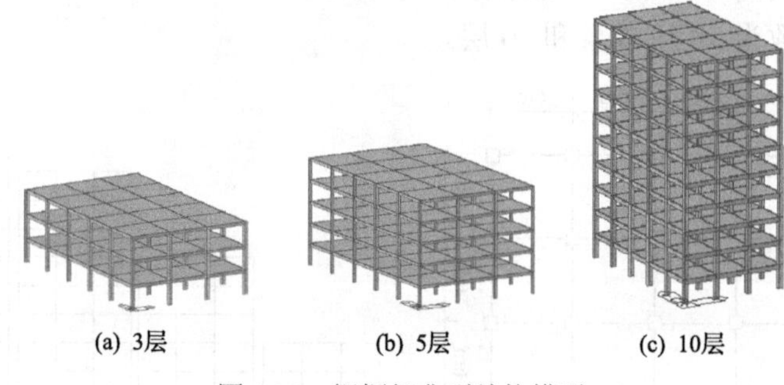

图 16.5　钢框架典型结构模型

表 16.3　3 层钢框架典型结构基本设计信息

抗震设防烈度	PGA/g	柱/mm	梁/mm	θ_{max}	T_1 / s
6 度	0.05	H320×320×8×12	H350×250×6×10	1/960	1.3153
7 度	0.1 0.15	H320×320×10×12	H400×200×6×10	1/670 1/453	1.3658 1.3658
8 度	0.2 0.3	H360×360×16×18	H400×200×10×14	1/331 1/321	0.9704 0.9704
9 度	0.4	H460×460×18×20	H450×200×10×14	1/299	0.7290

表 16.4　5 层钢框架典型结构基本设计信息

抗震设防烈度	PGA/g	柱/mm	梁/mm	θ_{max}	T_1 / s
6 度	0.05	H350×350×14×18	H400×200×10×14	1/1140	1.5954
7 度	0.1 0.15	H400×400×14×18	H400×220×12×14	1/631 1/510	1.4162 1.4162
8 度	0.2 0.3	H450×450×16×18	H420×220×16×18	1/368 1/335	1.2229 1.2229
9 度	0.4	H500×500×18×25	H650×650×20×25	1/324	0.9814

表 16.5　6 度设防 10 层钢框架典型结构基本设计信息

楼层	柱/mm	梁/mm	θ_{max}	T_1 / s
1～3	H540×540×18×20	H540×200×16×18	1/1240	2.2515
4～6	H480×480×16×18	H450×200×12×14		
7～10	H420×420×14×16	H450×200×10×14		

表 16.6　7 度(0.1*g*)设防 10 层钢框架典型结构基本设计信息

楼层	柱/mm	梁/mm	θ_{max}	T_1 / s
1～3	H560×560×18×20	H480×200×14×16	1/820	2.1300
4～6	H510×510×16×18	H480×200×12×14		
7～10	H460×460×14×16	H480×200×10×14		

表 16.7　7 度(0.15*g*)设防 10 层钢框架典型结构基本设计信息

楼层	柱/mm	梁/mm	θ_{max}	T_1 / s
1～3	H560×560×18×20	H480×200×14×16	1/533	2.1300
4～6	H510×510×16×18	H480×200×12×14		
7～10	H460×460×14×16	H480×200×10×14		

表 16.8　8 度(0.2*g*)设防 10 层钢框架典型结构基本设计信息

楼层	柱/mm	梁/mm	θ_{max}	T_1 / s
1～3	H580×580×18×22	H500×200×14×26	1/395	2.0270
4～6	H530×530×16×18	H500×200×12×14		
7～10	H480×480×14×16	H500×200×10×14		

表 16.9　8.5 度(0.3*g*)设防 10 层钢框架典型结构基本设计信息

楼层	柱/mm	梁/mm	θ_{max}	T_1 / s
1～3	H580×580×18×22	H500×200×14×26	1/356	2.0224
4～6	H530×530×16×18	H500×200×12×14		
7～10	H480×480×14×16	H500×200×10×14		

表 16.10　9 度设防 10 层钢框架典型结构基本设计信息

楼层	柱/mm	梁/mm	θ_{max}	T_1 / s
1～3	H720×720×20×25	H650×300×16×18	1/332	1.4631
4～6	H600×600×20×22	H650×300×14×16		
7～10	H530×530×18×20	H500×200×10×14		

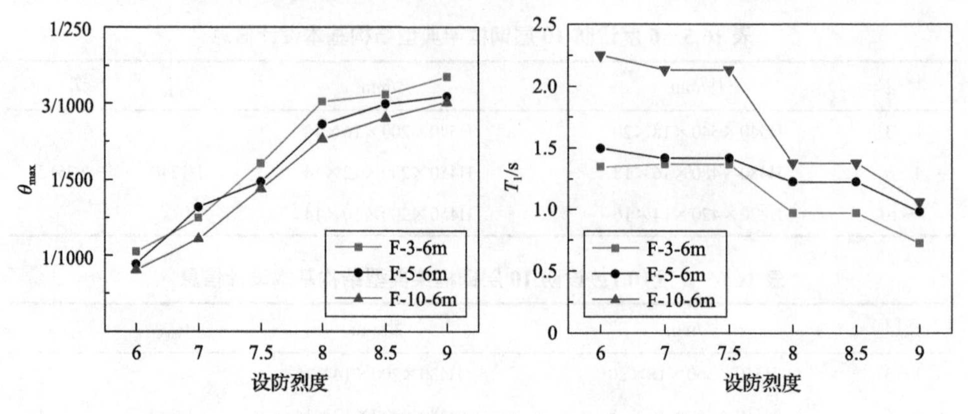

图 16.6　钢框架典型结构的弹性层间位移角与基本自振周期分布

16.2.4　带支撑钢框架结构典型结构的建立

通过 Google Earth 和实地调查分析，对大量带支撑钢框架结构的平立面布局和构件尺寸进行统计分析，进而通过适当简化，确定了 12 层和 16 层两种 K 型偏心支撑钢框架结构。层高为 3.6m，跨度为 6.0m；耗能梁段为 1.0m，按照剪切屈服型进行设计；梁柱连接、支撑两端与框架的连接均采用刚性连接。模型基本参数见表 16.11。

表 16.11　带支撑钢框架结构模型基本参数

模型参数	设防烈度			模型参数	设防烈度		
	6、7	8	9		6、7	8	9
层数	12			层数	16		
层高/m	3.6			层高/m	3.6		
总高/m	43.2			总高/m	57.6		
模型高宽比	2.4			模型高宽比	3.2		
规范最大高宽比限值	6.5	6.0	5.5	规范最大高宽比限值	6.5	6.0	5.5

为保证所设计的典型带支撑钢框架结构能够反映该类结构的抗震性能特性，本节收集实际带支撑钢框架结构建筑的设计资料，并对其多遇地震作用下的弹性层间位移角进行统计，发现 6 度抗震设防烈度下，考虑抗震构造措施，结构在其相应多遇地震作用下的弹性层间位移角范围为 1/1600～1/1200；7 度抗震设防烈度下，结构在其相应多遇地震作用下的弹性层间位移角范围为 1/1200～1/800；8 度抗震设防烈度下，结构在其相应多遇地震作用下的弹性层间位移角范围为 1/800～1/400。基于此，本节在设计典型带支撑钢框架结构时，将不同层数的带支撑钢框架结构在 6 度、7 度和 8 度抗震设防烈度下所对应的多遇地震作用下的弹性层间位移角分别控制在 1/1600～1/1200、1/1200～1/800 和 1/800～1/400 内，反复进行

迭代设计，最终确定结构的截面尺寸。

基于上述设计原则，依据《钢结构设计标准》(GB 50017—2017)[6]、《建筑抗震设计规范》(GB 50011—2010)[4]、《建筑结构荷载规范》(GB 50009—2012)[7]等，采用 MIDAS 软件分别对不同层数和抗震设防烈度的典型带支撑钢框架结构进行设计。各典型带支撑钢框架结构的主要设计信息为：楼(屋)面板厚度均取为120mm；设计地震分组为第一组，场地类别为Ⅱ类，抗震设防烈度为 6 度、7(7.5)度、8(8.5)度、9 度，对应设计基本地震加速度值分别为 0.05g、0.10g(0.15g)、0.20g(0.30g)、0.4g；各楼层恒荷载按建筑结构构(配)件实际自重计算确定，楼(屋)面、楼梯、走廊等活荷载根据《建筑结构荷载规范》(GB 50009—2012)[7]取值；钢材型号为 Q235B。

根据以上设计信息与原则，采用 MIDAS 软件对各带支撑钢框架典型结构进行迭代设计，最终确定其梁柱和支撑杆件的截面尺寸以及结构在其设防烈度所对应的多遇地震作用下的弹性层间位移角和基本自振周期。图 16.7 给出了不同层数的典型带支撑钢框架结构模型，各典型带支撑钢框架结构的梁柱尺寸及支撑杆件尺寸信息见表 16.12～表 16.23。带支撑钢框架典型结构的弹性层间位移角和基本自振周期的分布如图 16.8 所示。

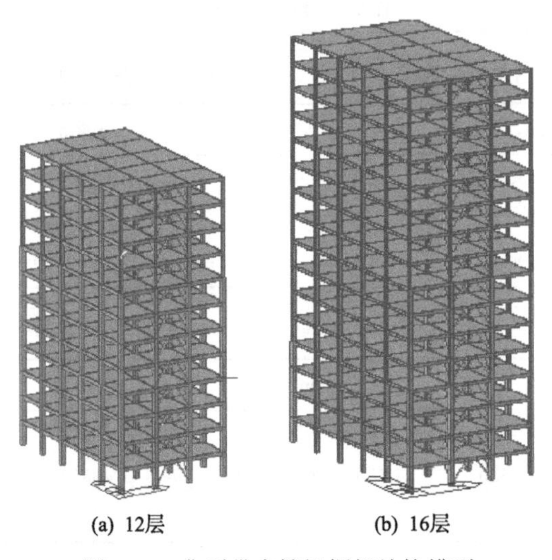

(a) 12层　　(b) 16层

图 16.7　典型带支撑钢框架结构模型

表 16.12　6 度抗震设防 12 层典型带支撑钢框架结构基本设计信息

层数	柱/mm	梁/mm	支撑/mm	θ_{max}	T_1 / s
1～4	□450×450×25×25	H350×210×11×18	ϕ240×20		
5～8	□400×400×20×20	H350×210×11×18	ϕ240×20	1/1453	2.5993
9～12	□350×350×18×18	H350×210×11×18	ϕ240×20		

表 16.13　7 度抗震设防 12 层典型带支撑钢框架结构基本设计信息

层数	柱/mm	梁/mm	支撑/mm	θ_{max}	T_1 / s
1～4	□550×550×25×25	H400×250×14×18	ϕ240×20		
5～8	□500×500×25×25	H400×250×14×18	ϕ240×20	1/1047	2.1406
9～12	□450×450×20×20	H400×250×14×18	ϕ240×20		

表 16.14　7.5 度抗震设防 12 层典型带支撑钢框架结构基本设计信息

层数	柱/mm	梁/mm	支撑/mm	θ_{max}	T_1 / s
1～4	□550×550×30×30	H500×300×14×18	ϕ240×20		
5～8	□500×500×30×30	H500×300×14×18	ϕ240×20	1/952	1.7327
9～12	□400×400×20×20	H500×300×14×18	ϕ240×20		

表 16.15　8 度抗震设防 12 层典型防带支撑钢框架结构基本设计信息

层数	柱/mm	梁/mm	支撑/mm	θ_{max}	T_1 / s
1～4	□600×600×30×30	H500×300×14×18	ϕ240×20		
5～8	□550×550×30×30	H500×300×14×18	ϕ240×20	1/735	1.6920
9～12	□450×450×20×20	H500×300×14×18	ϕ240×20		

表 16.16　8.5 度抗震设防 12 层典型带支撑钢框架结构基本设计信息

层数	柱/mm	梁/mm	支撑/mm	θ_{max}	T_1 / s
1～4	□600×600×30×30	H500×300×14×18	ϕ240×20		
5～8	□550×550×30×30	H500×300×14×18	ϕ240×20	1/440	1.6920
9～12	□450×450×20×20	H500×300×14×18	ϕ240×20		

表 16.17　9 度抗震设防 12 层典型带支撑钢框架结构基本设计信息

层数	柱/mm	梁/mm	支撑/mm	θ_{max}	T_1 / s
1～4	□650×650×30×30	H500×300×14×18	ϕ240×20		
5～8	□600×600×30×30	H500×300×14×18	ϕ240×20	1/302	1.6529
9～12	□500×500×20×20	H500×300×14×18	ϕ240×20		

表 16.18　6 度抗震设防 16 层典型带支撑钢框架结构基本设计信息

层数	柱/mm	梁/mm	支撑/mm	θ_{max}	T_1 / s
1～4	□500×500×25×25	H420×200×12×20	ϕ220×25		
5～8	□450×450×25×25	H420×200×12×20	ϕ220×25	1/1478	2.9775
9～12	□400×400×20×20	H420×200×12×20	ϕ220×25		
13～16	□350×350×20×20	H420×200×12×20	ϕ220×25		

表 16.19　7 度抗震设防 16 层典型带支撑钢框架结构基本设计信息

层数	柱/mm	梁/mm	支撑/mm	θ_{max}	T_1 / s
1～4	□550×550×25×25	H420×200×12×20	ϕ220×25	1/1136	2.8932
5～8	□500×500×25×25	H420×200×12×20	ϕ220×25		
9～12	□450×450×20×20	H420×200×12×20	ϕ220×25		
13～16	□400×400×20×20	H420×200×12×20	ϕ220×25		

表 16.20　7.5 度抗震设防 16 层典型带支撑钢框架结构基本设计信息

层数	柱/mm	梁/mm	支撑/mm	θ_{max}	T_1 / s
1～4	□550×550×25×25	H420×200×12×20	ϕ220×25	1/760	2.8932
5～8	□500×500×25×25	H420×200×12×20	ϕ220×25		
9～12	□450×450×20×20	H420×200×12×20	ϕ220×25		
13～16	□400×400×20×20	H420×200×12×20	ϕ220×25		

表 16.21　8 度抗震设防 16 层典型带支撑钢框架结构基本设计信息

层数	柱/mm	梁/mm	支撑/mm	θ_{max}	T_1 / s
1～4	□550×550×25×25	H420×200×12×20	ϕ220×25	1/635	2.8932
5～8	□500×500×25×25	H420×200×12×20	ϕ220×25		
9～12	□450×450×20×20	H420×200×12×20	ϕ220×25		
13～16	□400×400×20×20	H420×200×12×20	ϕ220×25		

表 16.22　8.5 度抗震设防 16 层典型带支撑钢框架结构基本设计信息

层数	柱/mm	梁/mm	支撑/mm	θ_{max}	T_1 / s
1～4	□550×550×30×30	H450×300×14×20	ϕ220×25	1/411	2.4468
5～8	□500×500×30×30	H450×300×14×20	ϕ220×25		
9～12	□450×450×25×25	H450×300×14×20	ϕ220×25		
13～16	□400×400×20×20	H450×300×14×20	ϕ220×25		

表 16.23　9 度抗震设防 16 层典型带支撑钢框架结构基本设计信息

层数	柱/mm	梁/mm	支撑/mm	θ_{max}	T_1 / s
1～4	□600×600×30×30	H450×300×14×20	ϕ220×25	1/293	2.3870
5～8	□550×550×30×30	H450×300×14×20	ϕ220×25		
9～12	□500×500×25×25	H450×300×14×20	ϕ220×25		
13～16	□450×450×20×20	H450×300×14×20	ϕ220×25		

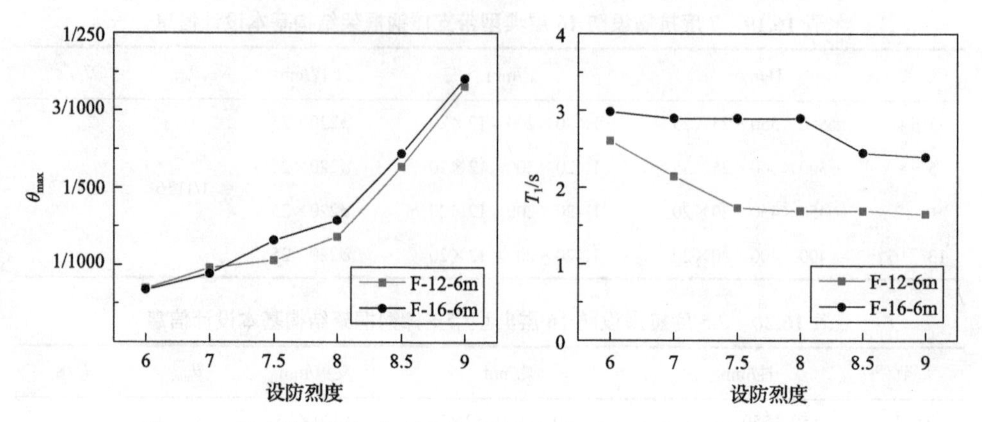

图 16.8　带支撑钢框架典型结构弹性层间位移角和基本自振周期分布

16.2.5　钢结构厂房典型结构的建立

通过 Google Earth 与实地调研，对大量单层钢结构厂房的平立面布局和构件尺寸进行统计分析，进而通过适当简化，确定钢结构厂房典型结构类型为轻型门式刚架单层钢结构厂房、重型桁架屋盖单层钢结构厂房。轻型门式刚架单层钢结构厂房跨度为 21m，柱距为 6m，柱高为 10m，场地类别为Ⅱ类，设计地震分组为第二组，无吊车配置。重型桁架屋盖单层钢结构厂房跨度为 33m，柱距为 5m，下柱高 13.8m，上柱高 9.3m，场地类别为Ⅱ类，设计地震分组为第二组，吊车设置分别按两台 30t、75t 重级工作制软钩桥式吊车考虑。

为保证所设计的典型单层钢结构厂房结构能够反映该类结构的抗震性能特性，收集实际单层钢结构厂房建筑的设计资料，并对其多遇地震作用下的弹性层间位移角进行统计，发现 6 度抗震设防烈度下，考虑抗震构造措施，结构在其相应多遇地震作用下的弹性层间位移角范围为 1/1200～1/800；7 度抗震设防烈度下，结构在其相应多遇地震作用下的弹性层间位移角范围为 1/800～1/450；8 度抗震设防烈度下，结构在其相应多遇地震作用下的弹性层间位移角范围为 1/400～1/250。基于此，本节在设计典型单层钢结构厂房时，将不同吊车吨位钢结构厂房在 6 度、7 度、8 度抗震设防烈度下所对应的多遇地震作用下的弹性层间位移角分别控制在 1/1200～1/800、1/800～1/450 和 1/400～1/250 内，反复进行迭代设计，最终确定结构的截面尺寸。

依据我国现行设计规范和规程[4-6]，采用 MIDAS 软件分别设计无吊车轻型门式刚架单层钢结构厂房、30t 及 75t 吊车重型桁架屋盖单层钢结构厂房，主要设计信息为：设计地震分组为第一组，场地类别为Ⅱ类，抗震设防烈度为 6 度、7(7.5) 度、8(8.5) 度、9 度，对应设计基本地震加速度分别为 0.05g、0.10g(0.15g)、0.20g(0.30g)、0.4g；屋面恒荷载按建筑结构构(配)件实际自重计算确定，屋面活荷载根据《建筑结构荷载规范》(GB 50009—2012)[7]取值；钢材型号为 Q235B；

轻型门式刚架单层钢结构厂房柱底与基础连接设置为铰接；重型桁架屋盖单层钢结构厂房，柱底与基础连接设置为刚接，桁架屋盖与柱顶连接设置为铰接。

钢结构厂房典型结构模型如图 16.9 所示，各结构梁柱截面尺寸见表 16.24～表 16.26。钢结构厂房典型结构的弹性层间位移角和基本自振周期分布如图 16.10 所示。

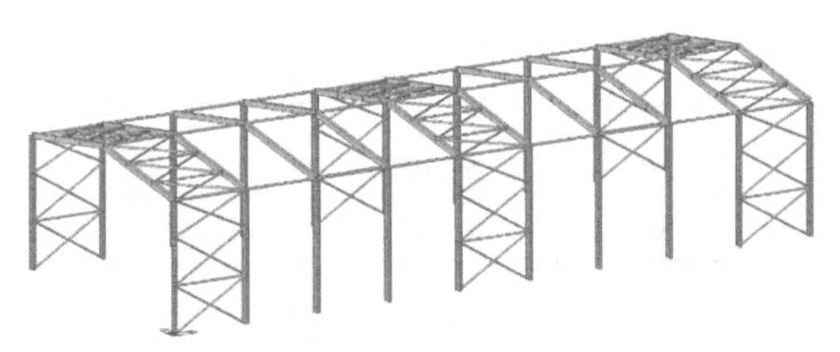

(a) 无吊车轻型门式刚架单层钢结构厂房模型

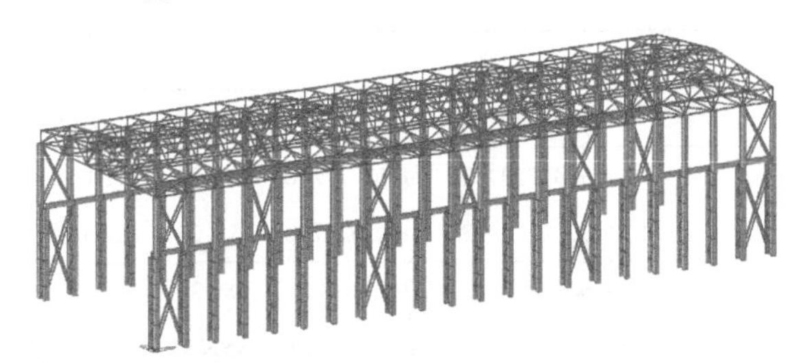

(b) 30t吊车重型桁架屋盖单层钢结构厂房模型

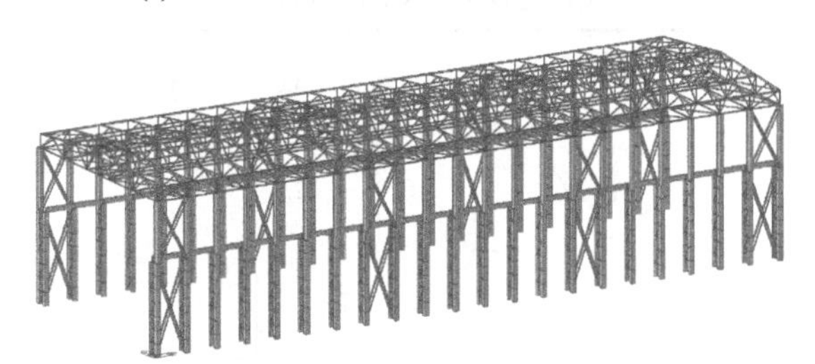

(c) 75t吊车重型桁架屋盖单层钢结构厂房模型

图 16.9　钢结构厂房典型结构模型

表 16.24　无吊车轻型门式刚架单层典型钢结构厂房基本设计信息

设防烈度	PGA/g	抗震等级	柱/mm	梁/mm
6	0.05	—	H400×300×6×15	H400×300×6×16
7	0.10	三级	H400×300×6×15	H400×300×6×16
	0.15	三级	H400×300×6×15	H400×300×6×16
8	0.20	二级	H400×300×6×15	H400×300×6×16
	0.30	二级	H400×400×12×25	H500×300×6×16
9	0.40	一级	H500×500×12×25	H500×400×8×20

表 16.25　30t 吊车重型桁架屋盖单层典型钢结构厂房基本设计信息

设防烈度	PGA/g	抗震等级	柱/mm		支撑/mm	屋架/mm	
			上柱	下柱		弦杆	腹杆
6	0.05	—	H1000×500×20×20	B700×600×20×20	2L200×16	L140×22	L100×14
7	0.10	三级	H1000×500×20×20	B700×600×20×20	2L200×16	L160×22	L120×14
	0.15	三级	H1000×500×20×22	B700×600×25×25	2L200×18	L180×22	L120×18
8	0.20	二级	H1000×600×20×30	B700×700×30×30	2L200×24	L200×22	L140×18
	0.30	二级	H1200×700×20×35	B700×1000×35×35	2L300×20	L300×25	L180×20
9	0.40	一级	H1300×700×20×35	B700×1000×35×35	2L300×24	L300×30	L200×20

表 16.26　75t 吊车重型桁架屋盖单层典型钢结构厂房基本设计信息

设防烈度	PGA/g	抗震等级	柱/mm		支撑/mm	屋架/mm	
			上柱	下柱		弦杆	腹杆
6	0.05	—	H1000×500×20×20	B700×700×20×20	2L200×16	L140×22	L100×14
7	0.10	三级	H1000×500×20×20	B700×700×20×20	2L200×16	L160×22	L120×14
	0.15	三级	H1000×500×20×22	B700×700×25×25	2L200×18	L180×22	L120×18
8	0.20	二级	H1000×600×20×30	B700×800×30×30	2L200×24	L200×22	L140×18
	0.30	二级	H1200×700×20×35	B700×1000×35×35	2L300×20	L300×25	L180×20
9	0.40	一级	H1300×700×20×35	B700×1100×35×35	2L300×24	L300×30	L200×20

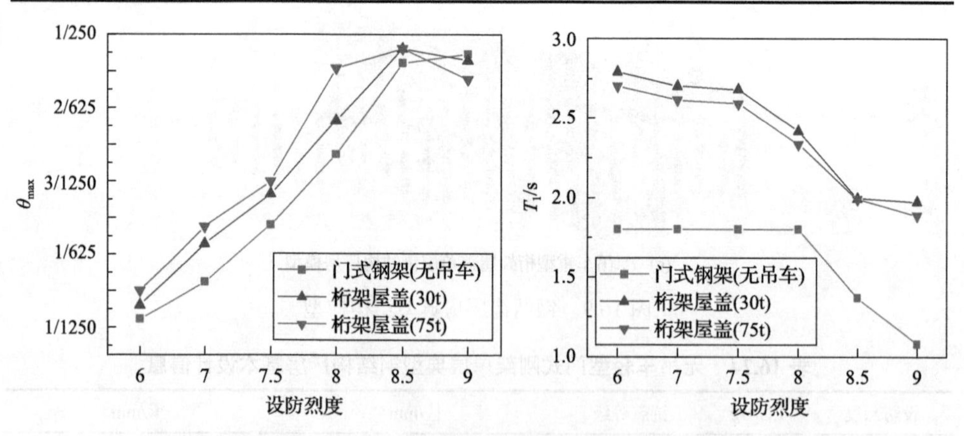

图 16.10　钢结构厂房典型结构弹性层间位移角和基本自振周期分布

参 考 文 献

[1] Haselton C B, Liel A B, Deierlein G G, et al. Seismic collapse safety of reinforced concrete buildings. I: Assessment of ductile moment frames[J]. Journal of Structural Engineering, 2011, 137(4): 481-491.

[2] 周艳龙, 张鹏. 结构地震易损性分析的研究现状及展望[J]. 四川建筑, 2010, 30(3): 110-112.

[3] FEMA P-695. Quantification of building seismic performance factors[S]. Washington D C: Applied Technology Council for the Federal Emergency Management Agency, 2009.
[4] 中华人民共和国住房和城乡建设部, 中华人民共和国国家质量监督检验检疫总局. 建筑抗震设计规范(GB 50011—2010(2016 年版))[S]. 北京: 中国建筑工业出版社, 2016.
[5] 中华人民共和国住房和城乡建设部. 建筑抗震试验规程(JGJ/T 101—2015)[S]. 北京: 中国建筑工业出版社, 2015.
[6] 中华人民共和国住房和城乡建设部. 钢结构设计标准(GB 50017—2017)[S]. 北京: 中国计划出版社, 2017.
[7] 中华人民共和国住房和城乡建设部. 建筑结构荷载规范(GB 50009—2012)[S]. 北京: 中国建筑工业出版社, 2012.

第 17 章　解析地震易损性模型

17.1　解析地震易损性函数的原理及基本形式

17.1.1　对数正态分布函数

若随机变量 X 的对数 $Y=\ln X$ 服从正态分布，则随机变量 X 服从对数正态分布。对数正态分布的概率密度函数可表征为

$$f_X(x)=\frac{1}{x\beta\sqrt{2\pi}}\mathrm{e}^{-\frac{\left(\ln(x/\theta)\right)^2}{2\beta^2}}=\varphi\left(\frac{\ln(x/\theta)}{\beta}\right) \tag{17-1}$$

累积分布函数的计算公式为

$$F(x)=P[X\leqslant x]=\Phi\left(\frac{\ln x-\ln\theta}{\beta}\right)=\Phi\left(\frac{\ln(x/\theta)}{\beta}\right)=\Phi\left(\frac{\ln x-\mu_{\ln X}}{\sigma_{\ln X}}\right) \tag{17-2}$$

式中，$\Phi[\cdot]$ 为标准正态概率分布函数；θ 和 β 分别为中位值和对数标准差，如图 17.1 所示。其中，θ 是指具有 50%超越概率的随机变量值，β 反映了随机变量的离散程度，其计算公式如下：

$$\theta=\exp\left(\mu_{\ln X}\right) \tag{17-3}$$

$$\beta=\sigma_{\ln X} \tag{17-4}$$

式中，$\mu_{\ln X}$、$\sigma_{\ln X}$ 分别表示随机变量 $Y=\ln X$ 的均值和标准差。

由对数正态分布的定义可以看出，随机变量 Y 服从正态分布，因此可根据正态分布 Y 的均值 μ 和方差 σ 计算 θ 和 β 如下：

$$\nu=\frac{\sigma}{\mu} \tag{17-5}$$

$$\beta=\sqrt{\ln\left(1+\nu^2\right)} \tag{17-6}$$

$$\theta=\frac{\mu}{\sqrt{1+\nu^2}} \tag{17-7}$$

式中，ν 表示随机变量 X 的变异系数。

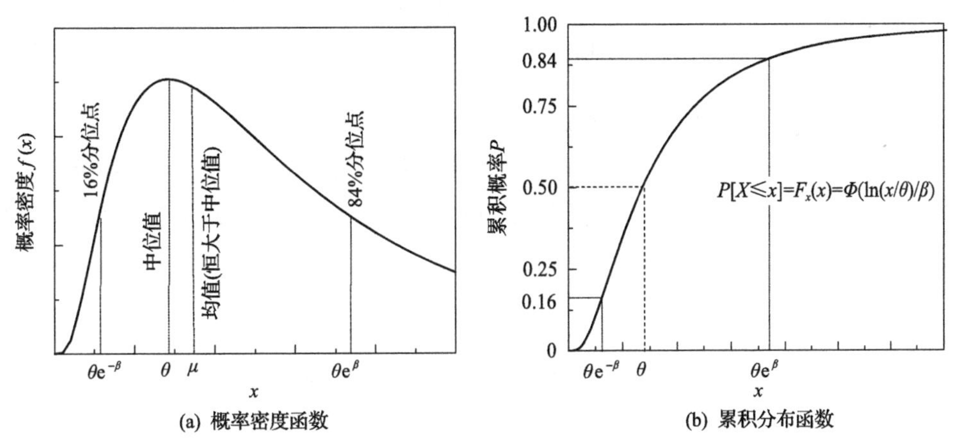

图 17.1　对数正态分布的概率密度函数与累积分布函数示意图

17.1.2　概率地震需求模型

由于材料力学性能、结构几何参数、数值模型建立以及地震动的不确定性，通过数值模拟得到的结构地震需求分析结果也呈现出明显的不确定性，从概率角度而言，结构的地震需求一般可以表示为

$$D = m_{D|\mathrm{IM}}\varepsilon \tag{17-8}$$

式中，$m_{D|\mathrm{IM}}$ 为条件地震需求 D 的中位值；ε 为随机误差，通常假定结构的地震需求 D 服从对数正态分布，因此 ε 服从中位值为 1、对数标准差为 $\beta_{D|\mathrm{IM}}$ 的对数正态分布。

结构的地震需求参数一般用结构的地震响应——工程需求参数(EDP)表示，依据文献[1]，EDP 与地震动强度指标 IM 之间一般服从幂指数回归关系，即地震需求中位值 $m_{D|\mathrm{IM}}$ 与地震动强度指标 IM 具有如下关系：

$$m_{D|\mathrm{IM}}=a\left(\mathrm{IM}\right)^{b} \tag{17-9}$$

对式(17-9)两边取对数，有

$$\ln m_{D|\mathrm{IM}}=\beta_0+\beta_1\ln(\mathrm{IM}) \tag{17-10}$$

式中，$\beta_0=\ln a$，$\beta_1=b$。

依据式(17-10)，对时程分析结果 D_i 进行对数线性拟合，获得对数标准差 $\beta_{D|\mathrm{IM}}$ 为

$$\beta_{D|\mathrm{IM}}=\sqrt{\frac{\sum_{i=1}^{N}\left(\ln D_i+\ln m_{D|\mathrm{IM}}\right)^2}{N-2}} \tag{17-11}$$

式中，N 为回归分析数据点的个数。

对时程分析结果进行对数线性拟合，得到相应的拟合参数 β_0、β_1 和 $\beta_{D|\mathrm{IM}}$，进而获得结构地震响应与地震动强度间的概率模型，即概率地震需求模型，如图 17.2 所示。

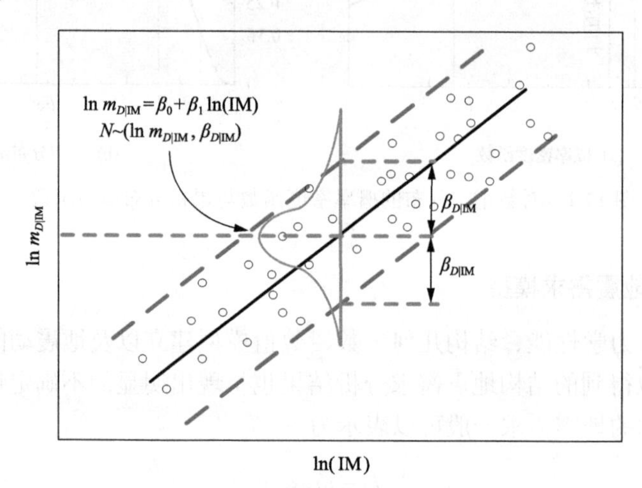

图 17.2　概率地震需求模型示意图

17.1.3　概率抗震能力模型

与概率地震需求模型类似，由于结构本身所存在的各种不确定性因素影响，如材料强度和结构几何参数的不确定性，结构的抗震能力同样存在不确定性。结构的概率抗震能力模型表征了结构在给定地震需求水平下，发生或超过不同破坏等级的条件概率。在地震易损性分析中，假定结构的抗震能力 C 服从对数正态分布，则各破坏状态下结构的抗震能力可表示为

$$C=m_C\varepsilon \tag{17-12}$$

式中，m_C 为不同破坏极限状态下结构抗震能力的中位值；ε 为服从对数正态分布的随机误差，其均值为 1，对数标准差为 β_C。m_C 和 β_C 可根据数值分析结果按如下公式计算：

$$m_C=\frac{\mu_C}{\sqrt{1+\delta_C^2}} \tag{17-13}$$

$$\beta_C=\sqrt{\ln\left(1+\delta_C^2\right)} \tag{17-14}$$

式中，μ_C、δ_C 分别为不同破坏极限状态下结构的抗震能力均值和变异系数，据此可得到结构在不同破坏极限状态下抗震能力的中位值 m_C 和对数标准差 β_C，进而根据式(17-12)得到结构的概率抗震能力模型。

17.1.4　地震易损性函数的一般形式

地震易损性函数通常采用对数正态累积分布函数的形式来表达，根据表达方式的不同，地震易损性函数又可分为基于地震动强度的函数(IM-based format)和基于位移的函数(displacement-based format)。

1) 基于地震动强度的地震易损性函数

基于地震动强度的地震易损性函数可表示为

$$F_{\mathrm{IM}}\left(x\right)=\Phi\left[\frac{\ln(x/m_{R,\mathrm{IM}})}{\beta_{R,\mathrm{IM}}}\right] \tag{17-15}$$

式中，$\Phi[\cdot]$ 为标准正态概率分布函数；x 为地震动强度；$m_{R,\mathrm{IM}}$、$\beta_{R,\mathrm{IM}}$ 分别为以地震动强度指标表示的结构抗震能力的中位值和对数标准差。

式(17-15)虽然物理意义明确，但在实际应用过程中存在一定的困难，其原因为，研究人员难以准确定义结构在不同破坏状态下对应的地震动强度水平。由于结构的破坏通常与结构的变形有关，在实际应用中，基于位移的地震易损性函数被广泛应用。

2) 基于位移的地震易损性函数

根据 Cornell 等[2]奠定的 FEMA350[1]的概率基础，地震易损性分析被分解为概率地震需求分析和概率抗震能力分析。其中，概率地震需求分析的目的是描述结构地震需求与地震动强度之间的概率关系，即建立结构的概率地震需求模型，而概率抗震能力分析的目的是描述结构抗震能力在不同破坏极限状态的分布情况，即建立结构的概率抗震能力模型。在基于位移的地震易损性函数中，通常采用以下两点假设：①在某一地震动强度水平下，结构的地震需求 D 服从对数正态分布(式(17-8))；②结构的抗震能力 C 服从对数正态分布(式(17-12))。根据地震易损性的定义，基于位移的地震易损性函数可表示为

$$F_D\left(x\right)=P[D\geqslant C\mid \mathrm{IM}=x] \tag{17-16}$$

式中，IM 为地震动强度参数，如峰值地震加速度 PGA、谱加速度 S_a 等；$D\geqslant C$ 表示结构达到或超过某一极限状态，其中 D 和 C 分别为以位移表示的结构地震需求和抗震能力。

基于上述假定并根据结构可靠度基本原理，式(17-16)可变换为

$$F_D(x) = P[D \geqslant C \mid \mathrm{IM} = x] = \Phi\left[\frac{\ln m_{D|\mathrm{IM}} - \ln m_C}{\sqrt{\beta_{D|\mathrm{IM}}^2 + \beta_C^2}}\right] \tag{17-17}$$

式中，$\Phi[\cdot]$为标准正态概率分布函数；$m_{D|\mathrm{IM}}$、$\beta_{D|\mathrm{IM}}$分别为结构地震需求D的对数均值和对数标准差；m_C、β_C分别为结构抗震能力C的对数均值和对数标准差。

将式(17-10)代入式(17-17)，有

$$F_D(x) = \Phi\left[\frac{\beta_0 + \beta_1 \ln x - \ln m_C}{\sqrt{\beta_{D|\mathrm{IM}}^2 + \beta_C^2}}\right] = \Phi\left[\frac{\ln x + \dfrac{\beta_0 - \ln m_C}{\beta_1}}{\sqrt{\dfrac{\beta_{D|\mathrm{IM}}^2 + \beta_C^2}{\beta_1^2}}}\right] = \Phi\left[\frac{\ln x - \ln m_R}{\beta_R}\right] \tag{17-18}$$

式中，

$$m_R = \exp\left(\frac{\ln m_C - \beta_0}{\beta_1}\right) = \left(\frac{m_C}{\exp(\beta_0)}\right)^{1/\beta_1} \tag{17-19a}$$

$$\beta_R = \sqrt{\frac{\beta_{D|\mathrm{IM}}^2 + \beta_C^2}{\beta_1^2}} \tag{17-19b}$$

对比式(17-15)与式(17-18)可以看出，基于地震动强度的地震易损性函数与基于位移的地震易损性函数在本质上是一致的。基于位移的地震易损性函数引进了以位移表示的结构地震需求D这一中间变量，使得结构地震易损性分析这一复杂问题分解为结构的概率地震需求分析和概率抗震能力分析，因此在实际工程中得到了广泛的应用。本书采用式(17-18)所示的基于位移的地震易损性函数作为多龄期钢结构地震易损性分析方法。需要指出的是，由于式(17-19b)给出的地震易损性函数的对数标准差β_R中未考虑建模不确定性或知识不确定性的影响，在建立多龄期钢结构的地震易损性函数时，应考虑建模不确定性或知识不确定性。

17.2 解析地震易损性模型的不确定性

17.2.1 不确定因素来源

结构解析地震易损性分析的最大优势是能同时考虑多种不确定因素对地震响应的影响。一般来说，结构地震风险评估过程中的不确定性来源可分为两大类[3]：本质不确定性(aleatory uncertainty)和认知不确定性(epistemic uncertainty)。本质不

确定性是事物本身所固有的且不可预测的属性，如地震事件中的震级和震中距及钢材的屈服强度、极限强度、伸长率等，因此，这类不确定性是无法彻底消除的。认知不确定性是人们目前掌握的知识水平不足所导致的，如在分析过程中采用的各种模型假定(概率抗震能力模型、概率地震需求模型)或收集数据的不完整性等。因此，当相关知识水平上升到一定的高度或收集的数据足够多时，这类不确定性在理论上是可以避免的。

17.2.2 不确定性的划分及量化

尽管从概念上容易区分这两类不确定性的差别，但在实际应用中很难将两者完全分离。结构地震易损性分析过程中会同时涉及以上两类不确定性，不同的研究报告或学者根据其研究目的的不同，在结构地震易损性分析中对不确定性的划分方法及取值也不尽相同。

FEMA 2003[4]通过建立结构的能力曲线和需求曲线，并依据两条曲线的交点对应的谱位移 S_d 、各级震害的谱位移均值 $\overline{S}_{d,Sds}$ 和谱位移自然对数标准差 β_{Sds} ，计算结构对应各震害等级的超越概率，即结构的地震易损性，相应计算公式如下：

$$P[ds \mid S_d] = \Phi\left(\frac{1}{\beta_{Sds}} \ln \frac{S_d}{\overline{S}_{d,Sds}}\right) \tag{17-20}$$

$$\overline{S}_{d,Sds} = \delta_{R,Sds} \alpha_2 h \tag{17-21}$$

$$\beta_{Sds} = \sqrt{(CONV[\beta_C, \beta_D, \overline{S}_{d,Sds}])^2 + \beta_{M(Sds)}^2} \tag{17-22}$$

式中， β_{Sds} 为结构破坏状态 ds 的对数正态标准差； β_C 为表征结构能力曲线变异性的对数正态标准差，对于按照规范设计的结构， β_C 取 0.25，对于未按照规范设计的结构， β_C 取 0.30； β_D 为描述需求谱变异性的对数正态标准差； $\beta_{M(Sds)}$ 为表示结构破坏状态阈值不确定性的对数正态标准差，对于所有的结构破坏状态和结构类型， $\beta_{M(Sds)}$ 取 0.40。

Syner-G 报告[5]中指出地震易损性函数应考虑三种基本的不确定性：破坏状态定义的不确定性、抗震能力(单元抗力等)的不确定性和地震需求(地震动输入)的不确定性。破坏状态定义的不确定性考虑了用于定义破坏状态的破坏指数或参数阈值的未知事实所导致的不确定性；抗震能力的不确定体现了结构特性的变异性和建模过程的不完备性；地震需求的不确定性反映了地震动强度指标的非完全有效性，即同一地震动强度指标的不同地震动记录下结构的响应不同。假定上述三种不确定均为独立的对数正态分布随机变量，则总的不确定性为

$$\beta = \sqrt{\beta_C^2 + \beta_D^2 + \beta_{DS}^2} \tag{17-23}$$

对于总的不确定性，FEM P-58-1[6]建议采用默认值 0.60，而 FEMA 2003[4]及 Kappos 等[7]建议对于按照老、中、现代规范设计的建筑物分别取 0.75、0.70 和 0.65。

GEM 的研究报告[8]概括了结构地震易损性评估各个环节中所包含的不确定性及其来源，如图 17.3 所示。地震易损性函数的定义是在给定地震动强度水平下结构发生不同破坏状态的超越概率，其表明在进行地震易损性分析之前，概率地震危险性分析已经完成，因此，图 17.3 中的地震动预测公式(ground motion predict equation，GMPE)的不确定性 ε 不包含在地震易损性分析过程中。来自地震需求方面的不确定性主要反映在地震波的选择和地震动参数的选择上，而来自结构抗震能力的不确定性主要反映在结构几何特性的不确定性上、材料力学性能参数的不确定性、结构参数的不确定性以及结构数值模型的不确定性上，并最终在结构破坏分析阶段体现为区分结构各破坏状态的阈值不确定性。在地震易损性分析阶段，由于人们知识水平的不足，将地震易损性函数假定为对数正态分布的累积函数，在此阶段包含了认知不确定性，即表征地震易损性曲线模型的不确定性。

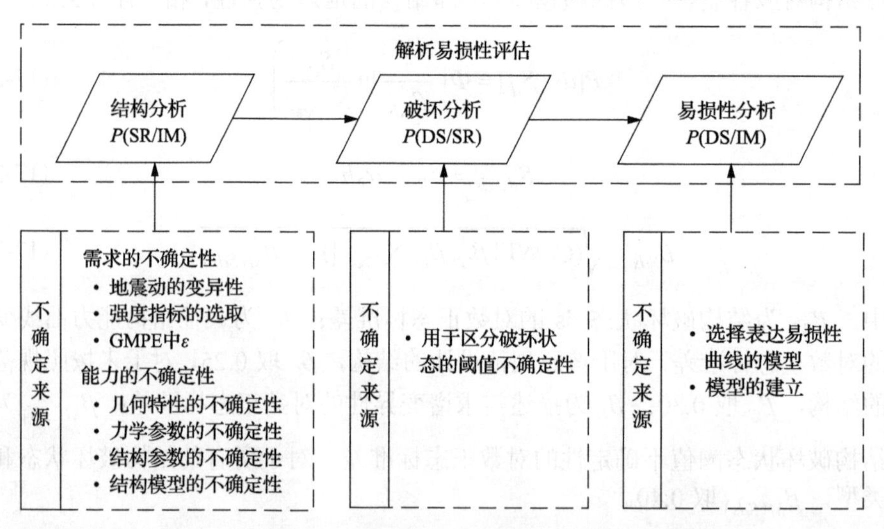

图 17.3 结构地震易损性评估中所涉及的不确定性及来源

FEMA P-695 研究报告[9]将影响结构倒塌易损性的不确定因素分为四个方面，并认为这四各方面的不确定性在统计意义上是相互独立的，因此系统总的不确定性用对数标准差可以表示为

$$\beta_{TOT} = \sqrt{\beta_{RTR}^2 + \beta_{DR}^2 + \beta_{TD}^2 + \beta_{MDL}^2} \tag{17-24}$$

式中，β_{RTR} 表示地震波对地震波(record-to-record)的不确定性，反映了地震动不

同而导致的结构响应的离散性，β_{RTR} 主要来源于以下两个方面：①工程场地危险性导致的选波差异性；②地震动频谱和动力特性的差异性。β_{DR} 反映了结构设计要求相关的不确定性(design requirements-related)，反映了结构设计要求的完整性、鲁棒性以及对结构倒塌失效防范的可靠性；β_{TD} 表示与试验数据有关的不确定性(text data-related)，反映了用于定义结构系统试验数据的完整性和鲁棒性；β_{MDL} 表示与结构建模相关的不确定性(modeling-related)，反映了结构有限元建模的精度，用于衡量有限元模型是否能准确表达真实结构地震响应的特征。

此外，Wen 等[10]以美国中部地区的老旧钢筋混凝土框架结构为研究对象，提出了同时考虑多种不确定因素的地震易损性函数计算模型，该模型中的对数标准差计算公式为

$$\beta = \sqrt{\beta_C^2 + \beta_{D|\mathrm{IM}}^2 + \beta_M^2} \tag{17-25}$$

式中，β_C、$\beta_{D|\mathrm{IM}}$ 和 β_M 分别表示结构抗震能力的不确定性、地震需求的不确定性和结构建模的不确定性。对于地震需求的不确定性 $\beta_{D|\mathrm{IM}}$，通过对 IDA 分析结果进行对数线性拟合得到；对于抗震能力的不确定性 β_C，建议依据 FEMA 规范和 Pushover 所确定的极限状态，取 β_C 为 0.30；对于建模不确定性，β_M 可取为 0.30。

依据上述地震易损性函数不确定性的划分方法，Ellingwood[11-13]、Celik[14,15]对美国中部地区的钢框架和钢筋混凝土框架结构进行了地震易损性评估，其将立即使用(IO)极限状态、显著破坏状态(SD)的能力不确定性 β_C 取为 0.25，建模不确定性 β_M 取为 0.20[3]。Jeong 等[16]亦采用式(17-25)计算地震易损性函数中的对数标准差，并取 β_M 为 0.20[3]。

综上所述，不同学者或研究机构出于研究目的的不同，对地震易损性函数中的不确定性划分及量化方法也不尽相同，但归结起来可概括为如下三个方面：

(1) 地震需求的不确定性反映了地震动不同导致的结构响应的不确定性，其主要来源于：①工程场地危险性导致的选波差异性；②地震动频谱和动力特性的差异性；③地震动强度指标选取的有效性。地震需求的不确定性属于本质不确定性范畴，目前大都通过 IDA 分析结果进行对数线性拟合对其量化。

(2) 抗震能力的不确定性反映了结构几何特性的不确定性、材料力学性能参数的不确定性和结构参数的不确定性，并最终在结构破坏分析阶段体现为区分结构各破坏状态阈值的不确定性。抗震能力的不确定性也属于本质不确定性范畴，目前大都采用 Pushover 法或 IDA 方法获得，也有部分学者直接给出了其建议值，如 Eliingwood 等[13]建议 β_C 取 0.25。

(3) 建模的不确定性或知识的不确定性主要反映了结构数值建模的精度，用于衡量有限元模型是否能准确表达真实结构地震响应的特征。建模的不确定性或知识

的不确定性属于认知不确定范畴，目前国内外学者大都基于文献[8]取 β_M=0.20 。

基于此，本书考虑上述三方面不确定性，并参考相关文献将反映地震易损性函数不确定性的总对数标准差按图 17.4 进行分解，同时给出了相应的量化方法。

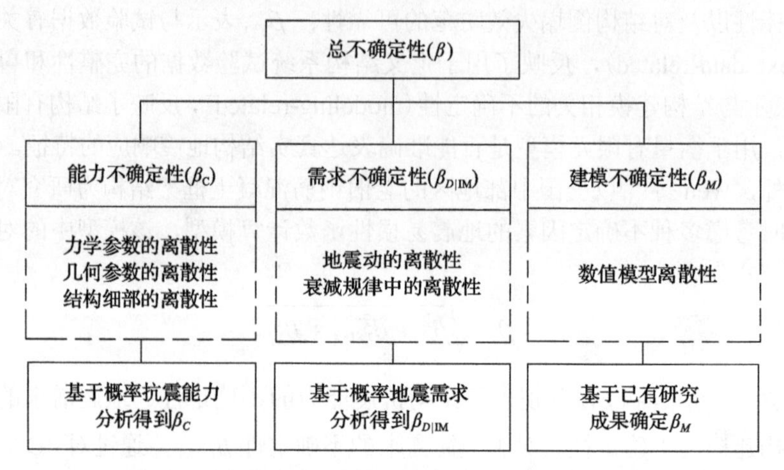

图 17.4　地震易损性函数不确定性的分解及量化方法

17.3　拟采用的解析地震易损性模型

根据 17.2 节论述可知，解析地震易损性函数中应考虑结构地震需求的不确定性、抗震能力的不确定性和建模的不确定性或知识的不确定性，然而式(17-18)和式(17-19)建立的解析地震易损性函数中仅考虑了地震需求的不确定性和抗震能力的不确定性，而未考虑建模的不确定性或知识的不确定性，即只包含了本质不确定性，而忽略了认知不确定性。Wen 等[3]指出，忽略不确定因素的影响将会扭曲结构风险分析结果并影响决策过程，但并未阐述各不确定对决策过程的影响程度。因此，为准确评估结构的地震易损性，本节建立考虑建模不确定或知识不确定的解析地震易损性函数，以建立城市多龄期钢结构地震易损性分析模型，并给出各不确定性因素的量化方法。

结构地震易损性分析中，通常假定不同来源的不确定之间相互独立，因此反映地震易损性分析总不确定性的对数标准差 β 可表示为各不确定性对数标准差 β_i 之和，即

$$\beta=\sqrt{\sum \beta_i^2} \tag{17-26}$$

考虑到式(17-19)给出的地震易损性函数中的对数标准差 β_R 已经包含了结构地震需求的不确定性和抗震能力的不确定性，但未包含建模或知识的不确定性

β_M，因此可将式(17-19b)代入式(17-26)，得到总不确定性的对数标准差β为

$$\beta=\sqrt{\beta_R^2+\beta_M^2}=\sqrt{\frac{\beta_{D|\mathrm{IM}}^2+\beta_C^2}{\beta_1^2}+\beta_M^2} \tag{17-27}$$

据此，得到可同时考虑结构地震需求不确定性、抗震能力不确定性及建模或知识不确定性的解析地震易损性函数为

$$F(x)=\Phi\left(\frac{\ln x-\ln m_R}{\beta}\right) \tag{17-28a}$$

$$m_R=\exp\left(\frac{\ln m_C-\beta_0}{\beta_1}\right)=\left(\frac{m_C}{\exp(\beta_0)}\right)^{1/\beta_1} \tag{17-28b}$$

式中，$\Phi[\cdot]$为标准正态概率分布函数；x 为地震动强度；m_C、β_C 为结构抗震能力 C 的对数均值和对数标准差，可采用 Pushover 法或 IDA 方法对其进行量化；β_0、β_1 和 $\beta_{D|\mathrm{IM}}$ 为根据时程分析结果进行对数线性拟合得到的相应拟合参数；β 为地震易损性函数中反映总不确定性的对数标准差，由式(17-27)计算得到，其中 β_M 为反映建模或知识不确定性的对数标准差，参考文献[3]和[13]，本书对各类典型钢结构统一取 $\beta_M=0.20$。

参 考 文 献

[1] FEMA350. Seismic design criteria for new steel moment frame buildings[S]. Washington D C: Federal Emergency Management Agency, 2000.

[2] Cornell C A, Jalayer F, Hamburger R O, et al. Probabilistic basis for 2000 SAC Federal Emergency Management Agency steel moment frame guidelines[J]. Journal of Structural Engineering, 2002, 128(4): 526-533.

[3] Wen Y K, Ellingwood B R. Uncertainy modeling in earthquke engineering[R]. MAE Center Project FD-2, 2003.

[4] FEMA. HAZUS-MH technical manual[M]. Washington D C: Federal Emergency Management Agency, 2003.

[5] Pitilakis K, Crowley H, Kaynia A M. SYNER-G: typology definition and fragility functions for physical elements at seismic risk[M]. Springer Netherlands, 2014.

[6] FEMA P-58-1. Seismic performance assessment of buildings, volume 1-methodology[S]. Washington D C: Applied Technology Council, Federal Emergency Management Agency, 2012.

[7] Kappos A J, Panagopoulos G. Fragility curves for reinforced concrete buildings in Greece[J]. Structure & Infrastructure Engineering, 2010, 6(1-2): 39-53.

[8] Global Earthquake Model. http://www.globalquakemodel.org/.

[9] FEMA P-695. Quantification of building seismic performance factors[S]. Washington D C: Applied Technology Council for the Federal Emergency Management Agency, 2009.

[10] Wen Y K, Ellingwood B R, Bracci J M. Vulnerability function framework for consequence-based engineering[R]. Mid-America Earthquake Center Project DS-4 Report, 2004.

[11] Ellingwood B R, Kinali K. Quantifying and communicating uncertainty in seismic risk assessment [J]. Structural Safety, 2009, 31 (2) : 179-187.

[12] Kinali K, Ellingwood B R. Seismic fragility assessment of steel frames for consequence-based engineering: A case study for Memphis, TN[J]. Engineering Structures, 2007, 29 (6) : 1115-1127.

[13] Ellingwood B R, Celik O C, Kinali K. Fragility assessment of building structural systems in Mid-America[J]. Earthquake Engineering and Structural Dynamics, 2007, 36 (13) : 1935-1952.

[14] Celik O C, Ellingwood B R. Seismic risk assessment of gravity load designed reinforced concrete frames subjected to Mid-America ground motions[J]. Journal of Structural Engineering, 2009, 135 (4) : 414-424.

[15] Celik O C, Ellingwood B R. Seismic fragilities for non-ductile reinforced concrete frames-Role of aleatoric and epistemic uncertainties[J]. Structural Safety, 2010, 32 (1) : 1-12.

[16] Jeong S H, Mwafy A M, Elnashai A S. Probabilistic seismic performance assessment of code-compliant multi-story RC buildings[J]. Engineering Structures, 2012, 34 (1) : 527-537.

第18章　地震动记录及强度指标的选择

结构非线性动力分析是结构地震易损性分析的前提，而合适的地震动输入则是应用非线性动力分析方法合理预测结构地震响应的基础。根据研究目的的不同，各国抗震规范、设计指南及研究文献提出了不同的用于结构动力分析的地震动记录集。本章首先对已有的地震动记录集进行综述，并在此基础上选取适合城市区域在役建筑结构抗震性能评估的地震动记录集。此外，考虑到地震动强度指标的不同将会影响结构地震易损性分析中的概率地震需求分析结果，因此根据地震动参数评价标准，并结合本书研究特点，选取合适的地震动强度指标。最后，介绍基于条带法的概率地震需求分析过程中的地震动调幅方法，为各类典型钢结构的概率地震需求分析奠定基础。

18.1　地震动记录选取

Silva 等[1]指出，在结构地震易损性分析中，为了考虑输入地震动记录的变异性对结构响应的影响，通常选取一簇自然或人工的地震加速度记录作为结构的地震动输入。但需要指出的是，目前关于加速度记录应如何选择仍没有相关指导规范，因此本章首先总结目前国内外已有的地震动记录集的研究现状及选波方法，并在此基础上，结合本书研究特点，选取相应的地震动记录集作为后续研究所需的地震动输入。

18.1.1　地震动记录集的研究现状

1) NGA-West2 Database 地震波数据库

美国太平洋地震工程研究中心(The Pacific Earthquake Engineering Research Center，PEER)和加州地震勘察局共同开发了“PEER 下一代地震衰减模型”，并发布了第一个面向用户的交互式网络选波平台“NGA-West2 Database[2]”。通过该选波平台，研究人员可根据场地类型、震源机制、震中距等相关情况，选取结构动力分析所需的地震动记录集。然而，需要指出的是，该选波平台虽然包含了丰富的历史地震动记录数据，但并未提供具体的地震动记录选取方法，亦未提供实用的地震动记录集，因此研究人员通过该平台选取地震动时，仍需辅以地震动记录选取方法。

2) PEER TRP 地震动记录集

Baker 研究小组[3]为保证太平洋地震工程研究中心关于交通系统研究计划

(PEER transportation research program，PEER TRP)的实施，制定了一套新的地震动记录选择标准，并被“NGA-West2 Database”选波平台所采用。通过上述选择标准，Baker 研究小组推荐了 4 个适用于美国加州的地震动记录集，编号为#1～#4：

#1A 系列，宽带地震动记录(震级 M=7，断层距 R=10km，等效剪切波速 V_{s30}=200～400m/s，平均等效剪切波速 V_{s30}=250m/s)；

#1B 系列，宽带地震动记录(震级 M=6，断层距 R=25km，平均等效剪切波速 V_{s30}=250m/s)；

#2 系列，宽带地震动记录(震级 M=7，断层距 R=10km，等效剪切波速 V_{s30} > 625m/s，平均等效剪切波速 V_{s30}=760m/s)；

#3 系列，脉冲型地震动记录；

#4 系列，适用于奥克兰地区的地震动记录(根据地震危险性分析结果及场地信息选取地震动记录)。

3) SAC 地震动记录集

针对洛杉矶、西雅图和波士顿三个城市内的坚硬场地，Somervile 等[4]选择了 10 条双分量的地震动记录，以匹配处于多个危险水准的 NEHRP 设计反应谱。其中部分地震动记录已作为 SHAKE91 场地反应分析的输入地震动[5]，并据此生成适用于上述三个城市软土场地的地震动记录。

除上述适用于特定场地的地震动记录外，Somervile 等又推荐了 20 条三分量的地震动记录系列(其中 10 条真实地震动记录，10 条模拟地震动记录，且所选择的真实地震动记录均为较大震级地震下的地震动记录)作为近断层场地的地震动记录。

4) LMSR 地震动记录集

Krawinkler 等[6,7]根据台站和地震信息推荐了四个系列的地震动记录，以用于结构地震需求的研究中。其中大震级-小震中距(large magnitude and small distance，LMSD)系列，在实际工程得到了广泛的应用，该系列中包含了 20 条双分量地震动记录，其震级范围为 6.5M～7M，断层距范围为 13～30km。需要指出的是，该系列地震动记录未明确给出与场地类别有关的信息。

5) FEMA P-695 地震动记录集

FEMA P-695[8]研究报告指出：结构的地震易损性研究将同时涉及结构自身特性的离散性(层数、跨度等)和结构所处场地的多样性(如何选择地震动记录和考虑地震动不确定性)两个重点和难点问题。对于结构自身的离散性，FEMA P-695 建议引入索引典型结构解决。而对于结构所处场地的多样性，则选取了所研究区域中起主导的场地类别(报告中所选场地类别为 C 类和 D 类)，并给出了相应的地震动记录的选取原则，且据此推荐了 22 条远场地震动记录作为结构非线性时程分析的输入地震动。

此外，我国学者曲折等[7]总结概括了目前国内外常用的三种地震动记录选取方法，并基于上述三种方法分别推荐了相应的地震动记录集。其中，A 集为基于台站和地震信息的选择集，包含 10 条地震动记录；B 集和 C 集分别为基于设计反应谱的选择集和基于最不利地震动的选择集，包含 10 条地震动记录，根据结构基本周期的不同，相应的地震动记录集(B 集和 C 集)会有所不同。

18.1.2　研究采用的地震动记录集

本书的研究对象为“处于中国的城市多龄期钢结构”，包括不同场地的各类钢结构。基于此，所选取的地震动记录除了要能够充分反映地震动固有的频谱特性差异外，还应该适合所研究区域的多种场地类型。

Baker 研究小组[3]所推荐的地震动记录集中，#1 地震动记录集适用于土壤场地(soil site)，#2 地震动记录适用于坚硬场地(rock site)，#3 地震动记录集为脉冲型地震动记录，适用于近断层场地，而#4 地震动记录集是根据场地信息及危险分析结果提出的专门针对奥克兰地区的地震动记录。因此，上述 4 组地震动记录集均只适用于特定场地类型。

Somervile 等[4]推荐的 SAC 地震动记录集是针对于洛杉矶、西雅图和波士顿三个城市内的坚硬场地所提出的，虽然在此基础上，又补充了适用于软土场地和近断层场地的地震动记录，但所推荐的地震动记录集也只适用于特定场地类型。而 LSMR 地震动记录系列中未给出与场地类型有关的信息，其适用性还有待进一步验证。

综合以上分析可知，Baker 研究小组和 Somervile 等推荐的地震动记录集均为针对特定场地所提出的，因而并不符合前述适用于多种场地类型的条件。此外，LMSR 系列和曲折等[9]推荐的地震动记录 A 集，虽然是基于台站和地震信息所选取的，但其能否适用于多种场地类别还有待验证，因此本次研究亦未选取该地震动记录集作为后续研究的地震动输入。

相对于上述地震动记录集而言，FEMA P-695 所推荐的 22 条远场地震动记录考虑了研究区域内多种场地类别，且地震动记录数量丰富，能够充分反映地震动频谱特性差异，因而被国内外大多数学者所采用[10-15]。此外，以全球范围内的结构作为灾害损失评估对象的 GEM，针对解析地震易损性函数的建立，给出了一系列指导性报告[16-18]。报告中亦推荐采用 FEMA P-695 中的 22 条远场地震动记录作为建立结构解析地震易损性的输入地震动，以考虑地震动的不确定性。鉴于此，本书遵循美国应用技术委员会(Applied Technology Council，ATC)在 FEMA P-695 报告中建议的八条选波原则，并选取了该研究报告中推荐的 22 条远场地震动记录中 PGA 分量较大的 22 条地震动记录作为后续研究的输入地震动记录，各地震动记录的详细信息见表 18.1。该地震动记录的震级-断层距分布以及加速度反应谱分别如图 18.1 和图 18.2 所示，其中 1#地震动记录的时程曲线及加速度反应谱如图 18.3 所示。

表 18.1　ATC 63 中 PGA 分量较大的 22 条远场地震动记录

编号	震级	发震时间	名称	地震台站	分量	PGA/g
1	6.7	1994	Northridge	Beverly Hills-Mulhol	NORTHR/MUL279	0.52
2	6.7	1994	Northridge	Canyon Country-WLC	NORTHR/LOS270	0.48
3	7.1	1999	Duzce, Turkey	Bolu	DUZCE/BOL090	0.82
4	7.1	1999	Hector Mine	Hector	HECTOR/HEC090	0.34
5	6.5	1979	Imperial, Valley	Delta	IMPVALL/H-DLT352	0.35
6	6.5	1979	Imperial, Valley	El Centro Array #11	IMPVALL/H-E11230	0.38
7	6.9	1995	Kobe, Japan	Nishi-Akashi	KOBE/NIS000	0.51
8	6.9	1995	Kobe, Japan	Shin-Osaka	KOBE/SHI000	0.24
9	7.5	1999	Kocaeli, Turkey	Duzce	KOCAELI/DZC270	0.36
10	7.5	1999	Kocaeli, Turkey	Arcelik	KOCAELI/ARC000	0.22
11	7.3	1992	Landers	Yermo Fire Station	LANDERS/YER270	0.24
12	7.3	1992	Landers	Coolwater	LANDERS/CLW-TR	0.42
13	6.9	1989	Loma Prieta	Capitola	LOMAP/CAP000	0.53
14	6.9	1989	Loma Prieta	Gilroy Array #3	LOMAP/GO3000	0.56
15	7.4	1990	Manjil, Iran	Abbar	MANJIL/ABBAR-L	0.51
16	6.5	1987	Superstition Hills	El Centro Imp. Co.	SUPERST/B-ICC000	0.36
17	6.5	1987	Superstition Hills	Poe Road (temp)	SUPERST/B-POE270	0.45
18	7.0	1992	Cape Mendocino	Rio Dell Overpass	CAPEMEND/RIO360	0.55
19	7.6	1999	Chi-Chi, Taiwan	CHY101	CHICHI/CHY101-N	0.44
20	7.6	1999	Chi-Chi, Taiwan	TCU045	CHICHI/TCU045-N	0.51
21	6.6	1971	San Fernando	LA-HollywoodStor	SRERNPEL090	0.21
22	6.5	1976	Friuli, Italy	Tolmezzo	FRIULI/A-TMZ000	0.35

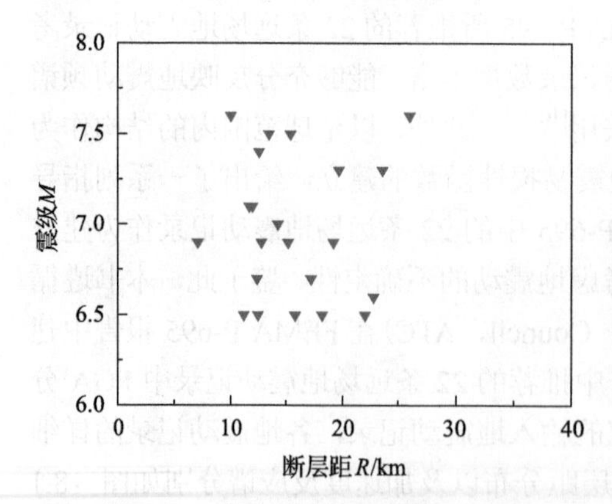

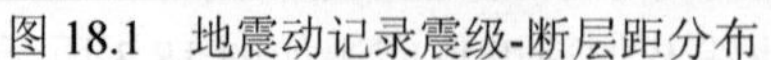

图 18.1　地震动记录震级-断层距分布

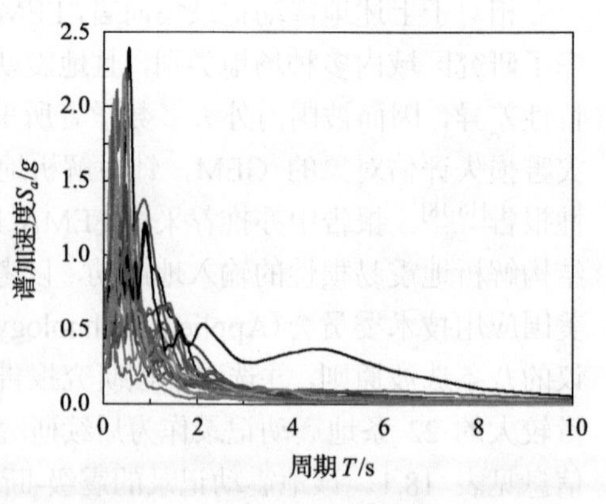

图 18.2　地震动记录加速度反应谱

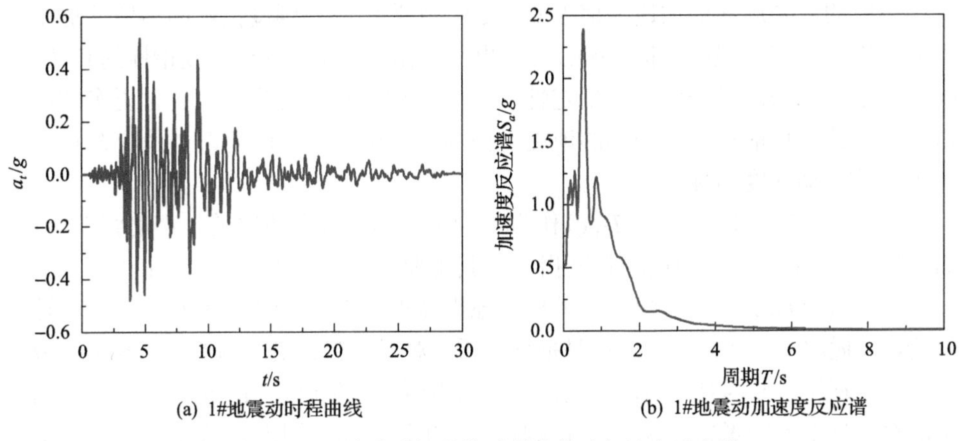

(a) 1#地震动时程曲线　(b) 1#地震动加速度反应谱

图 18.3　1#地震动记录的时程曲线及加速度反应谱

18.2　地震动强度指标选取

地震动强度指标作为联系地震危险性与结构地震反应分析的桥梁，是影响结构地震灾害风险评估结果准确性的重要指标[19]。场地地震动及结构在地震动下的非线性行为均十分复杂，在进行结构地震反应分析中，如何选择一个可与地震危险性模型衔接且能够综合描述地震动强度的指标，一直是地震工程界研究的难点和热点。

目前，常用的地震动强度指标 IM，根据其与结构动力特性的相关性，可分为与结构动力特性有关的地震动强度指标(如谱加速度 $S_a(T,\xi)$、谱位移 $S_d(T,\xi)$ 等)和与结构动力特性无关的地震动强度指标(如峰值加速度 PGA、峰值速度 PGV 等)。其中，最为常用的地震动强度指标为峰值加速度 PGA 和一阶周期谱加速度 $S_a(T_1,\xi)$。

地震动强度指标的选取应考虑其有效性。有效性描述了在给定的地震动强度指标下，以工程需求参数(EDP)衡量的结构响应的离散程度。一个更加有效的地震动强度指标可减少这种离散性，即通过较少的地震动记录输入获取同等置信度的分析结果，从而显著降低计算时长[19]。

在概率地震需求模型中，地震动强度参数的有效性可以通过线性回归分析中的对数标准差 $\beta_{D|\mathrm{IM}}$ 来表示，详细计算公式见式(17-11)。对数标准差 $\beta_{D|\mathrm{IM}}$ 越小，表示所选取的地震动强度指标越有效，概率地震需求模型的不确定性越小。Jeon 等[20]采用峰值加速度 PGA 和一阶周期谱加速度 $S_a(T_1,\xi)$ 作为地震动强度指标，分别对框架结构进行概率地震需求模型的对数线性拟合。结果表明，采用包含结构一阶周期和阻尼信息的一阶周期谱加速度 $S_a(T_1,\xi)$ 的对数标准差比仅包含地震动幅值参数即峰值加速度 PGA 的对数标准差要小，评价结构更优。陆新征等[21]同样认为，对于短周期结构，与传统的 PGA 指标相比，以阻尼比为 5%的结构基本

周期对应的一阶周期谱加速度值 $S_a(T_1, 5\%)$ 作为地震动强度指标的离散性更小，更适合作为地震动强度指标。Mackie[22]也曾指出，提高地震动强度指标的有效性，减小概率地震需求模型中的不确定性，需要在地震动强度指标中包含更多的结构信息。因此，目前对单体结构的地震易损性分析中，许多研究人员采用 $S_a(T_1, \xi)$ 作为其地震动强度指标。

然而，本书并未选取 $S_a(T_1,\xi)$ 作为结构地震易损性分析时的地震动强度指标，而是选取了 PGA 作为地震动强度指标，其主要原因有如下几个方面：

(1) 以 $S_a(T_1,\xi)$ 作为强度指标的概率地震需求分析结果的有效性优于 PGA 这一结论，仅适用于单体结构的地震易损性分析，对于一类建筑结构的地震易损性分析并不一定适用。原因是：当以一类建筑结构为研究对象时，相应的地震易损性函数中的对数标准差应考虑建筑物与建筑物之间的变异性，采用 $S_a(T, \xi)$ 作为地震动强度指标时，虽然减小了概率地震需求分析模型的对数标准差，但由于地震动强度指标中包含了结构的动力特性参数，增大了建筑物与建筑物之间的变异性，从而导致反映一类建筑结构地震易损性函数中总不确定性的对数标准差并不一定减小。

(2) Syner-G 研究小组[23]搜集了大量欧洲钢筋混凝土结构地震易损性的研究资料，并对各研究资料中所采用的地震动强度指标予以统计，给出了地震动强度指标的百分比分布，如图 18.4 所示。可以看出，PGA 仍然为目前应用范围最为广泛的地震动强度指标。因此，Syner-G 报告也推荐采用 PGA 作为地震动强度指标，建立结构的解析地震易损性函数。

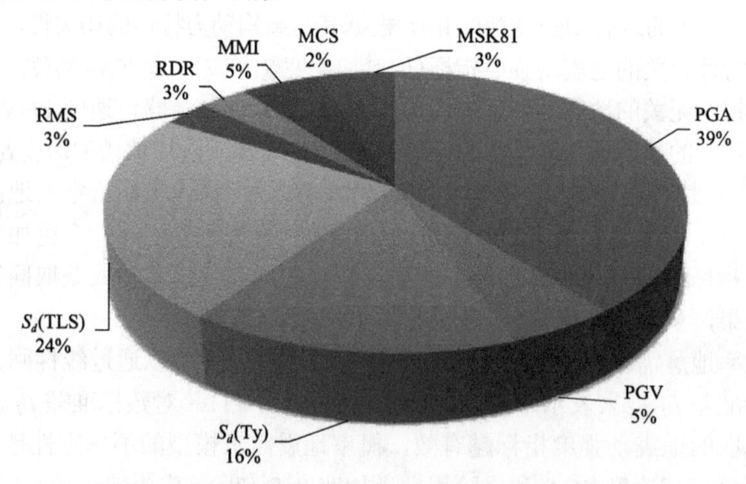

图 18.4　地震易损性研究中采用不同强度指标的百分比

(3) Jeon[24]指出，最优地震动强度指标的选取应与结构的固有动力特性无关，从而使得所选取的地震动记录适用于所评估区域内不同类型、不同设计参数的建筑结构。本书的研究对象为城市区域建筑中的多龄期钢结构，包含不同层数、不同设防烈度、不同设计规范以及不同服役环境和龄期下的多种钢结构体系，因此与结构动力特性无关的 PGA 指标更加适用于本书所涉及的研究对象与目标。

(4) 我国的《中国地震动参数区划图》[25]虽然将各地区的地震动参数进行了更深入的细化，但可查询到的地震动强度指标仍只有 PGA，并未给出相应场地或区域性的谱加速度指标。在区域地震灾害风险评估中，《中国地震动参数区划图》给出的各地区的地震动强度指标 PGA，可近似看成设定性的地震危险性参数，基于此并结合以 PGA 为地震动强度指标的地震易损性函数，即可实现对我国各地区地震灾害风险的快速评估。

(5) 地震动强度指标是联系地震危险性分析和地震易损性分析的纽带，因此地震易损性分析中的地震动强度指标应与“中国地震灾害损失评估系统”[26]中地震危险性分析所采用的地震动强度指标 PGA 相一致。

18.3　IDA 分析中地震动调幅方法

云图法和条带法是目前概率地震需求分析中应用最为广泛的两种方法，基于云图法和条带法的概率地震需求分析模型如图 18.5 所示。其中云图法是一种不需要对地震动强度进行调幅的概率地震需求分析方法，其优点是只需要输入几十或几百条地震动记录，就可以较准确地预测结构的地震响应。而条带法则是一种基于地震动强度调幅的概率地震需求分析方法，其优点是可获得结构在不同地震动强度下的地震需求结果，以更为准确地描述地震需求随地震动强度的变化规律[27]。考虑到后续研究中选取了 FEMA P-695 推荐的 22 条远场地震动记录作为地震动输入集，为提高分析结果的有效性，本次研究选取条带法对各典型钢结构进行概率地震需求分析。

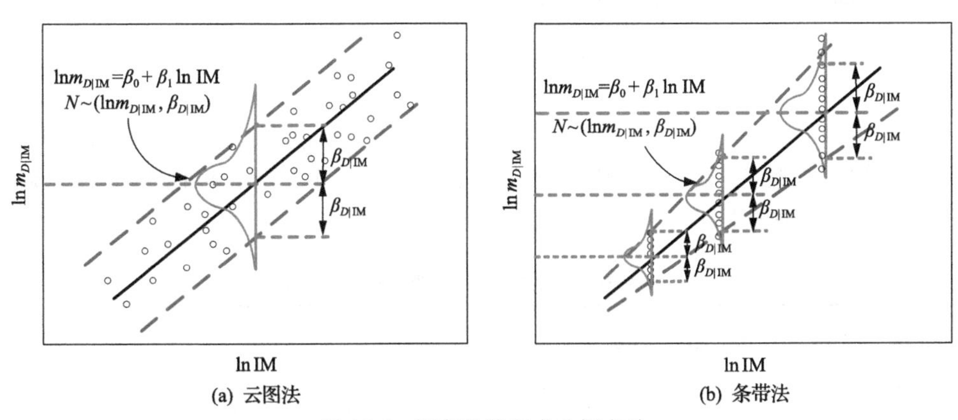

图 18.5　概率地震需求分析方法

基于条带法的概率地震需求分析，需要对地震动强度进行调幅。国内外研究中常用的地震动调幅方法可分为等步调幅和不等步调幅两种。其中，等步调幅是指每次以恒定的增量对地震动记录进行调幅，如式(18-1)所示。该调幅方法的优点是调幅过程简单；缺点是如果调幅步长过小，则会造成计算量太大而降低分析效率，相反，如果调幅步长过大，虽然计算量减少，但是在计算时可能会忽略结构在由弹性向弹塑性发展过程中的某些重要转折点。

$$\lambda_{i+1} = \lambda_i + \Delta\lambda \tag{18-1}$$

不等步调幅是指调幅时可以根据结构的收敛情况及时调整步长增量$\Delta\lambda_i$，如式(18-2)所示。不等步调幅的特点是步长增量$\Delta\lambda_i$可根据结构在分析时的收敛情况来确定，调幅时人为因素影响比较大。基于不等步调幅准则，Vamvatsikos 等[28]提出 Hunt&Fill 调幅准则，即对结构性能变化较明显的过程要相应减小，对结构性能变化不明显或变化规律一致的情况可适当增大，其从原则上提升了描述地震需求随地震动强度变化规律的准确性。

$$\lambda_{i+1} = \lambda_i + \Delta\lambda_i \tag{18-2}$$

此外，Porter 等[16]根据结构的基本周期，提出如下地震动调幅方法：

当$T_1 \leqslant 0.5\text{s}$时，$x \in \{0.1g, 0.2g, 0.3g, \cdots, 3.0g\}$；

当$0.5\text{s} \leqslant T_1 \leqslant 2.0\text{s}$时，$x \in \{0.1g, 0.2g, 0.3g, \cdots, 1.5g\}$；

当$T_1 \geqslant 2.0\text{s}$时，$x \in \{0.1g, 0.2g, 0.3g, 0.4g, 0.5g\}$；

式中，T_1为结构的基本周期；x为地震动强度水平。

Porter 等[16]进一步指出，如果在上述地震动强度水平下，所选取的典型结构非线性时程分析的计算成本过高，则可采用式(18-3)所示的地震动强度水平简化调幅。采用该简化调幅方法进行概率地震需求分析，最多只需对地震动进行 7 次调幅。

$$x \in \left\{10^{-1.00}g, 10^{-0.75}g, 10^{-0.50}g, \cdots, 10g\right\} \tag{18-3}$$

本书在采用 IDA 方法对钢结构进行地震反应分析时，考虑地震波调幅范围需覆盖结构可能遭遇的各地震加速度水平及计算精度要求，采用表 18.2 所示的调幅方案对各典型钢结构的输入地震动进行调幅。

表 18.2 钢结构地震动调幅方案

设防烈度	调幅次数						
	1	2	3	4	5	6	7
6 度	0.018g	0.05g	0.125g	0.3g	0.5g	0.62g	0.8g
7 度(7.5 度)	0.035g	0.05g	0.125g	0.3g	0.5g	0.62g	0.8g
8 度(8.5 度)	0.07g	0.215g	0.4g	0.62g	0.8g	0.9g	1.0g
9 度	0.14g	0.4g	0.62g	0.8g	0.9g	1.0g	1.1g

参 考 文 献

[1] Silva V, Crowley H, Varum H, et al. Evaluation of analytical methodologies used to derive vulnerability functions[J]. Earthquake Engineering and Structural Dynamics, 2013, 43(2): 181-204.

[2] NGA-West2 Database. http://ngawest2.berkeley.edu.

[3] Baker J W, Lin T, Shahi S K, et al. New ground motion selection procedures and selected motions for the PEER transportation research program[R]. Stanford: Stanford University, 2011.

[4] Somervile P G, Smith N F, Punyamurthula S, et al. Development of ground motion time histories for phase 2 of the FEMA/SAC steel project[R]. Report No. SAC/BD-97/04, SAC Joint Venture, Sacramento, CA. 1997.

[5] Idriss I M, Sun J I. User's Manual for SHAKE91: A computer program for conducting equivalent linear seismic response analysis of horizontally layered soil deposits[M]. Center for Geotechnical Modeling, Department of Civil Engineering, University of California, Davis, CA, 1992.

[6] Krawinkler H, Medina R, Alavi B. Seismic drift and ductility demands and their dependence on ground motions[J]. Engineering Structures, 2003, 25(5): 637-653.

[7] Medina R A, Krawinkler H. Seismic demands for non-deteriorating frame structures and their dependence on ground motions[R]. Stanford: Stanford University, 2004.

[8] FEMA P-695. Quantification of building seismic performance factors[S]. Washington D C: Applied Technology Council for the Federal Emergency Management Agency, 2009.

[9] 曲哲, 叶列平, 潘鹏. 建筑结构弹塑性时程分析中地震动记录选取方法的比较研究[J]. 土木工程学报, 2011, 44(7): 10-21.

[10] Haselton C B, Liel A B, Deierlein G G, et al. Seismic collapse safety of reinforced concrete buildings. Ⅰ: Assessment of ductile moment frames[J]. Journal of Structural Engineering, 2011, 137(4): 481-491.

[11] Liel A B, Haselton C B, Deierlein G G. Seismic collapse safety of reinforced concrete buildings: Ⅱ. Comparative assessment of non-ductile and ductile moment frames[J]. Journal of Structural Engineering, 2011, 137(4): 492-502.

[12] 施炜, 叶列平, 陆新征, 等. 不同抗震设防 RC 框架结构抗倒塌能力的研究[J]. 工程力学, 2011, 28(3): 41-48.

[13] 郑山锁, 张艺欣, 秦卿, 等. RC 框架核心筒结构的地震易损性研究[J]. 振动与冲击, 2016, 35(23): 106-113.

[14] 郑山锁, 杨威, 杨丰, 等. 基于多元增量动力分析(MIDA)方法的 RC 核心筒结构地震易损性分析[J]. 振动与冲击, 2015, 34(1): 117-123.

[15] 郑山锁, 程洋, 王晓飞, 等. 多龄期钢框架的地震易损性分析[J]. 地震工程与工程振动, 2014, 1(6): 207-217.

[16] Porter K, Farokhnia K, Vamvatsikos D, et al. Analytical derivation of seismic vulnerability function for high rise buildings[R]. Stanford: Stanford University, 2013.

[17] D'Ayala D, Meslem A. Sensitivity of analytical fragility functions to capacity-related parameters[R]. GEM Foundation, Pavia, Italy, 2013.

[18] D'Ayala D, Meslem A, Vamvatsikos D, et al. Guidelines for analytical vulnerability assessment of low/mid-rise buildings -methodology[J]. Utopian Studies, 2014, 25(25): 150-173.

[19] 张艺欣, 郑山锁, 秦卿, 等. 适用于高层 RC 结构的谱加速度指标分析[J]. 工程力学, 2017, (10): 149-157.

[20] Jeon J S, Desroches R, Lowes L N, et al. Framework of aftershock fragility assessment-case studies: older California reinforced concrete building frames[J]. Earthquake Engineering and Structural Dynamics, 2015, 44(15): 2617-2636.

[21] 陆新征, 叶列平, 缪志伟. 建筑抗震弹塑性分析: 原理、模型与在 ABAQUS, MSC. MARC 和 SAP2000 上的实践[M]. 北京: 中国建筑工业出版社, 2009.

[22] Mackie K. Fragility-based seismic decision making for highway overpass bridges[D]. Berkeley: UC Berkeley, 2005.
[23] Pitilakis K, Crowley H, Kaynia A M. SYNER-G: typology definition and fragility functions for physical elements at seismic risk[M]. New York: Springer Netherlands, 2014.
[24] Jong-Su Jeon. Aftershock vulnerability assessment of damaged reinforced concrete buildings in California[D]. Georgia: Georgia Institute of Technology, 2013.
[25] 中华人民共和国国家质量监督检验检疫总局, 中国国家标准化管理委员会. 中国地震动参数区划图(GB 18036—2015)[S]. 北京: 中国建筑工业出版社, 2015.
[26] 郑山锁, 孙龙飞, 龙立, 等. 城市地震灾害损失评估: 理论方法、系统开发与应用[M]. 北京: 科学出版社, 2017.
[27] 于晓辉, 吕大刚. 基于云图-条带法的概率地震需求分析与地震易损性分析[J]. 工程力学, 2016, (6): 68-76.
[28] Vamvatsikos D, Cornell C A. Incremental dynamic analysis[J]. Earthquake Engineering and Structural Dynamics, 2015, 31(3): 491-514.

第 19 章　多龄期钢结构概率地震需求分析

19.1　不同侵蚀环境下多龄期钢结构腐蚀程度量化模型

钢材表面的锈蚀形态具有较高的随机性，当钢材锈蚀程度较小时，钢材厚度尚未削弱，钢材锈蚀仅由不均匀锈蚀组成；随着锈蚀程度增加，锈坑的尺寸及深度增加，且既有非均匀锈蚀面上仍会产生新的锈坑，新锈坑同样遵循“出现—扩展—融合”的发展规律，引起钢材最大残余厚度减小，发生均匀锈蚀。因此，在定量分析钢材锈蚀形态时，应综合考虑均匀锈蚀和坑蚀的影响。钢材锈蚀形态示意见图 19.1。

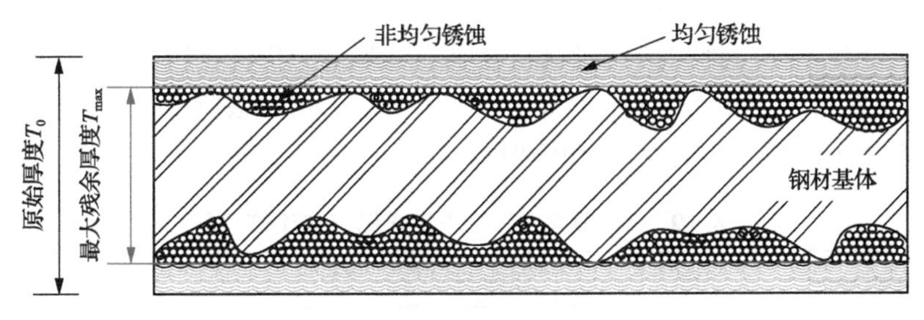

图 19.1　钢材锈蚀形态示意图

当结构服役龄期较短，钢材最大残余厚度等于钢材的初始厚度，锈蚀仅表现为坑蚀，采用质量损失速率表示这一阶段钢材的锈蚀速率，质量损失速率表达式为

$$K_{\mathrm{w}}=\frac{W_0-W_1}{St} \tag{19-1}$$

式中，W_0 和 W_1 分别为试件原始质量和腐蚀后的质量；S 为钢材锈蚀面的面积；t 为腐蚀时间，即服役龄期。

当结构服役龄期较长时，锈蚀表现为均匀锈蚀和坑蚀，对均匀锈蚀部分，采用厚度损失速率表示钢材的锈蚀速率，表达式见式(19-2)；对于坑蚀部分，在均匀锈蚀已削弱钢板厚度的基础上，采用的等效质量损失速率表示坑蚀部分质量损失的速率，其表达式见式(19-3)。

$$K = \frac{T_0 - T_{\max}}{t} \tag{19-2}$$

$$K_{\text{wn}} = \frac{\rho S T_{\max} - W_1}{St} \tag{19-3}$$

式中，T_0和 $T_{\max}$ 分别为试件原始厚度和最大残余厚度；ρ 为钢材的密度，假定锈蚀前后钢材密度不变；S 为钢材的锈蚀面积；t 为腐蚀时间，即服役龄期。

19.1.1　一般大气环境

对处于一般大气环境的西安、太原、攀枝花等地区钢结构建筑进行耐久性现场检测，建筑信息见表 19.1。主要对建筑物承重构件外观质量、防腐涂层现状、钢材锈蚀深度进行检测，检测及取样过程按照《钢结构现场检测技术标准》(GB 50621—2010)[1]、《高耸与复杂钢结构检测与鉴定技术标准》(GB 51008—2016)[2]、《钢及钢产品力学性能试验取样位置及试样制备》(GB/T 2975—2018)[3]相关规定进行，在每栋钢结构建筑上选取一定数量的构件，每个构件沿长度方向选取 3～5 处测区，每个测区选取 8～10 个测点，采用涂层测厚仪及超声测厚仪分别测量该测区钢材的防腐涂层现状和钢材最大残余厚度。

表 19.1　一般大气环境下在役钢结构建筑信息

建筑编号	建筑名称	服役龄期 t/a
1	攀宏钒制品厂氮合金车间厂房	8
2	太钢第二炼钢厂主厂房原料跨	11
3	太钢冷轧厂新廿辊厂房	16
4	太钢热连轧厂精整跨厂房	19
5	太钢热连轧厂轧制车间厂房	20
6	攀钢炼钢厂板坯接受跨及浇铸跨主厂房	21
7	太钢第三炼钢厂精磨车间厂房	25
8	攀钢炼钢厂原料跨厂房	34
9	太钢第三炼钢厂精磨车间厂房	41
10	攀钢热电厂 3#锅炉钢结构构架	43
11	太钢第二炼钢厂主厂房	44
12	太钢初轧厂均热炉车间厂房	54

各构件钢材的最大残余厚度取该构件所有测区测得的钢板厚度最大值，并依

据原设计反推出该构件各厚度钢板的均匀锈蚀深度，取每栋建筑所有检测构件均匀锈蚀深度的均值作为该栋建筑的均匀锈蚀深度 d，进而求得该建筑物的厚度损失速率 K。根据现场检测情况，在具备取样条件的结构的非承重构件上截取钢材并刨去取样试样的防腐涂层，随后将其加工成标准试件并对其进行酸洗除锈、烘干及称重，进而测量钢材试件的质量，取每栋建筑相同厚度钢材试件质量的均值作为该栋建筑该厚度取样试件的质量 W_1；本书假定锈蚀前后钢材的密度不变，依据原设计图纸计算得到钢材试件未锈蚀时的等效初始质量 W_0，进而求得在该栋建筑上取样的该厚度钢材试件的质量损失速率或等效质量损失速率。综上，本书对于钢材已经锈蚀但未产生均匀锈蚀的建筑，以质量损失速率表示每栋建筑该厚度钢材的锈蚀速率；对于钢材已产生均匀锈蚀的建筑，以厚度损失速率表示每栋建筑钢材的均匀锈蚀速率，以等效质量损失速率表示每栋建筑不同厚度钢材的非均匀锈蚀速率。

表 19.2 汇总了一般大气环境下钢结构建筑的锈蚀程度参数均值和锈蚀速率参数均值。可以看出，当结构服役龄期小于 15 年时，钢材质量损失和锈蚀深度均较小，对钢材力学性能和构件的承载力影响较小；当服役龄期超过 15 年但不足 30 时，钢材的质量损失速率显著增大，同时部分结构的钢材最大残余厚度开始削弱，但钢板厚度削弱较小，为简化计算，仍忽略这些结构钢材最大残余厚度的削弱；当服役龄期超过 30 年时，钢材锈蚀深度明显增加，均匀锈蚀对钢构件截面造成了明显削弱。课题组前期对既有钢结构钢材锈蚀程度的参数采用钢材锈蚀深度(钢材原设计厚度与残余厚度之差)，以钢材残余厚度开始减小的时间为钢材的起锈时间，这样低估了钢材最大残余厚度折减之前坑蚀的影响。鉴于此，本书取该服役环境下钢材开始锈蚀的时间及钢材最大残余厚度开始减小的时间分别为 15 年和 30 年。从实际结构测得的各锈蚀速率参数结果可以看出，当结构的钢材出现坑蚀，但未产生均匀锈蚀时(服役龄期 16～28 年)，钢材的质量损失速率均值为 147.6g/(m^2·a)，对应的变异系数为 0.089；当结构的钢材产生均匀锈蚀后，均匀锈蚀部分的厚度损失速率 K 和坑蚀部分的等效质量损失速率 K_{wn} 的均值分别为 19.1μm/a 和 193.1g/(m^2·a)，对应的变异系数分别为 0.295 和 0.140。因此，本书结合实测数据、相关规范规程

表 19.2　一般大气环境下不同服役龄期钢结构工程锈蚀速率参数

建筑编号	t/a	T_0/mm	d/μm	n	W_1/g	W_0/g	K_w /(g/(m^2·a))	K /(μm/a)	K_{wn} /(g/(m^2·a))
1	6	8,10	0	0	—	—	—	—	—
2	10	8,10,12	0	0	—	—	—	—	—
3	12	9,12,15	0	0	—	—	—	—	—

续表

建筑编号	t/a	T_0/mm	d/μm	n	W_1/g	W_0/g	K_w /(g/(m^2 · a))	K /(μm/a)	K_{wn} /(g/(m^2 · a))
4	14	8	10	2	481.2	481.8	—	—	—
		12		2	722.2	722.8	—		—
		15		3	903.5	904.1	—		—
5	16	6	20	2	345.2	361.4	131.9	—	—
		9		2	540.4	560.6	164.8		—
		14		2	825.0	843.2	148.2		—
6	21	6	10	3	334.9	361.4	164.4	—	—
		12		2	700.3	722.8	139.8		—
		14		2	818.6	843.2	152.6		—
7	25	8	35	3	454.7	481.8	126.1	—	—
		10		2	570.2	602.3	149.5		—
		14		2	810.8	843.2	150.8		—
8	34	8	90	5	469.4	481.8	—	28	240
		10		3	589.9	602.3	—		242
9	41	6	130	4	336.6	361.4	—	12	204
		8		2	459.0	481.8	—		182
10	43	12	200	3	691.8	722.8	—	19	195
		16		2	931.7	963.7	—		207
		20		2	1174.6	1204.6	—		189
11	44	8	230	3	448.0	481.8	—	19	189
		10		3	569.5	602.3	—		181
		12		3	692.0	722.8	—		162
12	54	14	420	3	786.9	843.2	—	18	171
		16		2	910.4	963.7	—		155
μ							147.6	19.1	193.1
CV							0.089	0.295	0.140

注：n 为取样数量；μ 为各锈蚀速率参数的均值；CV 为变异系数；K 的均值的计算未包括数值为 0 的数据。

和既有研究成果，以表 19.3 中不同服役龄期范围内的钢材锈蚀速率参数作为本书研究的一般大气环境下钢结构钢材的锈蚀速率。

表 19.3　一般大气环境下不同服役龄期下钢材锈蚀速率参数

龄期/年	K_w/(g/(m²·a))	K/(μm/a)	K_{wn}/(g/(m²·a))
≤30	147.6	—	—
>30	—	19.1	193.1

19.1.2　近海大气环境

对处于近海大气环境的青岛、泉州、厦门等地区钢结构建筑进行耐久性现场检测，建筑信息见表 19.4。同理于一般大气环境，主要对建筑物承重构件外观质量、防腐涂层现状、钢材锈蚀深度进行检测，检测及取样过程按照《钢结构现场检测技术标准》(GB 50621—2010)[1]、《高耸与复杂钢结构检测与鉴定技术标准》(GB 51008—2016)[2]、《钢及钢产品力学性能试验取样位置及试样制备》(GB/T 2975—2018)[3]相关规定进行，在每栋钢结构建筑上选取一定数量的构件，每个构件沿长度方向选取 3～5 处测区，每个测区选取 8～10 个测点，采用涂层测厚仪及超声测厚仪分别测量该测区钢材的防腐涂层现状和钢材最大残余厚度。对于钢材已经锈蚀但未产生均匀锈蚀的建筑，以质量损失速率表示每栋建筑该厚度钢材的锈蚀速率；对于钢材已产生均匀锈蚀的建筑，以厚度损失速率表示每栋建筑钢材的均匀锈蚀速率，以等效质量损失速率表示每栋建筑不同厚度钢材的非均匀锈蚀速率。

表 19.4　近海大气环境下在役钢结构建筑信息

建筑编号	建筑名称	龄期 t/a
1	青岛海特尔机械设备后院生产车间	4
2	青岛石化检安汽车维修服务中心	4
3	青岛菲亚特食品有限公司钢结构厂房	5
4	青岛建设装饰集团节能保温钢结构厂房	5
5	南渠环海物流市场钢结构新物流厂房	7
6	青岛海特尔后院配件储藏车间	12
7	南渠环海物流市场钢结构老物流厂房	15
8	青岛广源钢铁集团办公楼大厅钢框架	19
9	青岛海特尔前院生产车间	27
10	华侨大学会堂观众厅钢屋架	34
11	青岛海特尔后院临时仓库	34
12	泉州内配厂地磅厂房	37
13	南安码头发电站旁钢结构厂房	41
14	泉州内配厂储藏仓库	45

表 19.5 汇总了近海大气环境下钢结构建筑的锈蚀程度参数均值和锈蚀速率参数均值。可以看出，当结构服役龄期小于 15 年时，钢材质量损失和锈蚀深度均较小；当服役龄期超过 15 年但不足 30 时，钢材的质量损失速率显著增大，同时部分结构的钢材最大残余厚度开始削弱，但钢板厚度削弱较小，为简化计算，仍忽略这些结构钢材最大残余厚度的削弱；当服役龄期超过 30 年时，钢材锈蚀深度明显增加，均匀锈蚀对钢构件截面造成了明显削弱。因此，本书取该服役环境下钢材开始锈蚀的时间及钢材最大残余厚度开始减小的时间分别为 15 年和 30 年。从实际结构测得的各锈蚀速率参数结果可以看出，当结构的钢材出现坑蚀，但未产生均匀锈蚀时(服役龄期 15 年～27 年)，钢材的质量损失速率均值为 201.8g/(m^2·a)，对应的变异系数为 0.185；当结构的钢材产生均匀锈蚀后，均匀锈蚀部分的厚度损失速率 K 和坑蚀部分的等效质量损失速率 K_{wn} 的均值分别为 30.1μm/a 和 264.9g/(m^2·a)，对应的变异系数分别为 0.216 和 0.218。因此，本书结合实测数据、相关规范规程和既有研究成果，以表 19.6 中不同服役龄期范围内的钢材锈蚀速率参数作为本书研究的近海大气环境下钢结构钢材的锈蚀速率。

表 19.5　近海大气环境下不同服役龄期钢结构工程锈蚀速率参数

建筑编号	t/a	T_0/mm	d/μm	n	W_1/g	W_0/g	K_w /(g/(m^2·a))	K /(μm/a)	K_{wn} /(g/(m^2·a))
1	4	6,8,14	0	0	—	—	—	—	—
2	4	6,8,14,16	0	0	—	—	—	—	—
3	5	6,8,10,16	0	0	—	—	—	—	—
4	5	6,10.5,16	0	0	—	—	—	—	—
5	7	8,14,20	0	0	—	—	—	—	—
6	12	8	9	2	480.9	481.8	—	—	—
		16		2	961.5	963.7	—		—
		18		3	1082.9	1084.1	—		—
7	15	6	0	2	342.2	361.4	166.6	—	—
		8		2	455.8	481.8	226.2		—
		14		3	821.4	843.2	189.6		—
		16		2	938.5	963.7	218.7		—
8	19	6	26	3	331.0	361.4	208.4	—	—
		12		2	699.2	722.8	161.6		—
		14		2	820.3	843.2	157.3		—
9	27	6	46	3	323.8	361.4	181.4	—	—
		8		2	425.1	481.8	273.9		—
		14		2	794.6	843.2	234.5		—

续表

建筑编号	t/a	T_0/mm	d/μm	n	W_1/g	W_0/g	K_w /(g/(m^2·a))	K /(μm/a)	K_{wn} /(g/(m^2·a))
10	34	6	145	5	345.2	361.4	—	36	243
		10		3	585.9	602.3	—		250
11	34	4.5	103	4	255.3	271.0	—	26	311
		6		2	345.5	361.4	—		315
12	37	6	261	2	333.1	361.4	—	37	233
		8		3	449.0	481.8	—		318
		10		3	572.3	602.3	—		265
		16		2	926.5	963.7	—		398
		20		2	1175.6	1204.6	—		246
13	41	8	249	3	452.9	481.8	—	23	165
		10		3	559.2	602.3	—		333
		12		3	688.9	722.8	—		223
		6		2	325.8	361.4	—		244
		8		4	449.3	481.8	—		208
14	45	16	428	3	906.5	963.7	—	29	273
		18		2	1033.6	1084.1	—		215
μ							201.8	30.1	264.9
CV							0.185	0.216	0.218

注：n 为取样数量；μ 为各锈蚀速率参数的均值；CV 为变异系数；K 的均值的计算未包括数值为 0 的数据。

表 19.6　近海大气环境下不同服役龄期下钢材锈蚀速率参数

龄期/年	K_w/(g/(m^2·a))	K/(μm/a)	K_{wn}/(g/(m^2·a))
≤30	201.8	—	—
>30	—	30.1	264.9

19.1.3　锈蚀钢材力学性能退化规律

史炜洲等[4]基于锈蚀钢材失重率测试及力学性能试验，运用最小二乘法对试验结果进行回归，得到了 Q235B 钢材屈服强度、极限强度和长率与失重率间的关系为

$$\begin{cases} f_y'/f_y = 1 - 0.9852D_w \\ f_u'/f_u = 1 - 0.9732D_w \\ \delta'/\delta = 1 - 1.9873D_w \end{cases} \tag{19-4}$$

式中，f_{y}、f_{y}' 分别为钢材锈蚀前后的屈服强度；f_{u}、f_{u}' 分别为钢材锈蚀前后的极限强度；δ、δ' 分别为钢材锈蚀前后的伸长率；D_{w} 为钢材失重率。

课题组进行了 21 组(每组 3 个)不同厚度和锈蚀程度 Q235B 钢材标准试件的加速腐蚀及拉伸破坏试验，测得锈蚀钢材失重率与力学性能指标(屈服强度、极限强度、伸长率和弹性模量)，进而建立锈蚀钢材力学性能指标与失重率的关系，如图 19.2 所示，关系式为

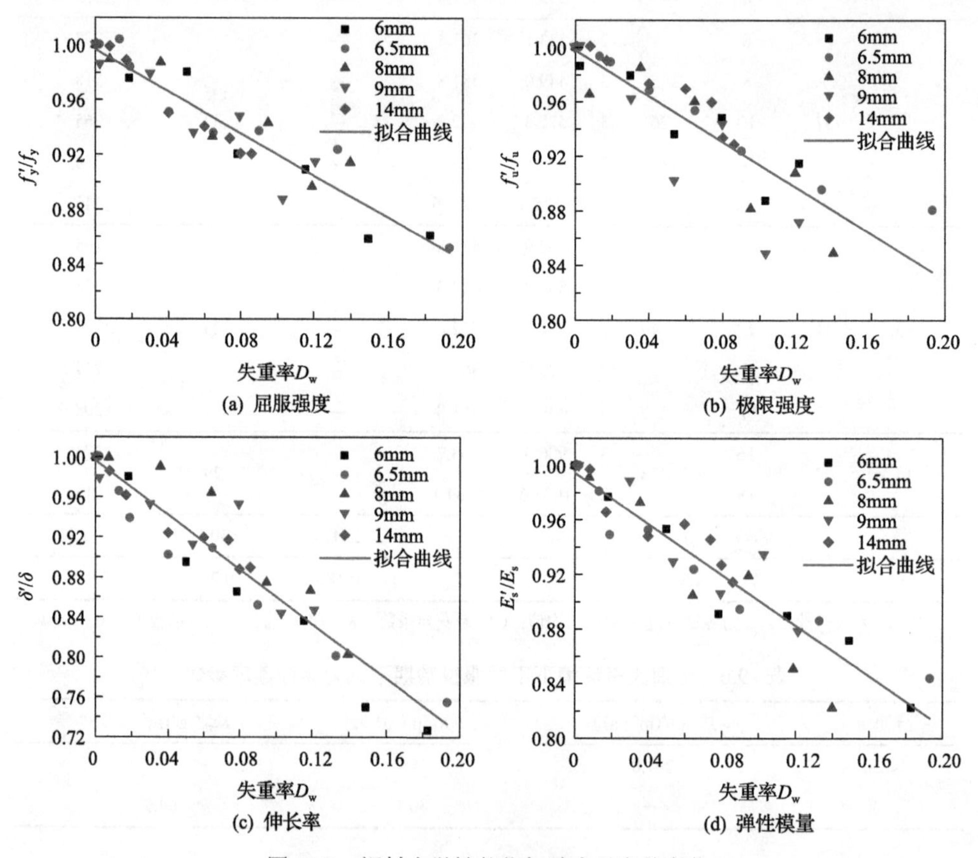

图 19.2　钢材力学性能指标随失重率的变化

$$
\begin{cases}
f_{\mathrm{y}}'/f_{\mathrm{y}} = 1 - 0.767D_{\mathrm{w}} \\
f_{\mathrm{u}}'/f_{\mathrm{u}} = 1 - 0.842D_{\mathrm{w}} \\
\delta'/\delta = 1 - 1.363D_{\mathrm{w}} \\
E_{\mathrm{s}}'/E_{\mathrm{s}} = 1 - 0.932D_{\mathrm{w}}
\end{cases}
\tag{19-5}
$$

式中，E_{s}、E_{s}' 分别为钢材锈蚀前后的弹性模量，其他参数意义同前。

表 19.7 为回归公式(19-5)的显著性检验结果。可以看出，所得结果合理准确。

表 19.7　回归公式的显著性检验结果

拟合公式	R^2	临界值 $R_{0.01}$(1，n–2)
$f'_y / f_y = 1 - 0.767D_w$	0.908	0.478
$f'_u / f_u = 1 - 0.842D_w$	0.936	
$\delta' / \delta = 1 - 1.363D_w$	0.883	
$E'_s / E_s = 1 - 0.932D_w$	0.836	

为进一步获得在役钢结构材料力学性能退化模型，课题组对一般大气环境下不同龄期钢结构构件进行锈蚀深度实测的同时，并取钢材试样制作标准试件进行拉伸破坏试验，进而建立锈蚀钢材屈服强度、极限强度、伸长率和弹性模量与失重率的函数关系如下：

$$\begin{cases} f'_y / f_y = 1 - 1.069D_w \\ f'_u / f_u = 1 - 1.04D_w \\ \delta' / \delta = 1 - 1.141D_w \\ E'_s / E_s = 1 - 1.208D_w \end{cases} \tag{19-6}$$

式中，各参数意义同前。

综合式(19-4)～式(19-6)，本书给出钢材力学性能指标与失重率的关系如下：

$$\begin{cases} f'_y / f_y = 1 - 0.950D_w \\ f'_u / f_u = 1 - 0.982D_w \\ \delta' / \delta = 1 - 1.497D_w \\ E'_s / E_s = 1 - 1.071D_w \end{cases} \tag{19-7}$$

为获得钢材失重率 D_w 与锈蚀深度 d 之间的关系，假定：①结构构件发生均匀锈蚀；②锈蚀前后钢材的密度没有变化，即 $\rho_0 = \rho_t$ ；③由于构件长度方向上的尺寸远大于截面宽度和高度尺寸，可认为锈蚀仅在构件截面宽度和高度方向上发生，即 $L_0 = L_t$ 。基于上述假设，失重率 D_w 可表示为

$$D_w = \frac{\rho_t A_t L_t}{\rho_0 A_0 L_0} = \frac{A_t}{A_0} \tag{19-8}$$

式中，A_0 为构件初始截面面积；A_t 为构件服役龄期 t 年时的截面锈蚀面积。

对于 H 型钢构件(图 19.3)，截面高度为 $h_\eta = h - 2d$ ，宽度为 $b_\eta = b - 2d$ ，则初始截面面积 A_0 和服役龄期 t 年时的截面锈蚀面积 A_t 可表示为

$$A_0 = 2bt_{\mathrm{a}} + ht_{\mathrm{w}} - 2t_{\mathrm{w}}t_{\mathrm{a}} \tag{19-9}$$

$$A_t = 4bd(-2t_{\mathrm{w}})d + 2hd(-4d^2) \tag{19-10}$$

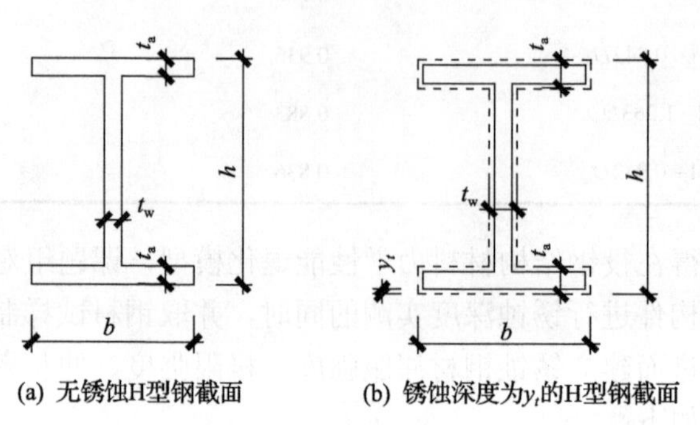

图 19.3　H 型钢截面示意图

将式(19-9)和式(19-10)代入式(19-8)，可得到失重率 D_{w} 与锈蚀深度 d 的关系如下：

$$D_{\mathrm{w}} = \frac{4bd(-2t_{\mathrm{w}})d + 2hd(-4d^2)}{2bt_{\mathrm{a}} + ht_{\mathrm{w}} - 2t_{\mathrm{w}}t_{\mathrm{a}}} \tag{19-11}$$

将式(19-11)代入式(19-7)，即可获得锈蚀钢材力学性能与锈蚀深度 d 的关系。

19.2　多龄期钢结构数值建模

19.2.1　多龄期钢框架结构数值模型的建立

基于数值模拟方法研究不同服役环境下多龄期钢结构的地震易损性，需建立能够反映结构多龄期退化特性且有足够精度的结构数值模型。

采用 ABAQUS 软件建立不同侵蚀环境下多龄期钢框架典型结构数值模型。钢材型号选用 Q235B，其本构模型采用 von Mises 屈服准则和考虑强化的双折线模型，锈蚀损伤可从均匀锈蚀和坑蚀两方面考虑：(1)均匀锈蚀可体现为板材厚度的折减，即构件截面削弱；(2)坑蚀体现在钢材力学性能指标的退化，具体参数按式(19-7)钢材力学性能指标与失重率间的函数关系确定。

典型钢框架结构中梁、柱构件均采用 Beam23 单元进行数值模拟。同时，为了兼顾计算精度和计算效率，模型中各构件单元网格划分尺寸均为 0.05m。分析中采用瑞利阻尼计算结构阻尼系数，公式为

$$[C] = \alpha[M] + \psi[K] \tag{19-12}$$

$$\begin{cases}\alpha = \dfrac{2\omega_1\omega_2\xi}{\omega_1+\omega_2}\\ \psi = \dfrac{2\xi}{\omega_1+\omega_2}\end{cases} \tag{19-13}$$

式中，[C]为阻尼矩阵；[M]为质量矩阵；[K]为刚度矩阵；α 为质量阻尼系数；ψ 为刚度阻尼系数；ω_1、ω_2 为结构的前两阶自振圆频率，$\omega_i = 2\pi/T_i$；ξ 为结构阻尼比，取为 0.05[5]。

由于结构平面布置规则，选取一榀平面钢框架，采用 ABAQUS 软件对其进行数值分析，数值模型如图 19.4 所示。

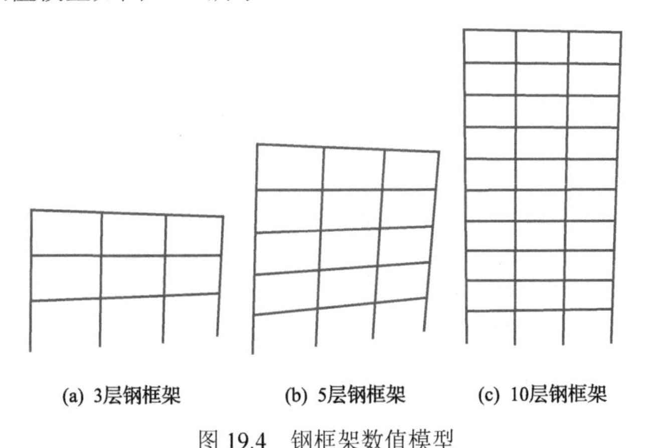

图 19.4　钢框架数值模型

19.2.2　多龄期带支撑钢框架结构数值模型的建立

采用 ABAQUS 软件建立不同侵蚀环境下多龄期带支撑钢框架典型结构数值模型，其建模过程中的一些关键问题，如考虑环境侵蚀作用影响的钢材本构模型、阻尼的确定等与 19.2.1 节钢框架相同，此处不再赘述。需要指出的是，模型中梁、柱和支撑构件均采用 Beam23 单元，而耗能梁段则采用 S4R 二次减缩积分的四边形壳单元；耗能梁段与梁和支撑构件间采用 MPC 技术实现有效连接，如图 19.5 所示。

模型中各构件间均为刚性连接，框架柱底端为固定端约束。同时，为了兼顾计算精度和计算效率，梁、柱和支撑部件单元网格划分尺寸取 0.06m，耗能梁段单元网格划分尺寸取 0.01m。

由于结构平面布置规则，选取一榀平面带支撑钢框架，采用 ABAQUS 软件对其进行数值分析，数值模型如图 19.6 所示。

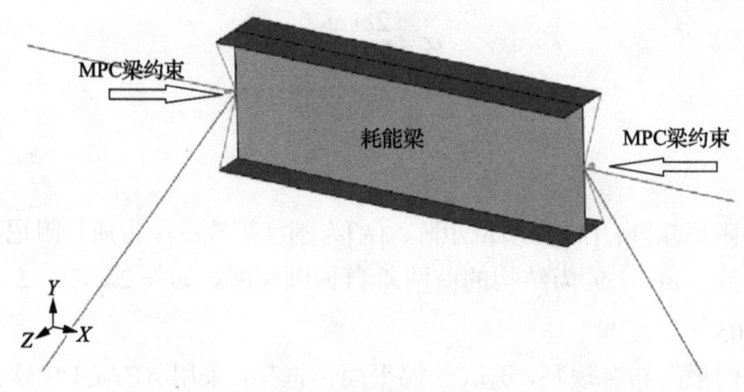

图 19.5　耗能梁段与梁和支撑构件的有效连接

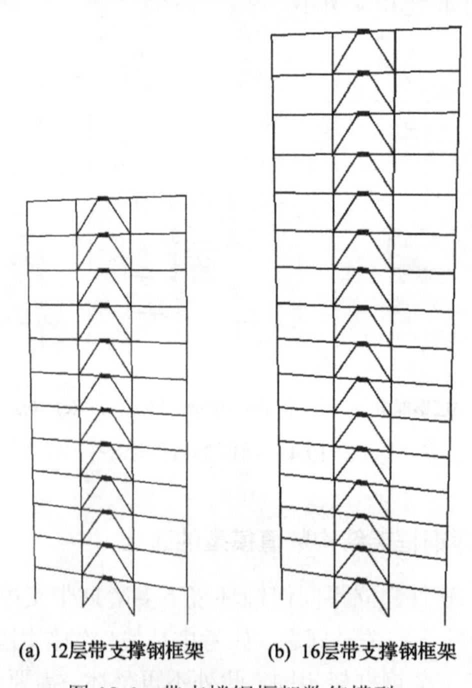

图 19.6　带支撑钢框架数值模型

19.2.3　多龄期钢结构厂房数值模型的建立

采用 SAP2000 软件建立多龄期单层钢结构厂房数值模型。建模过程中，考虑环境侵蚀作用影响的钢材本构模型、阻尼等的确定与 19.2.1 节钢框架相同。

模型中梁、柱和桁架均采用框架单元进行模拟；屋面板采用膜单元模拟，并通过自动边束缚功能保证屋面板的变形协调。为了兼顾计算精度和计算效率，梁、柱和桁架单元网格尺寸取 0.05m，屋面板板单元网格尺寸取 0.1m。为了简化计算，对模型做如下基本假定：

(1) 桁架屋盖体系，节点通过杆端弯矩释放设为理想铰接点。

(2) 屋架与上柱顶的连接通过端部弯矩释放，使其在平面内形成铰接体系。

(3) 结构底端柱脚通过节点约束设置成理想固定端。

(4) 支撑系统通过杆件端部弯矩释放形成理想铰接，模拟拉压杆件。

(5) 通过桥梁辅助工具定义吊车产生的竖向荷载和水平制动力。

(6) 模型中并未考虑维护墙体和山墙的作用。

单层钢结构厂房数值模型如图 19.7 所示。

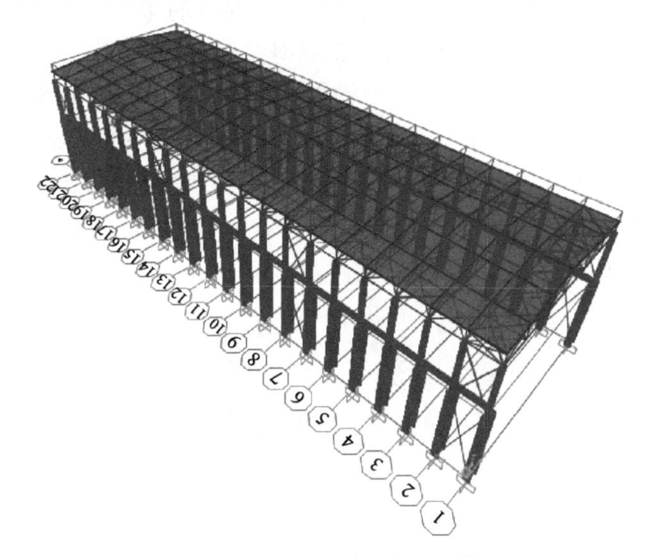

图 19.7　单层钢结构厂房数值模型

19.3　概率地震需求分析

基于 19.2 节所述多龄期钢结构的数值建模方法，建立一般、近海大气环境下服役龄期分别为 30 年内、40 年、50 年、60 年的各典型钢结构数值模型；以 FEMA P-695[6]推荐的 22 条远场地震动记录作为输入地震动，并按表 18.2 所示的调幅方案，对所建立的各多龄期典型钢结构数值模型进行 IDA 分析；以 PGA 作为地震动强度指标、结构最大层间位移角作为工程需求参数，基于条带法[7]，通过对数回归分析，建立工程需求参数与地震动强度的统计关系，即概率地震需求模型。以下对不同服役环境与龄期下各典型钢结构的概率地震需求分析结果分别予以叙述。

19.3.1　钢框架结构概率地震需求分析

1. 一般大气环境

处于一般大气环境中的在役钢框架结构，由于受环境中腐蚀介质的侵蚀作用影响，其力学性能与抗震性能不断退化，导致其概率地震需求模型参数表现出明显的时变特性，并造成其地震易损性存在明显差异。为准确反映服役龄期变化对一般大气环境中在役钢框架结构地震易损性的影响，本节通过 IDA 分析，建立一般大气环境不同服役龄期的各典型钢框架结构的概率地震需求模型。以抗震设防烈度为 8 度的不同层数典型钢框架结构为例，给出其服役龄期为 30 年内、40 年、50 年、60 年时的概率地震需求模型对数线性回归结果，如图 19.8～图 19.10 所示。限于篇幅，对于其他设防烈度下各典型钢框架结构的概率地震需求模型，则只给出其对数线性回归曲线的斜率 a、截距 b 及对数标准差 $\beta_{D|\mathrm{IM}}$，如表 19.8～表 19.10 所示。

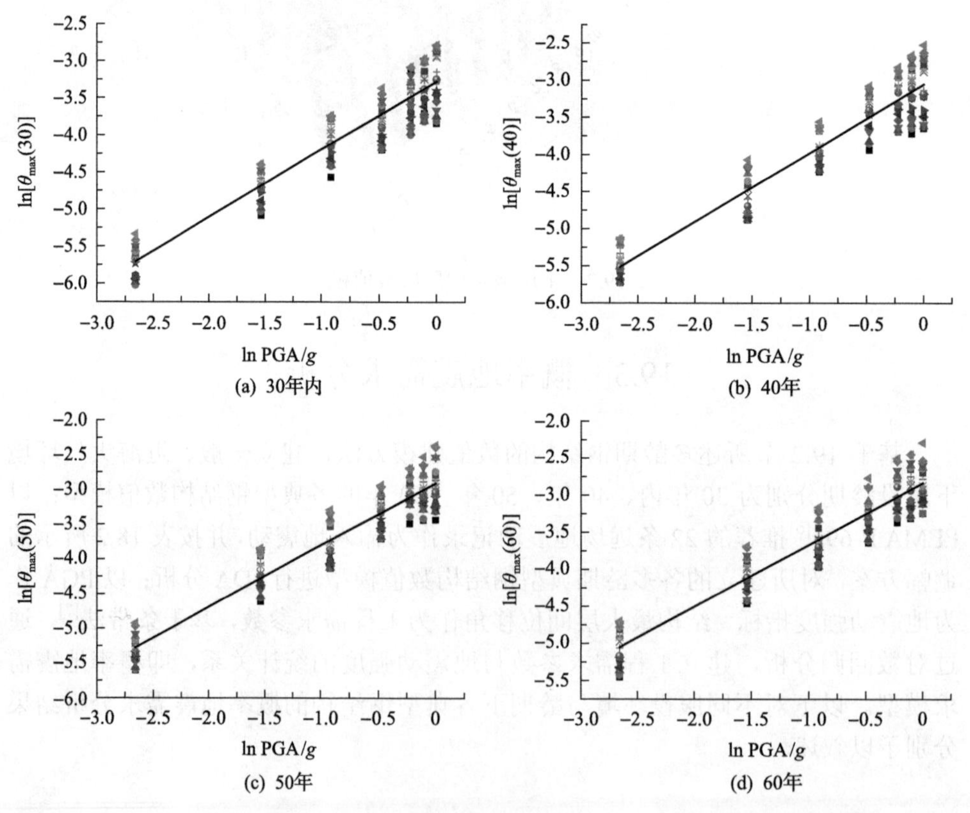

图 19.8　一般大气环境下 8 度设防 3 层典型钢框架结构概率地震需求分析结果

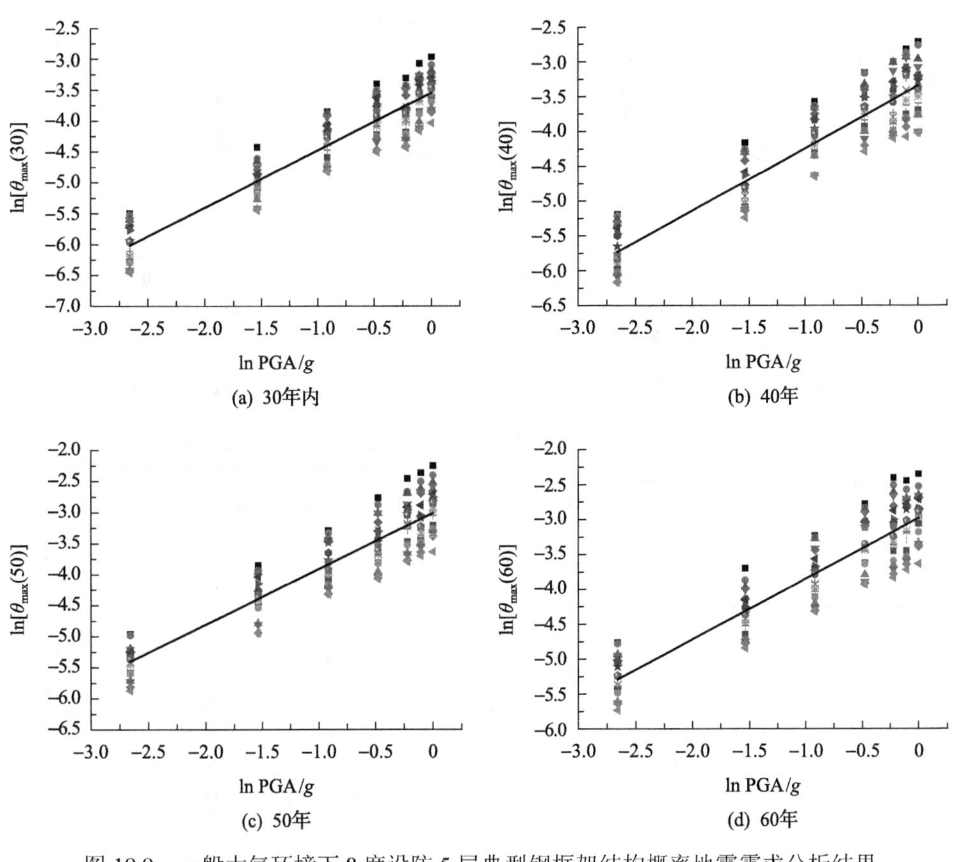

(a) 30年内　(b) 40年　(c) 50年　(d) 60年

图 19.9　一般大气环境下 8 度设防 5 层典型钢框架结构概率地震需求分析结果

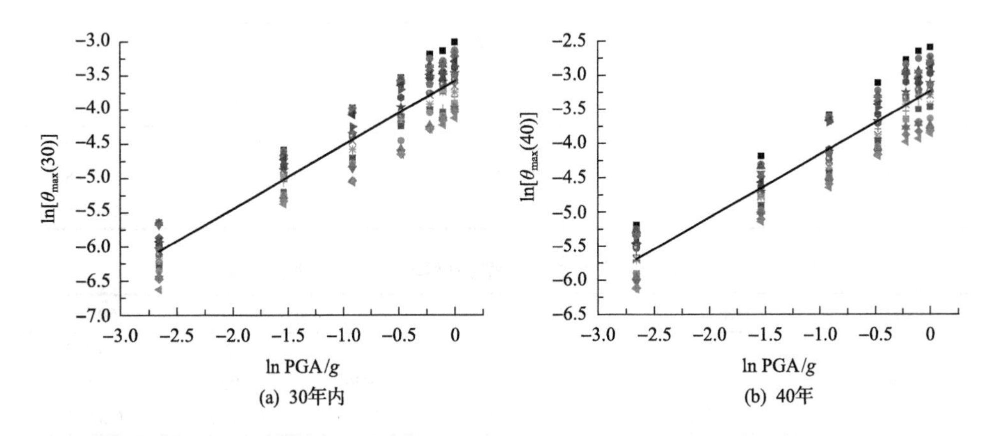

(a) 30年内　(b) 40年

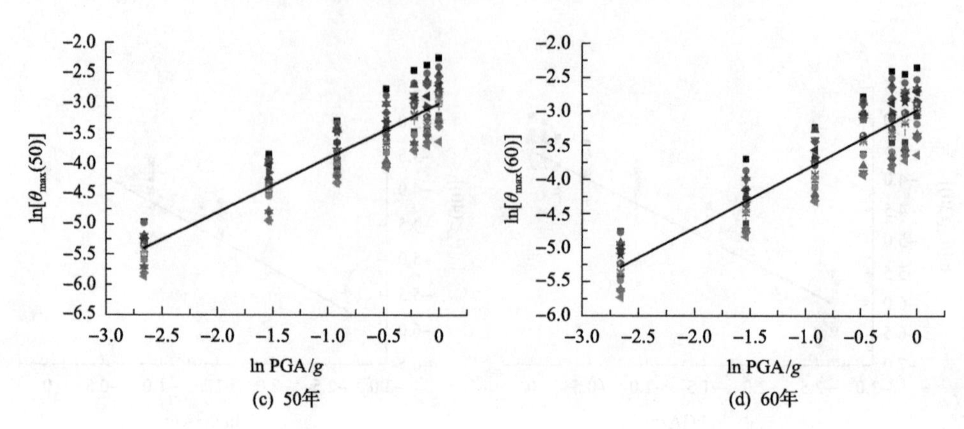

图 19.10　一般大气环境下 8 度设防 10 层典型钢框架结构概率地震需求分析结果

表 19.8　一般大气环境下 3 层典型钢框架结构概率地震需求模型

设防烈度	需求模型参数	30 年内	40 年	50 年	60 年
6	b	−2.3450	−2.2550	−2.1902	−2.1134
	a	0.91	0.915	0.9223	0.9304
	$\beta_{D\|IM}$	0.3969	0.4472	0.4594	0.4655
7	b	−3.9588	−2.8581	−2.7852	−2.7017
	a	0.9095	0.9124	0.9224	0.94
	$\beta_{D\|IM}$	0.4097	0.4224	0.4348	0.4348
7.5	b	−3.3588	−3.3145	−3.2287	−3.1117
	a	0.8937	0.8982	0.9042	0.9106
	$\beta_{D\|IM}$	0.4097	0.4348	0.4472	0.4348
8	b	−3.6572	−3.5024	−3.4238	−3.3583
	a	0.8852	0.8891	0.8973	0.9084
	$\beta_{D\|IM}$	0.4224	0.4472	0.4472	0.4594
8.5	b	−3.9465	−3.8892	−3.8024	−3.7080
	a	0.8724	0.8886	0.8925	0.8984
	$\beta_{D\|IM}$	0.4224	0.4472	0.4472	0.4594
9	b	−4.2376	−4.1184	−4.0236	−3.9579
	a	0.8688	0.8702	0.8767	0.8848
	$\beta_{D\|IM}$	0.4097	0.4348	0.4348	0.4472

表 19.9　一般大气环境下 5 层典型钢框架结构概率地震需求模型

设防烈度	需求模型参数	30 年内	40 年	50 年	60 年
6	b	−2.8468	−2.9476	−2.8754	−2.8417
	a	0.6858	0.6946	0.7021	0.7213
	$\beta_{D\|IM}$	0.5300	0.5300	0.5400	0.5327
7	b	−3.1277	−3.0618	−3.0225	−2.9817
	a	0.7658	0.7708	0.7804	0.7918
	$\beta_{D\|IM}$	0.5300	0.5200	0.5100	0.5300

续表

设防烈度	需求模型参数	30 年内	40 年	50 年	60 年
7.5	b	−3.3857	−3.2846	−3.2676	−3.1607
	a	0.8127	0.8247	0.8357	0.8421
	$\beta_{D\|IM}$	0.5327	0.5100	0.5100	0.5027
8	b	−3.4980	−3.4875	−3.4698	−3.3956
	a	0.8479	0.8571	0.8627	0.8715
	$\beta_{D\|IM}$	0.5000	0.5100	0.5100	0.5200
8.5	b	−3.8703	−3.8658	−3.7982	−3.7208
	a	0.8785	0.8857	0.8897	0.9025
	$\beta_{D\|IM}$	0.5200	0.5300	0.5100	0.5200
9	b	−4.0828	−3.9844	−3.9476	−3.9397
	a	0.9215	0.9305	0.9398	0.9521
	$\beta_{D\|IM}$	0.5128	0.5200	0.5200	0.5100

表 19.10　一般大气环境下 10 层典型钢框架结构概率地震需求模型

设防烈度	需求模型参数	30 年内	40 年	50 年	60 年
6	b	−2.7254	−2.7153	−2.6817	−2.5917
	a	0.7758	0.7812	0.7903	0.8003
	$\beta_{D\|IM}$	0.5100	0.5300	0.5200	0.5300
7	b	−3.1045	−2.9886	−2.8923	−2.8786
	a	0.7952	0.8037	0.8217	0.8512
	$\beta_{D\|IM}$	0.5100	0.5100	0.5103	0.5012
7.5	b	−3.4552	−3.3321	−3.3218	−3.2847
	a	0.8357	0.8415	0.8513	0.8618
	$\beta_{D\|IM}$	0.5300	0.5200	0.5100	0.5300
8	b	−3.5047	−3.3797	−3.3578	−3.3127
	a	0.8762	0.8942	0.9325	0.9451
	$\beta_{D\|IM}$	0.5100	0.5100	0.5018	0.5200
8.5	b	−3.7957	−3.7687	−3.7389	−3.7058
	a	0.8857	0.9027	0.9235	0.9332
	$\beta_{D\|IM}$	0.5100	0.5100	0.5200	0.5100
9	b	−4.1857	−3.9782	−3.9286	−3.9086
	a	0.8687	0.8827	0.8927	0.9452
	$\beta_{D\|IM}$	0.5300	0.5100	0.5038	0.5000

2. 近海大气环境

处于近海大气环境中的在役钢框架结构，由于受环境中氯离子等腐蚀介质的侵蚀作用影响，其力学性能与抗震性能不断退化，导致其概率地震需求模型参数表现出明显的时变特性，并造成其地震易损性存在明显差异。为准确反映服役龄期变化对近海大气环境中在役钢框架结构地震易损性的影响，本节通过 IDA 分析，

建立了近海大气环境下不同服役龄期的各典型钢框架结构的概率地震需求模型。以抗震设防烈度为 8 度的不同层数典型钢框架结构为例，给出其服役龄期为 30 年内、40 年、50 年、60 年时的概率地震需求模型对数线性回归结果，如图 19.11～图 19.13 所示。限于篇幅，对于其他设防烈度下各典型钢框架结构的概率地震需求模型，则只给出其对数线性回归曲线的斜率 a、截距 b 以及对数标准差 $\beta_{D|\mathrm{IM}}$，如表 19.11～表 19.13 所示。

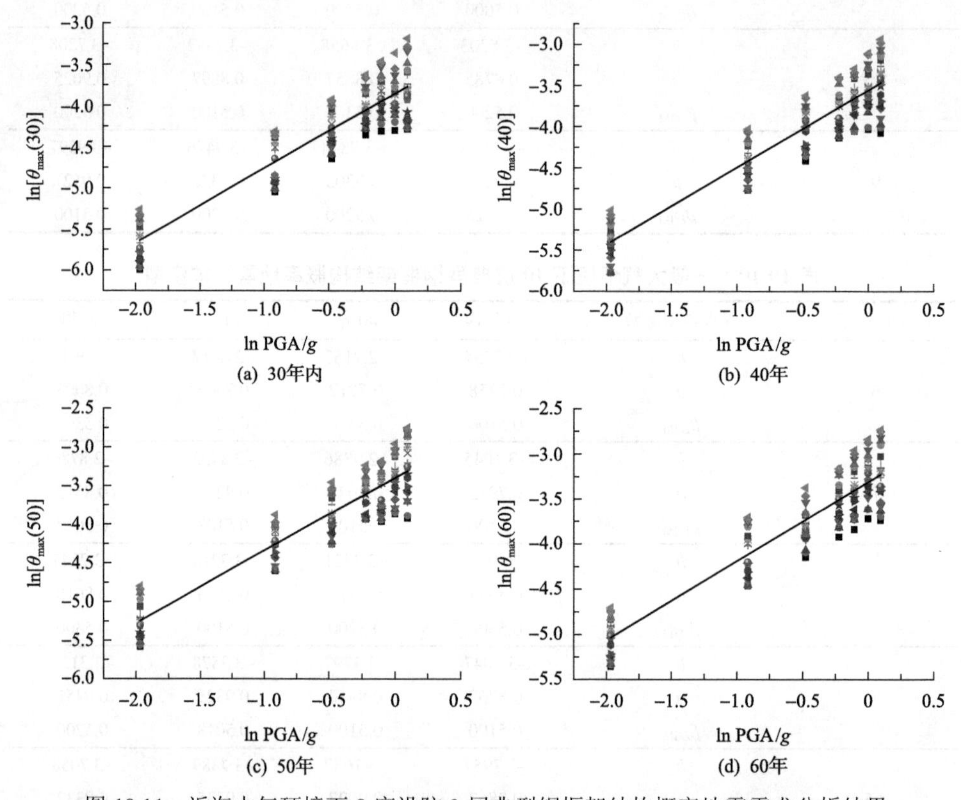

图 19.11 近海大气环境下 8 度设防 3 层典型钢框架结构概率地震需求分析结果

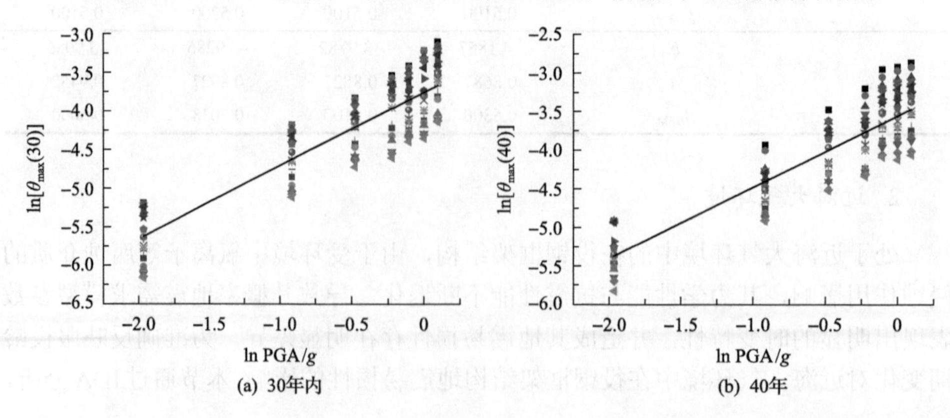

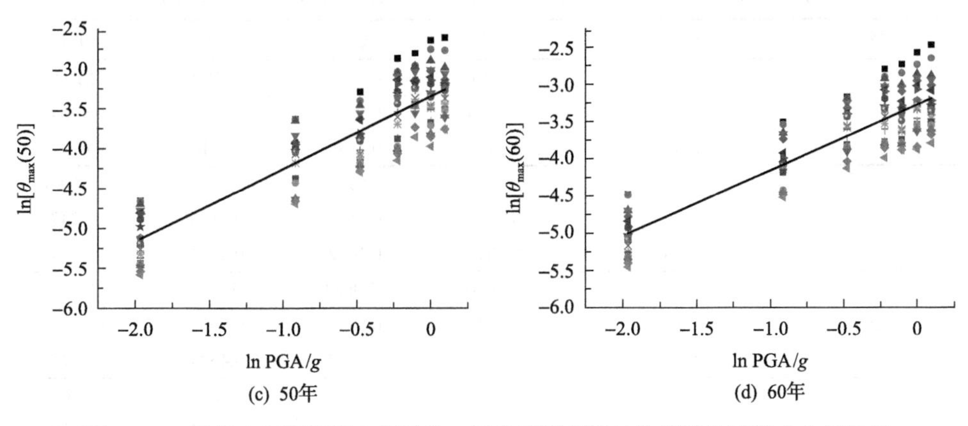

(c) 50年　　(d) 60年

图 19.12　近海大气环境下 8 度设防 5 层典型钢框架结构概率地震需求分析结果

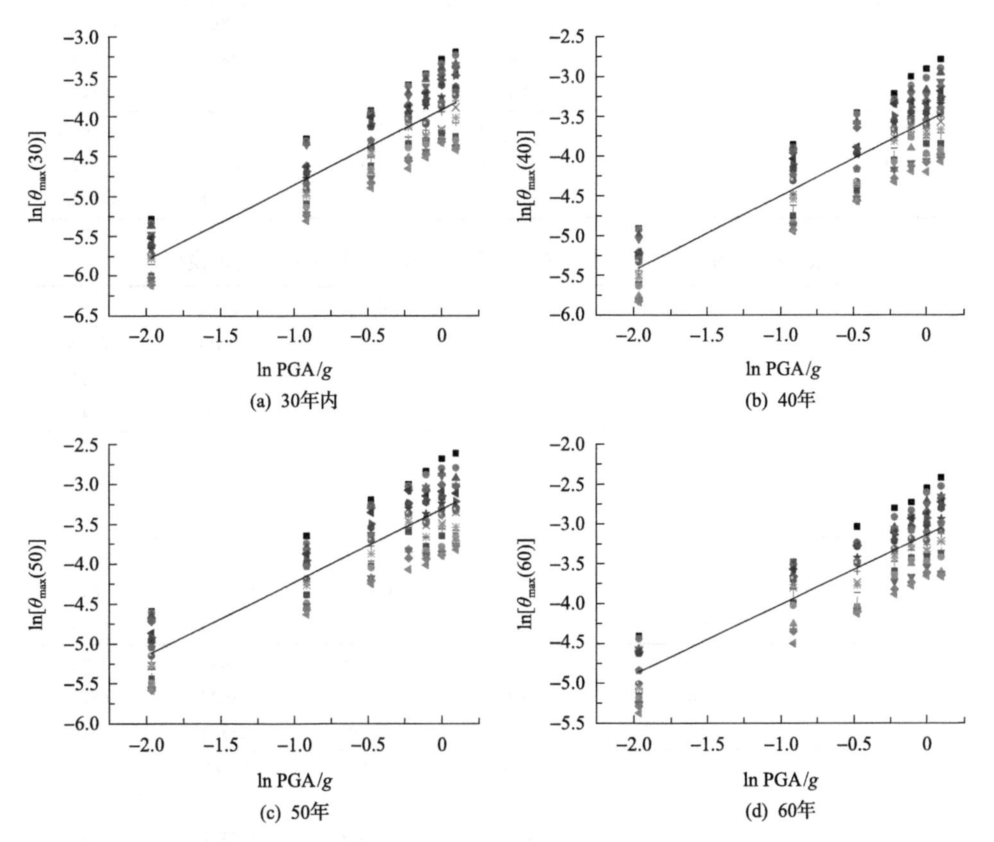

(a) 30年内　　(b) 40年

(c) 50年　　(d) 60年

图 19.13　近海大气环境下 8 度设防 10 层典型钢框架结构概率地震需求分析结果

表 19.11　近海大气环境下 3 层典型钢框架结构概率地震需求模型

设防烈度	需求模型参数	30 年内	40 年	50 年	60 年
6	b	−2.3450	−2.2860	−2.2120	−2.1094
	a	0.9100	0.9210	0.9283	0.9364
	$\beta_{D\|IM}$	0.3969	0.4594	0.4716	0.4594
7	b	−2.9588	−2.924	−2.8338	−2.7486
	a	0.9095	0.9136	0.9186	0.9247
	$\beta_{D\|IM}$	0.4097	0.4472	0.4472	0.4594
7.5	b	−3.3588	−3.3024	−3.2018	−3.1026
	a	0.8937	0.8993	0.9057	0.9118
	$\beta_{D\|IM}$	0.4097	0.4472	0.4594	0.4472
8	b	−3.6572	−3.5800	−3.4142	−3.3840
	a	0.8852	0.8936	0.9175	0.9238
	$\beta_{D\|IM}$	0.4224	0.4472	0.4472	0.4716
8.5	b	−3.9465	−3.8902	−3.8054	−3.7240
	a	0.8724	0.8785	0.8847	0.8985
	$\beta_{D\|IM}$	0.4224	0.4472	0.4594	0.4472
9	b	−4.2376	−4.0354	−3.9886	−3.9654
	a	0.8688	0.8706	0.8793	0.8828
	$\beta_{D\|IM}$	0.4097	0.4348	0.4224	0.4348

表 19.12　近海大气环境下 5 层典型钢框架结构概率地震需求模型

设防烈度	需求模型参数	30 年内	40 年	50 年	60 年
6	b	−2.8468	−2.8927	−2.8451	−2.8047
	a	0.6858	0.6986	0.7025	0.7238
	$\beta_{D\|IM}$	0.5300	0.5400	0.5300	0.5400
7	b	−3.1277	−3.0578	−2.9876	−2.8751
	a	0.7658	0.7728	0.7853	0.7986
	$\beta_{D\|IM}$	0.5300	0.5200	0.5100	0.5100
7.5	b	−3.3857	−3.2817	−3.2047	−3.1547
	a	0.8127	0.8256	0.8375	0.8435
	$\beta_{D\|IM}$	0.5327	0.5100	0.5100	0.5200
8	b	−3.498	−3.4857	−3.4687	−3.3927
	a	0.8479	0.8579	0.8629	0.8725
	$\beta_{D\|IM}$	0.5000	0.5100	0.5378	0.5428
8.5	b	−3.8703	−3.8654	−3.7927	−3.7208
	a	0.8785	0.8869	0.8904	0.9025
	$\beta_{D\|IM}$	0.5200	0.5321	0.5327	0.5400
9	b	−4.0828	−3.9827	−3.9456	−3.9027
	a	0.9215	0.9328	0.9408	0.9528
	$\beta_{D\|IM}$	0.5128	0.5100	0.5100	0.5078

表 19.13　近海大气环境下 10 层典型钢框架结构概率地震需求模型

设防烈度	需求模型参数	30 年内	40 年	50 年	60 年
6	b	−2.7254	−2.7053	−2.6772	−2.5873
	a	0.7758	0.7859	0.7937	0.8036
	$\beta_{D\|\mathrm{IM}}$	0.5100	0.5400	0.5300	0.5400
7	b	−3.1045	−2.9876	−2.8854	−2.8752
	a	0.7952	0.8124	0.8237	0.8528
	$\beta_{D\|\mathrm{IM}}$	0.5100	0.5213	0.5100	0.5100
7.5	b	−3.4552	−3.3247	−3.3027	−3.2641
	a	0.8357	0.8435	0.8526	0.8638
	$\beta_{D\|\mathrm{IM}}$	0.5300	0.5400	0.5300	0.5400
8	b	−3.5047	−3.3586	−3.3074	−3.2974
	a	0.8762	0.8957	0.9355	0.9455
	$\beta_{D\|\mathrm{IM}}$	0.5100	0.5048	0.5000	0.5300
8.5	b	−3.7957	−3.7652	−3.7352	−3.6952
	a	0.8857	0.9057	0.9254	0.9338
	$\beta_{D\|\mathrm{IM}}$	0.5100	0.5137	0.5200	0.5340
9	b	−4.1857	−3.9676	−3.9276	−3.8976
	a	0.8687	0.8857	0.9028	0.9487
	$\beta_{D\|\mathrm{IM}}$	0.5300	0.5100	0.5105	0.5000

19.3.2　带支撑钢框架结构概率地震需求分析

1. 一般大气环境

为准确反映服役龄期变化对一般大气环境下在役带支撑钢框架结构地震易损性的影响，本节通过 IDA 分析，建立一般大气环境下不同服役龄期的各典型带支撑钢框架结构的概率地震需求模型。以抗震设防烈度为 8 度的不同层数典型带支撑钢框架结构为例，给出其服役龄期为 30 年内、40 年、50 年、60 年时的概率地震需求模型对数线性回归结果，如图 19.14 和图 19.15 所示。限于篇幅，

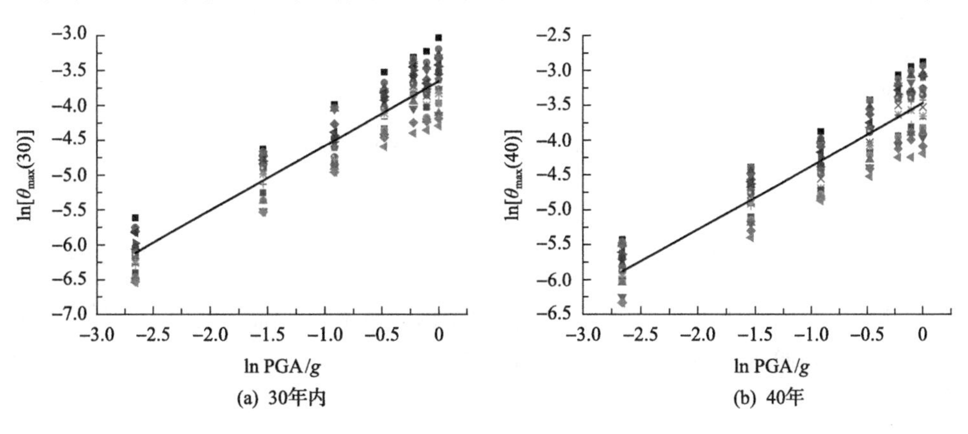

(a) 30年内　　(b) 40年

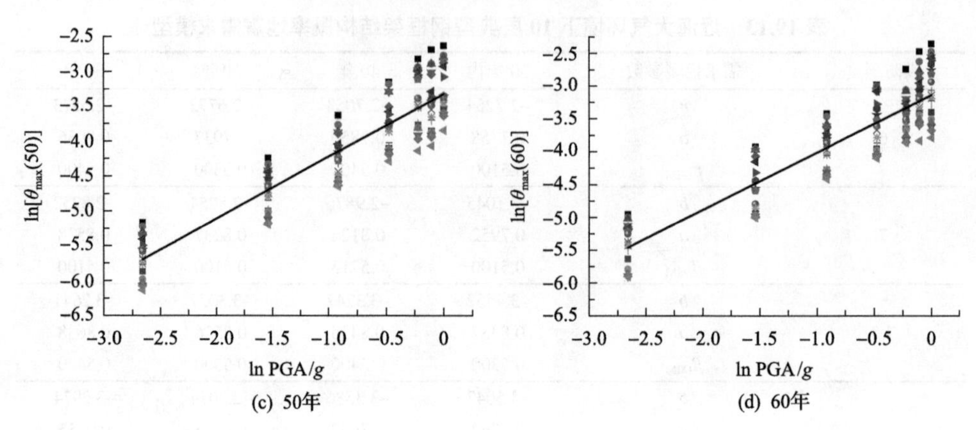

图 19.14　一般大气环境下 8 度设防 12 层典型带支撑钢框架结构概率地震需求分析结果

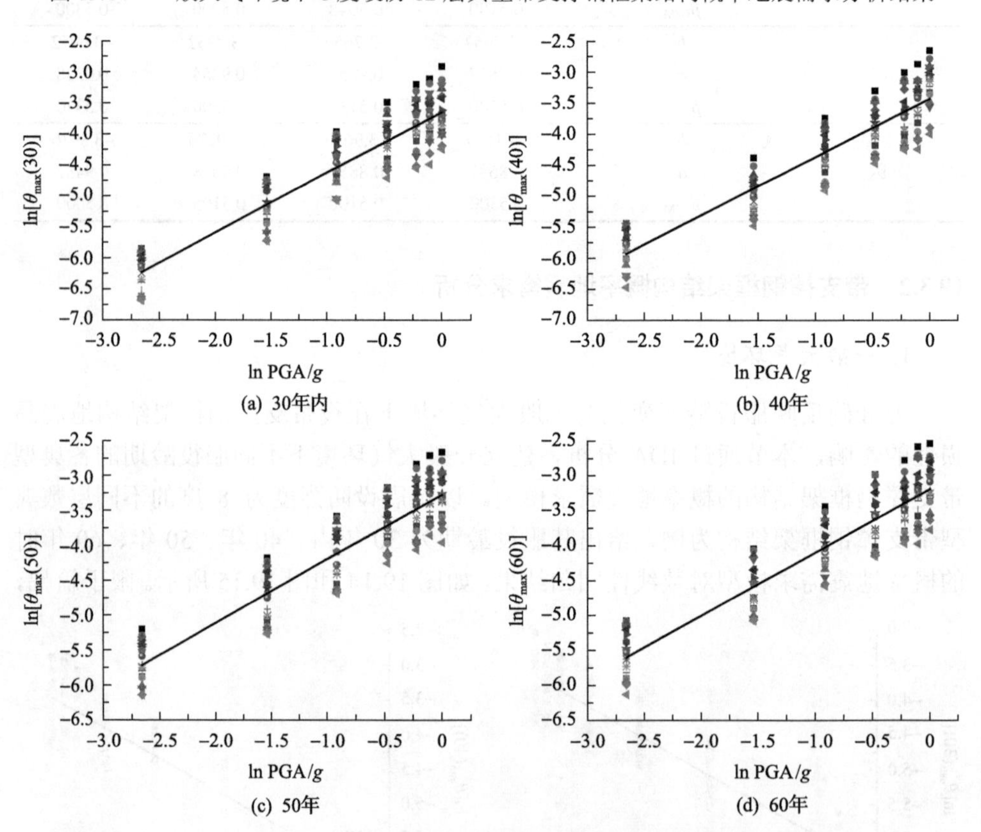

图 19.15　一般大气环境下 8 度设防 16 层典型带支撑钢框架结构概率地震需求分析结果

对于其他设防烈度下各典型带支撑钢框架结构的概率地震需求模型，则只给出其对数线性回归曲线的斜率 a、截距 b 以及对数标准差 $\beta_{D|\mathrm{IM}}$，如表 19.14 和表 19.15 所示。

表 19.14　一般大气环境下 12 层典型钢框架结构概率地震需求模型

设防烈度	需求模型参数	30 年内	40 年	50 年	60 年
7	b	−2.9230	−2.9100	−2.8124	−2.7100
	a	0.8952	0.8760	0.8781	0.8830
	$\beta_{D\|IM}$	0.4106	0.4115	0.4110	0.3992
7.5	b	−3.3372	−3.2634	−3.1064	−3.0271
	a	0.8763	0.8927	0.9075	0.9134
	$\beta_{D\|IM}$	0.4031	0.3998	0.3948	0.3900
8	b	−3.577	−3.5181	−3.3960	−3.2578
	a	0.8910	0.9031	0.9068	0.9113
	$\beta_{D\|IM}$	0.4034	0.4110	0.4061	0.3887
8.5	b	−3.8951	−3.8173	−3.7152	−3.6725
	a	0.9217	0.9320	0.9386	0.9511
	$\beta_{D\|IM}$	0.3765	0.3900	0.3985	0.4065
9	b	−4.2076	−4.1383	−3.9785	−3.9359
	a	0.9385	0.9474	0.9681	0.9754
	$\beta_{D\|IM}$	0.3983	0.4185	0.4021	0.4085

表 19.15　一般大气环境下 16 层典型钢框架结构概率地震需求模型

设防烈度	需求模型参数	30 年内	40 年	50 年	60 年
6	b	−2.5130	−2.4960	−2.3056	−2.2174
	a	0.8168	0.8262	0.8336	0.8511
	$\beta_{D\|IM}$	0.511	0.526	0.549	0.575
7	b	−3.0480	−2.9243	−2.8114	−2.7219
	a	0.8534	0.8650	0.8731	0.8795
	$\beta_{D\|IM}$	0.445	0.466	0.487	0.511
7.5	b	−3.3751	−3.2614	−3.1052	−2.9841
	a	0.8726	0.8934	0.9028	0.9277
	$\beta_{D\|IM}$	0.447	0.460	0.466	0.486
8	b	−3.6180	−3.5372	−3.3804	−3.3014
	a	0.9228	0.9315	0.9486	0.9520
	$\beta_{D\|IM}$	0.497	0.512	0.536	0.555
8.5	b	−4.0570	−3.8574	−3.7038	−3.6483
	a	0.9385	0.9477	0.9631	0.9747
	$\beta_{D\|IM}$	0.417	0.420	0.436	0.451
9	b	−4.255	−4.142	−4.005	−3.9063
	a	0.9674	0.9783	0.9835	0.9971
	$\beta_{D\|IM}$	0.422	0.441	0.457	0.486

2. 近海大气环境

为准确反映服役龄期变化对近海大气环境下在役带支撑钢框架结构地震易损

性的影响，本节通过 IDA 分析，建立近海大气环境下不同服役龄期的各典型带支撑钢框架结构的概率地震需求模型。以抗震设防烈度为 8 度的不同层数典型带支撑钢框架结构为例，给出其服役龄期为 30 年内、40 年、50 年、60 年时的概率地震需求模型对数线性回归结果，如图 19.16 和图 19.17 所示。限于篇幅，对于其他设防烈度下各典型带支撑钢框架结构的概率地震需求模型，则只给出其对数线性回归曲线的斜率 a、截距 b 以及对数标准差 $\beta_{D|IM}$，如表 19.16 和表 19.17 所示。

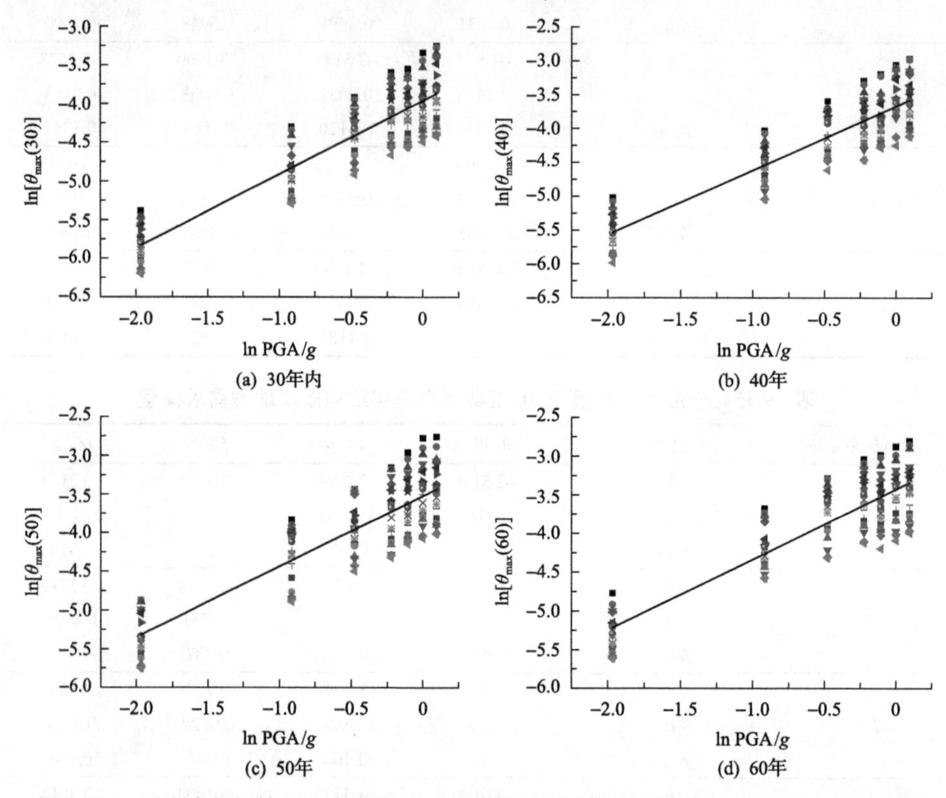

图 19.16 近海大气环境下 8 度设防 12 层典型带支撑钢框架结构概率地震需求分析结果

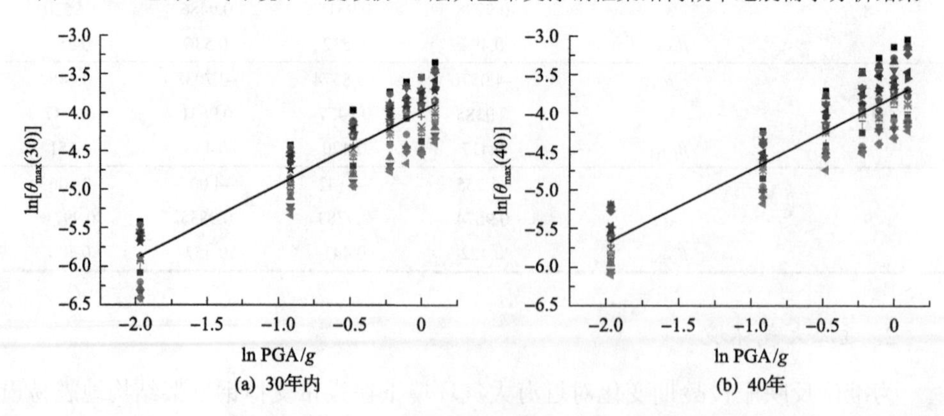

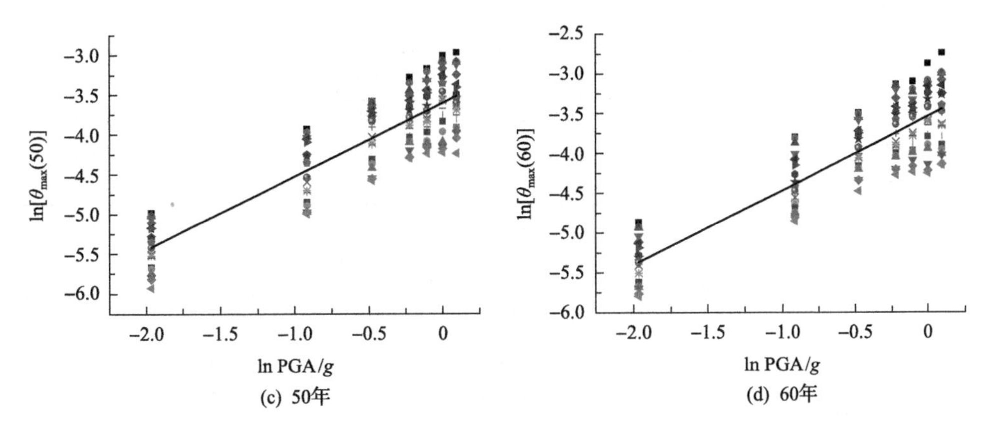

图 19.17　近海大气环境下 8 度设防 16 层典型带支撑钢框架结构概率地震需求分析结果

表 19.16　近海大气环境下 12 层典型带支撑钢框架结构概率地震需求模型

设防烈度	需求模型参数	30 年内	40 年	50 年	60 年
7	b	−3.0230	−2.9852	−2.8140	−2.7241
	a	0.8473	0.8653	0.8713	0.8821
	$\beta_{D\|IM}$	0.4106	0.4001	0.4010	0.3863
7.5	b	−3.3742	−3.3157	−3.1027	−3.0320
	a	0.8851	0.9034	0.9165	0.9304
	$\beta_{D\|IM}$	0.3900	0.4079	0.4045	0.3874
8	b	−3.577	−3.5416	−3.3245	−3.2550
	a	0.9410	0.9571	0.9604	0.9691
	$\beta_{D\|IM}$	0.4034	0.4211	0.3891	0.3719
8.5	b	−3.8971	−3.8757	−3.7142	−3.6741
	a	0.9254	0.9374	0.9513	0.9652
	$\beta_{D\|IM}$	0.3752	0.3864	0.3963	0.4038
9	b	−4.2076	−4.1820	−4.0175	−3.9453
	a	0.9061	0.9115	0.9320	0.9461
	$\beta_{D\|IM}$	0.3983	0.4101	0.4021	0.4058

表 19.17　近海大气环境下 16 层典型带支撑钢框架结构概率地震需求模型

设防烈度	需求模型参数	30 年内	40 年	50 年	60 年
6	b	−2.5130	−2.4960	−2.3056	−2.2174
	a	0.8168	0.8262	0.8336	0.8511
	$\beta_{D\|IM}$	0.4098	0.4151	0.4045	0.4038

续表

设防烈度	需求模型参数	30 年内	40 年	50 年	60 年
7	b	−3.0480	−2.9863	−2.8114	−2.7059
	a	0.8565	0.8750	0.8847	0.9017
	$\beta_{D\|IM}$	0.3886	0.4152	0.4186	0.3779
7.5	b	−3.4550	−3.3881	−3.1550	−3.0521
	a	0.9651	0.8823	0.8964	0.9153
	$\beta_{D\|IM}$	0.3900	0.3953	0.4070	0.3873
8	b	−3.6180	−3.5822	−3.4024	−3.3514
	a	0.8823	0.9046	0.9108	0.9173
	$\beta_{D\|IM}$	0.3801	0.4072	0.4077	0.4110
8.5	b	−3.9457	−3.9183	−3.7458	-3.7016
	a	0.9045	0.9136	0.9341	0.9483
	$\beta_{D\|IM}$	0.4038	0.3943	0.4051	0.4024
9	b	−4.2550	−4.1758	−4.0131	−3.9103
	a	0.9534	0.9638	0.9653	0.9874
	$\beta_{D\|IM}$	0.4019	0.4036	0.4090	0.3811

19.3.3　单层钢结构厂房概率地震需求分析

1. 一般大气环境

为准确反映服役龄期变化对一般大气环境下在役单层钢结构厂房地震易损性的影响，本节通过 IDA 分析建立一般大气环境下不同服役龄期的各典型单层钢结构厂房的概率地震需求模型。以抗震设防烈度为 8 度的不同吊车吨位典型单层钢结构厂房为例，给出其服役龄期为 30 年内、40 年、50 年、60 年时的概率地震需求模型对数线性回归结果，如图 19.18～图 19.20 所示。限于篇幅，对于其他设防烈度下各典型单层钢结构厂房的概率地震需求模型，则只给出其对数线性回归曲线的斜率 a、截距 b 以及对数标准差 $\beta_{D|IM}$，如表 19.18～表 19.20 所示。

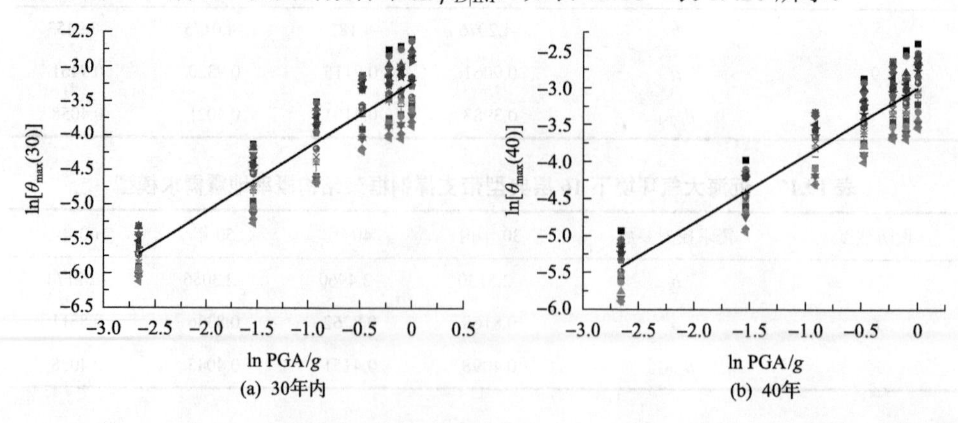

(a) 30年内　　(b) 40年

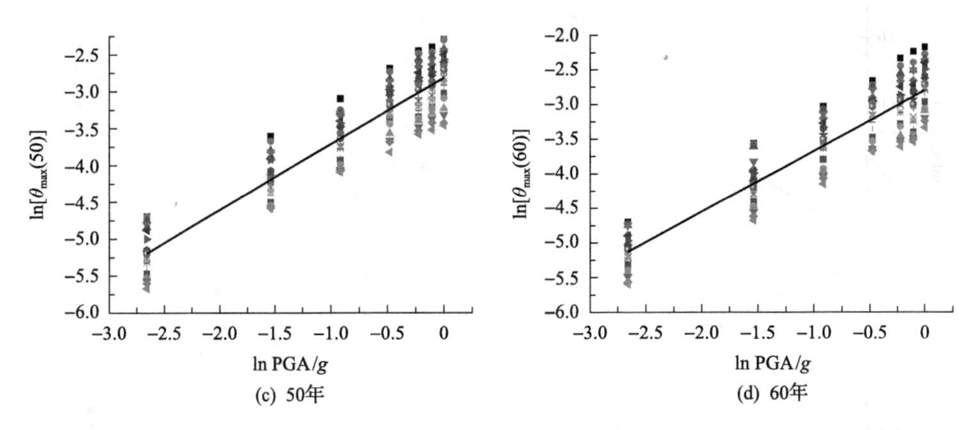

图 19.18　一般大气环境下 8 度设防无吊车典型单层钢结构厂房概率地震需求分析结果

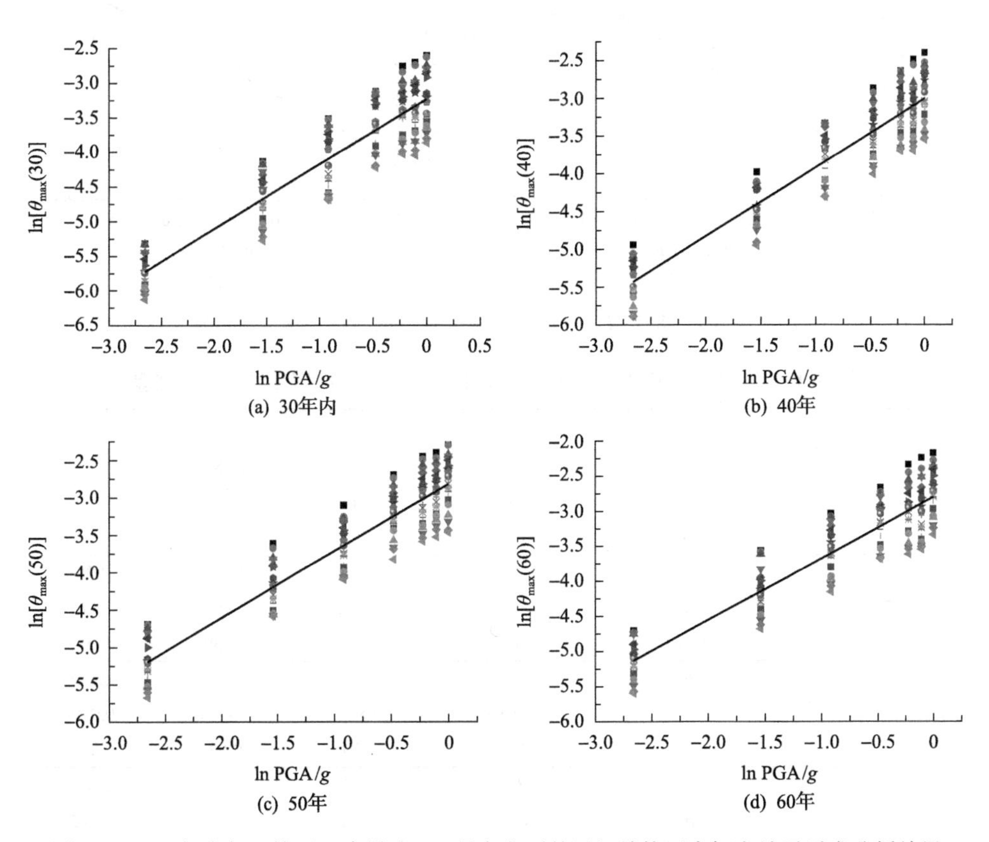

图 19.19　一般大气环境下 8 度设防 30t 吊车典型单层钢结构厂房概率地震需求分析结果

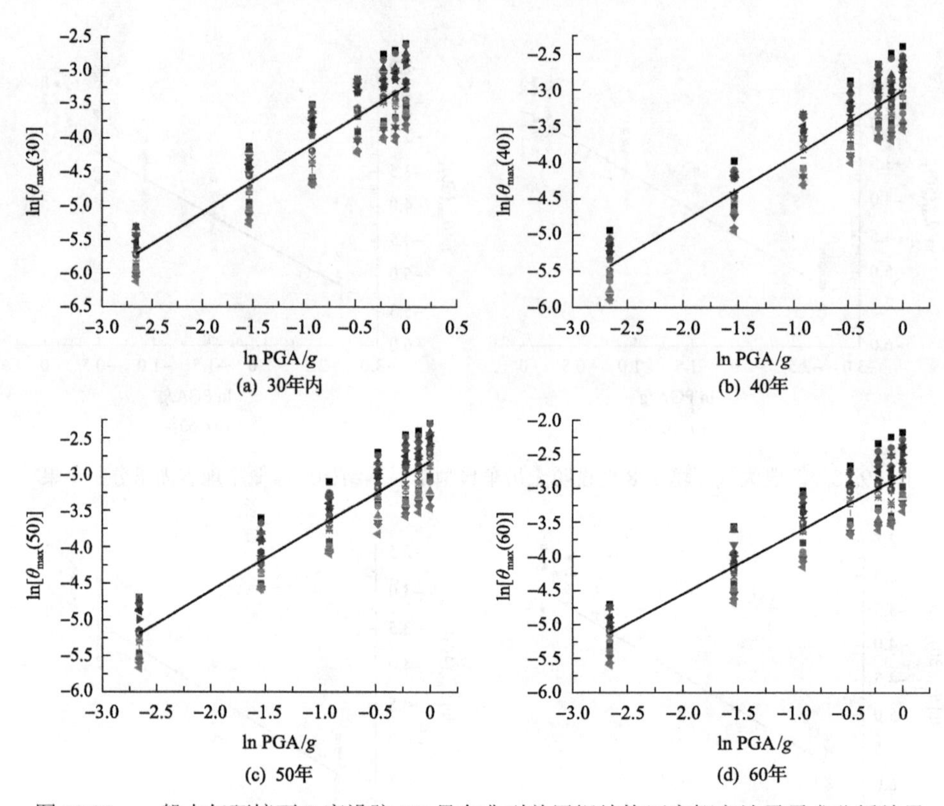

图 19.20　一般大气环境下 8 度设防 75t 吊车典型单层钢结构厂房概率地震需求分析结果

表 19.18　一般大气环境下无吊车典型单层钢结构厂房概率地震需求模型

设防烈度	需求模型参数	30 年内	40 年	50 年	60 年
6	b	−2.019	−1.9816	−1.8802	−1.7736
	a	0.8932	0.8965	0.8987	0.9041
	$\beta_{D\|IM}$	0.567	0.589	0.61	0.626
7	b	−2.5121	−2.4611	−2.3811	−2.2944
	a	0.9602	0.9627	0.967	0.9769
	$\beta_{D\|IM}$	0.508	0.529	0.539	0.582
7.5	b	−2.8535	−2.7961	−2.7437	−2.6458
	a	0.9852	0.9881	0.9904	0.9996
	$\beta_{D\|IM}$	0.498	0.519	0.53	0.547
8	b	−3.1347	−3.0639	−3.0043	−2.9191
	a	1.0101	1.0152	1.0181	1.0225
	$\beta_{D\|IM}$	0.564	0.572	0.597	0.613
8.5	b	−3.5249	−3.4462	−3.3571	−3.3165
	a	1.0267	1.0334	1.0362	1.0421
	$\beta_{D\|IM}$	0.473	0.48	0.503	0.512

续表

设防烈度	需求模型参数	30 年内	40 年	50 年	60 年
9	b	−3.8905	−3.7413	−3.6772	−3.5985
	a	1.0431	1.048	1.0553	1.0589
	$\beta_{D\|IM}$	0.486	0.506	0.517	0.552

表 19.19　一般大气环境下 30t 吊车典型单层钢结构厂房概率地震需求模型

烈度	需求参数	30 年内	40 年	50 年	60 年
6	b	−2.2201	−2.2054	−2.0957	−1.9715
	a	0.8119	0.8122	0.8135	0.8179
	$\beta_{D\|IM}$	0.4057	0.4326	0.4304	0.4194
7	b	−2.6513	−2.5853	−2.5073	−2.4247
	a	0.8816	0.8838	0.8873	0.8974
	$\beta_{D\|IM}$	0.3903	0.4131	0.4151	0.4255
7.5	b	−2.9315	−2.8792	−2.8202	−2.7295
	a	0.9099	0.9115	0.9145	0.9218
	$\beta_{D\|IM}$	0.3970	0.4081	0.4071	0.4076
8	b	−3.2336	−3.1429	−3.0207	−2.9601
	a	0.9391	0.9422	0.9449	0.9488
	$\beta_{D\|IM}$	0.3914	0.4134	0.3848	0.4033
8.5	b	−3.5715	−3.5082	−3.4211	−3.3467
	a	0.9533	0.9605	0.9628	0.9695
	$\beta_{D\|IM}$	0.3960	0.4157	0.4099	0.4099
9	b	−3.9307	−3.8045	−3.6936	−3.6151
	a	0.9711	0.9761	0.9831	0.9871
	$\beta_{D\|IM}$	0.4071	0.4104	0.3972	0.4036

表 19.20　一般大气环境下 75t 吊车典型单层钢结构厂房概率地震需求模型

设防烈度	需求模型参数	30 年内	40 年	50 年	60 年
6	b	−2.4212	−2.3892	−2.2912	−2.1724
	a	0.7236	0.7279	0.7283	0.7317
	$\beta_{D\|IM}$	0.567	0.589	0.61	0.626
7	b	−2.7905	−2.7195	−2.6435	−2.545
	a	0.8032	0.8049	0.8086	0.8179
	$\beta_{D\|IM}$	0.508	0.529	0.539	0.582
7.5	b	−3.0295	−2.9893	−2.9267	−2.8432
	a	0.8356	0.8369	0.8386	0.8441
	$\beta_{D\|IM}$	0.498	0.519	0.53	0.547
8	b	−3.3325	−3.2219	−3.1375	−3.0611
	a	0.8681	0.8692	0.8717	0.8741
	$\beta_{D\|IM}$	0.564	0.572	0.597	0.613

续表

设防烈度	需求模型参数	30 年内	40 年	50 年	60 年
8.5	b	−3.6181	−3.5702	−3.4881	−3.3989
	a	0.8799	0.8876	0.8894	0.8969
	$\beta_{D\|IM}$	0.473	0.48	0.503	0.512
9	b	−3.9709	−3.8567	−3.7531	−3.6617
	a	0.8991	0.9042	0.9149	0.9165
	$\beta_{D\|IM}$	0.486	0.506	0.517	0.552

2. 近海大气环境

为准确反映服役龄期变化对近海大气环境下在役单层钢结构厂房地震易损性的影响，本节通过 IDA 分析建立近海大气环境下不同服役龄期的各典型单层钢结构厂房的概率地震需求模型。以抗震设防烈度为 8 度的不同吊车吨位典型单层钢结构厂房为例，给出其服役龄期为 30 年内、40 年、50 年、60 年时的概率地震需求模型对数线性回归结果，如图 19.21～图 19.23 所示。限于篇幅，对于其他设防烈度下各典型单层钢结构厂房的概率地震需求模型，则只给出其对数线性回归曲线的斜率 a、截距 b 以及对数标准差 $\beta_{D|IM}$，如表 19.21～表 19.23 所示。

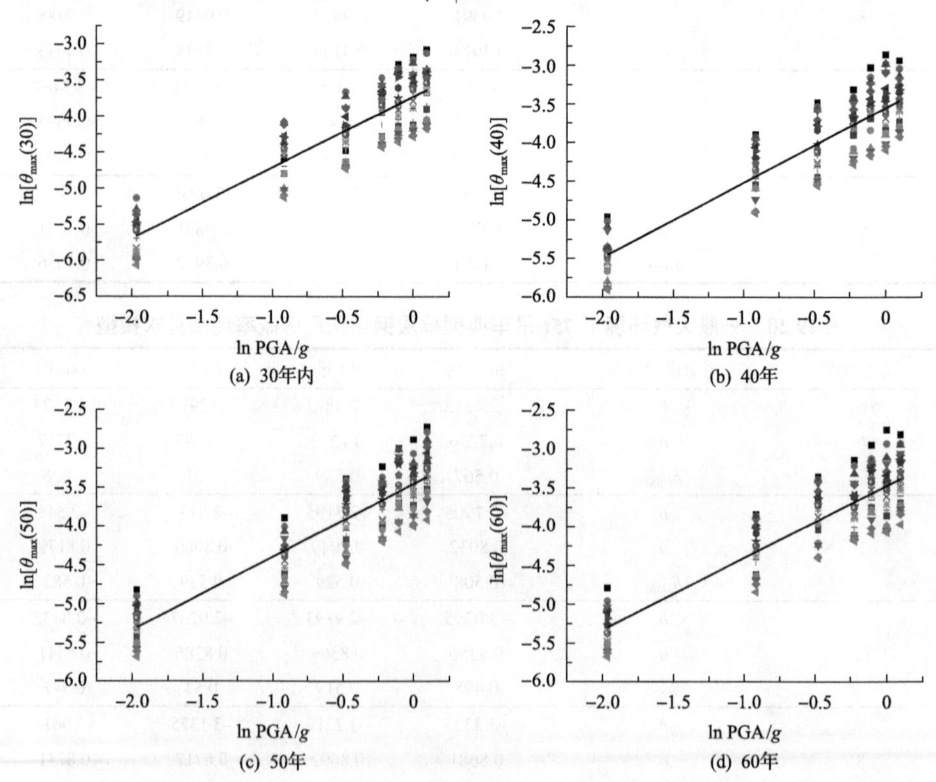

图 19.21 近海大气环境下 8 度设防无吊车典型单层钢结构厂房概率地震需求分析结果

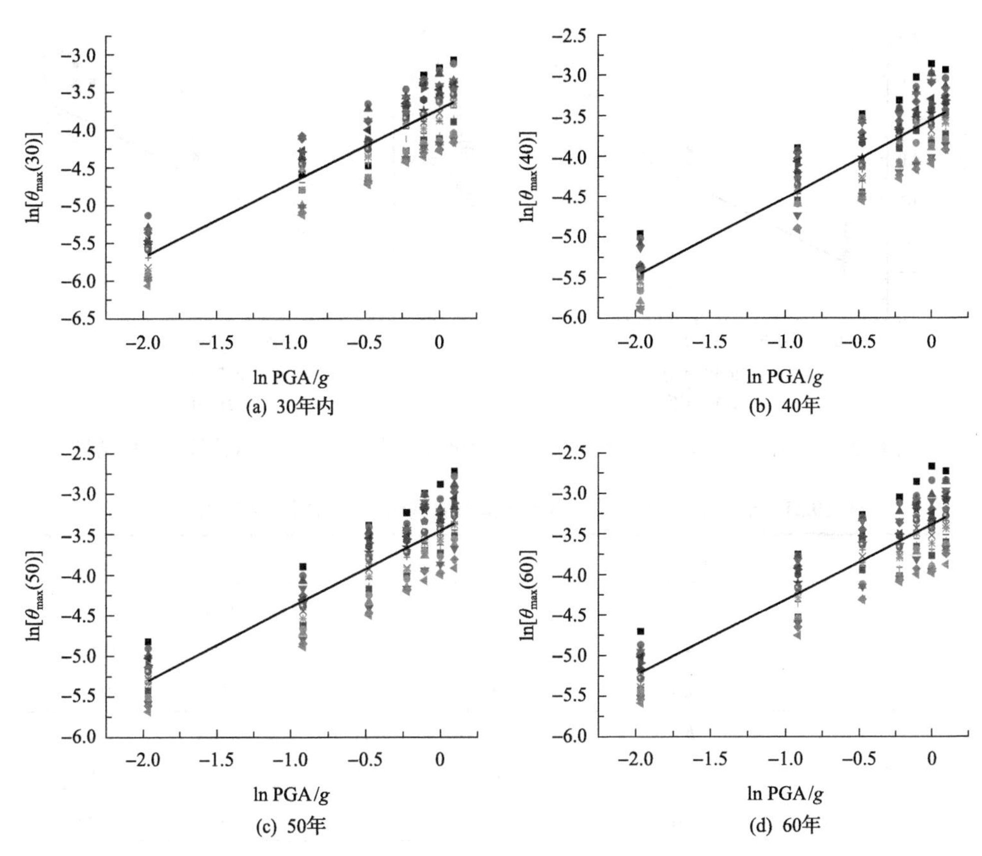

(a) 30年内　(b) 40年　(c) 50年　(d) 60年

图 19.22　近海大气环境下 8 度设防 30t 吊车典型单层钢结构厂房概率地震需求分析结果

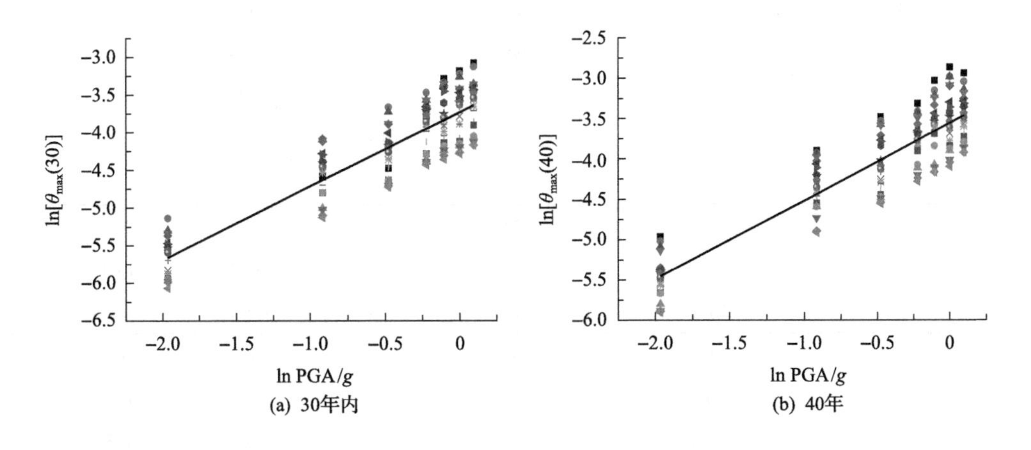

(a) 30年内　(b) 40年

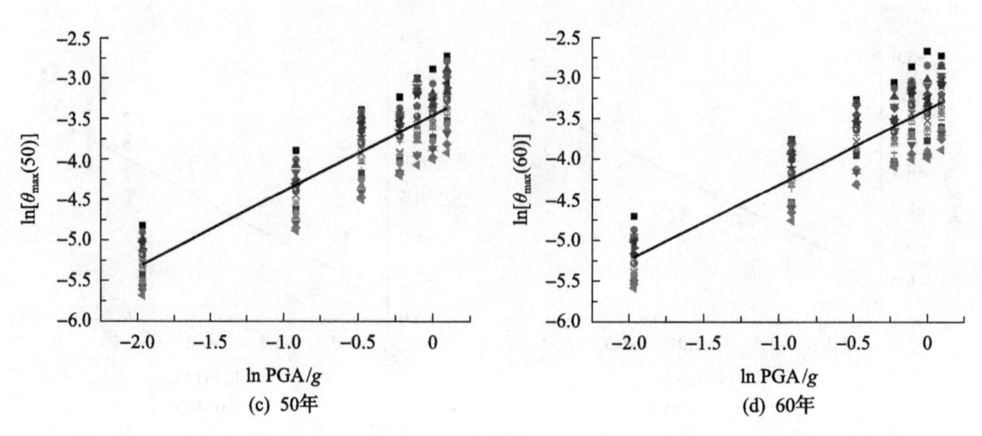

(c) 50年　(d) 60年

图 19.23　近海大气环境下 8 度设防 75t 典型单层钢结构厂房概率地震需求分析结果

表 19.21　近海大气环境下无吊车典型单层钢结构厂房概率地震需求模型

设防烈度	需求模型参数	30 年内	40 年	50 年	60 年
6	b	−2.019	−1.9551	−1.8651	−1.7669
	a	0.8932	0.8971	0.9002	0.9075
	$\beta_{D\|IM}$	0.567	0.589	0.61	0.626
7	b	−2.5121	−2.4538	−2.3594	−2.2846
	a	0.9602	0.9635	0.9697	0.9802
	$\beta_{D\|IM}$	0.508	0.529	0.539	0.582
7.5	b	−2.8535	−2.7894	−2.7312	−2.6417
	a	0.9852	0.9892	0.9919	1
	$\beta_{D\|IM}$	0.498	0.519	0.53	0.547
8	b	−3.1347	−3.0568	−2.9847	−2.9094
	a	1.0101	1.0161	1.0199	1.0241
	$\beta_{D\|IM}$	0.564	0.572	0.597	0.613
8.5	b	−3.5249	−3.4352	−3.3527	−3.3104
	a	1.0267	1.0341	1.0389	1.0462
	$\beta_{D\|IM}$	0.473	0.48	0.503	1.0389
9	b	−3.8905	−3.7319	−3.6688	−3.5961
	a	1.0431	1.0494	1.0559	1.0696
	$\beta_{D\|IM}$	0.486	0.506	0.517	0.552

表 19.22　近海大气环境下 30t 吊车典型单层钢结构厂房概率地震需求模型

设防烈度	需求模型参数	30 年内	40 年	50 年	60 年
6	b	–2.2201	–2.1658	–2.0439	–1.9371
	a	0.8119	0.8130	0.8161	0.8223
	$\beta_{D\|IM}$	0.4057	0.4075	0.3988	0.3848
7	b	–2.6513	–2.5519	–2.4738	–2.3925
	a	0.8816	0.8875	0.8919	0.9063
	$\beta_{D\|IM}$	0.3903	0.3861	0.4011	0.3989
7.5	b	–2.9315	–2.8613	–2.7960	–2.7093
	a	0.9099	0.9154	0.9201	0.9331
	$\beta_{D\|IM}$	0.3970	0.4114	0.4087	0.4045
8	b	–3.2336	–3.1285	–3.0185	–2.9558
	a	0.9391	0.9432	0.9482	0.9575
	$\beta_{D\|IM}$	0.3914	0.4007	0.3855	0.3885
8.5	b	–3.5715	–3.4673	–3.4192	–3.3467
	a	0.9533	0.9624	0.9703	0.9766
	$\beta_{D\|IM}$	0.3960	0.4110	0.4225	0.4118
9	b	–3.9307	–3.7636	–3.6916	–3.6092
	a	0.9711	0.9801	0.9869	0.9917
	$\beta_{D\|IM}$	0.4071	0.3850	0.3945	0.3887

表 19.23　近海大气环境下 75t 吊车典型单层钢结构厂房概率地震需求模型

设防烈度	需求模型参数	30 年内	40 年	50 年	60 年
6	b	–2.4212	–2.3716	–2.2806	–2.1702
	a	0.7236	0.728	0.7295	0.7341
	$\beta_{D\|IM}$	0.567	0.589	0.61	0.626
7	b	–2.7905	–2.7145	–2.6381	–2.5362
	a	0.8032	0.8066	0.8103	0.8187
	$\beta_{D\|IM}$	0.508	0.529	0.539	0.582
7.5	b	–3.0295	–2.9884	–2.9221	–2.8408
	a	0.8356	0.8381	0.8405	0.8497
	$\beta_{D\|IM}$	0.498	0.519	0.53	0.547
8	b	–3.3325	–3.2189	–3.1344	–3.0589
	a	0.8681	0.8703	0.872	0.8755
	$\beta_{D\|IM}$	0.564	0.572	0.597	0.613
8.5	b	–3.6181	–3.5652	–3.4796	–3.3965
	a	0.8799	0.8882	0.8907	0.8981
	$\beta_{D\|IM}$	0.473	0.48	0.503	0.512
9	b	–3.9709	–3.8416	–3.7484	–3.6584
	a	0.8991	0.9087	0.9152	0.9171
	$\beta_{D\|IM}$	0.486	0.506	0.517	0.552

参 考 文 献

[1] 中华人民共和国住房和城乡建设部. 钢结构现场检测技术标准(GB/T 50621—2010)[S]. 北京: 中国建筑工业出版社, 2010.

[2] 中华人民共和国住房和城乡建设部, 高耸与复杂钢结构检测与鉴定标准(GB 51008—2016)[S]. 北京: 中国计划出版社, 2016.

[3] 国家市场监督管理总局, 中国国家标准化管理委员会. 钢及钢产品力学性能试验取样位置及试样制备(GB/T 2975—2018)[S]. 北京: 中国标准出版社, 2018.

[4] 史炜洲, 童乐为, 陈以一, 等. 腐蚀对钢材和钢梁受力性能影响的试验研究[J]. 建筑结构学报, 2012, 33(7): 53-60.

[5] 国家市场监督管理总局. 国家标准化管理委员会. 中国地震烈度表(GB/T 17742-2020)[S]. 北京 :中国标准出版社, 2020.

[6] FEMA P-695. Quantification of building seismic performance factors[S]. Washington D C: Applied Technology Council for the Federal Emergency Management Agency, 2009.

[7] 于晓辉, 吕大刚. 基于云图-条带法的概率地震需求分析与地震易损性分析[J]. 工程力学, 2016, (6): 68-76.

第 20 章　多龄期钢结构概率抗震能力分析

太平洋地震工程研究中心提出的基于性能的地震风险评估框架(performance-based earthquake engineering, PBEE)将建筑结构的抗震性能评估分为地震危险性分析、结构反应分析、破坏分析及损失分析四个阶段，其评估流程如图 20.1 所示。其中，破坏分析阶段作为结构地震分析评估理论框架中的重要环节，其主要作用是建立结构破坏状态与工程需求参数(EDP)的关系，进而将结构反应分析阶段得到的工程需求参数与损失分析阶段的决策变量(DV)相联系，以实现整个评估流程。

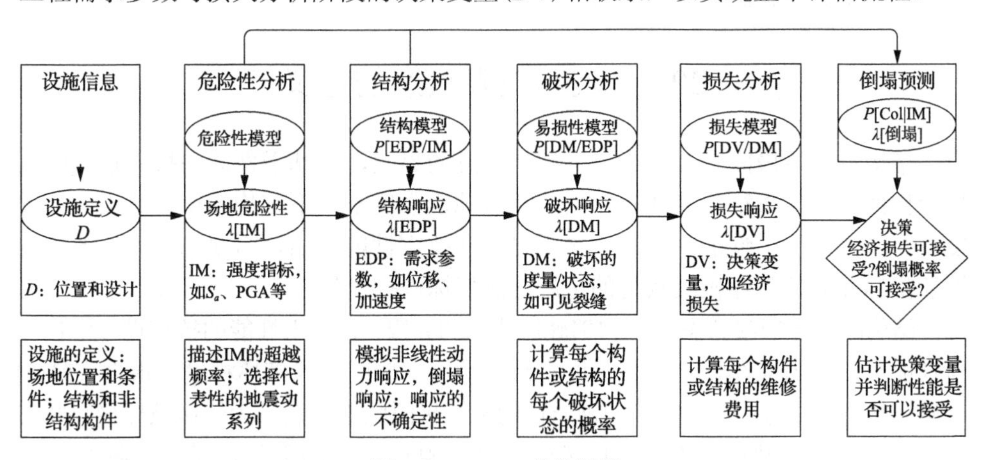

图 20.1　PBEE 理论框架

基于位移的解析地震易损性函数的建立可分解为概率地震需求分析和概率抗震能力分析两部分[1]。其中，概率抗震能力分析对应于基于性能的地震风险评估框架中的结构破坏分析阶段，表征在给定地震需求水平下，结构发生或超过特定破坏状态的条件概率，即建立结构破坏状态与工程需求参数间的概率关系。概率抗震能力分析主要包括以下三个内容：①结构破坏状态划分；②破坏极限状态的定义；③破坏极限状态定义中的不确定性量化。本章以在役钢结构为研究对象，从上述三个方面对各类多龄期钢结构的概率抗震能力予以叙述。

20.1　结构破坏状态的划分

建筑结构的破坏状态是对一定强度地震作用下结构损伤程度的描述。目前，基于性能的抗震设计与评估规范和条例中，已有较多关于结构破坏状态划分方法与破坏状态的描述，例如，GEM 解析地震易损性报告[2]将结构的破坏状态划分为完好、轻微破坏、中等破坏和接近倒塌四个等级；ATC-13[3]将结构的破坏状态划分为轻微破坏、较轻破坏、中等破坏、严重破坏、局部倒塌和倒塌六个等级；HAZUS-MH[4]将结构破坏状态划分为轻微破坏、中等破坏、严重破坏和完全破坏四个等级。

然而，上述各划分方法之间仍存在一定的差异性，未形成统一的标准，这就对震后地震现场的震害调查与科学考察、地震灾害损失评估和建筑物安全鉴定等工作带来不便，易造成混乱。因此，中国地震局工程力学研究所负责编制了国家标准：《建(构)筑物地震破坏等级划分》(GB/T 24335—2009)[5]，其对我国建(构)筑物破坏状态进行了统一划分，并给出了各破坏状态的破坏描述。鉴于此，本书参考该国家标准，将多龄期钢结构的破坏状态划分为基本完好、轻微破坏、中等破坏、严重破坏和倒塌五个等级。

20.2 破坏极限状态的定义

结构的破坏极限状态是指相邻破坏状态的界限，在基于性能的抗震设计中也称为性能水准，表征结构在特定的某一级地震强度水平下结构期望的最大破坏程度。为了便于基于性能的钢结构抗震设计和抗震性能评估，需要选取合适的抗震性能指标并对各破坏极限状态的抗震性能指标进行量化。

结构的破坏极限状态是指相邻破坏状态的界限，在基于性能的抗震设计中也称为性能水准，表征在特定地震强度水平下结构期望的最大破坏程度。根据文献[5]中破坏状态的划分方法，多龄期钢结构的破坏极限状态可定义为轻微破坏极限状态(LS_1)、中等破坏极限状态(LS_2)、严重破坏极限状态(LS_3)和倒塌极限状态(LS_4)四个等级，各破坏极限状态与破坏状态的关系如图 20.2 所示。然而，文献[5]仅从构件的宏观破坏现象角度对钢结构破坏状态进行了划分，并未给出相应的量化指标，因而不便于工程实际应用。鉴于此，为实现基于性能的多龄期钢结构抗震性能评估，需要选取合适的抗震性能指标，并对各破坏极限状态的相应指标进行量化。

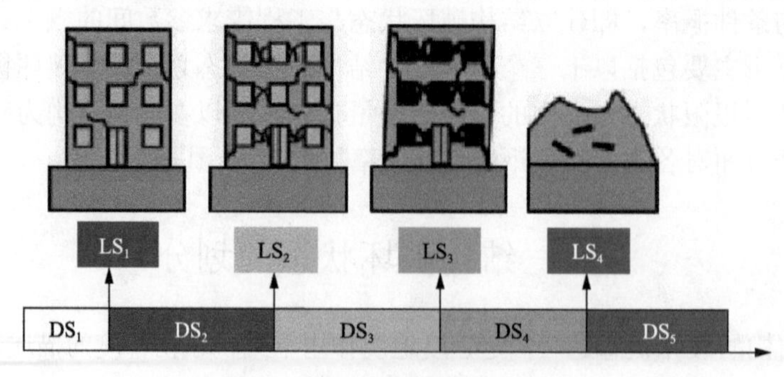

图 20.2 结构极限状态的定义

20.2.1　抗震性能指标选取

文献[5]中结构破坏状态的划分主要依据构件的破坏程度来衡量，因此在选择结构破坏极限状态对应的抗震性能指标时，应选取能够直观反映构件破坏程度且易于从结构地震反应分析中获得的参数。目前，常用的结构抗震性能指标主要包括基于变形的抗震性能指标(如顶点位移、层间位移角等)、基于能量的抗震性能指标、基于位移-能量双参数的抗震性能指标等。其中，基于能量和基于位移-能量双参数的抗震性能指标，由于计算过程复杂，且不能直观反映构件的破坏程度，并未在工程实际中得到广泛应用。顶点位移作为一种基于变形的抗震性能指标，能够在一定程度上反映结构的整体破坏程度且易在地震反应分析中获得，但该指标并不能直观反映构件的破坏程度，且其受结构高度影响较大，因此也不是一个较好衡量破坏极限状态的指标。

相较于其他几种性能指标，层间位移角具有以下优点：①对结构进行地震反应分析时，层间位移角是一个较容易得到的参数；②层间位移角与结构的层间位移及位移延性、结构整体位移及位移延性等均有较好的相关性，可反映结构的多种性能；③结构的层间变形是该层各构件变形的综合体现，因此采用层间变形作为衡量破坏极限状态的指标，能够在一定程度上反映该层各构件的破坏状态；④层间位移角还能够在一定程度上反映非结构构件的破坏程度。鉴于此，我国及多数其他国家的抗震设计规范均采用层间位移角作为结构变形验算的指标。

最大层间位移角是结构各层层间位移角的最大值，该参数除具有层间位移角所具有的优点外，还能较直观地反映结构整体破坏程度，因此本书采用最大层间位移角作为结构抗震性能指标，进而采用该指标对多龄期钢结构各破坏极限状态限值进行量化。

20.2.2　各破坏极限状态抗震性能指标的量化方法

量化结构各破坏极限状态所对应最大层间位移角的方法可分为局部(构件)和整体两个层次。其中，局部(构件)层次的量化方法是指以结构竖向抗侧构件不同破坏状态的位移角作为整体结构相应破坏状态的层间位移角限值。其理论依据为：整体结构的最大层间位移角是该层各类构件变形的综合体现，竖向构件作为该层的主要抗侧构件，其位移角与整体结构的层间位移角具有较高的相关性，因而可近似采用竖向抗侧构件各破坏状态的位移角作为整体结构相应破坏状态的层间位移角限值。考虑到构件层次的试验数据较为丰富，通过统计方法得到竖向抗侧构件在不同破坏状态下的位移角限值是切实可行的，因此美国[6, 7]、欧洲[8]以及我国抗震设计规范[9]等均采用该方法定义整体结构各破坏状态的层间位移角限值。

整体层次的结构破坏极限状态的量化方法即以整体结构为研究对象，通过对试验数据或数值分析结果进行统计分析，确定结构各破坏状态下的抗震性能指标量化值。其中，由于整体结构层次的试验数据较为匮乏，通过试验数据统计分析对结构各破坏极限状态的层间位移角限值进行量化时误差较大，不具有一般性。而数值分析方法不仅能够考虑多种因素(如材料力学性能离散性、结构竖向荷载的离散性等)对结构抗震性能的影响，且能获得更全面、丰富的分析结果，因此目前国内外学者大多采用数值分析方法对结构各极限状态层间位移角进行量化分析。

静力弹塑性分析(Pushover)方法作为一种非线性数值分析方法，能够给出水平荷载作用下，整体结构中各构件的开裂和屈服顺序，发现应力和塑性变形集中的部位，从而判别结构的屈服机制、薄弱环节与破坏状态，因而被欧洲规范 EN1998-3[8] 推荐为非倒塌极限状态下的抗震性能指标量化方法，并被 HAZUS 软件中的 AEBM[10]模块所采用。因此，本章基于第 19 章所建立的多龄期钢结构数值模型，采用 Pushover 方法，从整体层次量化钢结构非倒塌极限状态的层间位移角限值。

采用 Pushover 方法定义结构非倒塌极限状态的层间位移角限值有局部损伤控制、整体损伤控制、混合控制三种准则[11]。其中，局部损伤控制是利用结构局部与整体变形间的关系，以结构局部损伤达到某一状态对应的结构整体反应定义极限状态；整体损伤控制则直接利用整体结构 Pushover 曲线，通过选取曲线上的一些特征点作为整体极限状态定义值；混合控制则是综合采用局部和整体损伤控制原则来定义极限状态。文献[11]基于混合控制原则，提出了从 Pushover 曲线定义结构不同极限状态的方法，即在 Pushover 曲线上，将结构首个构件屈服时所对应点定义为 LS_1、等效屈服点在曲线上的投影点定义为 LS_2、峰值点定义为 LS_3。Pushover 曲线上非倒塌极限状态的定义方法如图 20.3(a)所示。

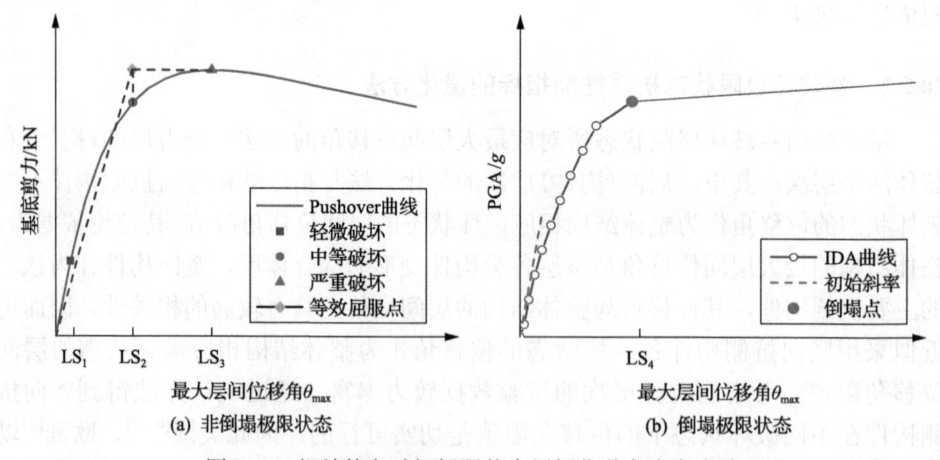

图 20.3　钢结构各破坏极限状态层间位移角定义方法

结构倒塌是一个动力失稳问题，而 Pushover 方法难以反映结构在强震作用下的动力失稳情况，故 Pushover 分析方法无法定义结构倒塌极限状态 LS_4 的定义。IDA 方法作为研究结构抗震性能的一种精细方法，由于其能够准确捕捉结构的动力失稳点，而被广泛应用于结构抗倒塌能力研究中，并被 FEMA P-695[12]所采用，因此本章采用 IDA 方法定义结构的倒塌极限状态 LS_4。

对于 IDA 曲线上倒塌点的定义，FEMA350[13]建议采用 IM-DM 混合控制原则，将 IDA 曲线上结构抗力下降较大但不至于处于动力非稳定状态时所对应的特征点定义为倒塌点，即 IDA 曲线上切线斜率为初始斜率 20%的点与 θ_{max}=10%中的最小点，作为结构倒塌极限状态点。与 FEMA350 不同，Haselton 等[14]将地震动强度的微小增量可导致结构响应趋于无穷大的动力失稳点定义为倒塌点，即 IDA 曲线变平的转点。本章在定义结构倒塌点时，采用 Haselton 等[14]所提出的定义方法，如图 20.3(b)所示。

基于上述方法，本书分别对不同服役环境下的多龄期典型钢框架结构、带支撑钢框架结构、单层钢结构厂房各破坏极限状态的最大层间位移角限值进行量化，现分别就其量化结果予以叙述。

20.3　多龄期钢框架结构各破坏极限状态层间位移角限值

20.3.1　非倒塌极限状态

基于 Pushover 方法定义钢结构非倒塌极限状态的层间位移角限值时，所选取的侧向力分布模式不同将导致分析结果不同。为考虑侧向加载模式对分析结果的影响，FEM A356[15]建议在对结构进行 Pushover 分析时，应至少采用两种侧向加载模式。对于钢框架结构，在水平地震作用下，结构变形主要以第一阶振型为主，因此本节在对钢框架结构进行 Pushover 分析时，忽略高阶振型的影响，采用均匀分布、倒三角分布和抛物线分布三种侧向加载模式，如图 20.4 所示，各侧向加载模式分别介绍如下。

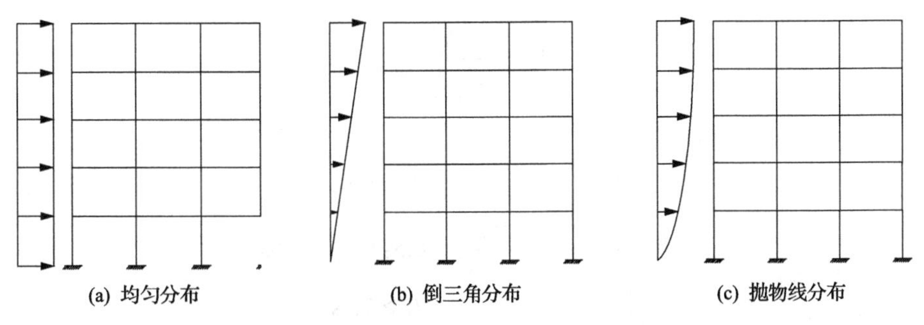

图 20.4　钢框架结构 Pushover 分析的侧向力加载模式

1) 均匀分布

均匀分布侧向力加载模式与结构进入屈服状态后的受力情况较为接近[16]。该分布模式把建筑高度范围内的侧向力按等分布考虑，目前常用的均匀分布加载模式有两种：一种是考虑楼层质量影响的分布模式；另一种是不考虑楼层质量影响的分布模式。考虑到本书涉及的典型钢框架结构的楼层质量分布较为均匀，因此本节采用不考虑楼层质量影响的均匀分布模式，该分布模式下各楼层的水平侧向力为

$$P_j = \frac{V_\mathrm{b}}{n} \tag{20-1}$$

式中，P_j、V_b、n 分别为结构第 j 层的水平荷载、结构底部剪力、结构总层数。

2) 倒三角分布

规则钢框架结构的第一阶振型近似为倒三角分布，因此 FEMA 274[17]建议在对结构进行 Pushover 分析时，应采用该侧向加载模式。该加载模式是将固定的呈倒三角形分布的水平荷载施加在结构上，忽略加载过程中局部楼层屈服引起的楼层惯性力塑性重分布的影响，每个楼层的侧向荷载系数为

$$P_j = \frac{W_j h_j}{\sum_{i=1}^{n} W_i h_i} V_\mathrm{b} \tag{20-2}$$

式中，P_j、V_b、n 分别为结构第 j 层的水平荷载、结构底部剪力、结构总层数；W_i、W_j 和 h_i、h_j 分别为 i、j 楼层的重力荷载代表值和高度。

3) 抛物线分布

文献[18]指出，抛物线分布的侧向荷载可反映结构变形中不同振型的贡献和高阶振型对结构反应的影响，该侧向力分布模式下的侧向荷载系数为

$$F_i = \frac{w_i h_i^k}{\sum_{i=1}^{N} w_i h_i^k} V_\mathrm{b} \tag{20-3}$$

$$k = \begin{cases} 1.0, & T_1 < 0.5\mathrm{s} \\ 1.0 + \dfrac{T_1 - 0.5}{2.5 - 0.5}, & 0.5\mathrm{s} \leqslant T_1 < 2.5\mathrm{s} \\ 2.0, & T_1 \geqslant 2.5\mathrm{s} \end{cases} \tag{20-4}$$

式中，P_j、V_b、n 分别为结构第 j 层的水平荷载、结构底部剪力、结构总层数；

W_i、W_j 和 h_i、h_j 分别为 i、j 楼层的重力荷载代表值和高度；k 为与结构基本周期 T_1 有关的参数。

采用上述三种侧向加载模式分别对不同服役环境与龄期的典型钢框架结构进行 Pushover 分析，得到以最大层间位移角 θ_{max} 为横坐标的 Pushover 曲线。以一般大气环境下 5 层 8 度抗震设防的钢框架结构为例，给出其不同服役龄期下的 Pushover 曲线，如图 20.5 所示。基于此，并依据 20.2.2 节所述的钢结构非倒塌极限状态层间位移角限值定义方法，得到一般大气环境下 5 层 8 度钢框架结构不同服役龄期下各破坏极限状态的最大层间位移角限值，如表 20.1 所示。

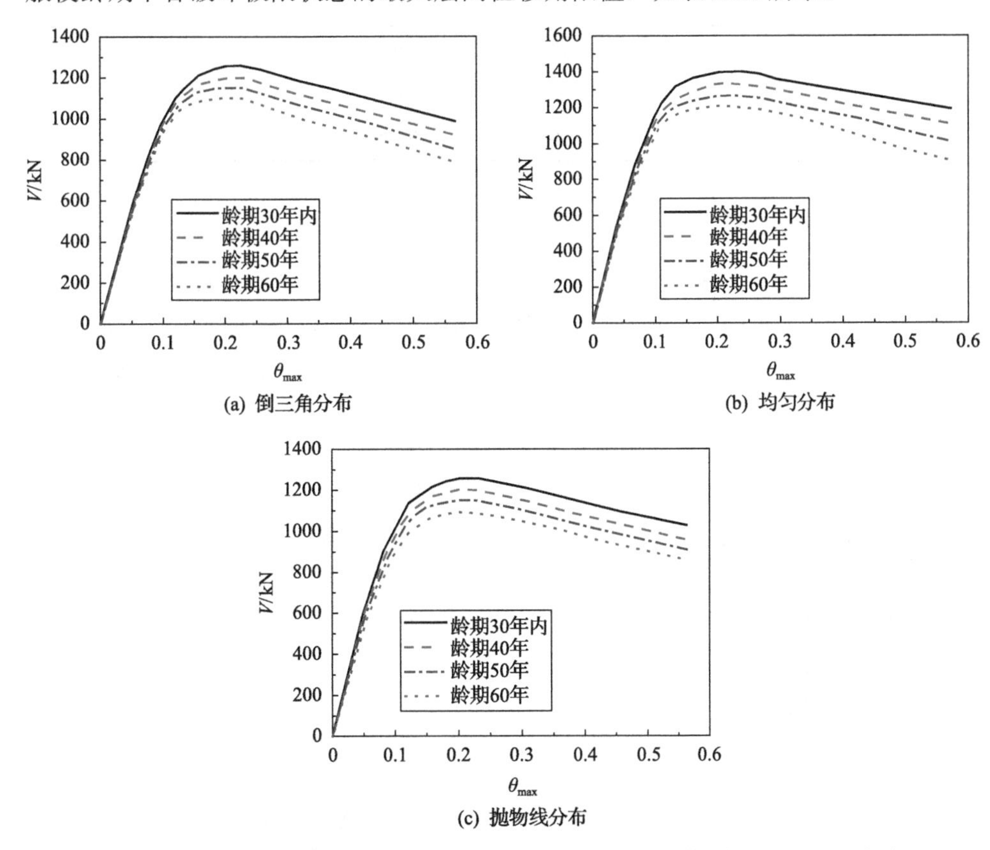

图 20.5　一般大气环境下不同服役龄期 5 层 8 度设防钢框架结构 Pushover 曲线

表 20.1　一般大气环境下 5 层 8 度设防钢框架结构各破坏极限状态的最大层间位移角限值

龄期	侧向力模式	轻微破坏	中等破坏	严重破坏	倒塌
30 年内	倒三角分布	0.0040	0.0081	0.0200	0.0505
	均匀分布	0.0039	0.0075	0.0178	
	抛物线分布	0.0040	0.0087	0.0222	

续表

龄期	侧向力模式	轻微破坏	中等破坏	严重破坏	倒塌
40 年	倒三角分布	0.0040	0.0081	0.0190	0.0473
	均匀分布	0.0039	0.0075	0.0169	
	抛物线分布	0.0041	0.0087	0.0211	
50 年	倒三角分布	0.0040	0.0079	0.0180	0.0436
	均匀分布	0.0039	0.0074	0.0162	
	抛物线分布	0.0040	0.0084	0.0198	
60 年	倒三角分布	0.0040	0.0076	0.0169	0.0405
	均匀分布	0.0039	0.0072	0.0158	
	抛物线分布	0.0041	0.0080	0.0180	

20.3.2 倒塌极限状态

基于 IDA 分析方法定义结构的倒塌极限状态时，为考虑地震动特性差异对结构抗倒塌能力的影响，本节在对各典型结构进行 IDA 分析时，采用 18.1.2 节所选地震动记录集作为其输入地震动。同时，为较准确地捕捉结构倒塌点，借鉴 Vamvatsikos 和 Cornell 提出的 Hunt&fill 算法[19]，对各输入地震动进行调幅，进而进行结构非线性动力时程分析，直到结构发生倒塌。仍以一般大气环境下 5 层 8 度设防的钢框架结构为例，给出其在不同服役龄期下的 IDA 曲线及倒塌点，如图 20.6 所示。假定倒塌极限状态的最大层间位移角服从对数正态分布，据此对其进行参数拟合，得到一般大气环境下不同服役龄期 5 层 8 度设防典型钢框架结构的倒塌极限状态层间位移角均值，如表 20.2 所示。

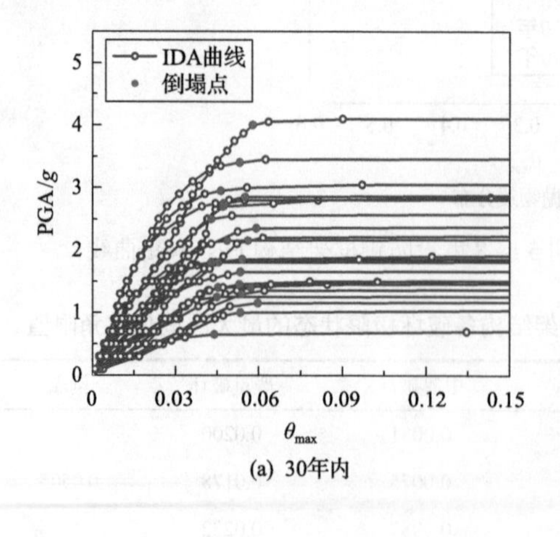

(a) 30年内

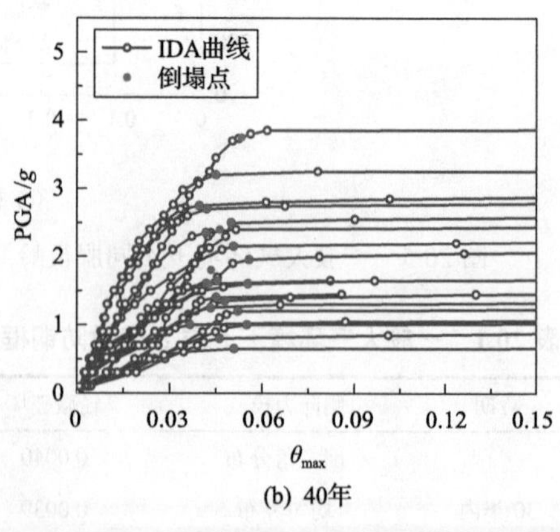

(b) 40年

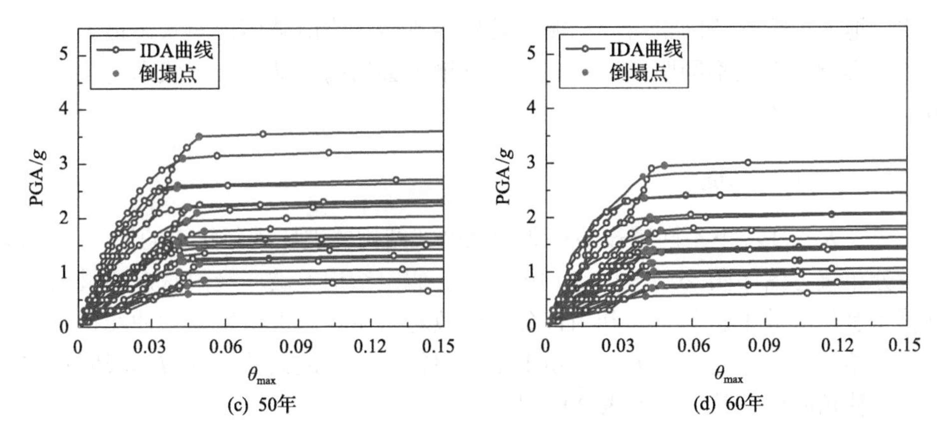

图 20.6　一般大气环境下不同服役龄期 5 层 8 度设防钢框架结构 IDA 曲线及倒塌点

表 20.2　一般大气下不同服役龄期钢框架结构各破坏极限状态最大层间位移角限值

龄期	轻微破坏	中等破坏	严重破坏	倒塌
30 年内	1/250	1/125	1/50	1/20
40 年	1/250	1/125	1/52.28	1/21.41
50 年	1/250	1/127.35	1/55.48	1/23.22
60 年	1/250	1/130.47	1/59.26	1/25

20.3.3　层间位移角限值量化结果

基于上述分析方法，对不同服役环境、层数、设防烈度、服役龄期下的各典型钢框架结构分别进行 Pushover 分析和 IDA 分析，得到各典型结构不同破坏极限状态的层间位移角限值。对比各典型结构的 Pushover 及 IDA 分析结果可以看出，钢框架结构由于服役龄期、层数、设防烈度、侧向加载模式及地震动输入不同，结构各破坏极限状态的最大层间位移角限值也不尽相同，表现出明显的差异性。

GEM 研究报告[2]指出，对于同类建筑，可不考虑其内在属性的差异，而采用相同的破坏极限状态限值表征其抗震能力，此方式虽然准确度不高，但因其简单而被广泛应用于区域建筑结构震害预测中。因此，对于城市区域建筑中的一类建筑结构——钢框架结构，可不考虑各结构内在属性的差异，采用统一的最大层间位移角限值作为其性能指标。然而，大量的试验研究表明[20-34]，不同服役龄期下钢结构由于环境侵蚀作用影响，其抗震性能将会产生不同程度的劣化。因此，在对城市多龄期钢框架结构各破坏极限状态下最大层间位移角进行量化时，不能忽略结构服役龄期变化对其产生的影响。

鉴于此，本章在对各类多龄期典型钢框架结构各破坏极限状态最大层间位移角限值进行量化时，考虑了服役龄期的影响，忽略层数、设防烈度、侧向力加载模式、地震动特性等因素对同一服役龄期各典型结构诸破坏极限状态最大层间位移角的影响。现就不同服役环境与龄期下钢框架结构各破坏极限状态的层间位移角限值予以叙述。

1. 一般大气环境

一般大气环境下不同服役龄期典型钢框架结构各破坏极限状态的层间位移角-频率分布直方图如图 20.7～图 20.10 所示。假定结构各破坏极限状态的最大层间位移角服从对数正态分布，利用该分布函数对上述各分析结果进行曲线拟合，并取拟合结果均值作为一般大气环境下不同服役龄期钢框架结构各破坏极限状态的层间位移角限值，其结果如表 20.2 所示。

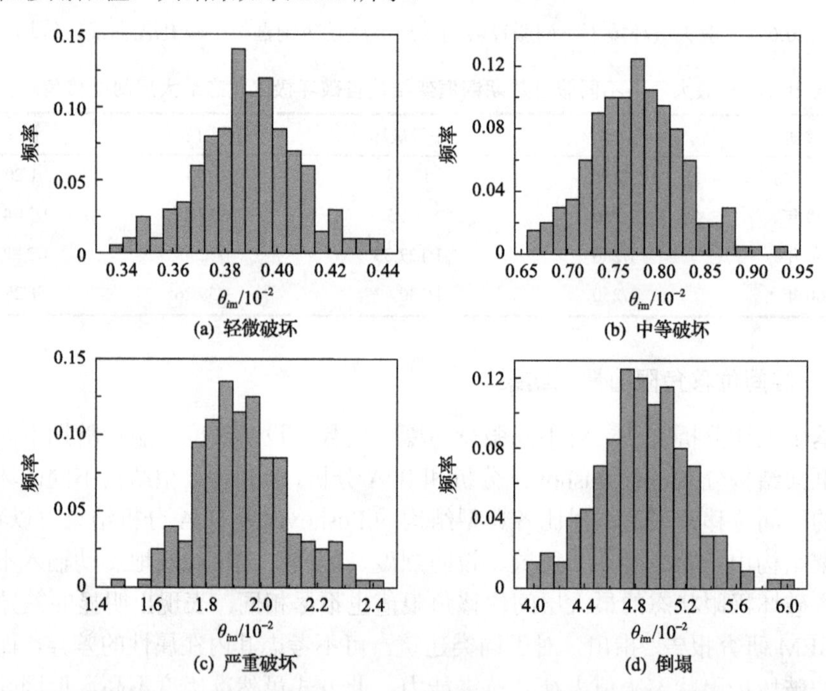

图 20.7　一般大气环境下服役龄期 30 年内钢框架结构各破坏状态下层间位移角-频率直方图

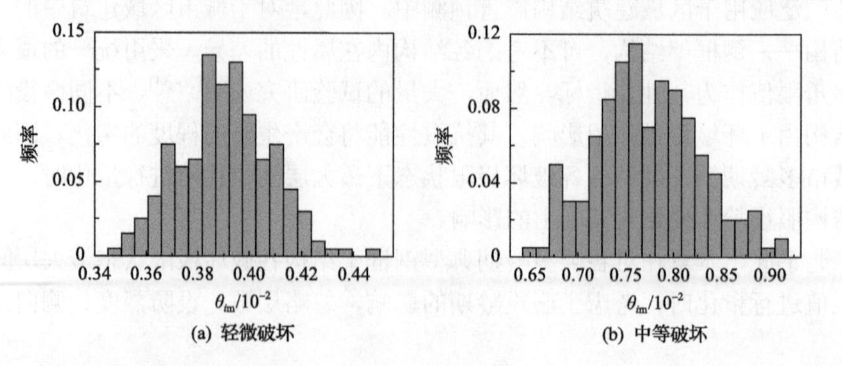

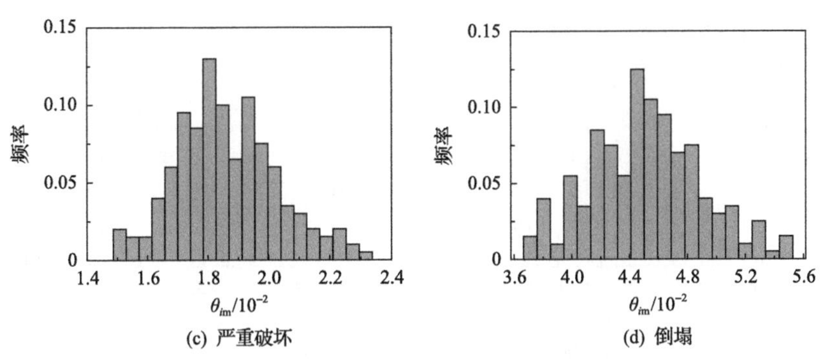

(c) 严重破坏　(d) 倒塌

图 20.8　一般大气环境下服役龄期 40 年钢框架结构各破坏状态下层间位移角-频率直方图

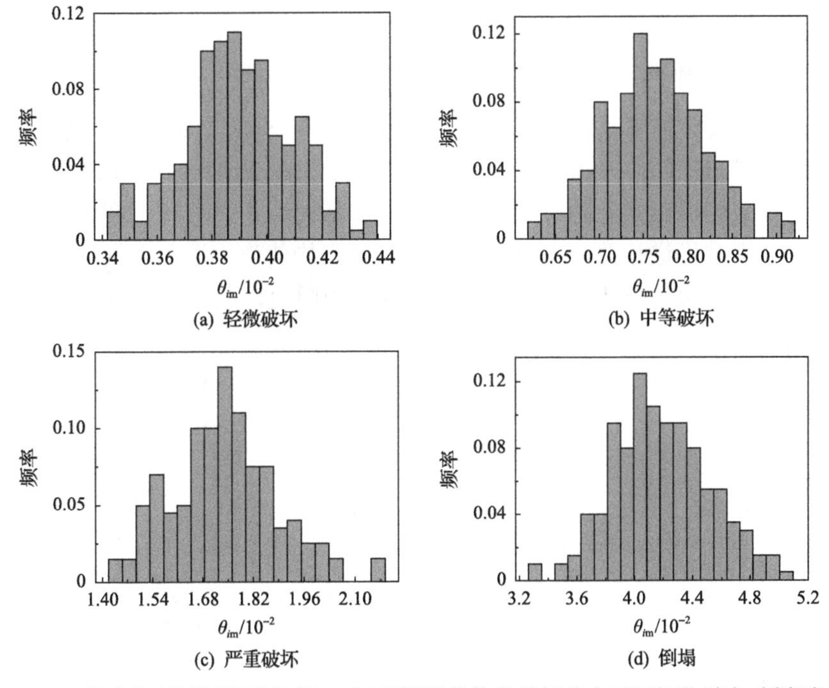

(a) 轻微破坏　(b) 中等破坏

(c) 严重破坏　(d) 倒塌

图 20.9　一般大气环境下服役龄期 50 年钢框架结构各破坏状态下层间位移角-频率直方图

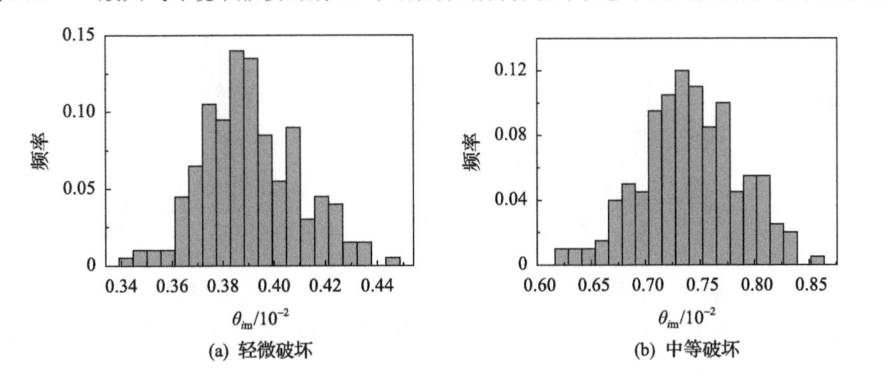

(a) 轻微破坏　(b) 中等破坏

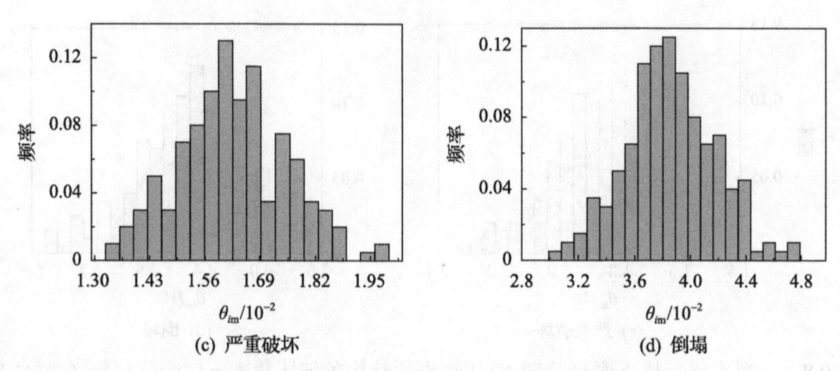

图 20.10 一般大气环境下服役龄期 60 年的钢框架结构各破坏状态下层间位移角-频率直方图

2. 近海大气环境

对近海大气环境下服役龄期为 30 年内、40 年、50 年、60 年典型钢框架结构各破坏极限状态层间位移角进行统计分析，结果如图 20.11～图 20.14 所示。同样假定结构各破坏极限状态的最大层间位移角服从对数正态分布，利用该分布函数对上述各分析结果进行曲线拟合，并取拟合结果均值作为近海大气环境下不同服役龄期钢框架结构各破坏极限状态的层间位移角限值，其结果如表 20.3 所示。

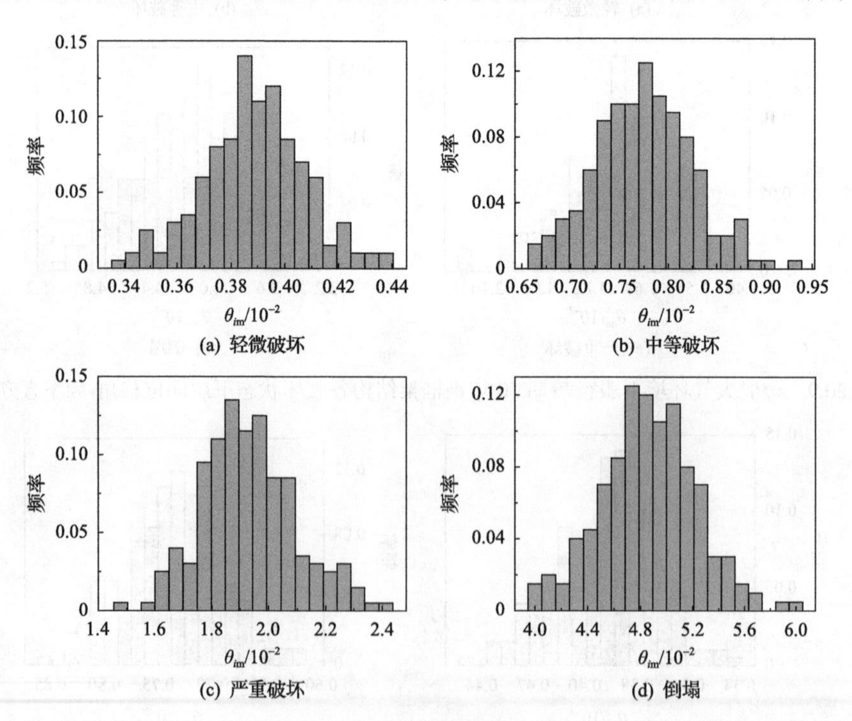

图 20.11 近海大气环境下服役龄期 30 年内钢框架结构各破坏状态下层间位移角-频率直方图

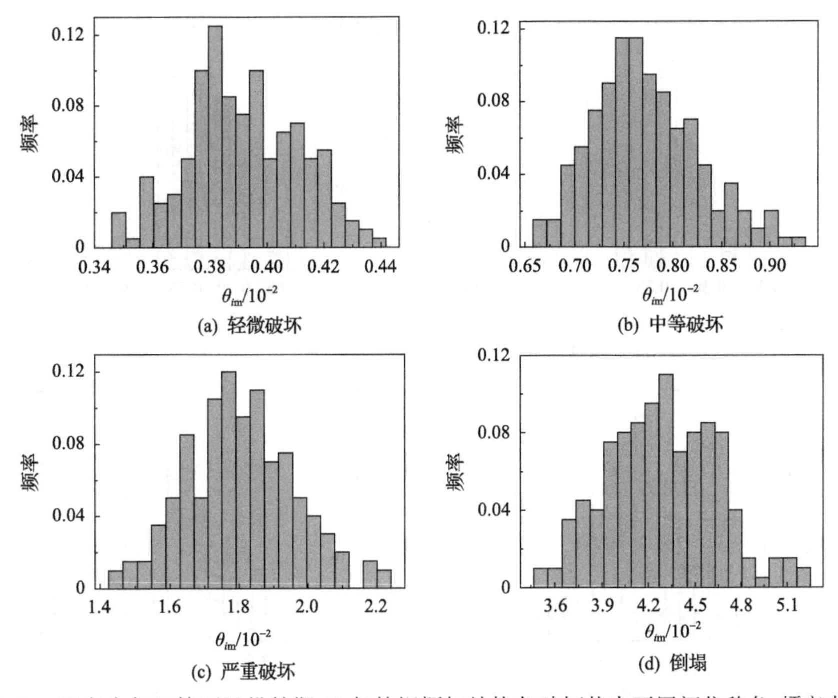

图 20.12　近海大气环境下服役龄期 40 年的钢框架结构各破坏状态下层间位移角-频率直方图

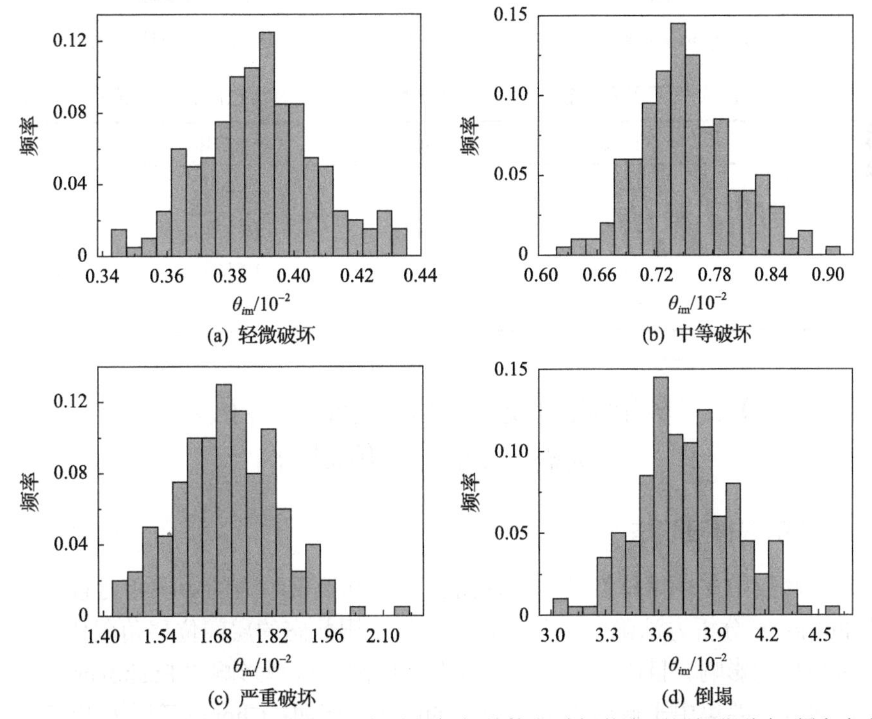

图 20.13　近海大气环境下服役龄期 50 年的钢框架结构各破坏状态下层间位移角-频率直方图

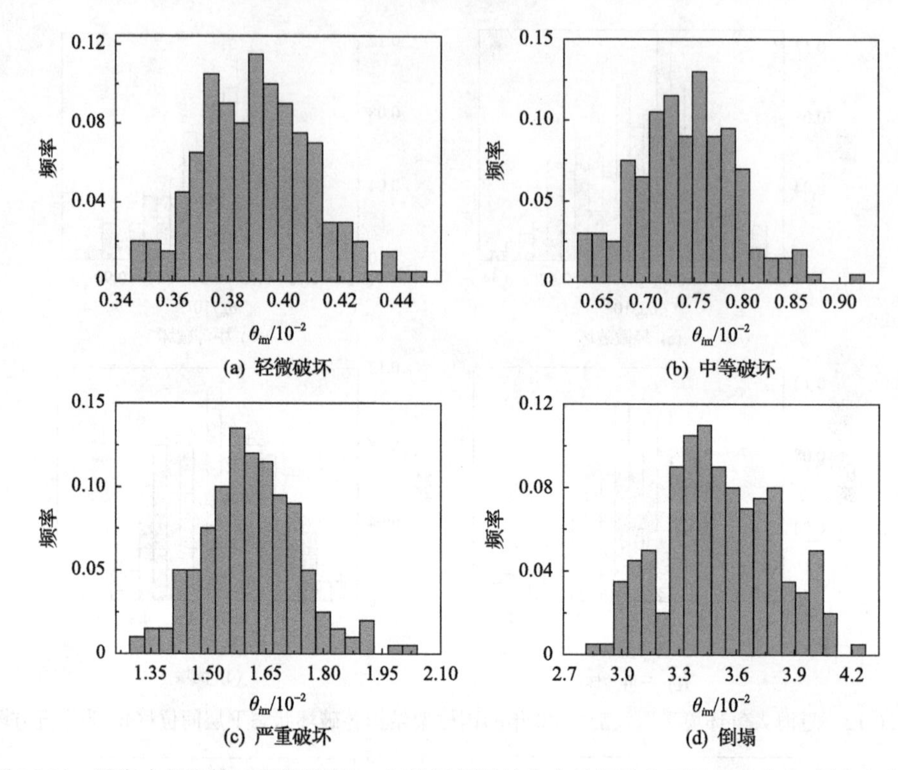

图 20.14　近海大气环境下服役龄期 60 年的钢框架结构各破坏状态下层间位移角-频率直方图

表 20.3　近海大气下不同服役龄期钢框架结构各破坏极限状态最大层间位移角限值

龄期	轻微破坏	中等破坏	严重破坏	倒塌
30 年内	1/250	1/125	1/50	1/20
40 年	1/250	1/125	1/53.51	1/22.28
50 年	1/250	1/128.28	1/57.08	1/25.68
60 年	1/250	1/131.36	1/60.05	1/27.22

20.4　多龄期带支撑钢框架结构各破坏极限状态层间位移角限值

20.4.1　非倒塌极限状态

对于高层带支撑钢框架结构，高阶振型对其地震响应的影响相对较大，因此采用 Pushover 分析方法确定该类结构非倒塌极限状态的层间位移角限值时，应考虑高阶振型的影响。目前，国内外学者在考虑高阶振型影响的 Pushover 分析方法方面的研究主要集中于侧向力分布模式的改进，例如：Chopra 等[35]提出模态推覆分析方法，以考虑高阶振型对结构地震响应的影响；Kunnath[36]考虑结构高阶振型和地震动特性对侧向力模式的影响，提出了模态侧向力组合方法，但并未对其中的关键参数，即模态贡献修正系数进行量化分析；在 Kunnath 研究基础上，白久林等[37]将模态贡献修正系数定义为各阶模态的参与权重，并考虑模态侧向力的方向，构造了基于模态侧向力组合的推覆分析侧向力模式；Matsumori 等[38]将各模态分布剪力直接相加减，构造了结构 Pushover 分析的侧向力分布模型，并验证了其在预测结构地震响应方面的准确性。

基于模态的 Pushover 分析方法的主要步骤为：首先通过模态分析得到结构质量矩阵、各阶模态的阵型向量、模态参与系数等参数；然后采用式(20-5)计算基于各阶模态的楼层侧向力分布，进而对 n 阶模态的楼层侧向力分布直接进行叠加，得到推覆分析时的侧向力分布模式，如式(20-6)所示，并对结构进行推覆分析。

$$f_n = S_a(T_n)m\phi_n\Gamma_n \tag{20-5}$$

$$F = \sum_{n=1}^{m} \pm f_n = \sum_{n=1}^{m} \pm S_a(T_n)M\phi_n\Gamma_n \tag{20-6}$$

式中，f_n 为第 n 阶模态的楼层侧向力分布；$S_a(T_n)$ 为结构第 n 阶周期所对应的谱加速度值，可根据我国抗震设计规范中的加速度反应谱进行计算；ϕ_n 为第 n 阶模态的阵型向量；Γ_n 为第 n 阶模态的振型参与系数；M 为结构的质量矩阵；F 为最终推覆分析所用侧向力分布模式；m 为计算振型个数，可根据结构受高阶振型的影响程度及计算精度要求取值，一般取 3[39]。

本节采用基于模态的 Pushover 分析方法，考虑结构前 3 阶振型，对不同服役环境下多龄期带支撑钢框架结构进行 Pushover 分析，以确定结构各非倒塌极限状态的层间位移角限值。其中，各阶模态的侧向力按式(20-5)计算，所采用的模态侧向力组合方式如下[40]：

(1)组合 1：1 阶模态侧向力+2 阶模态侧向力+3 阶模态侧向力；

(2)组合 2：1 阶模态侧向力+2 阶模态侧向力–3 阶模态侧向力；

(3)组合 3：1 阶模态侧向力–2 阶模态侧向力–3 阶模态侧向力；

(4)组合 4：1 阶模态侧向力–2 阶模态侧向力+3 阶模态侧向力。

采用上述侧向加载模式，对不同服役环境与龄期下各典型带支撑钢框架结构分别进行 Pushover 分析，得到其以最大层间位移角 θ_{max} 为横坐标的 Pushover 曲线。以一般大气环境下 12 层 8 度抗震设防的带支撑钢框架结构为例，给出其不同服役龄期下的 Pushover 曲线，如图 20.15 所示。基于此，并依据 20.2.2 节所述的带支撑钢框架结构非倒塌极限状态层间位移角限值定义方法，得到一般大气环境下 12 层 8 度抗震设防带支撑钢框架结构不同服役龄期下各破坏极限状态的最大层间位移角限值，见表 20.4。

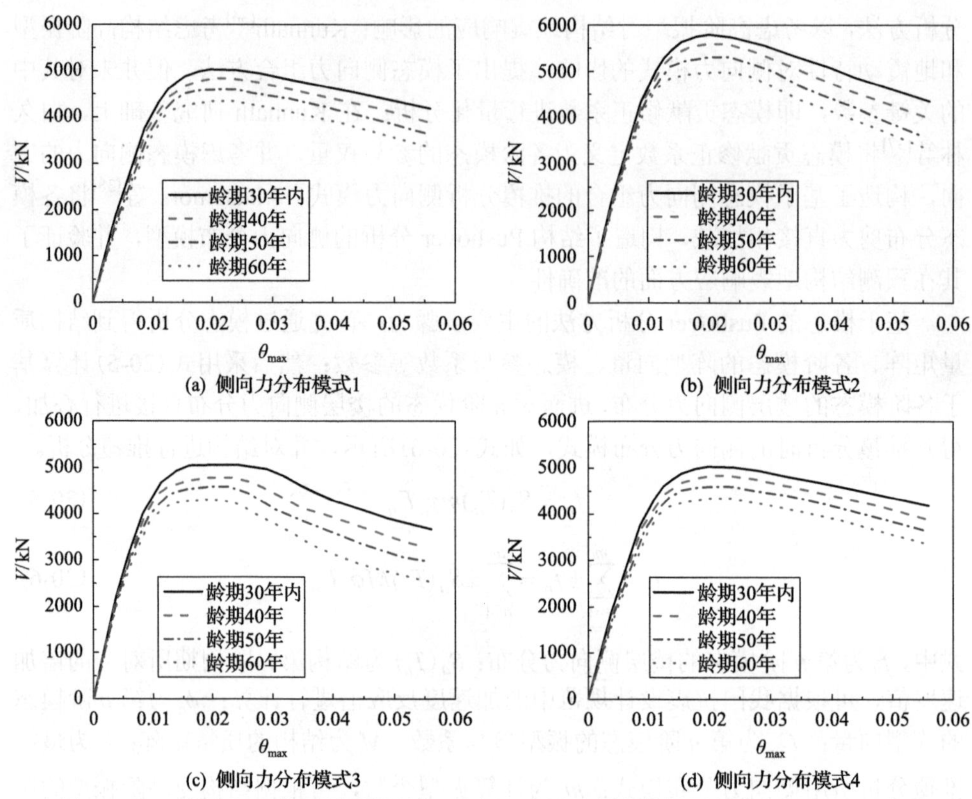

(a) 侧向力分布模式1　(b) 侧向力分布模式2

(c) 侧向力分布模式3　(d) 侧向力分布模式4

图 20.15　一般大气环境不同服役龄期 12 层 8 度设防带支撑钢框架结构 Pushover 曲线

表 20.4　一般大气环境下 12 层 8 度设防带支撑钢框架结构各破坏极限状态的最大层间位移角限值

龄期	侧向力模式	轻微破坏	中等破坏	严重破坏	倒塌
30 年内	倒三角分布	0.0033	0.0067	0.0202	0.0497
	均匀分布	0.0032	0.0060	0.0180	
	抛物线分布	0.0034	0.0074	0.0224	
40 年	倒三角分布	0.0033	0.0067	0.0192	0.0456
	均匀分布	0.0031	0.0060	0.0171	
	抛物线分布	0.0034	0.0074	0.0213	
50 年	倒三角分布	0.0033	0.0066	0.0180	0.0421
	均匀分布	0.0032	0.0061	0.0163	
	抛物线分布	0.0034	0.0071	0.0199	
60 年	倒三角分布	0.0033	0.0064	0.0168	0.0383
	均匀分布	0.0031	0.0060	0.0157	
	抛物线分布	0.0034	0.0068	0.0179	

20.4.2　倒塌极限状态

对于带支撑钢框架结构，采用 IDA 方法确定其倒塌极限状态的层间位移角限值。以一般大气环境下 12 层 8 度设防的带支撑钢框架结构为例，给出其不同服役龄期下的 IDA 曲线及倒塌点，如图 20.16 所示。假定倒塌极限状态的最大层间位移角服从对数正态分布，据此对其进行参数拟合，得到一般大气环境下不同服役龄期 12 层 8 度抗震设防典型带支撑钢框架结构的倒塌极限状态最大层间位移角均值，如表 20.4 所示。

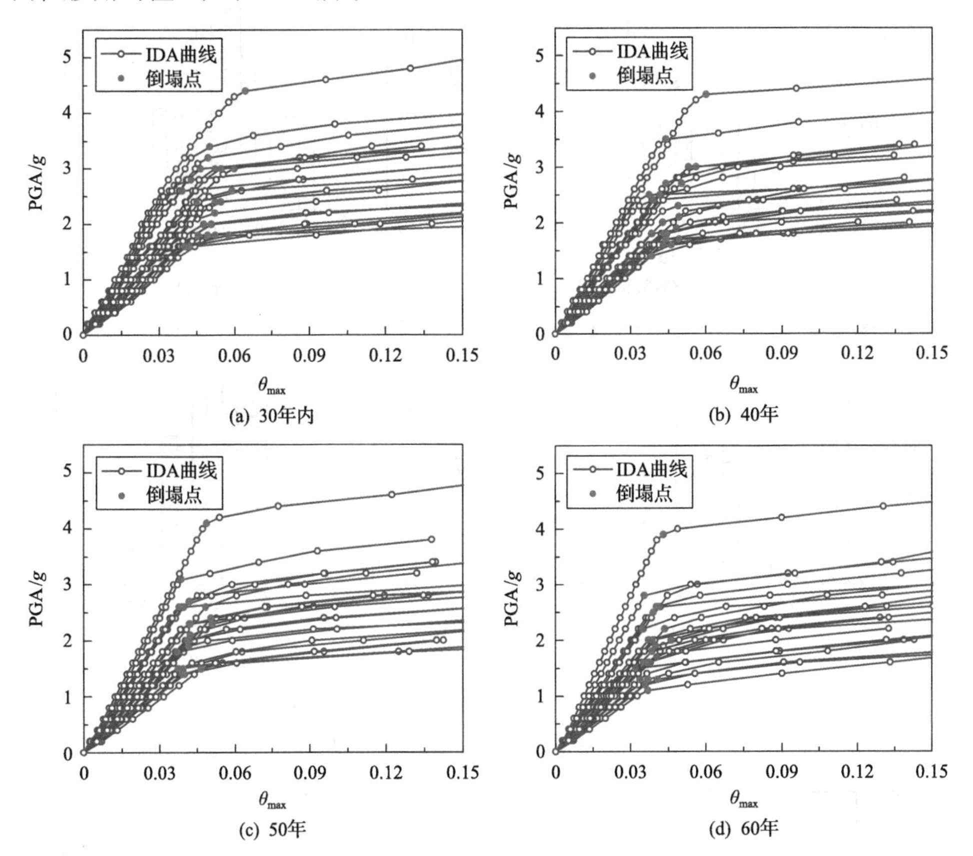

图 20.16　一般大气环境不同服役龄期 12 层 8 度设防带支撑框架结构 IDA 曲线及倒塌点

20.4.3　层间位移角限值量化结果

本节分别对不同层数、设防烈度、服役环境及龄期下各典型带支撑钢框架结构进行 Pushover 分析和 IDA 分析，得到其不同破坏极限状态的层间位移角。与 20.3.3 节同理，仅考虑服役环境与龄期对带支撑钢框架结构诸破坏极限状态最大层间位移角的影响，分别对其各破坏极限状态下的最大层间位移角进行统计分析，以量化多龄期带支撑钢框架结构不同破坏极限状态的层间位移角。现就相应量化结果予以叙述。

1. 一般大气环境

一般大气环境下不同服役龄期典型带支撑钢框架结构各破坏极限状态的层间位移角-频率分布直方图如图 20.17～图 20.20 所示。假定结构各破坏极限状态的最

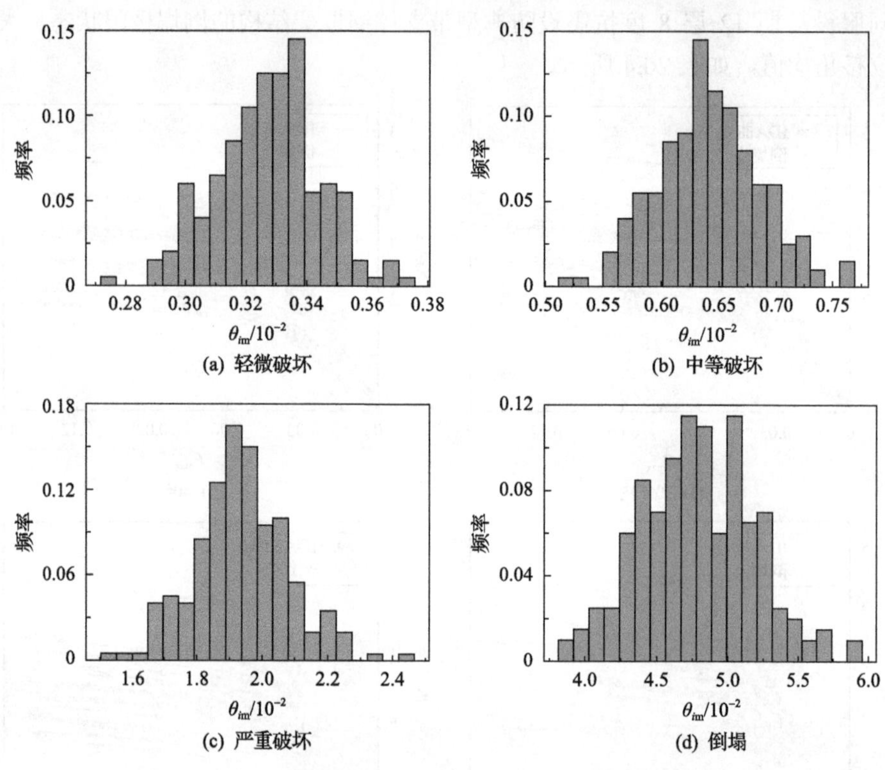

图 20.17　一般大气环境下服役龄期 30 年内带支撑钢框架结构各破坏状态下层间位移角-频率直方图

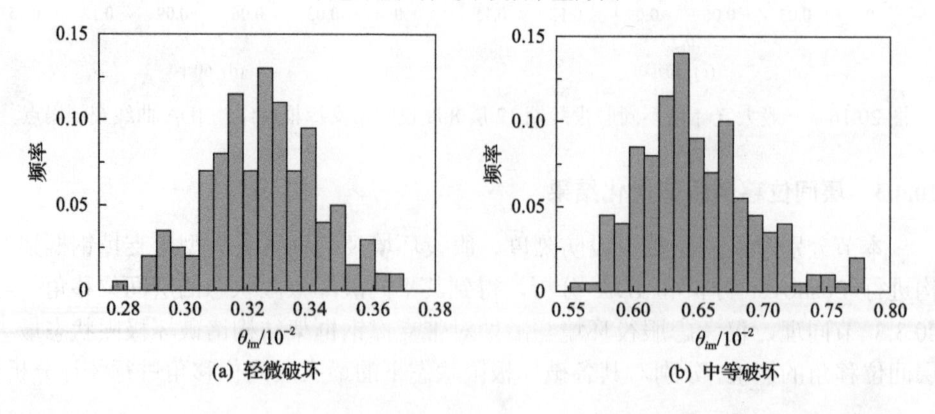

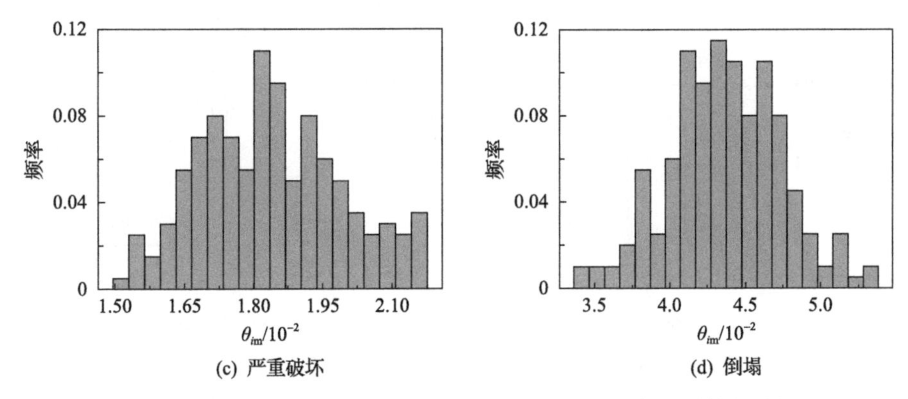

图 20.18 一般大气环境下服役龄期 40 年带支撑钢框架结构各破坏状态下层间位移角-频率直方图

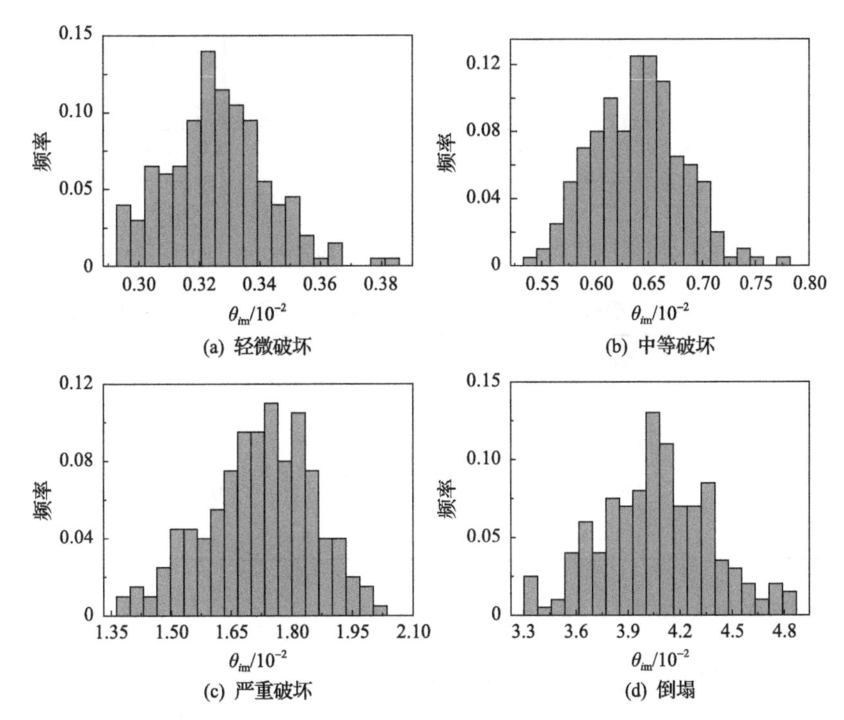

图 20.19 一般大气环境下服役龄期 50 年带支撑钢框架结构各破坏状态下层间位移角-频率直方图

大层间位移角服从对数正态分布，利用该分布函数对上述各分析结果进行曲线拟合，并取拟合结果均值作为一般大气环境下不同服役龄期带支撑钢框架结构各破坏极限状态的层间位移角限值，其结果如表 20.5 所示。

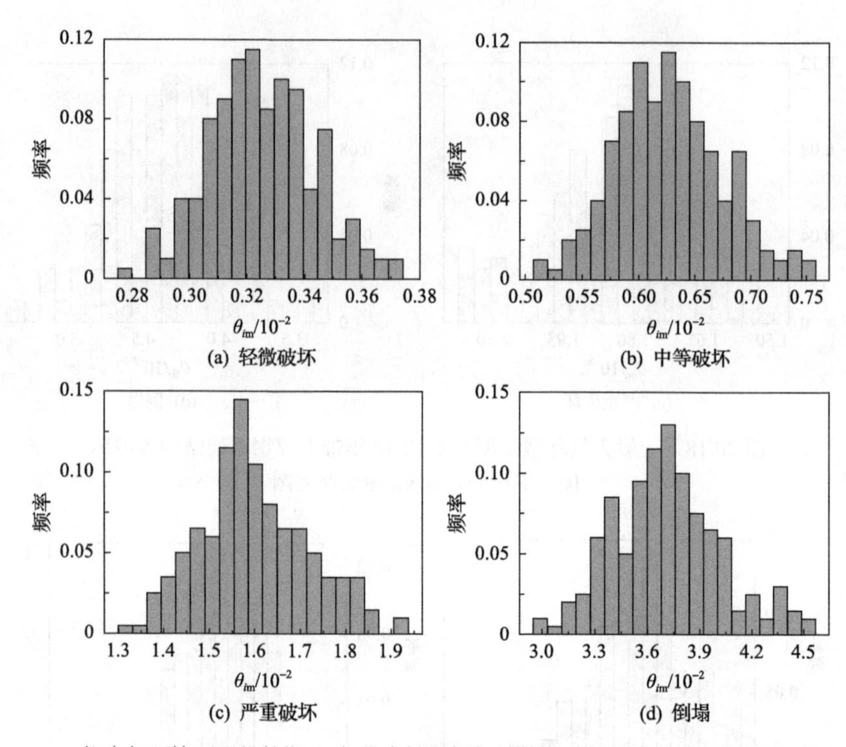

图 20.20 一般大气环境下服役龄期60年带支撑钢框架结构各破坏状态下层间位移角-频率直方图

表 20.5 一般大气下不同服役龄期带支撑钢框架结构各破坏极限状态最大层间位移角限值

龄期	轻微破坏	中等破坏	严重破坏	倒塌
30 年内	1/300	1/150	1/50	1/20
40 年	1/300	1/150	1/52.6	1/21.8
50 年	1/300	1/152	1/56.1	1/23.7
60 年	1/300	1/155	1/60	1/26

2. 近海大气环境

对近海大气环境下服役龄期为 30 年内、40 年、50 年、60 年结构各破坏极限状态层间位移角进行统计分析，结果如图 20.21～图 20.24 所示。同样假定结构各破坏极限状态的最大层间位移角服从对数正态分布，利用该分布函数对上述各分析结果进行曲线拟合，并取拟合结果均值作为近海大气环境下不同服役龄期带支撑钢框架结构各破坏极限状态的层间位移角限值，其结果如表 20.6 所示。

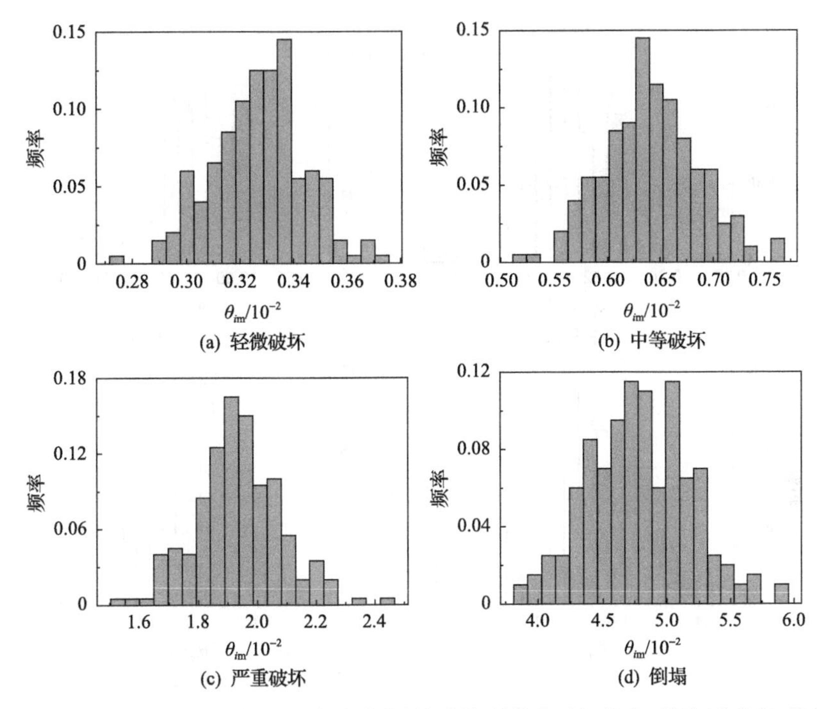

图 20.21　近海大气环境下服役龄期 30 年内带支撑钢框架结构各破坏状态下层间位移角-频率直方图

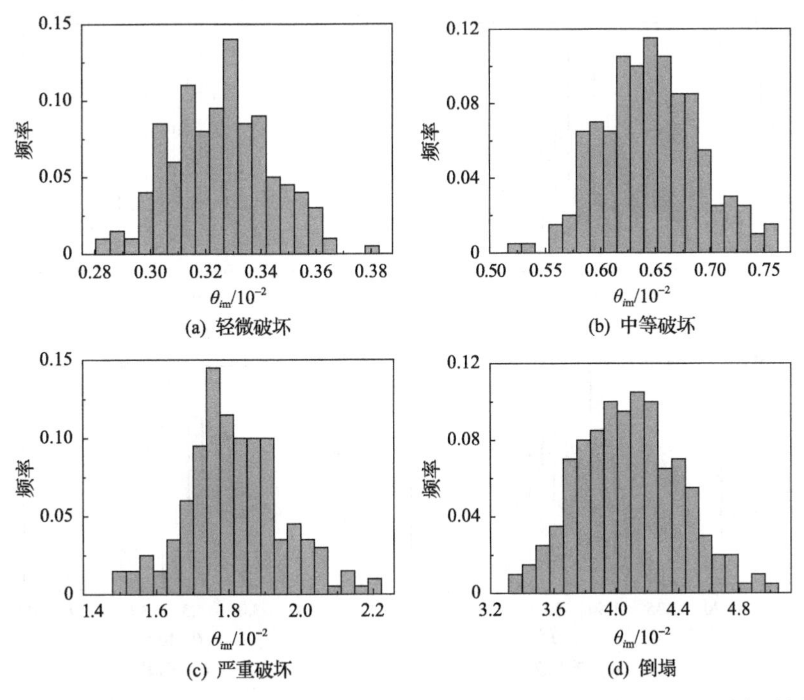

图 20.22　近海大气环境下服役龄期 40 年带支撑钢框架结构各破坏状态下层间位移角-频率直方图

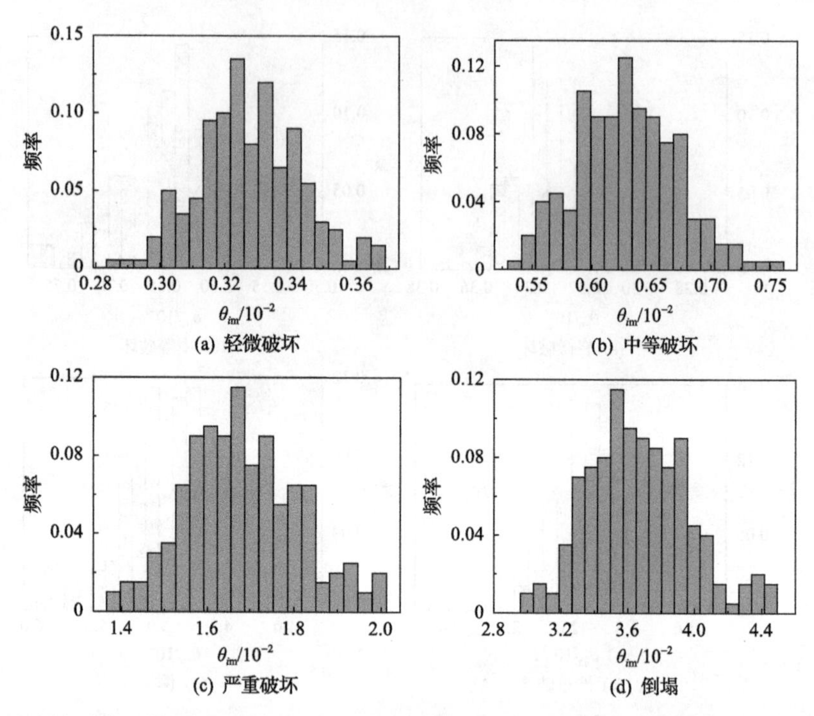

图 20.23 近海大气环境下服役龄期 50 年带支撑钢框架结构各破坏状态下层间位移角-频率直方图

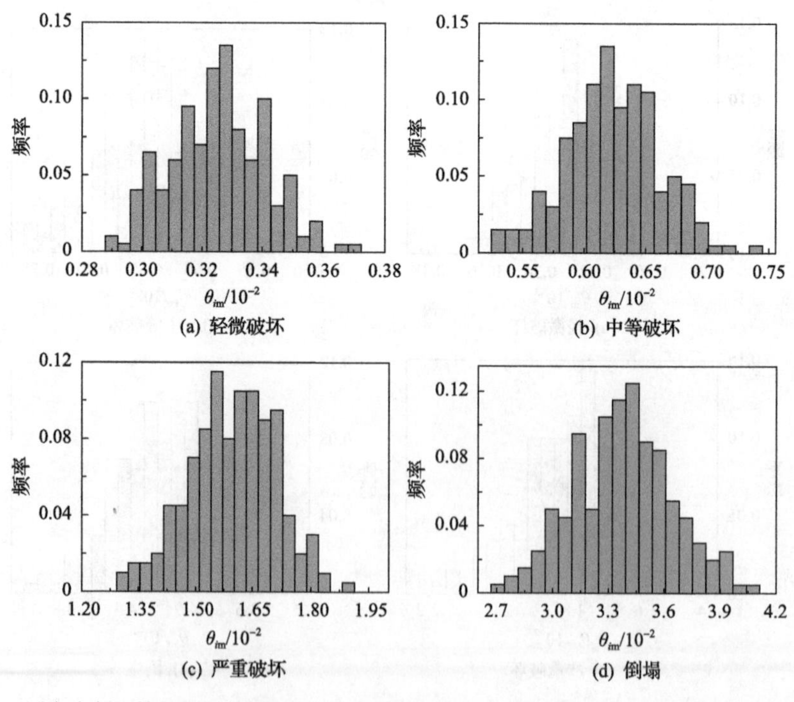

图 20.24 近海大气环境下服役龄期 60 年带支撑钢框架结构各破坏状态下层间位移角-频率直方图

表 20.6　近海大气环境下不同服役龄期带支撑钢框架结构各破坏极限状态最大层间位移角限值

龄期	轻微破坏	中等破坏	严重破坏	倒塌
30 年内	1/300	1/150	1/50	1/20
40 年	1/300	1/150	1/53.8	1/23.8
50 年	1/300	1/153	1/57.7	1/26.1
60 年	1/300	1/156	1/60.8	1/28.3

20.5　多龄期钢结构厂房各破坏极限状态层间位移角限值

20.5.1　非倒塌极限状态

采用均匀分布、倒三角分布和抛物线分布三种侧向加载模式分别对不同服役环境与龄期的典型单层钢结构厂房进行 Pushover 分析，得到以最大层间位移角 θ_{max} 为横坐标的 Pushover 曲线。以一般大气环境下 8 度抗震设防的 30t 吊车单层钢结构厂房为例，给出其不同服役龄期下的 Pushover 曲线，如图 20.25 所示。基于此，并依据 20.2.2 节所述的钢结构非倒塌极限状态层间位移角限值定义方法，

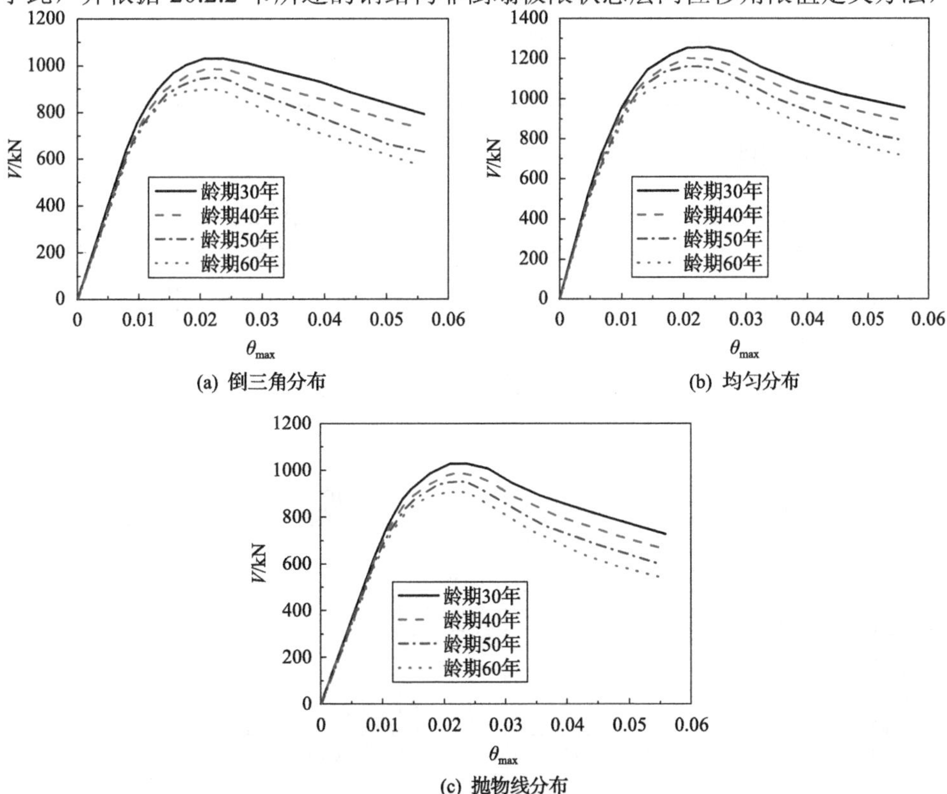

图 20.25　一般大气环境下不同服役龄期 8 度设防 30t 吊车单层钢结构厂房 Pushover 曲线

得到一般大气环境下 8 度抗震设防的 30t 吊车单层钢结构厂房不同服役龄期下各破坏极限状态的最大层间位移角限值，如表 20.7 所示。

表 20.7 一般大气环境下 8 度设防 30t 吊车单层钢结构厂房各破坏极限状态最大层间位移角限值

龄期	侧向力模式	轻微破坏	中等破坏	严重破坏	倒塌
30 年内	倒三角分布	0.0050	0.0101	0.0248	0.0664
	均匀分布	0.0049	0.0094	0.0226	
	抛物线分布	0.0051	0.0108	0.0270	
40 年	倒三角分布	0.0050	0.0100	0.0237	0.0620
	均匀分布	0.0048	0.0093	0.0216	
	抛物线分布	0.0051	0.0107	0.0258	
50 年	倒三角分布	0.0050	0.0099	0.0223	0.0571
	均匀分布	0.0049	0.0096	0.0205	
	抛物线分布	0.0051	0.0104	0.0241	
60 年	倒三角分布	0.0050	0.0097	0.0210	0.0531
	均匀分布	0.0048	0.0093	0.0199	
	抛物线分布	0.0051	0.0101	0.0221	

20.5.2 倒塌极限状态

对于单层钢结构厂房，采用 IDA 方法确定其倒塌极限状态的层间位移角限值。以一般大气环境下 8 度设防的 30t 吊车单层钢结构厂房为例，给出其不同服役龄期下的 IDA 曲线及倒塌点，如图 20.26 所示。假定结构倒塌极限状态的层间位移角服从对数正态分布，据此对其进行参数拟合，得到一般大气环境下不同服役龄期 8 度抗震设防典型 30t 吊车单层钢结构厂房的倒塌极限状态层间位移角均值，如表 20.7 所示。

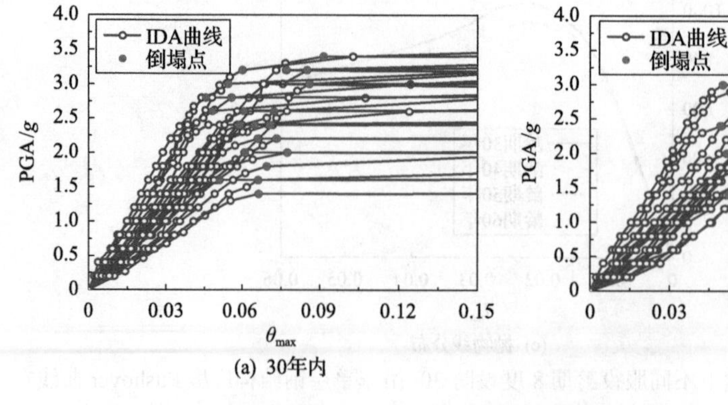

(a) 30年内

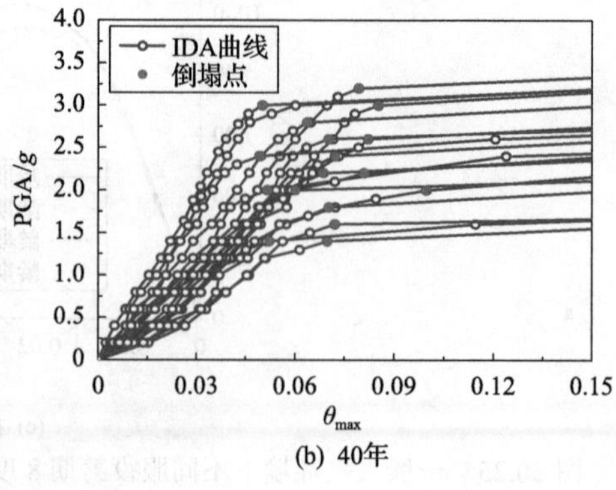

(b) 40年

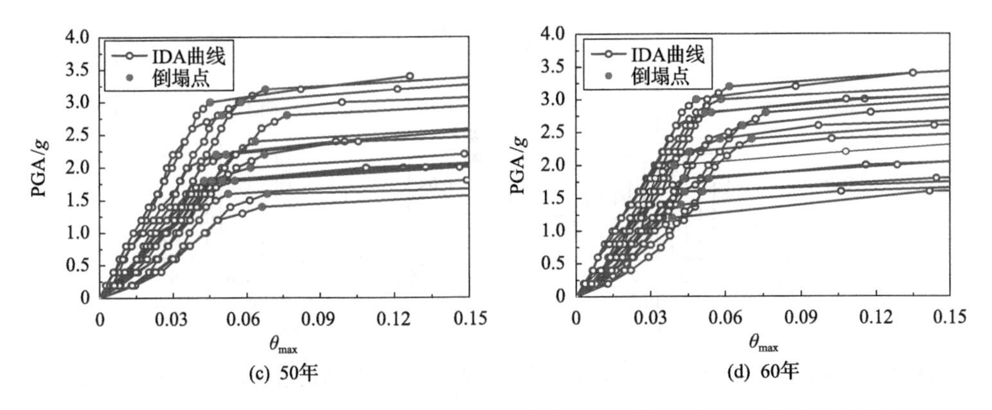

图 20.26　一般大气环境下 8 度设防 30t 吊车单层钢结构厂房 IDA 曲线及倒塌点

20.5.3　层间位移角限值量化结果

本节分别对不同吊车吨位、设防烈度、服役环境及龄期下各典型单层钢结构厂房进行 Pushover 分析和 IDA 分析，得到其不同破坏极限状态的层间位移角。与 20.3.3 节同理，仅考虑服役环境与龄期对单层钢结构厂房诸破坏极限状态最大层间位移角的影响，分别对其各破坏极限状态的最大层间位移角进行统计分析，以量化多龄期单层钢结构厂房的不同破坏极限状态的层间位移角。现就相应量化结果予以叙述。

1. 一般大气环境

一般大气环境下不同服役龄期典型单层钢结构厂房各破坏极限状态的层间位移角-频率分布直方图，如图 20.27～图 20.30 所示。假定结构各破坏极限状态的最大层间位移角从对数正态分布，利用该分布函数对上述各分析结果进行曲线拟合，并取拟合结果均值作为一般大气环境下不同服役龄期单层钢结构厂房各破坏极限状态的层间位移角限值，其结果如表 20.8 所示。

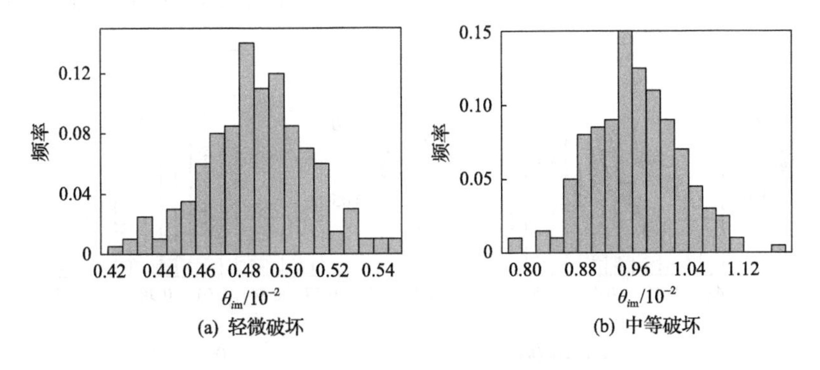

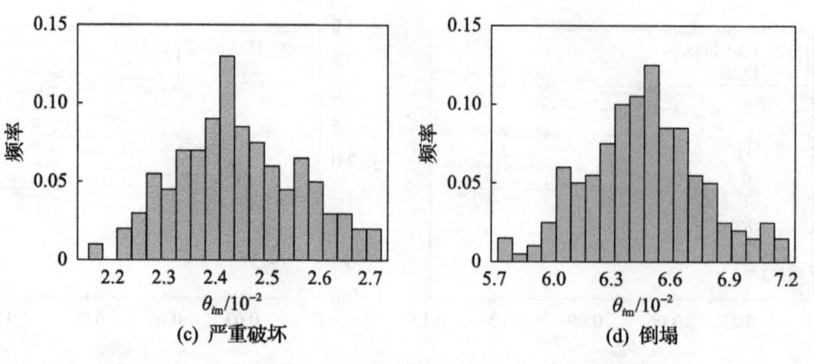

(c) 严重破坏　　(d) 倒塌

图 20.27　一般大气环境下服役龄期 30 年内单层钢结构厂房各破坏状态下层间位移角-频率直方图

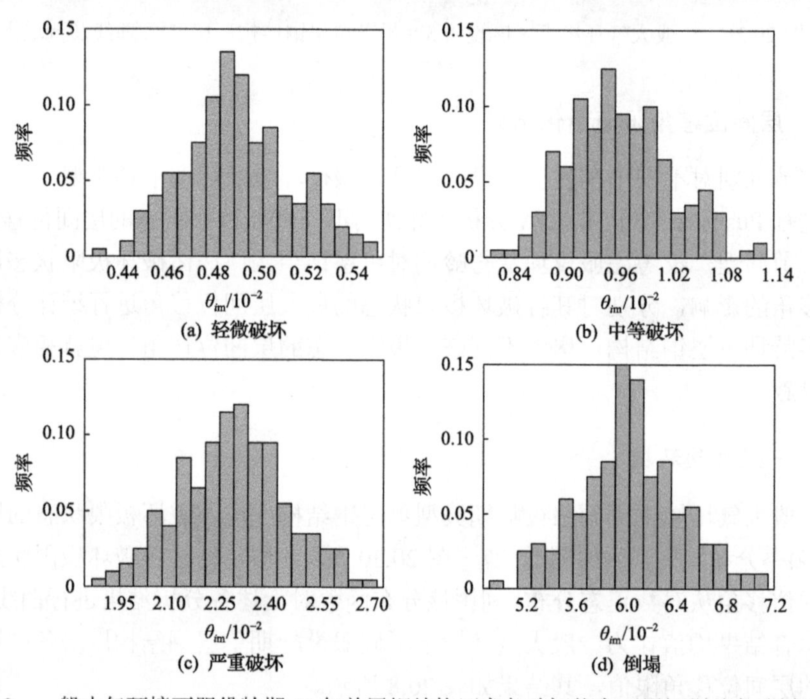

(a) 轻微破坏　　(b) 中等破坏

(c) 严重破坏　　(d) 倒塌

图 20.28　一般大气环境下服役龄期 40 年单层钢结构厂房各破坏状态下层间位移角-频率直方图

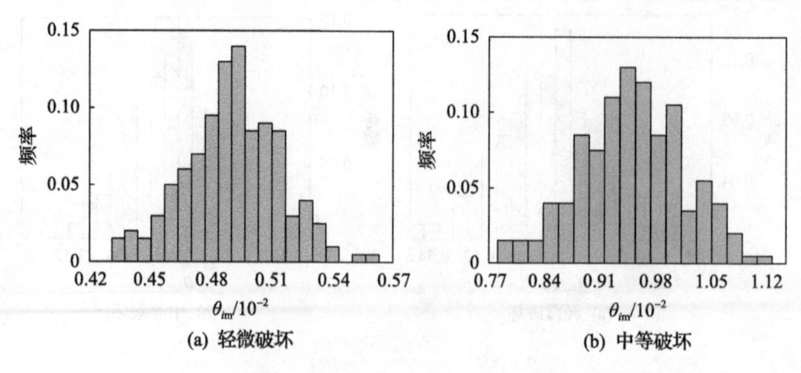

(a) 轻微破坏　　(b) 中等破坏

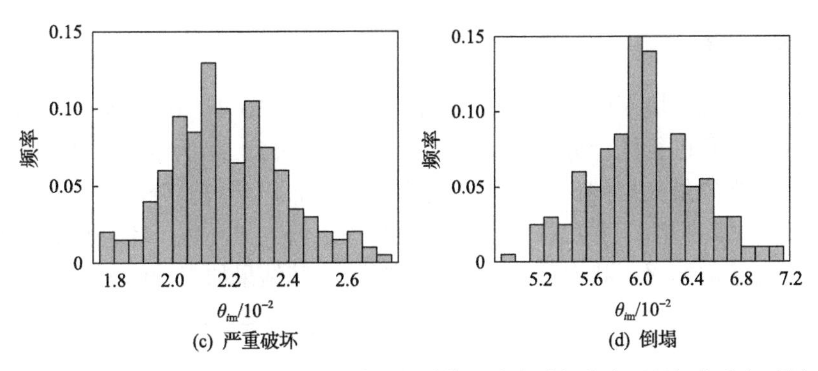

图 20.29　一般大气环境下服役龄期 50 年单层钢结构厂房各破坏状态下层间位移角-频率直方图

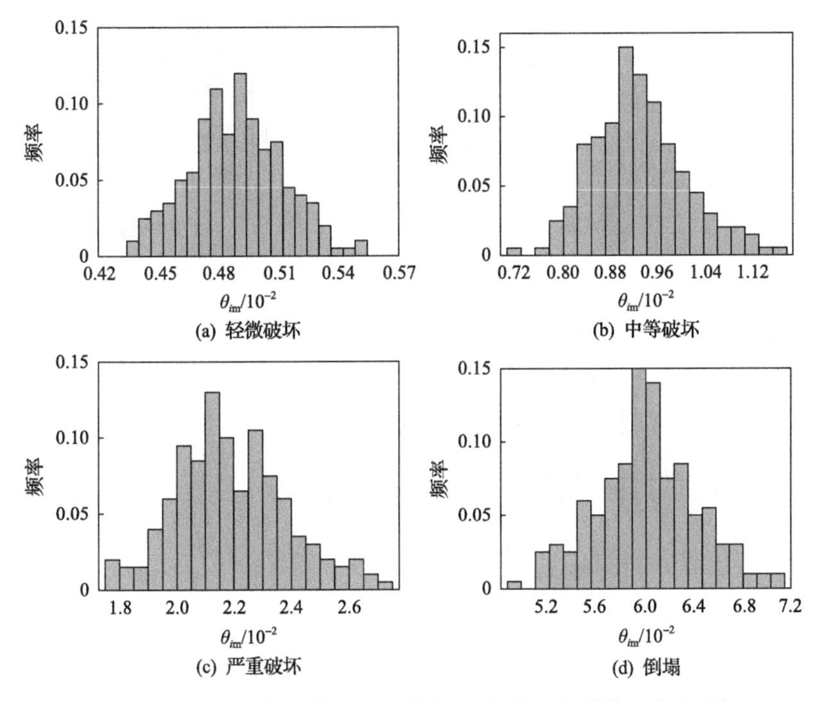

图 20.30　一般大气环境下服役龄期 60 年单层钢结构厂房各破坏状态下层间位移角-频率直方图

表 20.8　一般大气下不同服役龄期单层钢结构厂房各破坏极限状态层间位移角限值

龄期	轻微破坏	中等破坏	严重破坏	倒塌
30 年内	1/200	1/100	1/40	1/15
40 年	1/200	1/100	1/41.82	1/16.06
50 年	1/200	1/101.88	1/44.38	1/17.42
60 年	1/200	1/104.38	1/47.41	1/18.75

2. 近海大气环境

对近海大气环境下服役龄期为30年内、40年、50年、60年结构各破坏极限状态层间位移角进行统计分析，结果如图20.31～图20.34所示。同样假定结构各破坏极限状态的最大层间位移角服从对数正态分布，利用该分布函数对上述各分析结果进行曲线拟合，并取拟合结果均值作为近海大气环境下不同服役龄期单层钢结构厂房各破坏极限状态的层间位移角限值，其结果如表20.9所示。

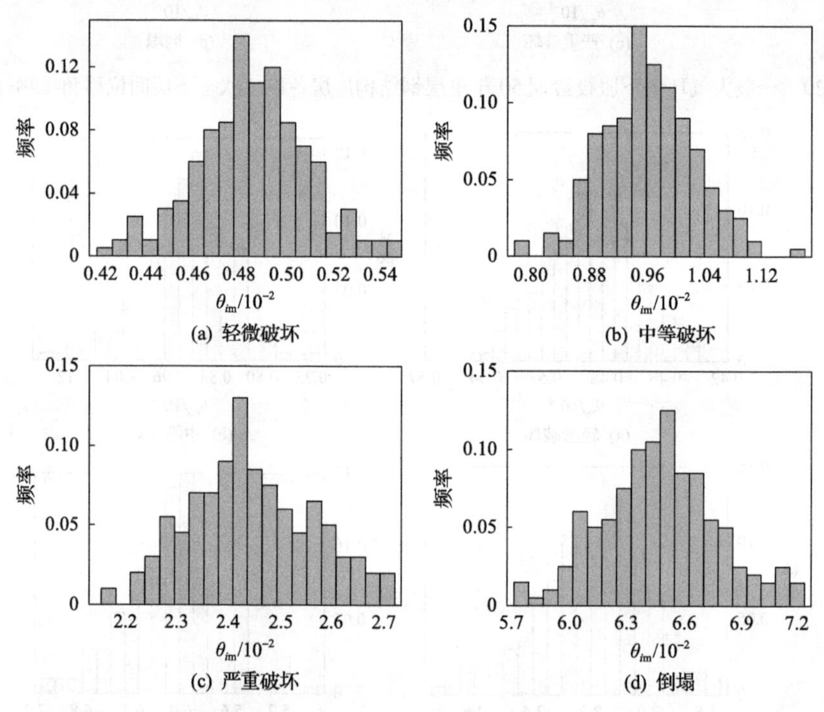

图20.31 近海大气环境下服役龄期30年内单层钢结构厂房各破坏状态下层间位移角-频率直方图

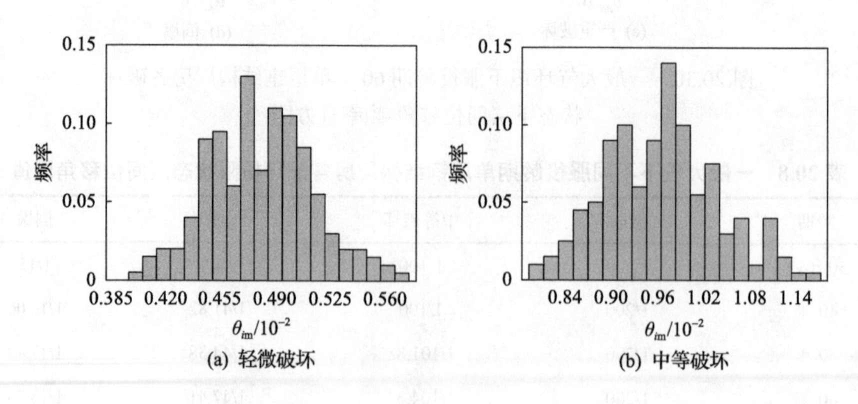

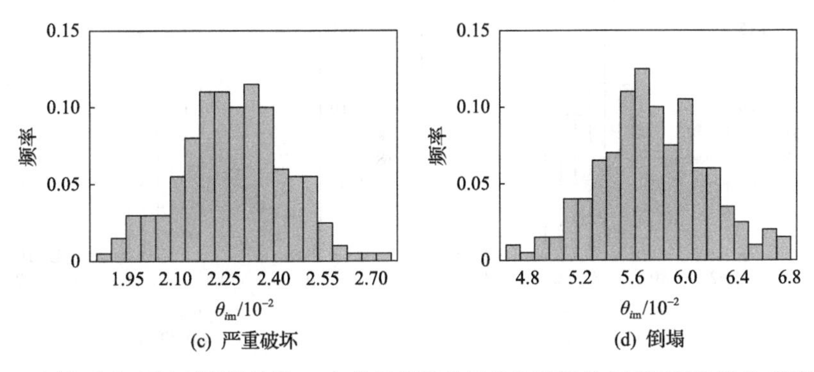

(c) 严重破坏　　(d) 倒塌

图 20.32　近海大气环境下服役龄期 40 年单层钢结构厂房各破坏状态下层间位移角-频率直方图

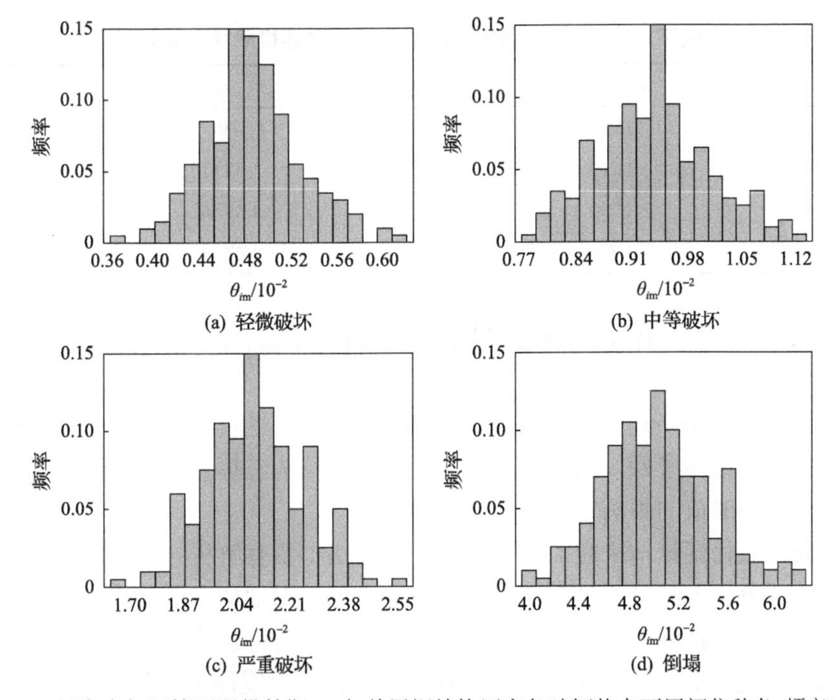

(a) 轻微破坏　　(b) 中等破坏

(c) 严重破坏　　(d) 倒塌

图 20.33　近海大气环境下服役龄期 50 年单层钢结构厂房各破坏状态下层间位移角-频率直方图

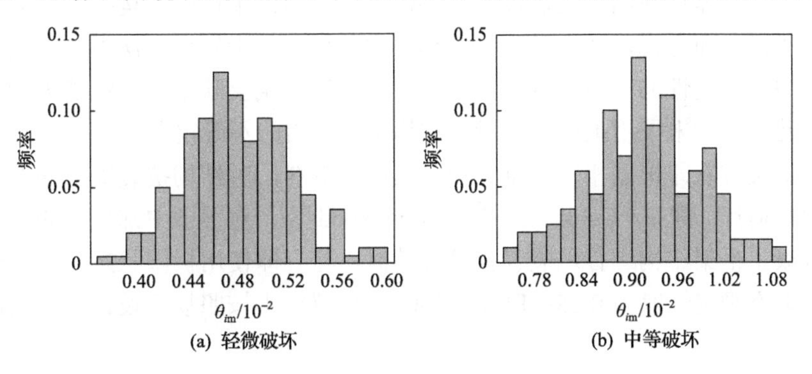

(a) 轻微破坏　　(b) 中等破坏

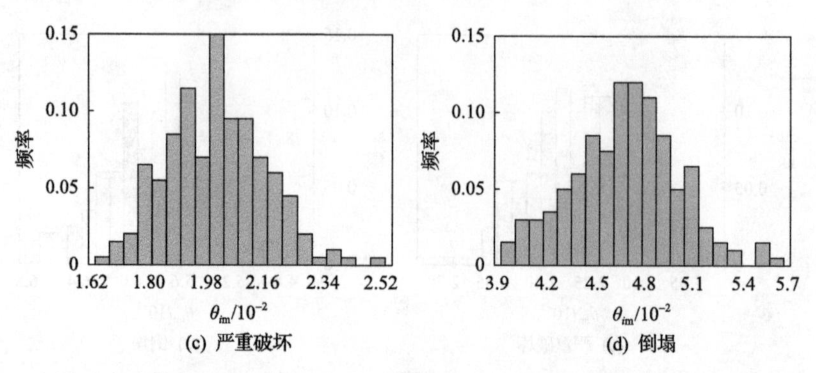

图 20.34 近海大气环境下服役龄期 60 年单层钢结构厂房各破坏状态下层间位移角-频率直方图

表 20.9 近海大气下不同服役龄期单层钢结构厂房各破坏极限状态最大层间位移角限值

龄期	轻微破坏	中等破坏	严重破坏	倒塌
30 年内	1/200	1/100	1/40	1/15
40 年	1/200	1/100	1/42.81	1/16.71
50 年	1/200	1/102.62	1/45.66	1/19.26
60 年	1/200	1/105.09	1/48.04	1/20.42

20.6 概率抗震能力的不确定性

根据 16.2.2 节所述，结构概率抗震能力的不确定性反映了结构几何特性、材料力学性能、结构参数等的不确定性，并最终在结构破坏分析阶段体现为区分结构各破坏状态阈值的不确定性。

目前，量化钢结构抗震能力不确定性的方法主要有解析方法和预定义方法两种。其中，解析方法是通过蒙特卡罗法或拉丁超立方抽样方法等，对不同的不确定因素进行随机抽样，建立考虑不确定性的结构随机模型，进而通过随机 Pushover 和随机 IDA 方法，量化结构不同极限状态下的概率抗震能力均值及对数标准差，并以对数标准差反映结构抗震能力的不确定性。但由于影响结构抗震能力的因素较多且难以全面考虑，加之数值模型的不完备性，基于解析方法得到的反映结构抗震能力不确定性的对数标准差相对较小，难以真实反映结构抗震能力的不确定性，因此本书并未采用上述方法量化结构抗震能力的不确定性。

预定义方法即根据相关文献、规范及震害资料，对结构抗震能力的不确定性进行粗略估计。例如，Celik 等[41, 42]、Ellingwood 等[43]对美国中部地区的钢框架和钢筋混凝土框架结构进行地震易损性评估时，将立即使用极限状态、显著破坏状态的能力不确定性取为 0.25；FEMA 2003[10]建议对于按照规范设计的结构，取抗震能力不确定性参数为 0.25，而对于未按照规范设计的结构，则取为 0.30。

相对解析方法而言，预定义方法由于其简便性，目前已被大多数研究人员所采用，并取得了良好的效果。鉴于此，本书亦采用预定义方法，并参考 FEMA 2003[10]，定义按规范和未按规范设计的钢结构抗震能力不确定性参数分别为 0.25 和 0.30，并忽略环境侵蚀作用对其影响。

参考文献

[1] 吕大刚. 结构抗震可靠度二种简化解析表达式的一致性证明[J]. 地震工程与工程振动, 2009, 29(5): 59-65.

[2] Global Earthquake Model. http://www.globalquakemodel.org/.

[3] Applied Technology Council (ATC). Earthquake damage evaluation data for California[R]. Palo, Alto, 1985, ATC-13.

[4] Federal Emergency Management Agency. Multi-hazard loss estimation methodology Earthquake model[R]. HAZUS-MH MR1 Technical Manual, Washington D. C., 2003.

[5] 中华人民共和国国家质量监督检验检疫总局, 中国国家标准化管理委员会. 建(构)筑物地震破坏等级划分(GB/T 24335—2009)[S]. 北京: 中国建筑工业出版社, 2009.

[6] ATC 40. Seismic evaluation and retrofit of concrete buildings: Volume 1 [S]. California Seismic Safety Commission, Applied Technology Council, 1996.

[7] FEMA 273. NEHRP guidelines for the seismic rehabilitation of buildings [S]. Washington D C: Federal Emergency Management Agency, 1997.

[8] EN1998-3. Eurocode 8-Design of structures for earthquake resistance-Part 3: Assessment and retrofitting of buildings[S]. 2005.

[9] 中华人民共和国住房和城乡建设部, 中华人民共和国国家质量监督检验检疫总局. 建筑抗震设计规范(GB 50011—2010(2016 年版))[S]. 北京: 中国建筑工业出版社, 2016.

[10] FEMA. HAZUS-MH technical manual[M]. Washington D C: Federal Emergency Management Agency, 2003.

[11] 于晓辉. 钢筋混凝土框架结构的概率地震易损性与风险分析[D]. 哈尔滨: 哈尔滨工业大学, 2012.

[12] FEMA P-695. Quantification of building seismic performance factors[S]. Washington D C: Applied Technology Council for the Federal Emergency Management Agency, 2009.

[13] FEMA350. Seismic design criteria for new steel moment frame buildings[S]. Washington D C: Federal Emergency Management Agency, 2000.

[14] Haselton C B, Goulet C A, Mitrani-Reiser J, et al. An assessment to benchmark the seismic performance of a code-conforming reinforced-concrete moment-frame building[R]. Pacific Earthquake Engineering Research Center, Berkeley, 2008.

[15] Prestandard and commentary for the seismic rehabilitation of buildings (FEMA 356) [S]. Federal Emergency Management Agency, Washington, D.C. 2000.

[16] Reinborn A M, Kunnath S K, Valles-Mattox R. IDARC 2D Version 4.0: A Computer Program for the Irielastic Damage Analysis of Buildings[R]. Technical Report NCEER-96-0010.National Center for Earthquake Engineering Research. Buffalo N Y. 1996.

[17] EHRP Commentary on the Guidelines for the Seismic Rehabilitation of Buildings (FEMA 274.) [S]. Federal Emergency Management Agency, Washington D C, 1997.

[18] Reinborn A M, Kunnath S K, Valles-Mattox R. IDARC 2D Version 4.0: A Computer Program for the Irielastic Damage Analysis of Buildings[R]. Technical Report NCEER-96-0010.National Center for Earthquake Engineering Research. Buffalo N Y. 1996.

[19] Vamvatsikos D, Cornell C A. Incremental dynamic analysis[J]. Earthquake Engineering and Structural Dynamics, 2015, 31(3): 491-514.

[20] 郑山锁, 左河山, 刘巍, 等. 一般大气环境下低剪跨比RC框架梁抗震性能试验研究[J]. 工程力学, 2017, 34(7): 186-194.

[21] 黄鹰歌. 酸雨侵蚀环境下 RC 框架梁抗震性能试验研究[D]. 西安: 西安建筑科技大学, 2017.

[22] 周京良. 酸雨侵蚀下 RC 框架柱抗震性能试验研究[D]. 西安: 西安建筑科技大学, 2007.

[23] 孙维章, 梁宋湘, 罗建群. 锈蚀钢筋剩余承载能力的研究[J]. 水利水运工程学报, 1993, (2): 169-179.

[24] 杨丹飞. 人工模拟酸雨环境下腐蚀 RC 框架节点抗震性能试验研究[D]. 西安: 西安建筑科技大学, 2015.

[25] 关永莹. 一般大气环境作用下多龄期 RC 框架-剪力墙结构地震易损性研究[D]. 西安: 西安建筑科技大学, 2017.

[26] Almusallam A A. Effect of degree of corrosion on the properties of reinforcing steel bars[J]. Construction and Building Materials, 2001, 15(8): 361-368.

[27] 史庆轩, 牛荻涛, 颜桂云. 反复荷载作用下锈蚀钢筋混凝土压弯构件恢复力性能的试验研究[J]. 地震工程与工程振动, 2000, 20(4): 44-50.

[28] 郑山锁, 杨威, 赵彦堂,等. 人工气候环境下锈蚀 RC 弯剪破坏框架梁抗震性能试验研究[J]. 土木工程学报, 2015, 48(11): 27-35.

[29] 赵彦堂. 人工气候环境下锈蚀 RC 框架梁抗震性能试验研究[D]. 西安: 西安建筑科技大学, 2014.

[30] 郑山锁, 董立国, 左河山, 等. 近海大气环境下锈蚀 RC 框架柱抗震性能试验研究[J]. 建筑结构学报, 2015, 48(12): 9-20.

[31] 王雪慧, 钟铁毅. 混凝土中锈蚀钢筋截面损失率与重量损失率的关系[J]. 建材技术与应用, 2005, (1): 4-6.

[32] 郑山锁, 孙龙飞, 刘小锐, 等. 近海大气环境下锈蚀 RC 框架节点抗震性能试验研究[J]. 土木工程学报, 2015, 48(12): 63-71.

[33] 刘小锐. 人工气候下锈蚀 RC 框架节点抗震性能试验研究[D]. 西安: 西安建筑科技大学, 2014.

[34] 秦卿. 近海大气环境下多龄期 RC 剪力墙结构抗震性能及地震易损性研究[D]. 西安: 西安建筑科技大学, 2017.

[35] Chopra A K, Goel R K. A modal pushover analysis procedure for estimating seismic demands for buildings[J]. Earthquake Engineering and Structural Dynamics, 2002, 31(3): 561-582.

[36] Kunnath S K. Identification of modal combinations for nonlinear static analysis of building structures[J]. Computer-Aided Civil and Infrastructure Engineering, 2010, 19(4): 246-259.

[37] 白久林, 欧进萍. 考虑模态侧向力组合的结构抗震性能评估方法[J]. 工程力学, 2016, 33(4): 58-66.

[38] Matsumori T, Otani S, Shiohara H , Kabeyasawa T. Earthquake member deformation demands in reinforced concrete frame structures [C]// Proceedings of the US-Japan Workshop on Performance-Based Earthquake Engineering Methodology for RC Building Structures, Berkeley CA, 1999: 79-94.

[39] 陆新征, 叶列平, 缪志伟. 建筑抗震弹塑性分析: 原理、模型与在 ABAQUS, MSC.MARC 和 SAP2000 上的实践[M]. 北京: 中国建筑工业出版社, 2009.

[40] Computers and Structures, Inc. PERFORM-3D: nonlinear analysis and performance assessment for 3D structures user guide: version 5.0.1 [M]. Berkeley: Computers and Structures, Inc., 2011.

[41] Celik O C, Ellingwood B R. Seismic risk assessment of gravity load designed reinforced concrete frames subjected to Mid-America ground motions[J]. Journal of Struct Engineering, 2009, 135(4): 414-424.

[42] Celik O C, Ellingwood B R. Seismic fragilities for non-ductile reinforced concrete frames-Role of aleatoric and epistemic uncertainties [J]. Structural Safety, 2010, 32(1): 1-12.

[43] Ellingwood B R, Celik O C, Kinali K. Fragility assessment of building structural systems in Mid-America. Earthquake Engineering Structural. Dynamics, 2007, 36(13): 1935-1952.

第 21 章　多龄期钢结构地震易损性分析

21.1　多龄期钢框架结构地震易损性分析

根据第 17 章给出的解析地震易损性模型，结合 19.3.1 节建立的各典型钢框架结构的概率地震需求模型及 20.3 节建立的不同服役环境与龄期下钢框架结构的概率抗震能力模型，获得一般、近海大气环境下多龄期典型钢框架结构的地震易损性曲线，以下对其分析结果分别予以叙述。

21.1.1　一般大气环境

1) 3 层钢框架结构

一般大气环境下不同服役龄期与设防烈度的 3 层钢框架结构地震易损性函数参数如表 21.1 所示。其中，不同服役龄期 8 度设防 3 层钢框架结构的地震易损性曲线见图 21.1。

表 21.1　一般大气环境下不同服役龄期与设防烈度 3 层钢框架结构地震易损性函数参数

设防烈度	龄期	均值				标准差
		轻微破坏	中等破坏	严重破坏	倒塌	
6	30 年内	−3.4906	−2.7289	−1.7220	−0.7151	0.5604
	40 年	−3.5699	−2.8124	−1.8670	−0.8842	0.6011
	50 年	−3.6119	−2.8809	−1.9811	−1.0344	0.6072
	60 年	−3.6630	−2.9731	−2.1142	−1.1882	0.6073
7	30 年内	−2.8177	−2.0555	−1.0481	−0.0406	0.5717
	40 年	−2.9191	−2.1594	−1.2113	−0.2257	0.5809
	50 年	−2.9665	−2.2355	−1.3358	−0.3892	0.5854
	60 年	−3.0320	−2.3418	−1.4825	−0.5561	0.5806
7.5	30 年内	−2.4199	−1.6443	−0.6190	0.4063	0.5819
	40 年	−2.4571	−1.6854	−0.7224	0.2789	0.6012
	50 年	−2.5357	−1.7900	−0.8722	0.0934	0.6083
	60 年	−2.6463	−1.9415	−1.0638	−0.1177	0.5930
8	30 年内	−2.1063	−1.3232	−0.2881	0.7470	0.5987
	40 年	−2.2714	−1.4917	−0.5189	0.4926	0.6186
	50 年	−2.3375	−1.5861	−0.6613	0.3118	0.6129
	60 年	−2.3816	−1.6750	−0.7953	0.1532	0.6165

续表

设防烈度	龄期	均值				标准差
		轻微破坏	中等破坏	严重破坏	倒塌	
8.5	30 年内	−1.8053	−1.0108	0.0395	1.0898	0.6075
	40 年	−1.8369	−1.0568	−0.0834	0.9286	0.6190
	50 年	−1.9261	−1.1707	−0.2409	0.7374	0.6162
	60 年	−2.0185	−1.3041	−0.4146	0.5444	0.6233
9	30 年内	−1.4777	−0.6799	0.3747	1.4294	0.5985
	40 年	−1.6123	−0.8158	0.1782	1.2117	0.6205
	50 年	−1.7085	−0.9395	0.0071	1.0030	0.6159
	60 年	−1.7671	−1.0417	−0.1385	0.8352	0.6216

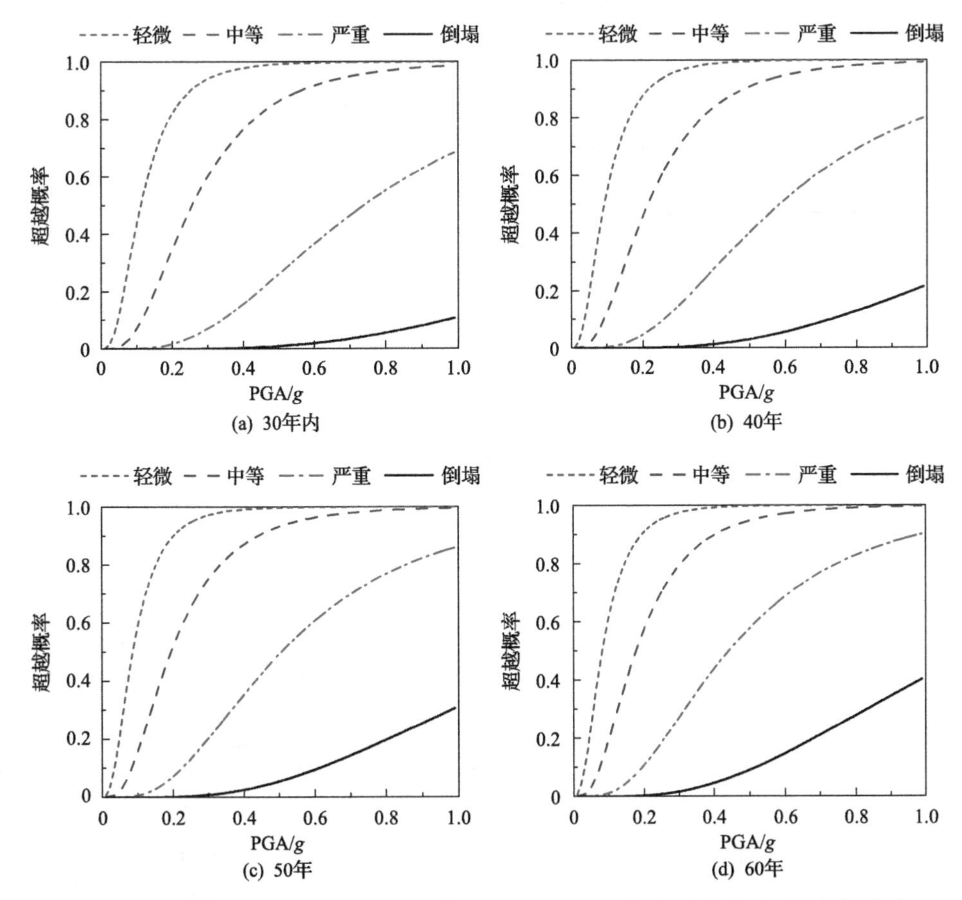

图 21.1　一般大气环境下不同服役龄期 8 度设防 3 层钢框架结构的地震易损性曲线

2) 5 层钢框架结构

一般大气环境下不同服役龄期与设防烈度的 5 层钢框架结构地震易损性函数参数如表 21.2 所示。其中，不同服役龄期 8 度设防 5 层钢框架结构的概率地震易损性曲线如图 21.2 所示。

表 21.2　一般大气环境下不同服役龄期与设防烈度 5 层钢框架结构地震易损性函数参数

设防烈度	龄期	均值				标准差
		轻微破坏	中等破坏	严重破坏	倒塌	
6	30 年内	−2.6747	−1.9815	−1.0652	−0.1489	0.7728
	40 年	−2.5739	−1.8807	−1.0090	−0.1163	0.7630
	50 年	−2.6461	−1.9715	−1.1406	−0.2696	0.7691
	60 年	−2.6798	−2.0294	−1.2402	−0.3772	0.7385
7	30 年内	−2.3938	−1.7006	−0.7843	0.1320	0.6921
	40 年	−2.4597	−1.7665	−0.8948	−0.0021	0.6746
	50 年	−2.4990	−1.8244	−0.9935	−0.1225	0.6535
	60 年	−2.5398	−1.8894	−1.1002	−0.2372	0.6694
7.5	30 年内	−2.1358	−1.4426	−0.5263	0.3900	0.6555
	40 年	−2.2369	−1.5437	−0.6720	0.2207	0.6184
	50 年	−2.2539	−1.5793	−0.7484	0.1226	0.6103
	60 年	−2.3608	−1.7104	−0.9212	−0.0582	0.5970
8	30 年内	−2.0235	−1.3303	−0.4140	0.5023	0.5897
	40 年	−2.0340	−1.3408	−0.4691	0.4236	0.5950
	50 年	−2.0517	−1.3771	−0.5462	0.3248	0.5912
	60 年	−2.1259	−1.4755	−0.6863	0.1767	0.5967
8.5	30 年内	−1.6512	−0.9580	−0.0417	0.8746	0.5919
	40 年	−1.6557	−0.9625	−0.0908	0.8019	0.5984
	50 年	−1.7233	−1.0487	−0.2178	0.6532	0.5732
	60 年	−1.8007	−1.1503	−0.3611	0.5019	0.5762
9	30 年内	−1.4387	−0.7455	0.1708	1.0871	0.5565
	40 年	−1.5371	−0.8439	0.0278	0.9205	0.5588
	50 年	−1.5739	−0.8993	−0.0684	0.8026	0.5533
	60 年	−1.5818	−0.9314	−0.1422	0.7208	0.5357

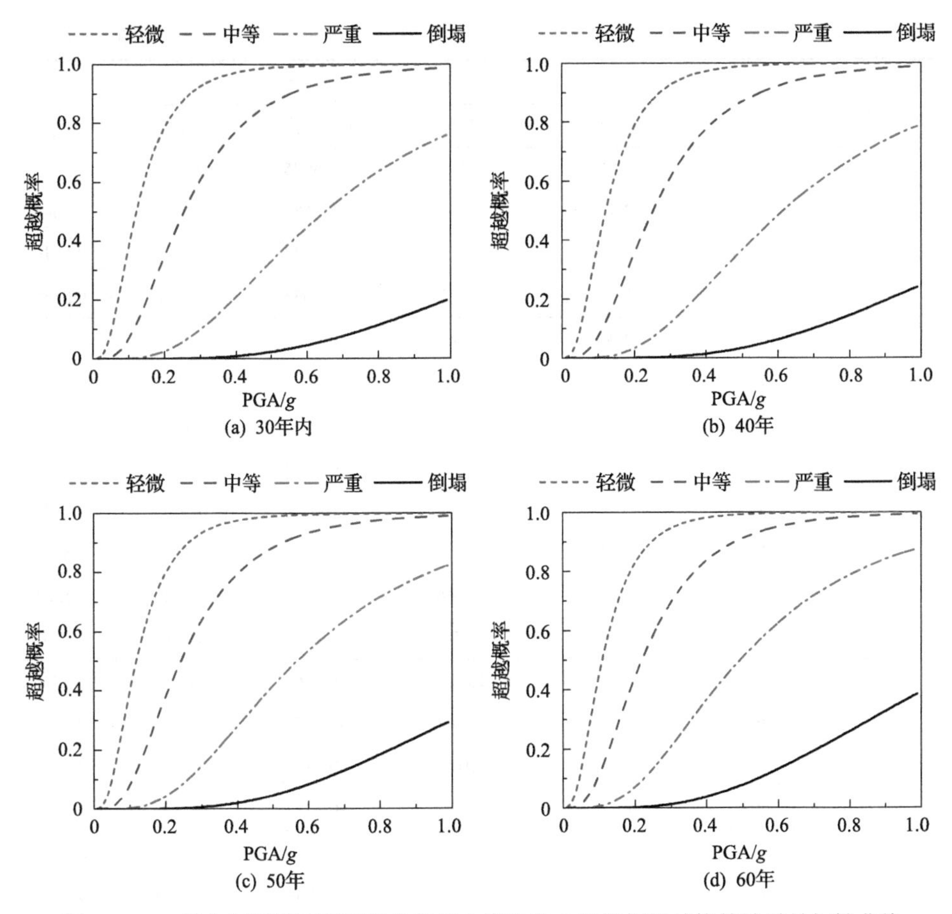

图 21.2　一般大气环境下不同服役龄期 8 度设防 5 层钢框架结构的地震易损性曲线

3) 10 层钢框架结构

一般大气环境下不同服役龄期与设防烈度的 10 层钢框架结构地震易损性函数参数如表 21.3 所示。其中，不同服役龄期 8 度设防 10 层钢框架结构的概率地震易损性曲线如图 21.3 所示。

表 21.3　一般大气环境下不同服役龄期与设防烈度 10 层钢框架结构地震易损性函数参数

设防烈度	龄期	均值				标准差
		轻微破坏	中等破坏	严重破坏	倒塌	
6	30 年内	–2.7961	–2.1029	–1.1866	–0.2703	0.6574
	40 年	–2.8062	–2.1130	–1.2413	–0.3486	0.6784
	50 年	–2.8398	–2.1652	–1.3343	–0.4633	0.6580
	60 年	–2.9298	–2.2794	–1.4902	–0.6272	0.6623

续表

设防烈度	龄期	均值				标准差
		轻微破坏	中等破坏	严重破坏	倒塌	
7	30 年内	−2.4170	−1.7238	−0.8075	0.1088	0.6413
	40 年	−2.5329	−1.8397	−0.9680	−0.0753	0.6346
	50 年	−2.6292	−1.9546	−1.1237	−0.2527	0.6210
	60 年	−2.6429	−1.9925	−1.2033	−0.3403	0.5888
7.5	30 年内	−2.0663	−1.3731	−0.4568	0.4595	0.6342
	40 年	−2.1894	−1.4962	−0.6245	0.2682	0.6179
	50 年	−2.1997	−1.5251	−0.6942	0.1768	0.5991
	60 年	−2.2368	−1.5864	−0.7972	0.0658	0.6150
8	30 年内	−2.0168	−1.3236	−0.4073	0.5090	0.5821
	40 年	−2.1418	−1.4486	−0.5769	0.3158	0.5703
	50 年	−2.1637	−1.4891	−0.6582	0.2128	0.5381
	60 年	−2.2088	−1.5584	−0.7692	0.0938	0.5502
8.5	30 年内	−1.7258	−1.0326	−0.1163	0.8000	0.5758
	40 年	−1.7528	−1.0596	−0.1879	0.7048	0.5650
	50 年	−1.7826	−1.1080	−0.2771	0.5939	0.5631
	60 年	−1.8157	−1.1653	−0.3761	0.4869	0.5465
9	30 年内	−1.3358	−0.6426	0.2737	1.1900	0.6101
	40 年	−1.5433	−0.8501	0.0216	0.9143	0.5778
	50 年	−1.5929	−0.9183	−0.0874	0.7836	0.5644
	60 年	−1.6129	−0.9625	−0.1733	0.6897	0.5290

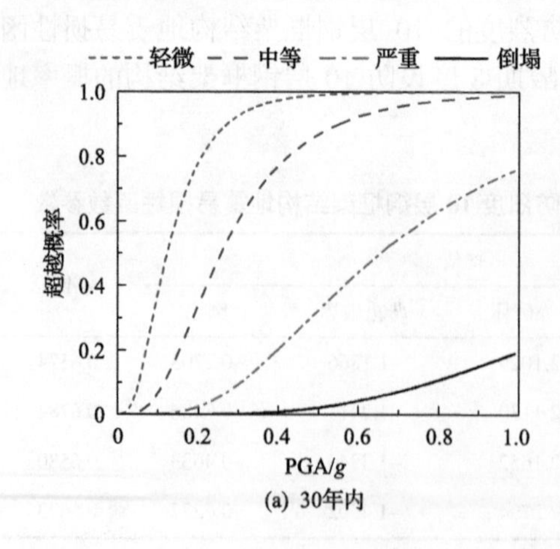

(a) 30年内

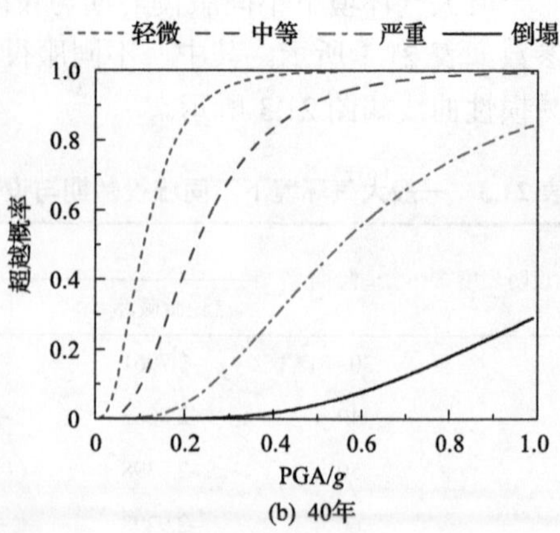

(b) 40年

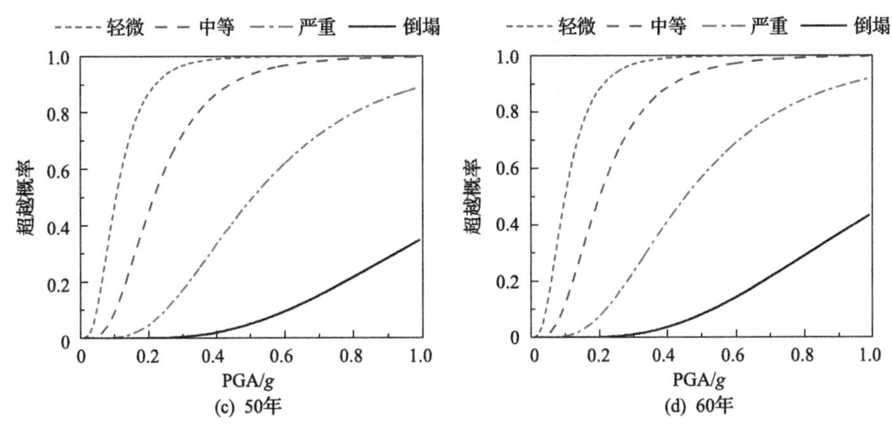

图 21.3　一般大气环境下不同服役龄期 8 度设防 10 层钢框架结构地震易损性曲线

21.1.2　近海大气环境

1)3 层钢框架结构

近海大气环境下不同服役龄期与设防烈度的 3 层钢框架结构地震易损性函数参数如表 21.4 所示。其中，不同服役龄期 8 度设防 3 层钢框架结构的概率地震易损性曲线如图 21.4 所示。

表 21.4　近海大气环境下不同服役龄期与设防烈度 3 层钢框架结构地震易损性函数参数

设防烈度	龄期	均值				标准差
		轻微破坏	中等破坏	严重破坏	倒塌	
6	30 年内	–3.4906	–2.7289	–1.7220	–0.7151	0.5604
	40 年	–3.5130	–2.7604	–1.8385	–0.8874	0.6080
	50 年	–3.5651	–2.8457	–1.9752	–1.1147	0.6140
	60 年	–3.6438	–2.9584	–2.1240	–1.2768	0.5980
7	30 年内	–2.8177	–2.0555	–1.0481	–0.0406	0.5717
	40 年	–2.8431	–2.0844	–1.1550	–0.1963	0.6020
	50 年	–2.9258	–2.1988	–1.3191	–0.4496	0.5987
	60 年	–2.9987	–2.3045	–1.4597	–0.6017	0.6056
7.5	30 年内	–2.4199	–1.6443	–0.6190	0.4063	0.5819
	40 年	–2.4675	–1.6968	–0.7526	0.2214	0.6116
	50 年	–2.5612	–1.8238	–0.9316	–0.0496	0.6183
	60 年	–2.6528	–1.9489	–1.0921	–0.2220	0.6032
8	30 年内	–2.1063	–1.3232	–0.2881	0.7470	0.5987
	40 年	–2.1726	–1.3969	–0.4468	0.5334	0.6155
	50 年	–2.2970	–1.5691	–0.6883	0.1823	0.5995
	60 年	–2.3138	–1.6190	–0.7733	0.0855	0.6170

续表

设防烈度	龄期	均值				标准差
		轻微破坏	中等破坏	严重破坏	倒塌	
8.5	30 年内	−1.8053	−1.0108	0.0395	1.0898	0.6075
	40 年	−1.8569	−1.0679	−0.1013	0.8957	0.6261
	50 年	−1.9397	−1.1848	−0.2715	0.6314	0.6330
	60 年	−2.0005	−1.2862	−0.4166	0.4664	0.6121
9	30 年内	−1.4777	−0.6799	0.3747	1.4294	0.5985
	40 年	−1.7069	−0.9108	0.0645	1.0706	0.6203
	50 年	−1.7433	−0.9838	−0.0648	0.8437	0.6028
	60 年	−1.7626	−1.0356	−0.1506	0.7481	0.6117

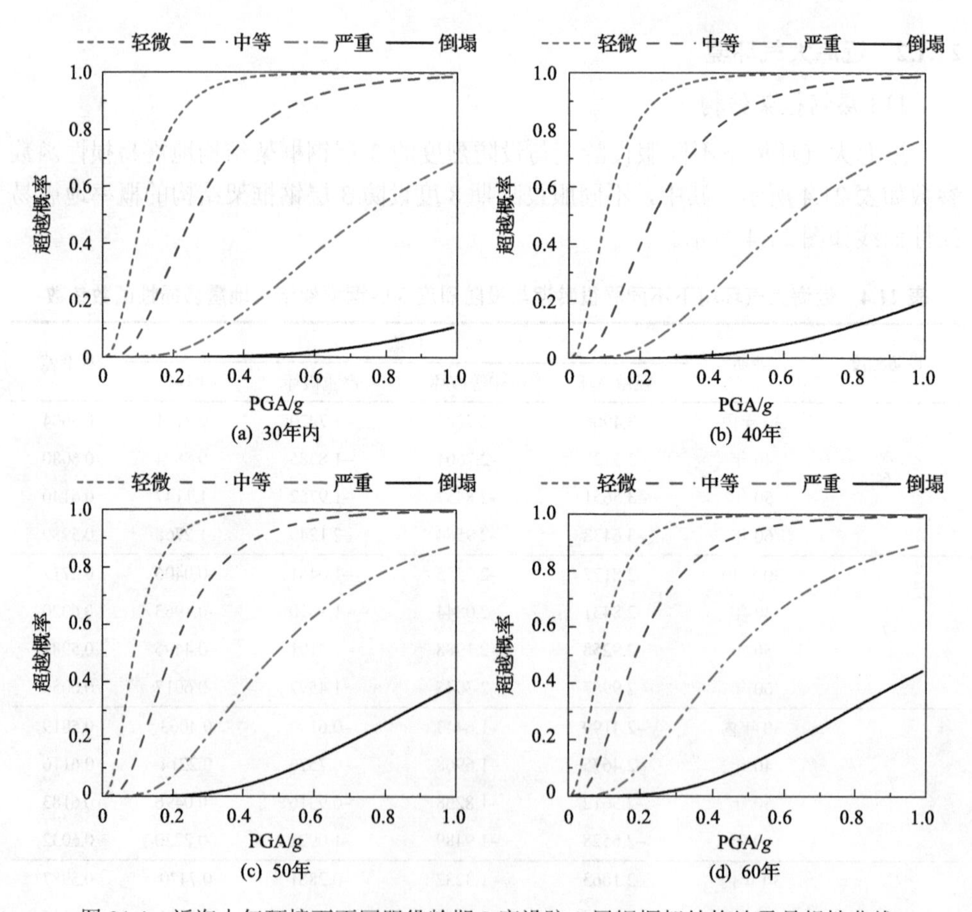

图 21.4 近海大气环境下不同服役龄期 8 度设防 3 层钢框架结构地震易损性曲线

2)5 层钢框架结构

近海大气环境下不同服役龄期与设防烈度的 5 层钢框架结构地震易损性函数参数如表 21.5 所示。其中，不同服役龄期 8 度设防 5 层钢框架结构的概率地震易损性曲线如图 21.5 所示。

表 21.5　近海大气环境下不同服役龄期与设防烈度 5 层钢框架结构地震易损性函数参数

设防烈度	龄期	均值				标准差
		轻微破坏	中等破坏	严重破坏	倒塌	
6	30 年内	−2.6747	−1.9815	−1.0652	−0.1489	0.7728
	40 年	−2.6288	−1.9356	−1.0872	−0.2065	0.7730
	50 年	−2.6764	−2.0091	−1.1994	−0.4006	0.7544
	60 年	−2.7168	−2.0732	−1.2905	−0.4993	0.7461
7	30 年内	−2.3938	−1.7006	−0.7843	0.1320	0.6921
	40 年	−2.4637	−1.7705	−0.9221	−0.0414	0.6729
	50 年	−2.5339	−1.8666	−1.0569	−0.2581	0.6494
	60 年	−2.6464	−2.0028	−1.2201	−0.4289	0.6386
7.5	30 年内	−2.1358	−1.4426	−0.5263	0.3900	0.6555
	40 年	−2.2398	−1.5466	−0.6982	0.1825	0.6177
	50 年	−2.3168	−1.6495	−0.8398	−0.0410	0.6090
	60 年	−2.3668	−1.7232	−0.9405	−0.1493	0.6165
8	30 年内	−2.0235	−1.3303	−0.4140	0.5023	0.5897
	40 年	−2.0358	−1.3426	−0.4942	0.3865	0.5945
	50 年	−2.0528	−1.3855	−0.5758	0.2230	0.6232
	60 年	−2.1288	−1.4852	−0.7025	0.0887	0.6221
8.5	30 年内	−1.6512	−0.9580	−0.0417	0.8746	0.5919
	40 年	−1.6561	−0.9629	−0.1145	0.7662	0.6000
	50 年	−1.7288	−1.0615	−0.2518	0.5470	0.5983
	60 年	−1.8007	−1.1571	−0.3744	0.4168	0.5983
9	30 年内	−1.4387	−0.7455	0.1708	1.0871	0.5565
	40 年	−1.5388	−0.8456	0.0028	0.8835	0.5467
	50 年	−1.5759	−0.9086	−0.0989	0.6999	0.5421
	60 年	−1.6188	−0.9752	−0.1925	0.5987	0.5330

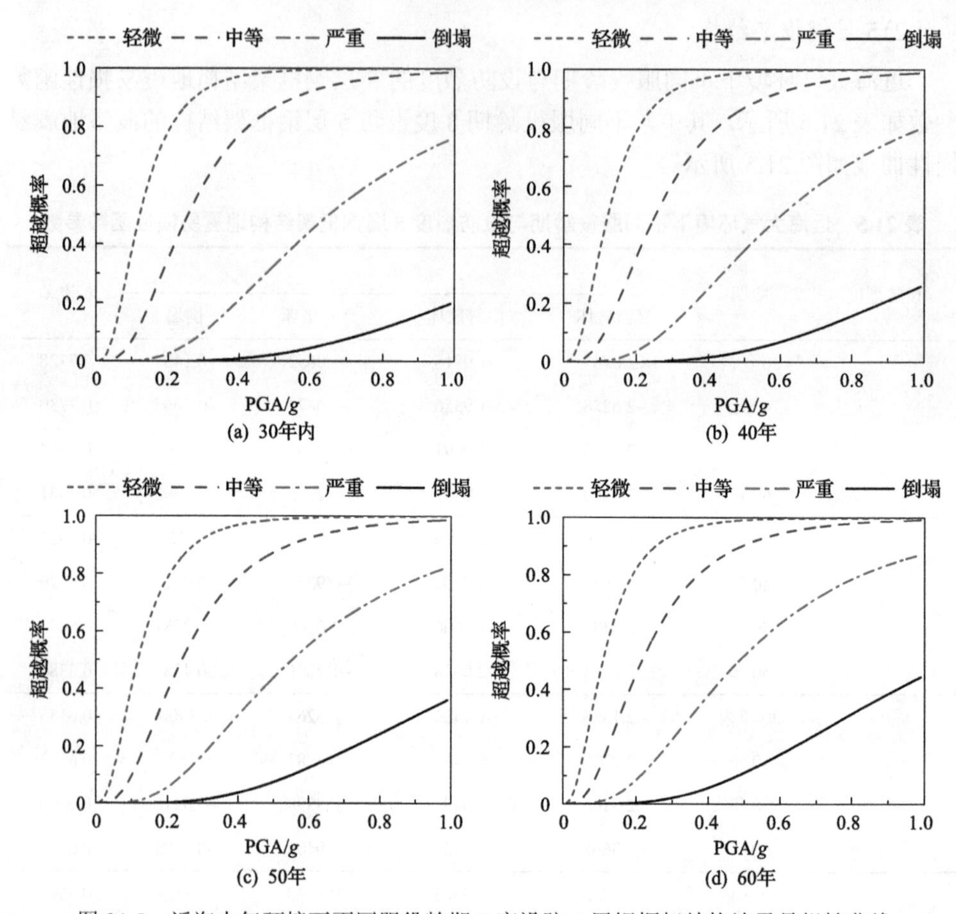

图 21.5 近海大气环境下不同服役龄期 8 度设防 5 层钢框架结构地震易损性曲线

3)10 层钢框架结构

近海大气环境下不同服役龄期与设防烈度的 10 层钢框架结构地震易损性函数参数如表 21.6 所示。其中，不同服役龄期 8 度设防 10 层钢框架结构的概率地震易损性曲线如图 21.6 所示。

表 21.6 近海大气环境下不同服役龄期与设防烈度 10 层钢框架结构地震易损性函数参数

设防烈度	龄期	均值				标准差
		轻微破坏	中等破坏	严重破坏	倒塌	
6	30 年内	−2.7961	−2.1029	−1.1866	−0.2703	0.6574
	40 年	−2.8162	−2.1230	−1.2746	−0.3939	0.6871
	50 年	−2.8443	−2.1770	−1.3673	−0.5685	0.6678
	60 年	−2.9342	−2.2906	−1.5079	−0.7167	0.6720

续表

设防烈度	龄期	均值				标准差
		轻微破坏	中等破坏	严重破坏	倒塌	
7	30 年内	−2.4170	−1.7238	−0.8075	0.1088	0.6413
	40 年	−2.5339	−1.8407	−0.9923	−0.1116	0.6417
	50 年	−2.6361	−1.9688	−1.1591	−0.3603	0.6192
	60 年	−2.6463	−2.0027	−1.2200	−0.4288	0.5980
7.5	30 年内	−2.0663	−1.3731	−0.4568	0.4595	0.6342
	40 年	−2.1968	−1.5036	−0.6552	0.2255	0.6402
	50 年	−2.2188	−1.5515	−0.7418	0.0570	0.6216
	60 年	−2.2574	−1.6138	−0.8311	−0.0399	0.6251
8	30 年内	−2.0168	−1.3236	−0.4073	0.5090	0.5821
	40 年	−2.1629	−1.4697	−0.6213	0.2594	0.5636
	50 年	−2.2141	−1.5468	−0.7371	0.0617	0.5345
	60 年	−2.2241	−1.5805	−0.7978	−0.0066	0.5605
8.5	30 年内	−1.7258	−1.0326	−0.1163	0.8000	0.5758
	40 年	−1.7563	−1.0631	−0.2147	0.6660	0.5852
	50 年	−1.7863	−1.1190	−0.3093	0.4895	0.5753
	60 年	−1.8263	−1.1827	−0.4000	0.3912	0.5676
9	30 年内	−1.3358	−0.6426	0.2737	1.1900	0.6101
	40 年	−1.5539	−0.8607	−0.0123	0.8684	0.5758
	50 年	−1.5939	−0.9266	−0.1169	0.6819	0.5655
	60 年	−1.6239	−0.9803	−0.1976	0.5936	0.5270

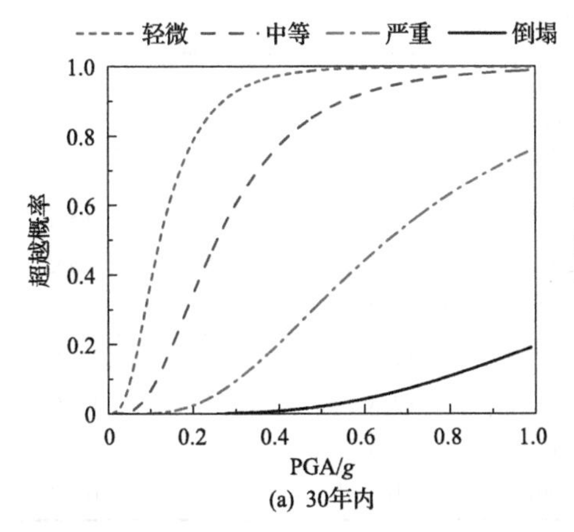

(a) 30年内

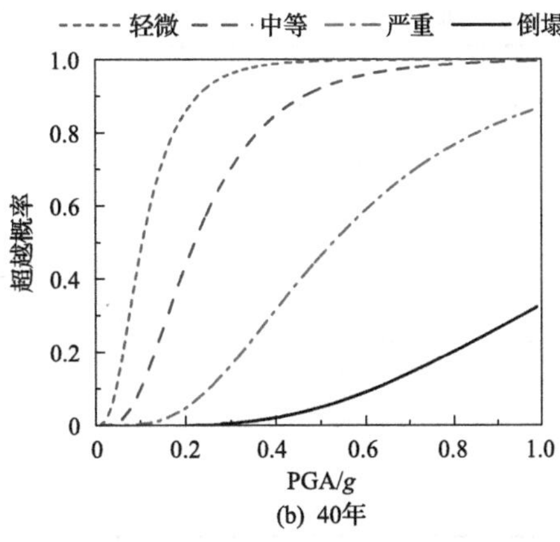

(b) 40年

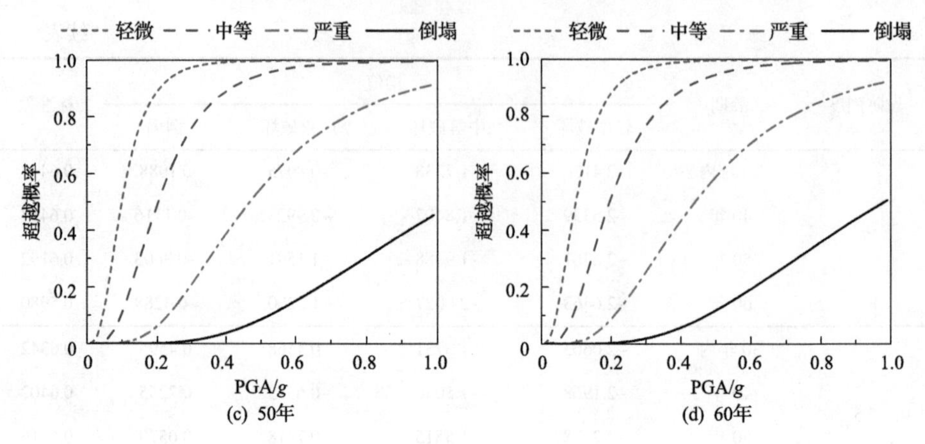

图 21.6 近海大气环境下不同服役龄期 8 度设防 10 层钢框架结构地震易损性曲线

21.2 多龄期带支撑钢框架结构地震易损性分析

根据第 17 章给出的解析地震易损性模型，结合 19.3.2 节建立的各典型带支撑钢框架结构的概率地震需求模型及 20.4 节建立的不同服役环境与龄期下带支撑钢框架结构的概率抗震能力模型，获得一般、近海大气环境下多龄期典型带支撑钢框架结构的地震易损性曲线，以下对其分析结果分别予以叙述。

21.2.1 一般大气环境

1) 12 层带支撑钢框架结构

一般大气环境下不同服役龄期与设防烈度的 12 层带支撑钢框架结构地震易损性函数参数如表 21.7 所示。其中，不同服役龄期 8 度设防 12 层带支撑钢框架结构的概率地震易损性曲线如图 21.7 所示。

表 21.7 一般大气环境下不同服役龄期与设防烈度 12 层带支撑钢框架结构地震易损性函数参数

设防烈度	龄期	均值				标准差
		轻微破坏	中等破坏	严重破坏	倒塌	
7	30 年内	3.236	2.430	1.151	0.085	0.606
	40 年	3.189	2.398	1.202	0.196	0.595
	50 年	3.293	2.518	1.383	0.402	0.593
	60 年	3.390	2.643	1.568	0.621	0.580
7.5	30 年内	2.701	1.910	0.656	–0.390	0.587
	40 年	2.734	1.957	0.783	–0.203	0.574
	50 年	2.862	2.113	1.015	0.065	0.560
	60 年	2.930	2.207	1.168	0.253	0.552

续表

设防烈度	龄期	均值				标准差
		轻微破坏	中等破坏	严重破坏	倒塌	
8	30 年内	2.387	1.609	0.376	–0.652	0.578
	40 年	2.420	1.653	0.492	–0.483	0.577
	50 年	2.548	1.797	0.697	–0.254	0.571
	60 年	2.684	1.959	0.918	0.000	0.553
8.5	30 年内	1.962	1.210	0.018	–0.976	0.536
	40 年	2.024	1.280	0.156	–0.789	0.541
	50 年	2.119	1.394	0.332	–0.586	0.545
	60 年	2.136	1.441	0.444	–0.436	0.544
9	30 年内	1.594	0.856	–0.315	–1.291	0.544
	40 年	1.652	0.921	–0.185	–1.115	0.556
	50 年	1.782	1.080	0.050	–0.840	0.531
	60 年	1.812	1.135	0.162	–0.695	0.532

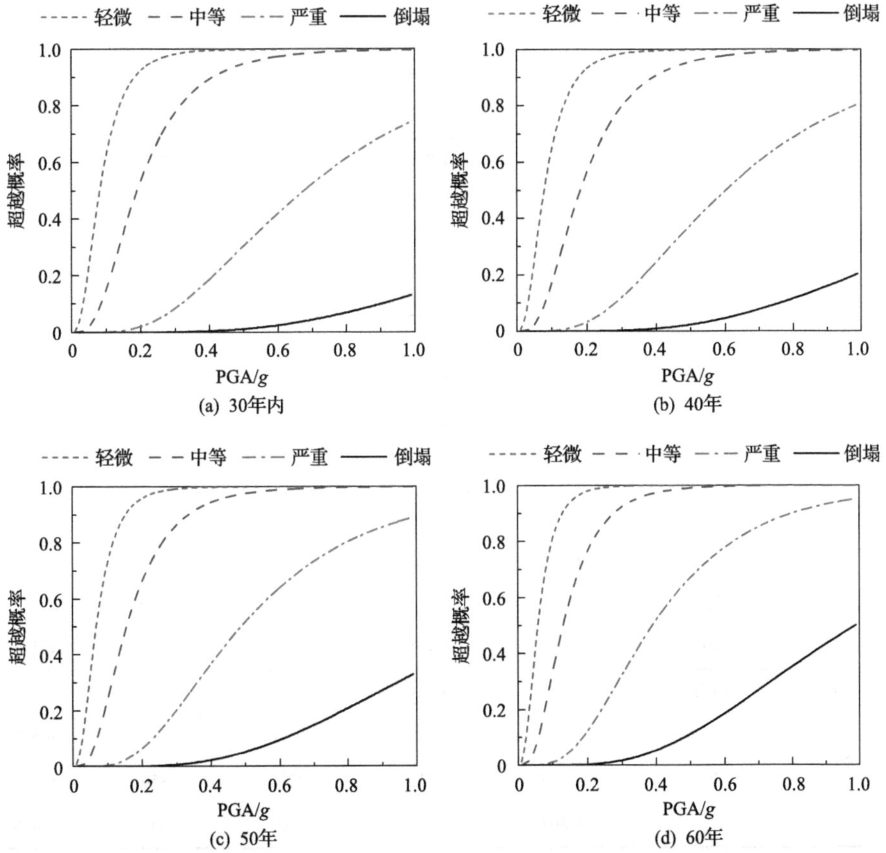

(a) 30年内

(b) 40年

(c) 50年

(d) 60年

图 21.7　一般大气环境下不同服役龄期 8 度设防 12 层带支撑钢框架结构地震易损性曲线

2)16 层带支撑钢框架结构

一般大气环境下不同服役龄期与设防烈度的 16 层带支撑钢框架结构地震易损性函数参数如表 21.8 所示。其中，不同服役龄期 8 度设防 16 层带支撑钢框架结构的概率地震易损性曲线如图 21.8 所示。

表 21.8 一般大气环境下不同服役龄期与设防烈度 16 层带支撑钢框架结构地震易损性函数参数

设防烈度	龄期	均值				标准差
		轻微破坏	中等破坏	严重破坏	倒塌	
6	30 年内	3.738	2.926	1.639	0.566	0.609
	40 年	3.912	3.082	1.826	0.771	0.611
	50 年	4.146	3.316	2.100	1.049	0.633
	60 年	4.296	3.478	2.302	1.265	0.636
7	30 年内	3.112	2.300	1.012	–0.061	0.590
	40 年	3.213	2.412	1.200	0.182	0.591
	50 年	3.313	2.534	1.392	0.406	0.589
	60 年	3.390	2.640	1.560	0.610	0.575
7.5	30 年内	2.669	1.874	0.615	–0.435	0.581
	40 年	2.734	1.958	0.785	–0.201	0.580
	50 年	2.878	2.125	1.021	0.067	0.556
	60 年	2.932	2.220	1.197	0.295	0.531
8	30 年内	2.260	1.509	0.319	–0.674	0.539
	40 年	2.326	1.582	0.457	–0.489	0.566
	50 年	2.449	1.733	0.682	–0.227	0.558
	60 年	2.524	1.830	0.833	–0.045	0.553
8.5	30 年内	1.755	1.016	–0.154	–1.131	0.553
	40 年	1.948	1.217	0.111	–0.818	0.544
	50 年	2.077	1.371	0.336	–0.559	0.522
	60 年	2.109	1.431	0.458	–0.400	0.526
9	30 年内	1.498	0.781	–0.355	–1.302	0.531
	40 年	1.596	0.888	–0.184	–1.084	0.520
	50 年	1.727	1.036	0.023	–0.854	0.525
	60 年	1.804	1.141	0.190	–0.649	0.499

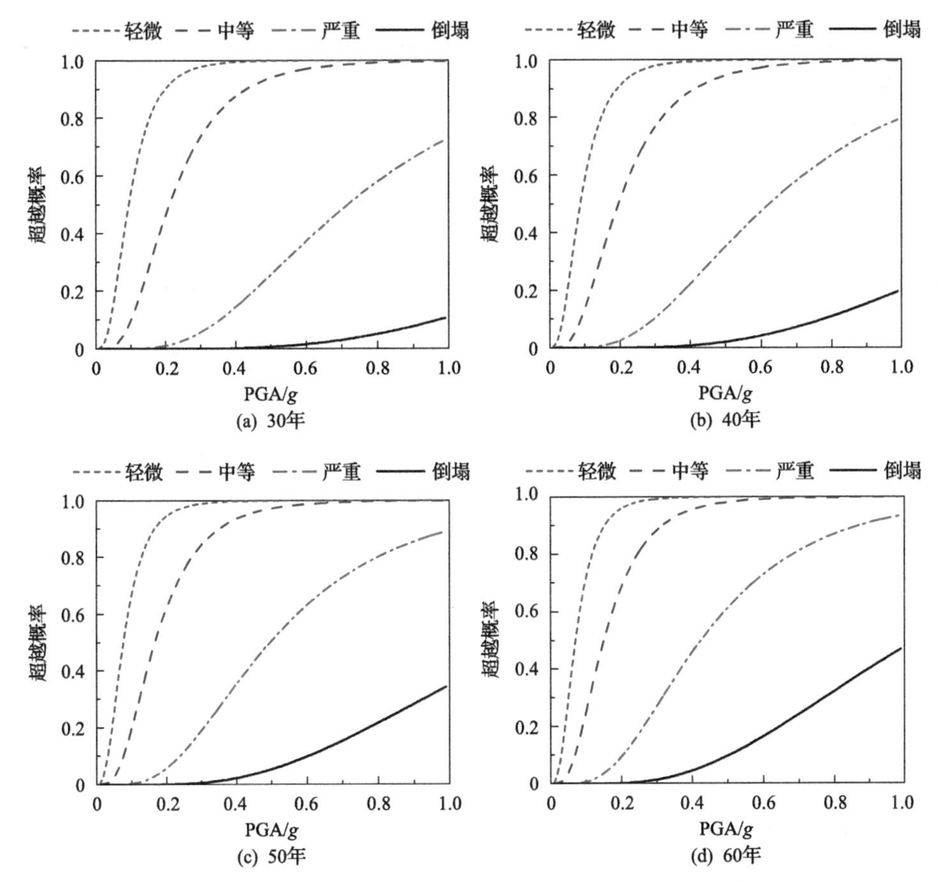

图 21.8　一般大气环境下不同服役龄期 8 度设防 16 层带支撑钢框架结构地震易损性曲线

21.2.2　近海大气环境

1) 12 层带支撑钢框架结构

近海大气环境下不同服役龄期与设防烈度的 12 层带支撑钢框架结构地震易损性函数参数如表 21.9 所示。其中，不同服役龄期 8 度设防 12 层带支撑钢框架结构的概率地震易损性曲线如图 21.9 所示。

表 21.9　近海大气环境下不同服役龄期与设防烈度 12 层带支撑钢框架结构地震易损性函数参数

设防烈度	龄期	均值				标准差
		轻微破坏	中等破坏	严重破坏	倒塌	
7	30 年内	3.164	2.346	1.073	0.025	0.615
	40 年	3.142	2.341	1.156	0.213	0.592
	50 年	3.317	2.544	1.425	0.514	0.589
	60 年	3.378	2.637	1.568	0.701	0.569

续表

设防烈度	龄期	均值				标准差
		轻微破坏	中等破坏	严重破坏	倒塌	
7.5	30 年内	2.632	1.849	0.630	–0.372	0.570
	40 年	2.643	1.876	0.741	–0.162	0.574
	50 年	2.838	2.103	1.039	0.174	0.563
	60 年	2.872	2.169	1.156	0.334	0.540
8	30 年内	2.260	1.524	0.377	–0.566	0.547
	40 年	2.259	1.535	0.464	–0.389	0.553
	50 年	2.477	1.776	0.761	–0.065	0.525
	60 年	2.527	1.852	0.880	0.091	0.506
8.5	30 年内	1.952	1.203	0.038	–0.921	0.533
	40 年	1.950	1.211	0.117	–0.753	0.535
	50 年	2.091	1.384	0.359	–0.475	0.536
	60 年	2.103	1.425	0.449	–0.343	0.534
9	30 年内	1.651	0.886	–0.304	–1.284	0.564
	40 年	1.670	0.909	–0.216	–1.111	0.571
	50 年	1.809	1.087	0.041	–0.811	0.552
	60 年	1.859	1.167	0.172	–0.637	0.546

2) 16 层带支撑钢框架结构

近海大气环境下不同服役龄期与设防烈度的 16 层带支撑钢框架结构地震易损性函数参数如表 21.10 所示。其中，不同服役龄期 8 度设防 16 层带支撑钢框架结构的概率地震易损性曲线如图 21.10 所示。

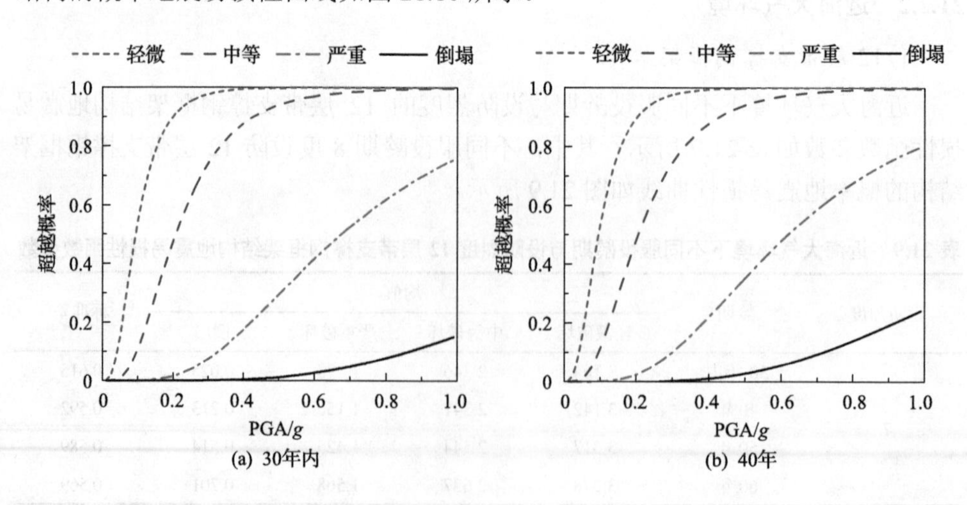

(a) 30年内 (b) 40年

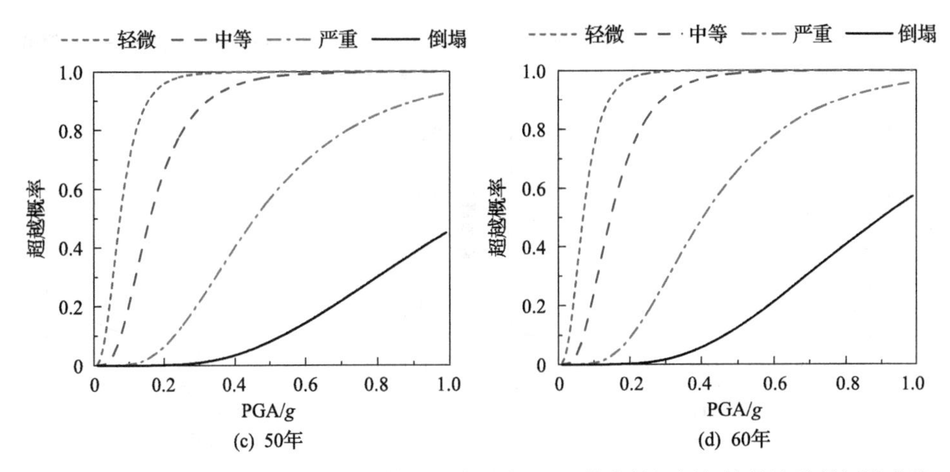

图 21.9　近海大气环境下不同服役龄期 8 度设防 12 层带支撑钢框架结构地震易损性曲线

表 21.10　近海大气环境下不同服役龄期与设防烈度 16 层带支撑钢框架结构地震易损性函数参数

设防烈度	龄期	均值				标准差
		轻微破坏	中等破坏	严重破坏	倒塌	
6	30 年内	3.906	3.058	1.737	0.651	0.637
	40 年	3.883	3.044	1.803	0.815	0.634
	50 年	4.077	3.269	2.099	1.147	0.619
	60 年	4.096	3.328	2.221	1.322	0.605
7	30 年内	3.101	2.291	1.032	−0.004	0.588
	40 年	3.106	2.314	1.142	0.210	0.599
	50 年	3.269	2.508	1.406	0.509	0.596
	60 年	3.325	2.599	1.554	0.706	0.549
7.5	30 年内	2.599	1.798	0.551	−0.474	0.583
	40 年	2.625	1.839	0.677	−0.248	0.577
	50 年	2.843	2.092	1.004	0.119	0.578
	60 年	2.897	2.183	1.153	0.318	0.549
8	30 年内	2.364	1.578	0.356	−0.650	0.563
	40 年	2.345	1.579	0.446	−0.456	0.573
	50 年	2.527	1.787	0.717	−0.154	0.569
	60 年	2.564	1.852	0.824	−0.009	0.568
8.5	30 年内	1.944	1.177	−0.015	−0.996	0.570
	40 年	1.954	1.195	0.073	−0.820	0.556
	50 年	2.096	1.375	0.331	−0.518	0.553
	60 年	2.111	1.422	0.428	−0.378	0.542
9	30 年内	1.520	0.793	−0.339	−1.270	0.539
	40 年	1.585	0.866	−0.198	−1.044	0.535
	50 年	1.768	1.064	0.044	−0.785	0.543
	60 年	1.816	1.154	0.200	−0.575	0.504

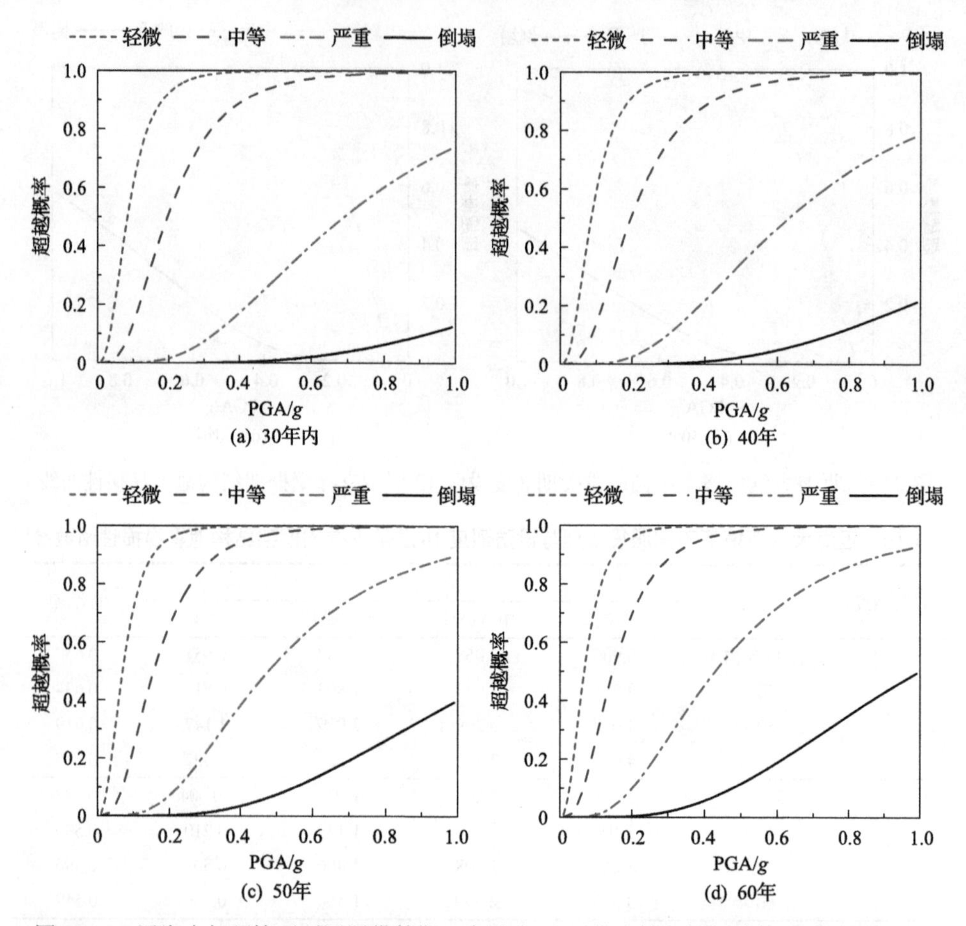

图 21.10 近海大气环境下不同服役龄期 8 度设防 16 层带支撑钢框架结构地震易损性曲线

21.3 多龄期钢结构厂房地震易损性分析

根据第 17 章给出的解析地震易损性模型，结合 19.3.3 节建立的各典型单层钢结构厂房的概率地震需求模型及 20.5 节建立的不同服役环境与龄期下单层钢结构厂房的概率抗震能力模型，获得一般、近海大气环境下多龄期典型单层钢结构厂房的地震易损性曲线，以下对其分析结果分别予以叙述。

21.3.1 一般大气环境

1) 无吊车单层钢结构厂房

一般大气环境下不同服役龄期与设防烈度的无吊车单层钢结构厂房地震易损性函数参数如表 21.11 所示。其中，不同服役龄期 8 度设防无吊车单层钢结构厂房的概率地震易损性曲线如图 21.11 所示。

表 21.11　一般大气环境下不同服役龄期与设防烈度无吊车单层钢结构厂房地震易损性参数

设防烈度	龄期	均值				标准差
		轻微破坏	中等破坏	严重破坏	倒塌	
6	30 年内	−3.6714	−2.8954	−1.8695	−0.7714	0.5835
	40 年	−3.6996	−2.9265	−1.9540	−0.8865	0.5897
	50 年	−3.8034	−3.0528	−2.1282	−1.0876	0.5902
	60 年	−3.8986	−3.1794	−2.3064	−1.2805	0.5861
7	30 年内	−2.9017	−2.1798	−1.2256	−0.2040	0.5412
	40 年	−2.9471	−2.2271	−1.3216	−0.3274	0.5486
	50 年	−3.0168	−2.3192	−1.4598	−0.4928	0.5433
	60 年	−3.0749	−2.4093	−1.6014	−0.6519	0.5465
7.5	30 年内	−2.4815	−1.7780	−0.8479	0.1477	0.5315
	40 年	−2.5324	−1.8309	−0.9486	0.0200	0.5309
	50 年	−2.5794	−1.8983	−1.0592	−0.1150	0.5317
	60 年	−2.6536	−2.0031	−1.2135	−0.2856	0.5236
8	30 年内	−2.1420	−1.4558	−0.5486	0.4224	0.5185
	40 年	−2.2010	−1.5182	−0.6595	0.2833	0.5151
	50 年	−2.2532	−1.5907	−0.7745	0.1441	0.5181
	60 年	−2.3269	−1.6909	−0.9191	−0.0119	0.5185
8.5	30 年内	−1.7273	−1.0522	−0.1597	0.7957	0.5110
	40 年	−1.7923	−1.1215	−0.2779	0.6482	0.5048
	50 年	−1.8734	−1.2224	−0.4205	0.4820	0.5023
	60 年	−1.9018	−1.2778	−0.5204	0.3697	0.5080
9	30 年内	−1.3496	−0.6851	0.1933	1.1336	0.5032
	40 年	−1.4857	−0.8243	0.0076	0.9208	0.4963
	50 年	−1.5362	−0.8969	−0.1095	0.7766	0.5004
	60 年	−1.6053	−0.9912	−0.2459	0.6301	0.4898

2) 30t 吊车单层钢结构厂房

一般大气环境下不同服役龄期与设防烈度的 30t 吊车单层钢结构厂房地震易损性函数参数如表 21.12 所示。其中，不同服役龄期 8 度设防 30t 吊车单层钢结构厂房的概率地震易损性曲线如图 21.12 所示。

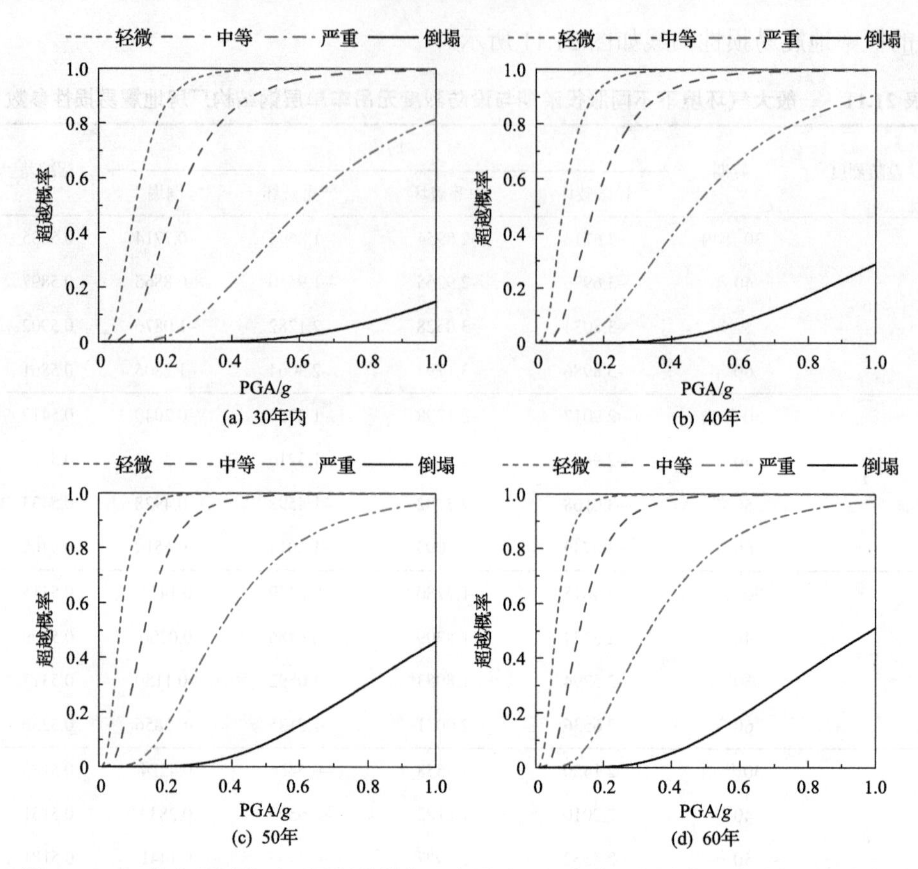

图 21.11 一般大气环境下不同服役龄期 8 度设防无吊车单层钢结构厂房地震易损性曲线

表 21.12 一般大气环境下不同服役龄期与设防烈度 30t 吊车单层钢结构厂房地震易损性函数参数

设防烈度	龄期	均值				标准差
		轻微破坏	中等破坏	严重破坏	倒塌	
6	30 年内	−3.7914	−2.9376	−1.8091	−0.6009	0.6365
	40 年	−3.8081	−2.9547	−1.8813	−0.7029	0.6626
	50 年	−3.9368	−3.1076	−2.0861	−0.9366	0.6594
	60 年	−4.0675	−3.2725	−2.3075	−1.1734	0.6451
7	30 年内	−3.0025	−2.2163	−1.1769	−0.0643	0.5726
	40 年	−3.0697	−2.2854	−1.2990	−0.2161	0.5913
	50 年	−3.1455	−2.3853	−1.4487	−0.3948	0.5908
	60 年	−3.2022	−2.4776	−1.5981	−0.5645	0.5934
7.5	30 年内	−2.6012	−1.8394	−0.8324	0.2456	0.5605
	40 年	−2.6540	−1.8935	−0.9371	0.1129	0.5691
	50 年	−2.7098	−1.9722	−1.0635	−0.0409	0.5663
	60 年	−2.7867	−2.0813	−1.2251	−0.2189	0.5623

续表

设防烈度	龄期	均值				标准差
		轻微破坏	中等破坏	严重破坏	倒塌	
8	30 年内	−2.1986	−1.4605	−0.4848	0.5597	0.5385
	40 年	−2.2876	−1.5520	−0.6267	0.3891	0.5550
	50 年	−2.4104	−1.6965	−0.8171	0.1726	0.5298
	60 年	−2.4644	−1.7791	−0.9472	0.0304	0.5427
8.5	30 年内	−1.8114	−1.0843	−0.1231	0.9058	0.5341
	40 年	−1.8637	−1.1421	−0.2344	0.7620	0.5463
	50 年	−1.9497	−1.2491	−0.3860	0.5852	0.5402
	60 年	−2.0130	−1.3423	−0.5282	0.4285	0.5365
9	30 年内	−1.4083	−0.6945	0.2490	1.2591	0.5333
	40 年	−1.5304	−0.8203	0.0729	1.0533	0.5332
	50 年	−1.6323	−0.9461	−0.1009	0.8503	0.5190
	60 年	−1.7052	−1.0465	−0.2469	0.6928	0.5219

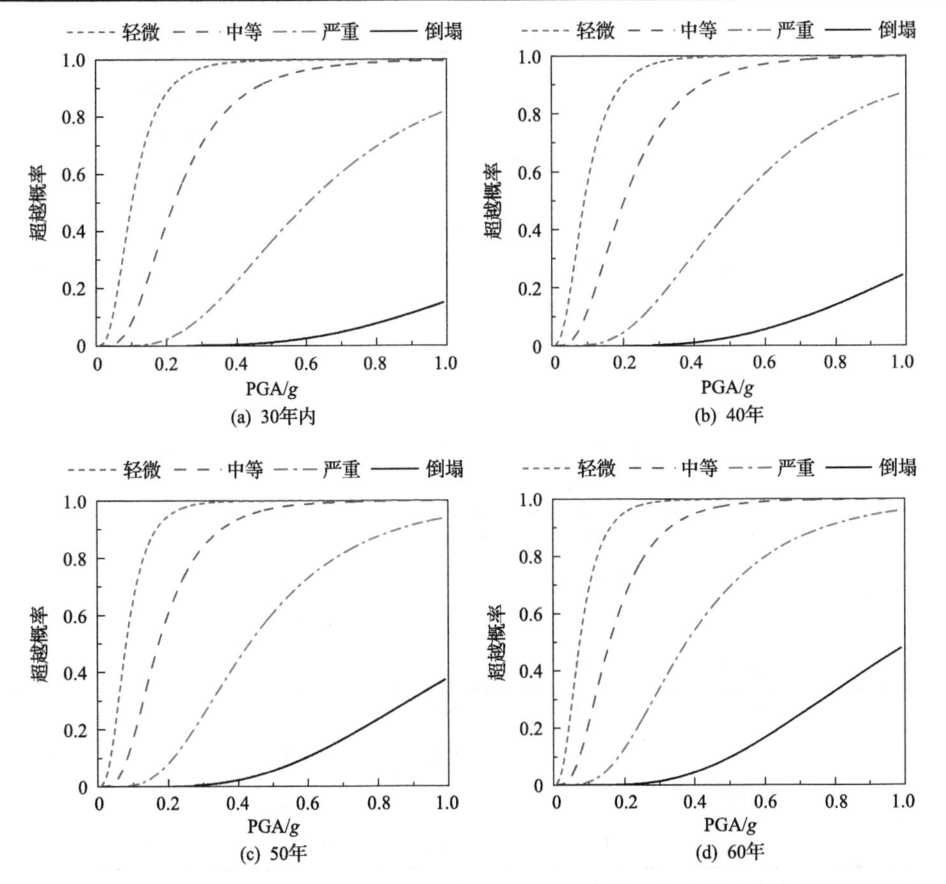

图 21.12　一般大气环境下不同服役龄期 8 度设防 30t 吊车单层钢结构厂房地震易损性曲线

3) 75t 吊车单层钢结构厂房

一般大气环境下不同服役龄期与设防烈度的 75t 吊车单层钢结构厂房地震易损性函数参数如表 21.13 所示。其中，不同服役龄期 8 度设防 75t 吊车单层钢结构厂房的概率地震易损性曲线如图 21.13 所示。

表 21.13　一般大气环境下不同服役龄期与设防烈度 75t 吊车单层钢结构厂房地震易损性函数参数

设防烈度	龄期	均值				标准差
		轻微破坏	中等破坏	严重破坏	倒塌	
6	30 年内	−3.9761	−3.0182	−1.7519	−0.3964	0.7229
	40 年	−3.9966	−3.0443	−1.8466	−0.5318	0.7232
	50 年	−4.1290	−3.2027	−2.0618	−0.7777	0.7279
	60 年	−4.2721	−3.3835	−2.3048	−1.0371	0.7226
7	30 年内	−3.1223	−2.2593	−1.1185	0.1027	0.6560
	40 年	−3.2039	−2.3427	−1.2596	−0.0706	0.6596
	50 年	−3.2832	−2.4490	−1.4213	−0.2648	0.6569
	60 年	−3.3663	−2.5713	−1.6063	−0.4723	0.6459
7.5	30 年内	−2.7152	−1.8857	−0.7891	0.3848	0.6357
	40 年	−2.7590	−1.9308	−0.8891	0.2545	0.6291
	50 年	−2.8281	−2.0237	−1.0328	0.0824	0.6256
	60 年	−2.9086	−2.1382	−1.2032	−0.1043	0.6241
8	30 年内	−2.2645	−1.4660	−0.4105	0.7194	0.5989
	40 年	−2.3889	−1.5914	−0.5884	0.5126	0.5997
	50 年	−2.4789	−1.7050	−0.7517	0.3211	0.6053
	60 年	−2.5595	−1.8156	−0.9126	0.1485	0.6034
8.5	30 年内	−1.9096	−1.1218	−0.0804	1.0343	0.5948
	40 年	−1.9470	−1.1660	−0.1838	0.8944	0.5880
	50 年	−2.0353	−1.2769	−0.3426	0.7089	0.5953
	60 年	−2.1178	−1.3928	−0.5128	0.5214	0.5914
9	30 年内	−1.4764	−0.7055	0.3137	1.4046	0.5851
	40 年	−1.5944	−0.8278	0.1364	1.1948	0.5898
	50 年	−1.6889	−0.9516	−0.0434	0.9788	0.5810
	60 年	−1.7857	−1.0762	−0.2151	0.7970	0.5804

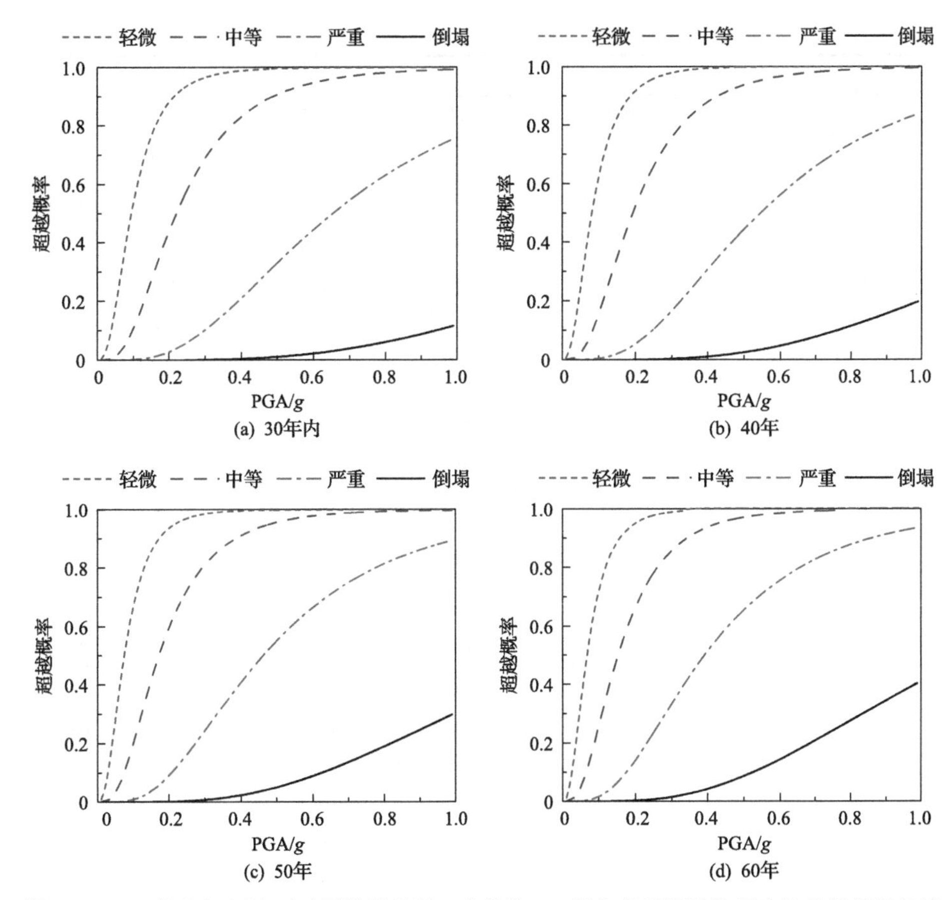

图 21.13　一般大气环境下不同服役龄期 8 度设防 75t 吊车单层钢结构厂房地震易损性曲线

21.3.2　近海大气环境

1)无吊车单层钢结构厂房

近海大气环境下不同服役龄期与设防烈度的无吊车单层钢结构厂房地震易损性函数参数如表 21.14 所示。其中，不同服役龄期 8 度设防无吊车单层钢结构厂房的概率地震易损性曲线如图 21.14 所示。

表 21.14　近海大气环境下不同服役龄期与设防烈度无吊车单层钢结构厂房地震易损性函数参数

设防烈度	龄期	均值				标准差
		轻微破坏	中等破坏	严重破坏	倒塌	
6	30 年内	−3.6714	−2.8954	−1.8695	−0.7714	0.5835
	40 年	−3.7267	−2.9540	−2.0083	−0.9597	0.5890
	50 年	−3.8138	−3.0725	−2.1730	−1.2141	0.5848
	60 年	−3.8914	−3.1822	−2.3197	−1.3770	0.5744

续表

设防烈度	龄期	均值				标准差
		轻微破坏	中等破坏	严重破坏	倒塌	
7	30 年内	−2.9017	−2.1798	−1.2256	−0.2040	0.5412
	40 年	−2.9523	−2.2329	−1.3523	−0.3759	0.5416
	50 年	−3.0307	−2.3426	−1.5075	−0.6173	0.5412
	60 年	−3.0746	−2.4181	−1.6195	−0.7467	0.5358
7.5	30 年内	−2.4815	−1.7780	−0.8479	0.1477	0.5315
	40 年	−2.5363	−1.8356	−0.9779	−0.0269	0.5273
	50 年	−2.5881	−1.9153	−1.0990	−0.2287	0.5304
	60 年	−2.6566	−2.0131	−1.2303	−0.3748	0.5213
8	30 年内	−2.1420	−1.4558	−0.5486	0.4224	0.5185
	40 年	−2.2060	−1.5238	−0.6888	0.2370	0.5133
	50 年	−2.2685	−1.6142	−0.8202	0.0261	0.5097
	60 年	−2.3327	−1.7043	−0.9400	−0.1046	0.5077
8.5	30 年内	−1.7273	−1.0522	−0.1597	0.7957	0.5110
	40 年	−1.8017	−1.1314	−0.3109	0.5988	0.5032
	50 年	−1.8728	−1.2304	−0.4510	0.3799	0.5006
	60 年	−1.9001	−1.2850	−0.5368	0.2809	0.4983
9	30 年内	−1.3496	−0.6851	0.1933	1.1336	0.5032
	40 年	−1.4927	−0.8322	−0.0237	0.8728	0.4961
	50 年	−1.5432	−0.9113	−0.1444	0.6731	0.4945
	60 年	−1.5915	−0.9898	−0.2580	0.5419	0.4779

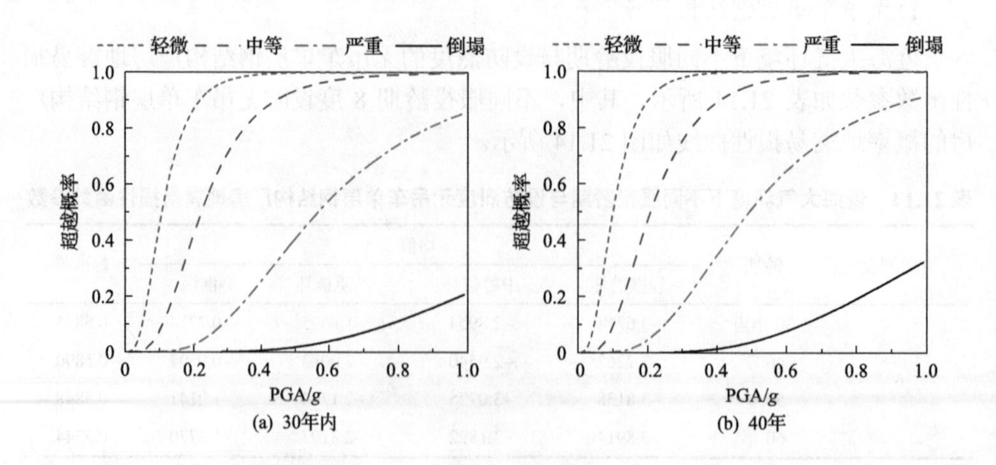

(a) 30年内　　(b) 40年

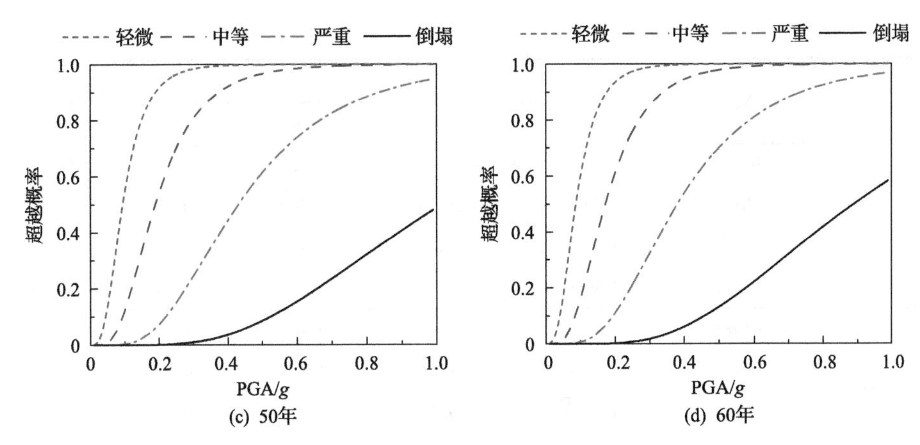

图 21.14　近海大气环境下不同服役龄期 8 度设防无吊车单层钢结构厂房地震易损性曲线

2)30t 吊车单层钢结构厂房

近海大气环境下不同服役龄期与设防烈度的 30t 吊车单层钢结构厂房地震易损性函数参数如表 21.15 所示。其中，不同服役龄期 8 度设防 30t 吊车单层钢结构厂房的概率地震易损性曲线如图 21.15 所示。

表 21.15　近海大气环境下不同服役龄期与设防烈度 30t 吊车单层钢结构厂房地震易损性函数参数

设防烈度	龄期	均值				标准差
		轻微破坏	中等破坏	严重破坏	倒塌	
6	30 年内	−3.7914	−2.9376	−1.8091	−0.6009	0.6365
	40 年	−3.8530	−3.0005	−1.9569	−0.7998	0.6374
	50 年	−3.9878	−3.1701	−2.1779	−1.1201	0.6266
	60 年	−4.0876	−3.3050	−2.3531	−1.3127	0.6088
7	30 年内	−3.0025	−2.2163	−1.1769	−0.0643	0.5726
	40 年	−3.0946	−2.3135	−1.3576	−0.2976	0.5652
	50 年	−3.1669	−2.4187	−1.5108	−0.5429	0.5754
	60 年	−3.2062	−2.4962	−1.6325	−0.6885	0.5644
7.5	30 年内	−2.6012	−1.8394	−0.8324	0.2456	0.5605
	40 年	−2.6622	−1.9050	−0.9782	0.0495	0.5695
	50 年	−2.7196	−1.9943	−1.1143	−0.1761	0.5643
	60 年	−2.7746	−2.0850	−1.2461	−0.3292	0.5529
8	30 年内	−2.1986	−1.4605	−0.4848	0.5597	0.5385
	40 年	−2.3005	−1.5656	−0.6661	0.3313	0.5438
	50 年	−2.4044	−1.7006	−0.8466	0.0638	0.5285
	60 年	−2.4465	−1.7744	−0.9569	−0.0634	0.5257

续表

设防烈度	龄期	均值				标准差
		轻微破坏	中等破坏	严重破坏	倒塌	
8.5	30 年内	−1.8114	−1.0843	−0.1231	0.9058	0.5341
	40 年	−1.9026	−1.1823	−0.3007	0.6767	0.5414
	50 年	−1.9366	−1.2489	−0.4144	0.4753	0.5463
	60 年	−1.9984	−1.3394	−0.5379	0.3381	0.5341
9	30 年内	−1.4083	−0.6945	0.2490	1.2591	0.5333
	40 年	−1.5659	−0.8587	0.0070	0.9668	0.5109
	50 年	−1.6280	−0.9519	−0.1314	0.7433	0.5148
	60 年	−1.7033	−1.0543	−0.2650	0.5976	0.5078

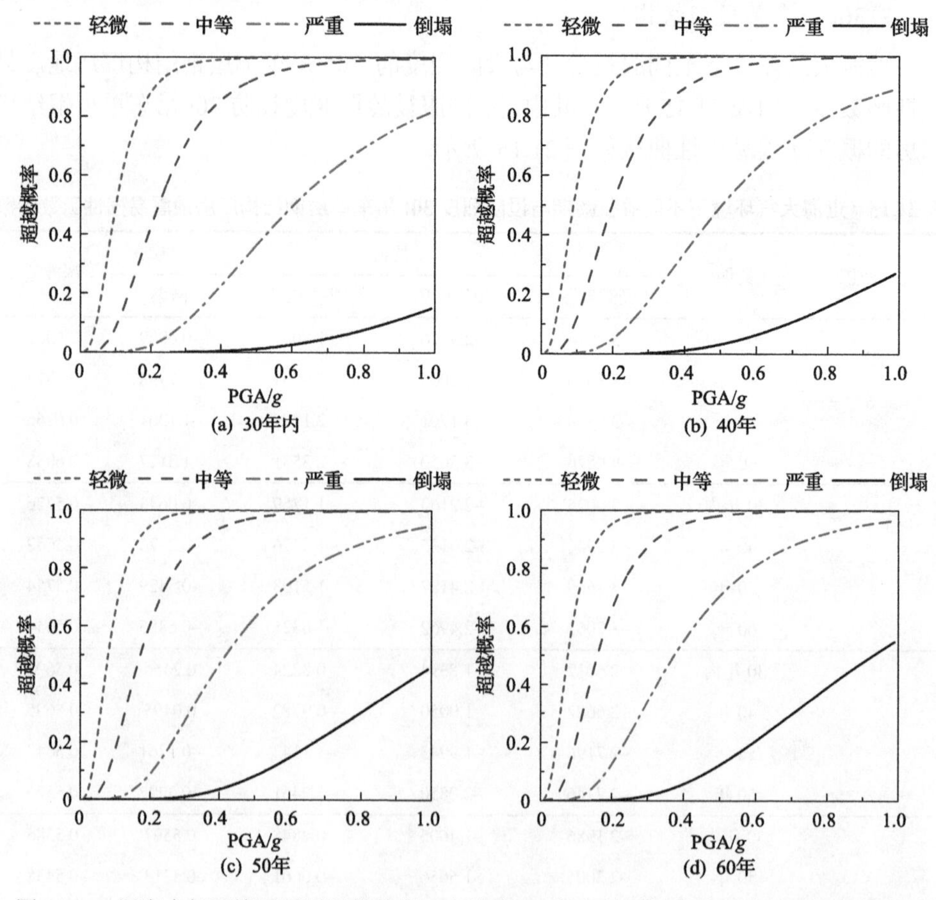

图 21.15 近海大气环境下不同服役龄期 8 度设防 30t 吊车单层钢结构厂房地震易损性曲线

3) 75t 吊车单层钢结构厂房

近海大气环境下不同服役龄期与设防烈度的 75t 吊车单层钢结构厂房地震易损性函数参数如表 21.16 所示。其中，不同服役龄期 8 度设防 75t 吊车单层钢结构厂房的概率地震易损性曲线如图 21.16 所示。

表 21.16　近海大气环境下不同服役龄期与设防烈度 75t 吊车单层钢结构厂房地震易损性函数参数

设防烈度	龄期	均值				标准差
		轻微破坏	中等破坏	严重破坏	倒塌	
6	30 年内	−3.9761	−3.0182	−1.7519	−0.3964	0.7229
	40 年	−4.0202	−3.0681	−1.9027	−0.6104	0.7265
	50 年	−4.1367	−3.2219	−2.1120	−0.9286	0.7253
	60 年	−4.2612	−3.3845	−2.3183	−1.1529	0.7108
7	30 年内	−3.1223	−2.2593	−1.1185	0.1027	0.6560
	40 年	−3.2033	−2.3440	−1.2921	−0.1258	0.6473
	50 年	−3.2830	−2.4595	−1.4602	−0.3948	0.6510
	60 年	−3.3738	−2.5877	−1.6317	−0.5867	0.6248
7.5	30 年内	−2.7152	−1.8857	−0.7891	0.3848	0.6357
	40 年	−2.7561	−1.9291	−0.9168	0.2057	0.6212
	50 年	−2.8271	−2.0332	−1.0698	−0.0428	0.6268
	60 年	−2.8922	−2.1348	−1.2136	−0.2068	0.6139
8	30 年内	−2.2645	−1.4660	−0.4105	0.7194	0.5989
	40 年	−2.3893	−1.5929	−0.6180	0.4629	0.6034
	50 年	−2.4816	−1.7163	−0.7877	0.2023	0.5994
	60 年	−2.5579	−1.8228	−0.9288	0.0484	0.5895
8.5	30 年内	−1.9096	−1.1218	−0.0804	1.0343	0.5931
	40 年	−1.9513	−1.1709	−0.2156	0.8435	0.5923
	50 年	−2.0419	−1.2927	−0.3836	0.5856	0.5929
	60 年	−2.1176	−1.4010	−0.5295	0.4231	0.5807
9	30 年内	−1.4764	−0.7055	0.3137	1.4046	0.5851
	40 年	−1.6031	−0.8403	0.0934	1.1286	0.5787
	50 年	−1.6935	−0.9644	−0.0796	0.8636	0.5788
	60 年	−1.7882	−1.0864	−0.2329	0.6999	0.5674

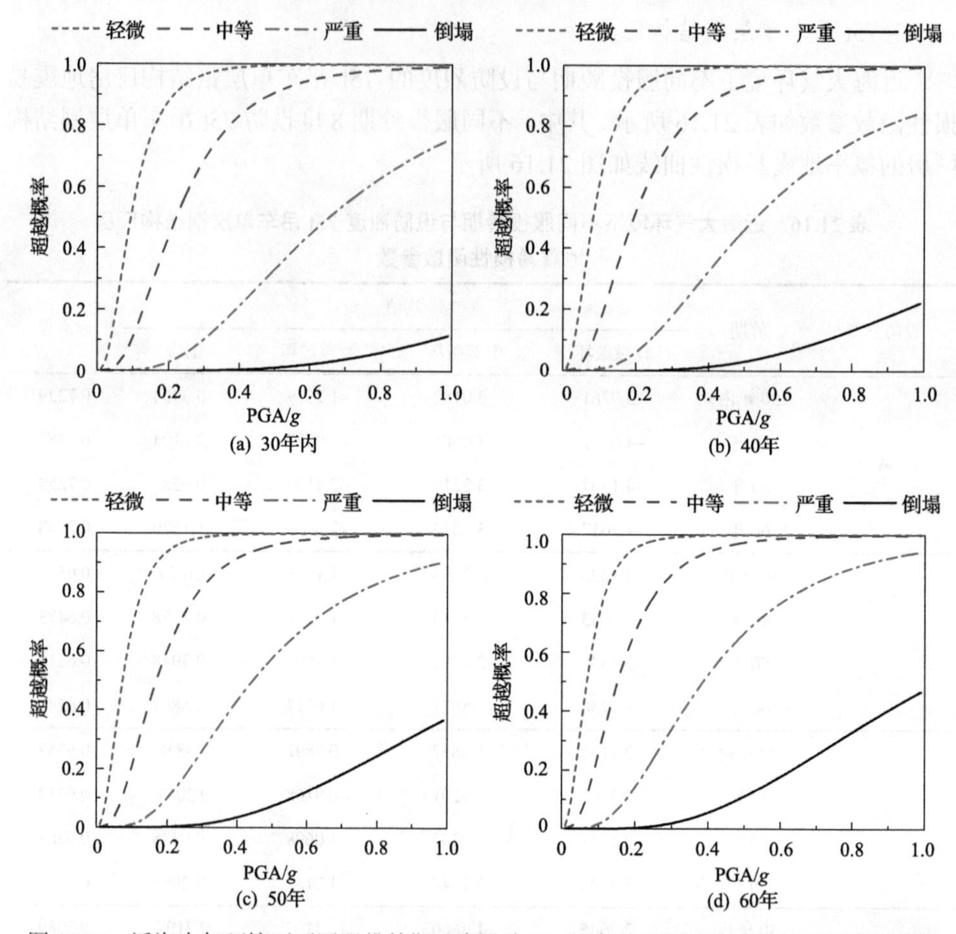

图 21.16　近海大气环境下不同服役龄期 8 度设防 75t 吊车单层钢结构厂房地震易损性曲线

第 22 章　考虑不同设计规范的结构地震易损性

同一类建筑结构由于建造历史时期的不同，所采用的设计规范也不相同，从而导致该类结构的抗震性能及地震易损性也表现出不同程度的差异。城市建筑群中包含了不同建造历史时期的建筑物，因此在对其进行地震灾害风险评估时，除了应考虑服役龄期对结构地震易损性的影响外，还需要考虑所采用设计规范不同对结构地震易损性的影响。鉴于此，本章首先回顾我国抗震设计规范的发展；然后介绍考虑不同抗震设计规范影响的结构地震易损性分析方法；最后在此基础上，建立不同设计规范下各典型钢结构的地震易损性函数。

22.1　我国抗震设计规范的发展

我国抗震设计规范的编制工作始于 20 世纪 50 年代，按照规范版本的不同，我国抗震设计规范的发展历程大致经历了以下 5 个阶段。

1) 第一阶段——无规范阶段

在这一阶段，我国工程结构主要参考苏联的《地震区建筑抗震设计规范》进行抗震设计。在此基础上，中国科学研究院土木建筑研究所(现中国地震局工程力学研究所)分别于 1959 年和 1964 年编制了《地震区建筑抗震设计规范》(草案)。该规范(草案)虽然未正式颁布施行，但已为我国工程结构的抗震设计提供了参考，满足了当时建设的迫切需要，对当时的工程建设起到了积极的指导作用，也为以后抗震设计规范的编制奠定了基础。

2) 第二阶段——《78 规范》阶段

1974 年，在《地震区建筑抗震设计规范》(草案)的基础上，我国正式颁布了第一本工程结构抗震设计规范《工业与民用建筑抗震设计规范(试行)》(TJ 11—74)[1](以下简称《74 规范》)。然而，该规范颁布不久之后，我国即遭遇了 1976 年的唐山大地震。这一地震虽然给我国的经济建设和社会发展造成了巨大的灾难和损失，但也为我国抗震规范的编制提供了宝贵的经验。在总结震害经验基础上，我国的科研和工程技术人员及时对《74 规范》进行了修订，并于 1978 年颁布了我国第一本正式的工程结构抗震设计规范《工业与民用建筑抗震设计规范》(TJ 11—78)[2](以下简称《78 规范》)，标志着我国抗震设计规范的发展进入了第二个阶段。《78 规范》具有以下几个主要特点[3, 4]：

(1)在抗震设计基本要求方面，《78 规范》规定对处于 7 度及 7 度以上设防区的一般建筑物按照基本设防烈度(中震)进行单水准设防。

(2)在场地类别划分方面，《78 规范》将我国的建筑场地划分为对抗震有利、不利和危险 3 个等级，并针对不同的场地类别分别给出了不同的反应谱曲线，其中，反应谱曲线采用了与现行规范一致的地震影响系数。

(3)在地震作用的计算理论及方法方面，《78 规范》规定对于剪切型结构，采用底部剪力法计算结构的地震作用，而对于复杂结构，则采用振型分解反应谱法。在计算结构的地震作用时，该规范还引入了结构影响系数对地震荷载进行折减，以考虑结构在地震作用下的非线性效应。

(4)在抗震强度验算方面，《78 规范》采用了安全系数法或容许应力法对结构的抗震强度进行验算。

(5)在抗震构造措施方面，《78 规范》对砖砌体房屋、钢筋混凝土框架房屋等提出了一些抗震构造措施，如对较高的砖砌体房屋设置构造柱等。

3)第三阶段——《89 规范》阶段

1976 年唐山大地震后，我国科研人员和工程技术人员对工程结构的抗震开展了更加深入广泛的研究，并取得了一定的成果。与此同时，随着我国改革开放进程的发展，国内的科研人员获得了更多的与国际同行进行交流的机会，了解并学习了国外工程结构抗震方面的先进经验。在此基础上，我国地震工作主管部门和建设行政主管部门着手安排对《78 规范》的修订工作，并于 1989 年颁布了我国新一代工程结构抗震设计规范——《建筑抗震设计规范》(GBJ 11—89)[5](以下简称《89 规范》)，标志着我国抗震设计规范的发展进入了第三个阶段。通过 10 多年的努力，《89 规范》较《78 规范》在许多方面有了长足的进步，主要体现在以下几个方面：

(1)在抗震设计基本要求方面，《89 规范》将抗震设防区扩大到了 6 度区，并首次提出了“小震不坏、中震可修、大震不倒”的三水准抗震设防目标。

(2)在场地类别划分方面，根据覆盖土层厚度和平均剪切波速，将场地类别划分为 4 类。

(3)在地震作用的计算理论及方法方面，《89 规范》仍然采用底部剪力法和振型分解反应谱法计算结构承受的地震作用。但是，与《78 规范》不同的是：①《89 规范》设计地震反应谱进行了适当的调整，并引入了近震、远震的概念，以反映大震级、远震中距下柔性结构的震害要比中、小震级和近震中距时大得多这一宏观现象；②《89 规范》不再用结构影响系数折减地震力，而改用多遇地震对设防烈度地震进行折减，其折减比例大致相当于《78 规范》中结构影响系数的平均值；③《89 规范》在采用底部剪力法计算地震作用时，引入了等效质量系数 0.85，并提出了考虑鞭梢效应影响的计算方法，以提高底部剪力法的计算精度；④《89 规范》首次提出了“两阶段抗震设计”的思想，其中，第一阶段抗震设计时，要求进行小震作用下的弹性层间变形验算，并提出相应的弹性层间变形限值，以确保“小震不坏”设防目标的实现，第二阶段抗震设计时，要求进行罕遇地震作用下的弹塑性层间变形验算，并提出相应的弹塑性层间变形限值，以保证“大震不倒”设防目标的实现。

(4) 在抗震强度验算方面，《89 规范》采用基于概率可靠度理论的极限状态设计方法，从而使结构的抗震性能具有一定的可靠度。

(5) 在抗震构造措施方面，与《78 规范》相比，《89 规范》进一步细化了不同的结构类型的抗震构造措施，如钢筋锚固长度等。

(6) 此外，为保证所设计结构在地震作用下具有一定的延性，《89 规范》还提出了强柱弱梁、强剪弱弯、强节点弱构件的抗震设计原则，以及轴压比限值、内力调整系数等概念。

4) 第四阶段——《01 规范》阶段

随着我国工程结构抗震领域研究的不断深入以及 1995 年日本阪神大地震和 1996 年我国台湾集集大地震所提供的大量钢筋混凝土结构和钢结构震害资料，我国于 1997 年开始着手对《89 规范》进行修订，并于 2001 年出版了新一代工程结构抗震设计规范——《建筑抗震设计规范》(GB 50011—2001)[6](以下简称《01 规范》)，这也标志着我国抗震设计规范的发展进入了第四个阶段。与《89 规范》)相比，《01 规范》主要有如下调整与补充：

(1) 对设计地震反应谱进行了适当调整，将设计地震反应谱的周期延长到 6s，以满足高层建筑结构和长周期结构的抗震设计需要，同时，为考虑不同类型结构抗震设计的需要，提出了阻尼调整系数，并据此得出了不同阻尼比下设计地震反应谱。

(2) 为了与新的地震动参数区划图相衔接，《01 规范》中取消了近震、远震的概念，而采用了设计地震分组的概念。

(3)《01 规范》中的场地类别仍然分为 4 类，但是各场地类别的特征周期均有了不同程度的增加，从而提高了结构所承受的地震作用，并导致结构的抗震安全度有所提高。

5) 第五阶段——《10 规范》阶段

2008 年汶川地震后，我国科研人员和工程技术人员认真总结了汶川地震的震害经验，并且在此基础上对《01 规范》中的部分内容进行修改、补充和完善，进而提出新一代工程结构抗震设计规范—《建筑抗震设计规范》(GB 50011—2010)[7](以下简称《10 规范》)，标志着我国抗震设计规范的发展进入了第五个阶段。与《01 规范》相比，《10 规范》主要修订了以下内容：

(1) 进一步细化了场地类别，将 I 类场地划分为 I_0 和 I_1 两个亚类，并相应增

设了 I_0 类场地的特征周期。

(2) 调整了设计反应谱形状和阻尼调整系数，避免了不同阻尼比下设计反应谱周期大于 5s 时出现的交叉现象。

(3) 提高了框架结构中框架柱的内力调整系数，以实现强柱弱梁的设计原则，从而保证框架结构的延性设计要求。

(4) 新增了建筑抗震性能化设计原则，同时，为确保结构抗震性能化设计的实施，补充了相应设防烈度(中震)下的地震动参数。

(5) 此外，《10 规范》还新增了大跨屋盖结构、钢支撑-混凝土框架结构和钢框架-混凝土核心筒结构的抗震设计规定，并细化了各类结构的构造措施和计算要点(如轴压比限值、最小配筋率)等规定。

22.2 不同设计规范下结构地震易损性分析方法

随着我国抗震设计规范的不断发展，按照不同规范设计的同一类结构的抗震性能也在不断发生着变化，并由此导致不同设计规范下钢结构的地震易损性表现出一定程度的差异。我国城市建筑群中建筑结构由于建造历史时期的不同，所采用的设计规范也不相同，因此为准确地对我国城市建筑群进行地震灾害风险评估，需要对不同设计规范下结构的地震易损性展开研究。

目前，国内外对于不同设计规范下结构地震易损性分析方法主要有以下两种：

(1) 根据不同设计规范分别设计原型结构进而进行地震易损性分析。

近年来，我国已有部分学者采用该方法对不同设计规范下钢筋混凝土结构的地震易损性展开了研究，例如，韩建平等[8]按照《89 规范》、《01 规范》和《10 规范》设计了 3 栋钢筋混凝土-填充墙结构，并对上述 3 栋结构的地震易损性进行了对比分析；尚晴晴[9]、刘勇[10]分别对按照《01 规范》和《10 规范》设计的钢筋混凝土框架结构、钢筋混凝土剪力墙结构进行地震易损性分析，并比较了不同设计规范下相应结构地震易损性的差异；洪博[11]对比分析了按照《89 规范》、《01 规范》和《10 规范》设计的钢筋混凝土框架结构的地震易损性。

(2) 通过对比不同设计规范的差异，建立不同设计规范下结构地震易损性对应关系。

林世镔[12]指出，对建筑结构进行抗震设防时，将抗震设计规范中的设计反应谱曲线作为计算地震力的主要依据，直接影响着建筑物的抗震设防水平。因此，可以通过对比不同设计规范中设计反应谱的差异，建立不同设计规范下结构设防水平的对应关系。据此，林世镔[12]通过比较中美抗震设计规范中的设计反应谱，给出了按照中国规范设计的不同建造年代及设防烈度下的建筑物设防水平与 HAZUS-MH[13]地震损失评估软件中设防水平的对应关系，如表 22.1 所示。

表 22.1　中国建筑物地震设防水平划分标准

中国规范设防烈度	建筑年代		
	1978 年以前	1978～1989 年	1989 年以后
Ⅸ(0.4g)	Pre-Code	Moderate-Code	High-Code
Ⅷ(0.3g)	Pre-Code	Moderate-Code	Moderate-Code
Ⅷ(0.2g)	Pre-Code	Low-Code	Moderate-Code
Ⅶ(0.15g)	Pre-Code	Low-Code	Low-Code
Ⅶ(0.1g)	Pre-Code	Pre-Code	Low-Code
Ⅵ(0.05g)	Pre-Code	Pre-Code	Pre-Code

基于上述对应关系，并结合 HAZUS-MH 给出的不同设防水平下结构的地震易损性曲线参数，林世镔给出了晋江市建筑物破坏指数，进而通过与尹之潜等[14]的评估结果进行对比，验证了该分析方法的准确性。

相对于韩建平等[8]采用的不同设计规范下结构地震易损性分析方法而言，林世镔提出的分析方法不需要对不同规范下各类典型结构进行设计，也不需要进行大量的非线性时程分析，就能够得到具有一定精度的不同设计规范下结构的地震易损性曲线，因此该方法已被国内外诸多学者所采用[15, 16]。鉴于此，本次研究也采用林世镔提出的方法建立不同设计规范下各类结构的地震易损性函数。需要指出的是，林世镔在建立不同设计规范下的结构地震易损性函数时，取用了 HAZUS-MH 易损性参数，而在前面分析中，已经建立了不同结构体系、不同层数、不同设防烈度及不同服役龄期下各典型结构的地震易损性函数，因此本章不再取用 HAZUS-MH 中的易损性参数，而取用了第 21 章中所得相关参数，建立不同设计规范与服役环境下各多龄期典型钢结构的地震易损性函数。

22.3　不同设计规范下钢结构的地震易损性

根据 18.3 节所述，结构的解析地震易损性函数形式为

$$F(x)=\Phi\left[\frac{\ln x-\ln m_R}{\beta}\right] \tag{22-1a}$$

$$m_{\mathrm{R}}=\exp\left(\frac{\ln m_C-\beta_0}{\beta_1}\right)=\left(\frac{m_C}{\exp(\beta_0)}\right)^{1/\beta_1} \tag{22-1b}$$

$$\beta=\sqrt{\beta_R^2+\beta_M^2}=\sqrt{\frac{\beta_{D|\mathrm{IM}}^2+\beta_C^2}{\beta_1^2}+\beta_M^2} \tag{22-1c}$$

式中，$\Phi[\cdot]$为标准正态概率分布函数；x 为地震动强度；m_C 和 β_C 为结构抗震能力 C 的对数均值和对数标准差；β_0、β_1 和 $\beta_{D|\mathrm{IM}}$ 为根据时程分析结果进行对数线性拟合得到的相应拟合参数；β 为地震易损性函数中反映总不确定性的对数标准差；β_M 为反映建模或知识不确定性的对数标准差。

根据式(22-1)，并结合第 21 章的分析结果，可以得到不同设计规范与服役环境下各多龄期典型钢结构的地震易损性参数 m_R 和 β，现分别对其予以叙述。

22.3.1 无规范阶段

1. 钢框架结构

无规范阶段设计的不同服役环境、服役龄期、层数的钢框架结构地震易损性函数的参数 m_R 和 β 分别见表 22.2 和表 22.3。$m_{R\_\mathrm{LS}_1}$、$m_{R\_\mathrm{LS}_2}$、$m_{R\_\mathrm{LS}_3}$ 和 $m_{R\_\mathrm{LS}_4}$ 分别为不同破坏极限状态地震易损性函数的均值，下同。

表 22.2 无规范阶段一般大气环境下钢框架结构地震易损性函数参数

结构	龄期	$m_{R\_\mathrm{LS}_1}$	$m_{R\_\mathrm{LS}_2}$	$m_{R\_\mathrm{LS}_3}$	$m_{R\_\mathrm{LS}_4}$	β
3 层	30 年	−3.4906	−2.7289	−1.7220	−0.7151	0.5604
	40 年	−3.5699	−2.8124	−1.8670	−0.8842	0.6011
	50 年	−3.6119	−2.8809	−1.9811	−1.0344	0.6072
	60 年	−3.6630	−2.9731	−2.1142	−1.1882	0.6073
5 层	30 年	−2.6747	−1.9815	−1.0652	−0.1489	0.7728
	40 年	−2.5739	−1.8807	−1.0090	−0.1163	0.7630
	50 年	−2.6461	−1.9715	−1.1406	−0.2696	0.7691
	60 年	−2.6798	−2.0294	−1.2402	−0.3772	0.7385
10 层	30 年	−2.7961	−2.1029	−1.1866	−0.2703	0.6574
	40 年	−2.8062	−2.1130	−1.2413	−0.3486	0.6784
	50 年	−2.8398	−2.1652	−1.3343	−0.4633	0.6580
	60 年	−2.9298	−2.2794	−1.4902	−0.6272	0.6623

表 22.3 无规范阶段近海大气环境下钢框架结构地震易损性函数参数

结构	龄期	$m_{R\_\mathrm{LS}_1}$	$m_{R\_\mathrm{LS}_2}$	$m_{R\_\mathrm{LS}_3}$	$m_{R\_\mathrm{LS}_4}$	β
3 层	30 年	−3.4906	−2.7289	−1.7220	−0.7151	0.5604
	40 年	−3.5130	−2.7604	−1.8385	−0.8874	0.6080
	50 年	−3.5651	−2.8457	−1.9752	−1.1147	0.6140
	60 年	−3.6438	−2.9584	−2.1240	−1.2768	0.5980

续表

结构	龄期	$m_{R\_LS_1}$	$m_{R\_LS_2}$	$m_{R\_LS_3}$	$m_{R\_LS_4}$	β
5 层	30 年	–2.6747	–1.9815	–1.0652	–0.1489	0.7728
	40 年	–2.6288	–1.9356	–1.0872	–0.2065	0.7730
	50 年	–2.6764	–2.0091	–1.1994	–0.4006	0.7544
	60 年	–2.7168	–2.0732	–1.2905	–0.4993	0.7461
10 层	30 年	–2.7961	–2.1029	–1.1866	–0.2703	0.6574
	40 年	–2.8162	–2.1230	–1.2746	–0.3939	0.6871
	50 年	–2.8443	–2.1770	–1.3673	–0.5685	0.6678
	60 年	–2.9342	–2.2906	–1.5079	–0.7167	0.6720

2. 带支撑钢框架结构

无规范阶段设计的不同服役环境、服役龄期、层数、设防烈度的带支撑钢框架结构地震易损性函数的参数 m_R 和 β 分别见表 22.4 和表 22.5。

表 22.4　无规范阶段一般大气环境下带支撑钢框架结构地震易损性函数参数

结构	龄期	$m_{R\_LS_1}$	$m_{R\_LS_2}$	$m_{R\_LS_3}$	$m_{R\_LS_4}$	β
12 层	30 年	–3.236	–2.430	–1.151	–0.085	0.606
	40 年	–3.189	–2.398	–1.202	–0.196	0.595
	50 年	–3.293	–2.518	–1.383	–0.402	0.593
	60 年	–3.390	–2.643	–1.568	–0.621	0.580
16 层	30 年	–3.738	–2.926	–1.639	–0.566	0.609
	40 年	–3.912	–3.082	–1.826	–0.771	0.611
	50 年	–4.146	–3.316	–2.100	–1.049	0.633
	60 年	–4.296	–3.478	–2.302	–1.265	0.636

表 22.5　无规范阶段近海大气环境下带支撑钢框架结构地震易损性函数参数

结构	龄期	$m_{R\_LS_1}$	$m_{R\_LS_2}$	$m_{R\_LS_3}$	$m_{R\_LS_4}$	β
12 层	30 年	–3.236	–2.430	–1.151	–0.085	0.606
	40 年	–3.142	–2.341	–1.156	–0.213	0.592
	50 年	–3.317	–2.544	–1.425	–0.514	0.589
	60 年	–3.378	–2.637	–1.568	–0.701	0.569
16 层	30 年	–3.738	–2.926	–1.639	–0.566	0.609
	40 年	–3.883	–3.044	–1.803	–0.815	0.634
	50 年	–4.077	–3.269	–2.099	–1.147	0.619
	60 年	–4.096	–3.328	–2.221	–1.322	0.605

3. 单层钢结构厂房

无规范阶段设计的不同服役环境、服役龄期、吊车吨位、设防烈度的单层钢结构厂房地震易损性函数的参数 m_R 和 β 分别见表 22.6 和表 22.7。

表 22.6　无规范阶段一般大气环境下单层钢结构厂房地震易损性函数参数

结构	龄期	$m_{R\_LS_1}$	$m_{R\_LS_2}$	$m_{R\_LS_3}$	$m_{R\_LS_4}$	β
无吊车	30 年	–3.6714	–2.8954	–1.8695	–0.7714	0.5835
	40 年	–3.6996	–2.9265	–1.9540	–0.8865	0.5897
	50 年	–3.8034	–3.0528	–2.1282	–1.0876	0.5902
	60 年	–3.8986	–3.1794	–2.3064	–1.2805	0.5861
30t 吊车	30 年	–3.7914	–2.9376	–1.8091	–0.6009	0.6365
	40 年	–3.8081	–2.9547	–1.8813	–0.7029	0.6626
	50 年	–3.9368	–3.1076	–2.0861	–0.9366	0.6594
	60 年	–4.0675	–3.2725	–2.3075	–1.1734	0.6451
75t 吊车	30 年	–3.9761	–3.0182	–1.7519	–0.3964	0.7229
	40 年	–3.9966	–3.0443	–1.8466	–0.5318	0.7232
	50 年	–4.1290	–3.2027	–2.0618	–0.7777	0.7279
	60 年	–4.2721	–3.3835	–2.3048	–1.0371	0.7226

表 22.7　无规范阶段近海大气环境下单层钢结构厂房地震易损性函数参数

结构	龄期	$m_{R\_LS_1}$	$m_{R\_LS_2}$	$m_{R\_LS_3}$	$m_{R\_LS_4}$	β
无吊车	30 年	–3.6714	–2.8954	–1.8695	–0.7714	0.5835
	40 年	–3.7267	–2.9540	–2.0083	–0.9597	0.5890
	50 年	–3.8138	–3.0725	–2.1730	–1.2141	0.5848
	60 年	–3.8914	–3.1822	–2.3197	–1.3770	0.5744
30t 吊车	30 年	–3.7914	–2.9376	–1.8091	–0.6009	0.6365
	40 年	–3.8530	–3.0005	–1.9569	–0.7998	0.6374
	50 年	–3.9878	–3.1701	–2.1779	–1.1201	0.6266
	60 年	–4.0876	–3.3050	–2.3531	–1.3127	0.6088
75t 吊车	30 年	–3.9761	–3.0182	–1.7519	–0.3964	0.7229
	40 年	–4.0202	–3.0681	–1.9027	–0.6104	0.7265
	50 年	–4.1367	–3.2219	–2.1120	–0.9286	0.7253
	60 年	–4.2612	–3.3845	–2.3183	–1.1529	0.7108

22.3.2　78 规范阶段

1. 钢框架结构

按 78 规范阶段设计的不同服役环境、服役龄期、层数、设防烈度的钢框架结构地震易损性函数的参数 m_R 和 β 分别见表 22.8～表 22.13。

表 22.8　78 规范阶段一般大气环境下 3 层钢框架结构地震易损性函数参数

设防烈度	龄期	$m_{R\_LS_1}$	$m_{R\_LS_2}$	$m_{R\_LS_3}$	$m_{R\_LS_4}$	β
6	30 年	−3.4906	−2.7289	−1.7220	−0.7151	0.5604
	40 年	−3.5699	−2.8124	−1.8670	−0.8842	0.6011
	50 年	−3.6119	−2.8809	−1.9811	−1.0344	0.6072
	60 年	−3.6630	−2.9731	−2.1142	−1.1882	0.6073
7	30 年	−3.4906	−2.7289	−1.7220	−0.7151	0.5604
	40 年	−3.5699	−2.8124	−1.8670	−0.8842	0.6011
	50 年	−3.6119	−2.8809	−1.9811	−1.0344	0.6072
	60 年	−3.6630	−2.9731	−2.1142	−1.1882	0.6073
7.5	30 年	−2.8177	−2.0555	−1.0481	−0.0406	0.5717
	40 年	−2.9191	−2.1594	−1.2113	−0.2257	0.5809
	50 年	−2.9665	−2.2355	−1.3358	−0.3892	0.5854
	60 年	−3.0320	−2.3418	−1.4825	−0.5561	0.5806
8	30 年	−2.4199	−1.6443	−0.6190	0.4063	0.5819
	40 年	−2.4571	−1.6854	−0.7224	0.2789	0.6012
	50 年	−2.5357	−1.7900	−0.8722	0.0934	0.6083
	60 年	−2.6463	−1.9415	−1.0638	−0.1177	0.5930
8.5	30 年	−2.1063	−1.3232	−0.2881	0.7470	0.5987
	40 年	−2.2714	−1.4917	−0.5189	0.4926	0.6186
	50 年	−2.3375	−1.5861	−0.6613	0.3118	0.6129
	60 年	−2.3816	−1.6750	−0.7953	0.1532	0.6165
9	30 年	−1.8053	−1.0108	0.0395	1.0898	0.6075
	40 年	−1.8369	−1.0568	−0.0834	0.9286	0.6190
	50 年	−1.9261	−1.1707	−0.2409	0.7374	0.6162
	60 年	−2.0185	−1.3041	−0.4146	0.5444	0.6233

表 22.9　78 规范阶段一般大气环境下 5 层钢框架结构地震易损性函数参数

设防烈度	龄期	$m_{R\_LS_1}$	$m_{R\_LS_2}$	$m_{R\_LS_3}$	$m_{R\_LS_4}$	β
6	30 年	−2.6747	−1.9815	−1.0652	−0.1489	0.7728
	40 年	−2.5739	−1.8807	−1.0090	−0.1163	0.7630
	50 年	−2.6461	−1.9715	−1.1406	−0.2696	0.7691
	60 年	−2.6798	−2.0294	−1.2402	−0.3772	0.7385
7	30 年	−2.6747	−1.9815	−1.0652	−0.1489	0.7728
	40 年	−2.5739	−1.8807	−1.0090	−0.1163	0.7630
	50 年	−2.6461	−1.9715	−1.1406	−0.2696	0.7691
	60 年	−2.6798	−2.0294	−1.2402	−0.3772	0.7385
7.5	30 年	−2.3938	−1.7006	−0.7843	0.1320	0.6921
	40 年	−2.4597	−1.7665	−0.8948	−0.0021	0.6746
	50 年	−2.4990	−1.8244	−0.9935	−0.1225	0.6535
	60 年	−2.5398	−1.8894	−1.1002	−0.2372	0.6694
8	30 年	−2.1358	−1.4426	−0.5263	0.3900	0.6555
	40 年	−2.2369	−1.5437	−0.6720	0.2207	0.6184
	50 年	−2.2539	−1.5793	−0.7484	0.1226	0.6103
	60 年	−2.3608	−1.7104	−0.9212	−0.0582	0.5970
8.5	30 年	−2.0235	−1.3303	−0.4140	0.5023	0.5897
	40 年	−2.0340	−1.3408	−0.4691	0.4236	0.5950
	50 年	−2.0517	−1.3771	−0.5462	0.3248	0.5912
	60 年	−2.1259	−1.4755	−0.6863	0.1767	0.5967
9	30 年	−1.6512	−0.9580	−0.0417	0.8746	0.5919
	40 年	−1.6557	−0.9625	−0.0908	0.8019	0.5984
	50 年	−1.7233	−1.0487	−0.2178	0.6532	0.5732
	60 年	−1.8007	−1.1503	−0.3611	0.5019	0.5762

表 22.10　78 规范阶段一般大气环境下 10 层钢框架结构地震易损性函数参数

设防烈度	龄期	$m_{R\_LS_1}$	$m_{R\_LS_2}$	$m_{R\_LS_3}$	$m_{R\_LS_4}$	β
6	30 年	−2.7961	−2.1029	−1.1866	−0.2703	0.6574
	40 年	−2.8062	−2.1130	−1.2413	−0.3486	0.6784
	50 年	−2.8398	−2.1652	−1.3343	−0.4633	0.6580
	60 年	−2.9298	−2.2794	−1.4902	−0.6272	0.6623
7	30 年	−2.7961	−2.1029	−1.1866	−0.2703	0.6574
	40 年	−2.8062	−2.1130	−1.2413	−0.3486	0.6784
	50 年	−2.8398	−2.1652	−1.3343	−0.4633	0.6580
	60 年	−2.9298	−2.2794	−1.4902	−0.6272	0.6623

续表

设防烈度	龄期	$m_{R\_LS_1}$	$m_{R\_LS_2}$	$m_{R\_LS_3}$	$m_{R\_LS_4}$	β
7.5	30 年	−2.4170	−1.7238	−0.8075	0.1088	0.6413
	40 年	−2.5329	−1.8397	−0.9680	−0.0753	0.6346
	50 年	−2.6292	−1.9546	−1.1237	−0.2527	0.6210
	60 年	−2.6429	−1.9925	−1.2033	−0.3403	0.5888
8	30 年	−2.0663	−1.3731	−0.4568	0.4595	0.6342
	40 年	−2.1894	−1.4962	−0.6245	0.2682	0.6179
	50 年	−2.1997	−1.5251	−0.6942	0.1768	0.5991
	60 年	−2.2368	−1.5864	−0.7972	0.0658	0.6150
8.5	30 年	−2.0168	−1.3236	−0.4073	0.5090	0.5821
	40 年	−2.1418	−1.4486	−0.5769	0.3158	0.5703
	50 年	−2.1637	−1.4891	−0.6582	0.2128	0.5381
	60 年	−2.2088	−1.5584	−0.7692	0.0938	0.5502
9	30 年	−1.7258	−1.0326	−0.1163	0.8000	0.5758
	40 年	−1.7528	−1.0596	−0.1879	0.7048	0.5650
	50 年	−1.7826	−1.1080	−0.2771	0.5939	0.5631
	60 年	−1.8157	−1.1653	−0.3761	0.4869	0.5465

表 22.11　78 规范阶段近海大气环境下 3 层钢框架结构地震易损性函数参数

设防烈度	龄期	$m_{R\_LS_1}$	$m_{R\_LS_2}$	$m_{R\_LS_3}$	$m_{R\_LS_4}$	β
6	30 年	−3.4906	−2.7289	−1.7220	−0.7151	0.5604
	40 年	−3.5130	−2.7604	−1.8385	−0.8874	0.6080
	50 年	−3.5651	−2.8457	−1.9752	−1.1147	0.6140
	60 年	−3.6438	−2.9584	−2.1240	−1.2768	0.5980
7	30 年	−3.4906	−2.7289	−1.7220	−0.7151	0.5604
	40 年	−3.5130	−2.7604	−1.8385	−0.8874	0.6080
	50 年	−3.5651	−2.8457	−1.9752	−1.1147	0.6140
	60 年	−3.6438	−2.9584	−2.1240	−1.2768	0.5980
7.5	30 年	−2.8177	−2.0555	−1.0481	−0.0406	0.5717
	40 年	−2.8431	−2.0844	−1.1550	−0.1963	0.6020
	50 年	−2.9258	−2.1988	−1.3191	−0.4496	0.5987
	60 年	−2.9987	−2.3045	−1.4597	−0.6017	0.6056
8	30 年	−2.4199	−1.6443	−0.6190	0.4063	0.5819
	40 年	−2.4675	−1.6968	−0.7526	0.2214	0.6116
	50 年	−2.5612	−1.8238	−0.9316	−0.0496	0.6183
	60 年	−2.6528	−1.9489	−1.0921	−0.2220	0.6032

续表

设防烈度	龄期	$m_{R\_LS_1}$	$m_{R\_LS_2}$	$m_{R\_LS_3}$	$m_{R\_LS_4}$	β
8.5	30 年	−2.1063	−1.3232	−0.2881	0.7470	0.5987
	40 年	−2.1726	−1.3969	−0.4468	0.5334	0.6155
	50 年	−2.2970	−1.5691	−0.6883	0.1823	0.5995
	60 年	−2.3138	−1.6190	−0.7733	0.0855	0.6170
9	30 年	−1.8053	−1.0108	0.0395	1.0898	0.6075
	40 年	−1.8569	−1.0679	−0.1013	0.8957	0.6261
	50 年	−1.9397	−1.1848	−0.2715	0.6314	0.6330
	60 年	−2.0005	−1.2862	−0.4166	0.4664	0.6121

表 22.12　78 规范阶段近海大气环境下 5 层钢框架结构地震易损性函数参数

设防烈度	龄期	$m_{R\_LS_1}$	$m_{R\_LS_2}$	$m_{R\_LS_3}$	$m_{R\_LS_4}$	β
6	30 年	−2.6747	−1.9815	−1.0652	−0.1489	0.7728
	40 年	−2.6288	−1.9356	−1.0872	−0.2065	0.7730
	50 年	−2.6764	−2.0091	−1.1994	−0.4006	0.7544
	60 年	−2.7168	−2.0732	−1.2905	−0.4993	0.7461
7	30 年	−2.6747	−1.9815	−1.0652	−0.1489	0.7728
	40 年	−2.6288	−1.9356	−1.0872	−0.2065	0.7730
	50 年	−2.6764	−2.0091	−1.1994	−0.4006	0.7544
	60 年	−2.7168	−2.0732	−1.2905	−0.4993	0.7461
7.5	30 年	−2.3938	−1.7006	−0.7843	0.1320	0.6921
	40 年	−2.4637	−1.7705	−0.9221	−0.0414	0.6729
	50 年	−2.5339	−1.8666	−1.0569	−0.2581	0.6494
	60 年	−2.6464	−2.0028	−1.2201	−0.4289	0.6386
8	30 年	−2.1358	−1.4426	−0.5263	0.3900	0.6555
	40 年	−2.2398	−1.5466	−0.6982	0.1825	0.6177
	50 年	−2.3168	−1.6495	−0.8398	−0.0410	0.6090
	60 年	−2.3668	−1.7232	−0.9405	−0.1493	0.6165
8.5	30 年	−2.0235	−1.3303	−0.4140	0.5023	0.5897
	40 年	−2.0358	−1.3426	−0.4942	0.3865	0.5945
	50 年	−2.0528	−1.3855	−0.5758	0.2230	0.6232
	60 年	−2.1288	−1.4852	−0.7025	0.0887	0.6221
9	30 年	−1.6512	−0.9580	−0.0417	0.8746	0.5919
	40 年	−1.6561	−0.9629	−0.1145	0.7662	0.6000
	50 年	−1.7288	−1.0615	−0.2518	0.5470	0.5983
	60 年	−1.8007	−1.1571	−0.3744	0.4168	0.5983

表 22.13　78 规范阶段近海大气环境下 10 层钢框架结构地震易损性函数参数

设防烈度	龄期	$m_{R\_LS_1}$	$m_{R\_LS_2}$	$m_{R\_LS_3}$	$m_{R\_LS_4}$	β
6	30 年	−2.7961	−2.1029	−1.1866	−0.2703	0.6574
	40 年	−2.8162	−2.1230	−1.2746	−0.3939	0.6871
	50 年	−2.8443	−2.1770	−1.3673	−0.5685	0.6678
	60 年	−2.9342	−2.2906	−1.5079	−0.7167	0.6720
7	30 年	−2.7961	−2.1029	−1.1866	−0.2703	0.6574
	40 年	−2.8162	−2.1230	−1.2746	−0.3939	0.6871
	50 年	−2.8443	−2.1770	−1.3673	−0.5685	0.6678
	60 年	−2.9342	−2.2906	−1.5079	−0.7167	0.6720
7.5	30 年	−2.4170	−1.7238	−0.8075	0.1088	0.6413
	40 年	−2.5339	−1.8407	−0.9923	−0.1116	0.6417
	50 年	−2.6361	−1.9688	−1.1591	−0.3603	0.6192
	60 年	−2.6463	−2.0027	−1.2200	−0.4288	0.5980
8	30 年	−2.0663	−1.3731	−0.4568	0.4595	0.6342
	40 年	−2.1968	−1.5036	−0.6552	0.2255	0.6402
	50 年	−2.2188	−1.5515	−0.7418	0.0570	0.6216
	60 年	−2.2574	−1.6138	−0.8311	−0.0399	0.6251
8.5	30 年	−2.0168	−1.3236	−0.4073	0.5090	0.5821
	40 年	−2.1629	−1.4697	−0.6213	0.2594	0.5636
	50 年	−2.2141	−1.5468	−0.7371	0.0617	0.5345
	60 年	−2.2241	−1.5805	−0.7978	−0.0066	0.5605
9	30 年	−1.7258	−1.0326	−0.1163	0.8000	0.5758
	40 年	−1.7563	−1.0631	−0.2147	0.6660	0.5852
	50 年	−1.7863	−1.1190	−0.3093	0.4895	0.5753
	60 年	−1.8263	−1.1827	−0.4000	0.3912	0.5676

2. 带支撑钢框架结构

按 78 规范阶段设计的不同服役环境、服役龄期、层数、设防烈度的带支撑钢框架结构地震易损性函数的参数 m_R 和 β 分别见表 22.14～表 22.17。

表 22.14　78 规范阶段一般大气环境下 12 层带支撑钢框架结构地震易损性函数参数

设防烈度	龄期	$m_{R\_LS_1}$	$m_{R\_LS_2}$	$m_{R\_LS_3}$	$m_{R\_LS_4}$	β
7	30 年	3.236	2.430	1.151	0.085	0.606
	40 年	3.189	2.398	1.202	0.196	0.595
	50 年	3.293	2.518	1.383	0.402	0.593
	60 年	3.390	2.643	1.568	0.621	0.580
7.5	30 年	3.236	2.430	1.151	0.085	0.606
	40 年	3.189	2.398	1.202	0.196	0.595
	50 年	3.293	2.518	1.383	0.402	0.593
	60 年	3.390	2.643	1.568	0.621	0.580
8	30 年	2.701	1.910	0.656	–0.390	0.587
	40 年	2.734	1.957	0.783	–0.203	0.574
	50 年	2.862	2.113	1.015	0.065	0.560
	60 年	2.930	2.207	1.168	0.253	0.552
8.5	30 年	2.387	1.609	0.376	–0.652	0.578
	40 年	2.420	1.653	0.492	–0.483	0.577
	50 年	2.548	1.797	0.697	–0.254	0.571
	60 年	2.684	1.959	0.918	0.000	0.553
9	30 年	1.962	1.210	0.018	–0.976	0.536
	40 年	2.024	1.280	0.156	–0.789	0.541
	50 年	2.119	1.394	0.332	–0.586	0.545
	60 年	2.136	1.441	0.444	–0.436	0.544

表 22.15　78 规范阶段一般大气环境下 16 层带支撑钢框架结构地震易损性函数参数

设防烈度	龄期	$m_{R\_LS_1}$	$m_{R\_LS_2}$	$m_{R\_LS_3}$	$m_{R\_LS_4}$	β
6	30 年	3.738	2.926	1.639	0.566	0.609
	40 年	3.912	3.082	1.826	0.771	0.611
	50 年	4.146	3.316	2.100	1.049	0.633
	60 年	4.296	3.478	2.302	1.265	0.636
7	30 年	3.738	2.926	1.639	0.566	0.609
	40 年	3.912	3.082	1.826	0.771	0.611
	50 年	4.146	3.316	2.100	1.049	0.633
	60 年	4.296	3.478	2.302	1.265	0.636
7.5	30 年	3.112	2.300	1.012	–0.061	0.590
	40 年	3.213	2.412	1.200	0.182	0.591
	50 年	3.313	2.534	1.392	0.406	0.589
	60 年	3.390	2.640	1.560	0.610	0.575

续表

设防烈度	龄期	$m_{R\_LS_1}$	$m_{R\_LS_2}$	$m_{R\_LS_3}$	$m_{R\_LS_4}$	β
8	30 年	2.669	1.874	0.615	−0.435	0.581
	40 年	2.734	1.958	0.785	−0.201	0.580
	50 年	2.878	2.125	1.021	0.067	0.556
	60 年	2.932	2.220	1.197	0.295	0.531
8.5	30 年	2.260	1.509	0.319	−0.674	0.539
	40 年	2.326	1.582	0.457	−0.489	0.566
	50 年	2.449	1.733	0.682	−0.227	0.558
	60 年	2.524	1.830	0.833	−0.045	0.553
9	30 年	1.755	1.016	−0.154	−1.131	0.553
	40 年	1.948	1.217	0.111	−0.818	0.544
	50 年	2.077	1.371	0.336	−0.559	0.522
	60 年	2.109	1.431	0.458	−0.400	0.526

表 22.16　78 规范阶段近海大气环境下 12 层带支撑钢框架结构地震易损性函数参数

设防烈度	龄期	$m_{R\_LS_1}$	$m_{R\_LS_2}$	$m_{R\_LS_3}$	$m_{R\_LS_4}$	β
7	30 年	3.236	2.430	1.151	0.085	0.606
	40 年	3.142	2.341	1.156	0.213	0.592
	50 年	3.317	2.544	1.425	0.514	0.589
	60 年	3.378	2.637	1.568	0.701	0.569
7.5	30 年	3.236	2.430	1.151	0.085	0.606
	40 年	3.142	2.341	1.156	0.213	0.592
	50 年	3.317	2.544	1.425	0.514	0.589
	60 年	3.378	2.637	1.568	0.701	0.569
8	30 年	2.701	1.910	0.656	−0.390	0.587
	40 年	2.643	1.876	0.741	−0.162	0.574
	50 年	2.838	2.103	1.039	0.174	0.563
	60 年	2.872	2.169	1.156	0.334	0.540
8.5	30 年	2.387	1.609	0.376	−0.652	0.578
	40 年	2.259	1.535	0.464	−0.389	0.553
	50 年	2.477	1.776	0.761	−0.065	0.525
	60 年	2.527	1.852	0.880	0.091	0.506
9	30 年	1.962	1.210	0.018	−0.976	0.536
	40 年	1.950	1.211	0.117	−0.753	0.535
	50 年	2.091	1.384	0.359	−0.475	0.536
	60 年	2.103	1.425	0.449	−0.343	0.534

表 22.17　78 规范阶段近海大气环境下 16 层带支撑钢框架结构地震易损性函数参数

设防烈度	龄期	$m_{R\_LS_1}$	$m_{R\_LS_2}$	$m_{R\_LS_3}$	$m_{R\_LS_4}$	β
6	30 年	3.738	2.926	1.639	0.566	0.609
	40 年	3.883	3.044	1.803	0.815	0.634
	50 年	4.077	3.269	2.099	1.147	0.619
	60 年	4.096	3.328	2.221	1.322	0.605
7	30 年	3.738	2.926	1.639	0.566	0.609
	40 年	3.883	3.044	1.803	0.815	0.634
	50 年	4.077	3.269	2.099	1.147	0.619
	60 年	4.096	3.328	2.221	1.322	0.605
7.5	30 年	3.101	2.291	1.032	−0.004	0.588
	40 年	3.106	2.314	1.142	0.210	0.599
	50 年	3.269	2.508	1.406	0.509	0.596
	60 年	3.325	2.599	1.554	0.706	0.549
8	30 年	2.599	1.798	0.551	−0.474	0.583
	40 年	2.625	1.839	0.677	−0.248	0.577
	50 年	2.843	2.092	1.004	0.119	0.578
	60 年	2.897	2.183	1.153	0.318	0.549
8.5	30 年	2.260	1.509	0.319	−0.674	0.539
	40 年	2.345	1.579	0.446	−0.456	0.573
	50 年	2.527	1.787	0.717	−0.154	0.569
	60 年	2.564	1.852	0.824	−0.009	0.568
9	30 年	1.755	1.016	−0.154	−1.131	0.553
	40 年	1.954	1.195	0.073	−0.820	0.556
	50 年	2.096	1.375	0.331	−0.518	0.553
	60 年	2.111	1.422	0.428	−0.378	0.542

3. 单层钢结构厂房

按 78 规范阶段设计的不同服役环境、服役龄期、吊车吨位、设防烈度的单层钢结构厂房地震易损性函数的参数 m_R 和 β 分别见表 22.18～表 22.23 所示。

表 22.18　78 规范阶段一般大气环境下无吊车单层钢结构厂房地震易损性函数参数

设防烈度	龄期	$m_{R\_LS_1}$	$m_{R\_LS_2}$	$m_{R\_LS_3}$	$m_{R\_LS_4}$	β
6	30 年	−3.6714	−2.8954	−1.8695	−0.7714	0.5835
	40 年	−3.6996	−2.9265	−1.9540	−0.8865	0.5897
	50 年	−3.8034	−3.0528	−2.1282	−1.0876	0.5902
	60 年	−3.8986	−3.1794	−2.3064	−1.2805	0.5861
7	30 年	−3.6714	−2.8954	−1.8695	−0.7714	0.5835
	40 年	−3.6996	−2.9265	−1.9540	−0.8865	0.5897
	50 年	−3.8034	−3.0528	−2.1282	−1.0876	0.5902
	60 年	−3.8986	−3.1794	−2.3064	−1.2805	0.5861
7.5	30 年	−2.9017	−2.1798	−1.2256	−0.2040	0.5412
	40 年	−2.9471	−2.2271	−1.3216	−0.3274	0.5486
	50 年	−3.0168	−2.3192	−1.4598	−0.4928	0.5433
	60 年	−3.0749	−2.4093	−1.6014	−0.6519	0.5465
8	30 年	−2.4815	−1.7780	−0.8479	0.1477	0.5315
	40 年	−2.5324	−1.8309	−0.9486	0.0200	0.5309
	50 年	−2.5794	−1.8983	−1.0592	−0.1150	0.5317
	60 年	−2.6536	−2.0031	−1.2135	−0.2856	0.5236
8.5	30 年	−2.1420	−1.4558	−0.5486	0.4224	0.5185
	40 年	−2.2010	−1.5182	−0.6595	0.2833	0.5151
	50 年	−2.2532	−1.5907	−0.7745	0.1441	0.5181
	60 年	−2.3269	−1.6909	−0.9191	−0.0119	0.5185
9	30 年	−1.7273	−1.0522	−0.1597	0.7957	0.5110
	40 年	−1.7923	−1.1215	−0.2779	0.6482	0.5048
	50 年	−1.8734	−1.2224	−0.4205	0.4820	0.5023
	60 年	−1.9018	−1.2778	−0.5204	0.3697	0.5080

表 22.19　78 规范阶段一般大气环境下 30t 吊车单层钢结构厂房地震易损性函数参数

设防烈度	龄期	$m_{R\_LS_1}$	$m_{R\_LS_2}$	$m_{R\_LS_3}$	$m_{R\_LS_4}$	β
6	30 年	−3.7914	−2.9376	−1.8091	−0.6009	0.6365
	40 年	−3.8081	−2.9547	−1.8813	−0.7029	0.6626
	50 年	−3.9368	−3.1076	−2.0861	−0.9366	0.6594
	60 年	−4.0675	−3.2725	−2.3075	−1.1734	0.6451
7	30 年	−3.7914	−2.9376	−1.8091	−0.6009	0.6365
	40 年	−3.8081	−2.9547	−1.8813	−0.7029	0.6626
	50 年	−3.9368	−3.1076	−2.0861	−0.9366	0.6594
	60 年	−4.0675	−3.2725	−2.3075	−1.1734	0.6451

续表

设防烈度	龄期	$m_{R\_LS_1}$	$m_{R\_LS_2}$	$m_{R\_LS_3}$	$m_{R\_LS_4}$	β
7.5	30 年	−3.0025	−2.2163	−1.1769	−0.0643	0.5726
	40 年	−3.0697	−2.2854	−1.2990	−0.2161	0.5913
	50 年	−3.1455	−2.3853	−1.4487	−0.3948	0.5908
	60 年	−3.2022	−2.4776	−1.5981	−0.5645	0.5934
8	30 年	−2.6012	−1.8394	−0.8324	0.2456	0.5605
	40 年	−2.6540	−1.8935	−0.9371	0.1129	0.5691
	50 年	−2.7098	−1.9722	−1.0635	−0.0409	0.5663
	60 年	−2.7867	−2.0813	−1.2251	−0.2189	0.5623
8.5	30 年	−2.1986	−1.4605	−0.4848	0.5597	0.5385
	40 年	−2.2876	−1.5520	−0.6267	0.3891	0.5550
	50 年	−2.4104	−1.6965	−0.8171	0.1726	0.5298
	60 年	−2.4644	−1.7791	−0.9472	0.0304	0.5427
9	30 年	−1.8114	−1.0843	−0.1231	0.9058	0.5341
	40 年	−1.8637	−1.1421	−0.2344	0.7620	0.5463
	50 年	−1.9497	−1.2491	−0.3860	0.5852	0.5402
	60 年	−2.0130	−1.3423	−0.5282	0.4285	0.5365

表 22.20 78 规范阶段一般大气环境下 75t 吊车单层钢结构厂房地震易损性函数参数

设防烈度	龄期	$m_{R\_LS_1}$	$m_{R\_LS_2}$	$m_{R\_LS_3}$	$m_{R\_LS_4}$	β
6	30 年	−3.9761	−3.0182	−1.7519	−0.3964	0.7229
	40 年	−3.9966	−3.0443	−1.8466	−0.5318	0.7232
	50 年	−4.1290	−3.2027	−2.0618	−0.7777	0.7279
	60 年	−4.2721	−3.3835	−2.3048	−1.0371	0.7226
7	30 年	−3.9761	−3.0182	−1.7519	−0.3964	0.7229
	40 年	−3.9966	−3.0443	−1.8466	−0.5318	0.7232
	50 年	−4.1290	−3.2027	−2.0618	−0.7777	0.7279
	60 年	−4.2721	−3.3835	−2.3048	−1.0371	0.7226
7.5	30 年	−3.1223	−2.2593	−1.1185	0.1027	0.6560
	40 年	−3.2039	−2.3427	−1.2596	−0.0706	0.6596
	50 年	−3.2832	−2.4490	−1.4213	−0.2648	0.6569
	60 年	−3.3663	−2.5713	−1.6063	−0.4723	0.6459
8	30 年	−2.7152	−1.8857	−0.7891	0.3848	0.6357
	40 年	−2.7590	−1.9308	−0.8891	0.2545	0.6291
	50 年	−2.8281	−2.0237	−1.0328	0.0824	0.6256
	60 年	−2.9086	−2.1382	−1.2032	−0.1043	0.6241

续表

设防烈度	龄期	$m_{R\_LS_1}$	$m_{R\_LS_2}$	$m_{R\_LS_3}$	$m_{R\_LS_4}$	β
8.5	30 年	−2.2645	−1.4660	−0.4105	0.7194	0.5989
	40 年	−2.3889	−1.5914	−0.5884	0.5126	0.5997
	50 年	−2.4789	−1.7050	−0.7517	0.3211	0.6053
	60 年	−2.5595	−1.8156	−0.9126	0.1485	0.6034
9	30 年	−1.9096	−1.1218	−0.0804	1.0343	0.5948
	40 年	−1.9470	−1.1660	−0.1838	0.8944	0.5880
	50 年	−2.0353	−1.2769	−0.3426	0.7089	0.5953
	60 年	−2.1178	−1.3928	−0.5128	0.5214	0.5914

表 22.21　78 规范阶段近海大气环境下无吊车单层钢结构厂房地震易损性函数参数

设防烈度	龄期	$m_{R\_LS_1}$	$m_{R\_LS_2}$	$m_{R\_LS_3}$	$m_{R\_LS_4}$	β
6	30 年	−3.6714	−2.8954	−1.8695	−0.7714	0.5835
	40 年	−3.7267	−2.9540	−2.0083	−0.9597	0.5890
	50 年	−3.8138	−3.0725	−2.1730	−1.2141	0.5848
	60 年	−3.8914	−3.1822	−2.3197	−1.3770	0.5744
7	30 年	−3.6714	−2.8954	−1.8695	−0.7714	0.5835
	40 年	−3.7267	−2.9540	−2.0083	−0.9597	0.5890
	50 年	−3.8138	−3.0725	−2.1730	−1.2141	0.5848
	60 年	−3.8914	−3.1822	−2.3197	−1.3770	0.5744
7.5	30 年	−2.9017	−2.1798	−1.2256	−0.2040	0.5412
	40 年	−2.9523	−2.2329	−1.3523	−0.3759	0.5416
	50 年	−3.0307	−2.3426	−1.5075	−0.6173	0.5412
	60 年	−3.0746	−2.4181	−1.6195	−0.7467	0.5358
8	30 年	−2.4815	−1.7780	−0.8479	0.1477	0.5315
	40 年	−2.5363	−1.8356	−0.9779	−0.0269	0.5273
	50 年	−2.5881	−1.9153	−1.0990	−0.2287	0.5304
	60 年	−2.6566	−2.0131	−1.2303	−0.3748	0.5213
8.5	30 年	−2.1420	−1.4558	−0.5486	0.4224	0.5185
	40 年	−2.2060	−1.5238	−0.6888	0.2370	0.5133
	50 年	−2.2685	−1.6142	−0.8202	0.0261	0.5097
	60 年	−2.3327	−1.7043	−0.9400	−0.1046	0.5077
9	30 年	−1.7273	−1.0522	−0.1597	0.7957	0.5110
	40 年	−1.8017	−1.1314	−0.3109	0.5988	0.5032
	50 年	−1.8728	−1.2304	−0.4510	0.3799	0.5006
	60 年	−1.9001	−1.2850	−0.5368	0.2809	0.4983

表 22.22　78 规范阶段近海大气环境下 30t 吊车单层钢结构厂房地震易损性函数参数

设防烈度	龄期	$m_{R\_LS_1}$	$m_{R\_LS_2}$	$m_{R\_LS_3}$	$m_{R\_LS_4}$	β
6	30 年	−3.7914	−2.9376	−1.8091	−0.6009	0.6365
	40 年	−3.8530	−3.0005	−1.9569	−0.7998	0.6374
	50 年	−3.9878	−3.1701	−2.1779	−1.1201	0.6266
	60 年	−4.0876	−3.3050	−2.3531	−1.3127	0.6088
7	30 年	−3.7914	−2.9376	−1.8091	−0.6009	0.6365
	40 年	−3.8530	−3.0005	−1.9569	−0.7998	0.6374
	50 年	−3.9878	−3.1701	−2.1779	−1.1201	0.6266
	60 年	−4.0876	−3.3050	−2.3531	−1.3127	0.6088
7.5	30 年	−3.0025	−2.2163	−1.1769	−0.0643	0.5726
	40 年	−3.0946	−2.3135	−1.3576	−0.2976	0.5652
	50 年	−3.1669	−2.4187	−1.5108	−0.5429	0.5754
	60 年	−3.2062	−2.4962	−1.6325	−0.6885	0.5644
8	30 年	−2.6012	−1.8394	−0.8324	0.2456	0.5605
	40 年	−2.6622	−1.9050	−0.9782	0.0495	0.5695
	50 年	−2.7196	−1.9943	−1.1143	−0.1761	0.5643
	60 年	−2.7746	−2.0850	−1.2461	−0.3292	0.5529
8.5	30 年	−2.1986	−1.4605	−0.4848	0.5597	0.5385
	40 年	−2.3005	−1.5656	−0.6661	0.3313	0.5438
	50 年	−2.4044	−1.7006	−0.8466	0.0638	0.5285
	60 年	−2.4465	−1.7744	−0.9569	−0.0634	0.5257
9	30 年	−1.8114	−1.0843	−0.1231	0.9058	0.5341
	40 年	−1.9026	−1.1823	−0.3007	0.6767	0.5414
	50 年	−1.9366	−1.2489	−0.4144	0.4753	0.5463
	60 年	−1.9984	−1.3394	−0.5379	0.3381	0.5341

表 22.23　78 规范阶段近海大气环境下 75t 吊车单层钢结构厂房地震易损性函数参数

设防烈度	龄期	$m_{R\_LS_1}$	$m_{R\_LS_2}$	$m_{R\_LS_3}$	$m_{R\_LS_4}$	β
6	30 年	−3.9761	−3.0182	−1.7519	−0.3964	0.7229
	40 年	−4.0202	−3.0681	−1.9027	−0.6104	0.7265
	50 年	−4.1367	−3.2219	−2.1120	−0.9286	0.7253
	60 年	−4.2612	−3.3845	−2.3183	−1.1529	0.7108

续表

设防烈度	龄期	$m_{R\_LS_1}$	$m_{R\_LS_2}$	$m_{R\_LS_3}$	$m_{R\_LS_4}$	β
7	30 年	−3.9761	−3.0182	−1.7519	−0.3964	0.7229
	40 年	−4.0202	−3.0681	−1.9027	−0.6104	0.7265
	50 年	−4.1367	−3.2219	−2.1120	−0.9286	0.7253
	60 年	−4.2612	−3.3845	−2.3183	−1.1529	0.7108
7.5	30 年	−3.1223	−2.2593	−1.1185	0.1027	0.6560
	40 年	−3.2033	−2.3440	−1.2921	−0.1258	0.6473
	50 年	−3.2830	−2.4595	−1.4602	−0.3948	0.6510
	60 年	−3.3738	−2.5877	−1.6317	−0.5867	0.6248
8	30 年	−2.7152	−1.8857	−0.7891	0.3848	0.6357
	40 年	−2.7561	−1.9291	−0.9168	0.2057	0.6212
	50 年	−2.8271	−2.0332	−1.0698	−0.0428	0.6268
	60 年	−2.8922	−2.1348	−1.2136	−0.2068	0.6139
8.5	30 年	−2.2645	−1.4660	−0.4105	0.7194	0.5989
	40 年	−2.3893	−1.5929	−0.6180	0.4629	0.6034
	50 年	−2.4816	−1.7163	−0.7877	0.2023	0.5994
	60 年	−2.5579	−1.8228	−0.9288	0.0484	0.5895
9	30 年	−1.4764	−0.7055	0.3137	1.4046	0.5851
	40 年	−1.6031	−0.8403	0.0934	1.1286	0.5787
	50 年	−1.6935	−0.9644	−0.0796	0.8636	0.5788
	60 年	−1.7882	−1.0864	−0.2329	0.6999	0.5674

22.3.3　89 规范阶段

根据林世镔等给出的中国建筑物地震设防水平划分标准(表 22.1)可以看出，按照《89 规范》与其后规范所设计的建筑结构具有相当的设防水平。鉴于此，本节按照《89 规范》设计的结构地震易损性函数参数取为与《01 规范》和《10 规范》相同的值。

参 考 文 献

[1] 中华人民共和国国家基本建筑委员会. 工业与民用建筑抗震设计规范: (试行) (TJ 11—74) [S]. 北京: 中国建筑工业出版社, 1974.

[2] 中华人民共和国国家基本建筑委员会. 工业与民用建筑抗震设计规范 (TJ 11—78) [S]. 北京: 中国建筑工业出版社, 1979.

[3] 王亚勇, 戴国莹. 《建筑抗震设计规范》的发展沿革和最新修订[J]. 建筑结构学报, 2010, 31(6): 7-16.

[4] 陈国兴. 中国建筑抗震设计规范的演变与展望[J]. 防灾减灾工程学报, 2003, 23(1): 102-113.

[5] 中华人民共和国建设部. 建筑抗震设计规范(GBJ 11—89)[M]. 北京: 中国建筑工业出版社, 1990.

[6] 中华人民共和国建设部, 国家质量监督检验检疫总局. 建筑抗震设计规范(GB 50011—2001)[S]. 北京: 中国建筑工业出版社, 2001.

[7] 中华人民共和国建设部, 国家质量监督检验检疫总局. 建筑抗震设计规范(GB 50011—2010)[S].北京:中国建筑工业出版社, 2010.

[8] 韩建平, 黄林杰. 新旧规范设计 RC 框架地震易损性分析及抗整体性倒塌能力评估[J]. 建筑结构学报, 2015, 36(s2): 92-99.

[9] 尚晴晴. 新旧规范设计的框架结构的地震易损性对比分析[D]. 重庆: 重庆大学, 2012.

[10] 刘勇. 新旧规范设计的典型剪力墙结构地震易损性对比分析[D]. 重庆: 重庆大学, 2012.

[11] 洪博. 按新旧规范设计的 RC 框架结构基于 IDA 的抗震研究[D]. 镇江: 江苏科技大学, 2013.

[12] 林世镔. 建筑物抗震能力研究[D]. 哈尔滨: 中国地震局工程力学研究所, 2010.

[13] FEMA. HAZUS-MH technical manual[M]. Federal Emergency Management Agency, Washington D C, 2003.

[14] 尹之潜, 李树桢. 震害与地震损失的估计方法[J]. 地震工程与工程振动, 1990, 10(1): 99-108.

[15] 韩博, 熊琛, 许镇, 等. 城市区域建筑物震害预测剪切层模型及其参数确定方法[J]. 工程力学, 2014, (s1): 73-78.

[16] Gong M S, Lin S B, Sun J J, et al. Seismic intensity map and typical structural damage of 2010 Ms 7.1 Yushu earthquake in China[J]. Natural Hazards, 2015, 77(2): 847-866.

第23章　结　　论

钢结构建筑由于建造历史时期及所处侵蚀环境的不同而表现出多龄期性能退化的特性，进而导致其抗震能力存在明显差异。下篇从典型结构的建立方法、解析地震易损性分析方法、地震动记录和地震动强度指标的选取、结构腐蚀程度与服役龄期的量化关系、考虑多龄期退化特性的结构数值建模方法等方面，对处于一般大气和近海大气环境下的在役钢框架结构、带支撑钢框架结构及钢结构厂房的地震易损性展开了深入系统的研究，得到了不同服役环境、服役龄期、建筑高度、抗震设防烈度与设计规范下各类典型钢结构的地震易损性曲线。主要研究内容与结论如下：

(1) 通过引入“典型结构”这一概念，将单个特定典型建筑的抗震性能评估与一类建筑抗震性能预测相联系，实现了由个体结构性能预测一类结构一般性能的目标，结合 Google Earth、实地考察、实际工程设计资料、我国相关规范以及 FEMA P-695、Syner-G 和 GEM 的相关研究成果，提出了适用于我国在役钢结构抗震性能评估的典型结构建立方法，并据此分别设计了典型钢框架结构、带支撑钢框架结构和钢结构厂房。

(2) 阐述了目前应用较为广泛的解析地震易损性函数的基本原理与形式，讨论了地震易损性函数中不确定性因素的来源、划分方法及量化方法。在此基础上，给出了适用于在役建筑结构抗震性能评估的解析地震易损性模型，为城市多龄期钢结构地震灾害风险评估提供了理论支撑。

(3) 在目前国内外研究机构或学者所推荐的地震动记录库或记录集的基础上，结合课题的研究对象和研究目的，选取了 FEMA P-695 所推荐的能够反映所研究区域内多种场地类型和地震动频谱差异特性的 22 条远场地震动记录作为本次研究的地震动输入记录集。继而从地震动强度指标的研究现状、对城市区域建筑结构震害评估的适用性等角度，论述了选取 PGA 作为各类典型钢结构地震易损性分析中地震动强度指标的依据。

(4) 结合现场检测和已有研究成果的统计分析，给出了一般大气、近海大气环境下在役钢结构材料的初始起锈时间，建立了不同侵蚀环境下钢材锈蚀深度与结构服役龄期间的量化关系。进而，基于钢材时变本构模型，建立了各类多龄期典型钢结构的数值模型。通过 IDA 方法，建立了一般大气、近海大气环境中不同服役龄期、层数、抗震设防烈度下各典型钢结构的概率地震需求模型。

(5) 选取 Pushover 和 IDA 分别作为确定钢结构非倒塌极限状态和倒塌极限状

态最大层间位移角的分析方法，计算给出了不同服役环境与龄期下典型钢框架结构、带支撑钢框架结构、单层钢结构厂房各破坏极限状态的层间位移角限值；对反映结构抗震能力不确定性的对数标准差进行定义，建立了各类典型多龄期钢结构的概率抗震能力模型。

(6) 建立了不同服役环境与龄期、层数、抗震设防烈度下各类典型钢结构的地震易损性曲线。在此基础上，讨论了各参数对结构地震易损性的影响，分析了不同地震动水平下结构发生不同破坏状态的规律。结合既有研究成果所建立的不同设计规范下结构设防水平的对应关系，给出了不同设计规范下多龄期钢结构的地震易损性函数。